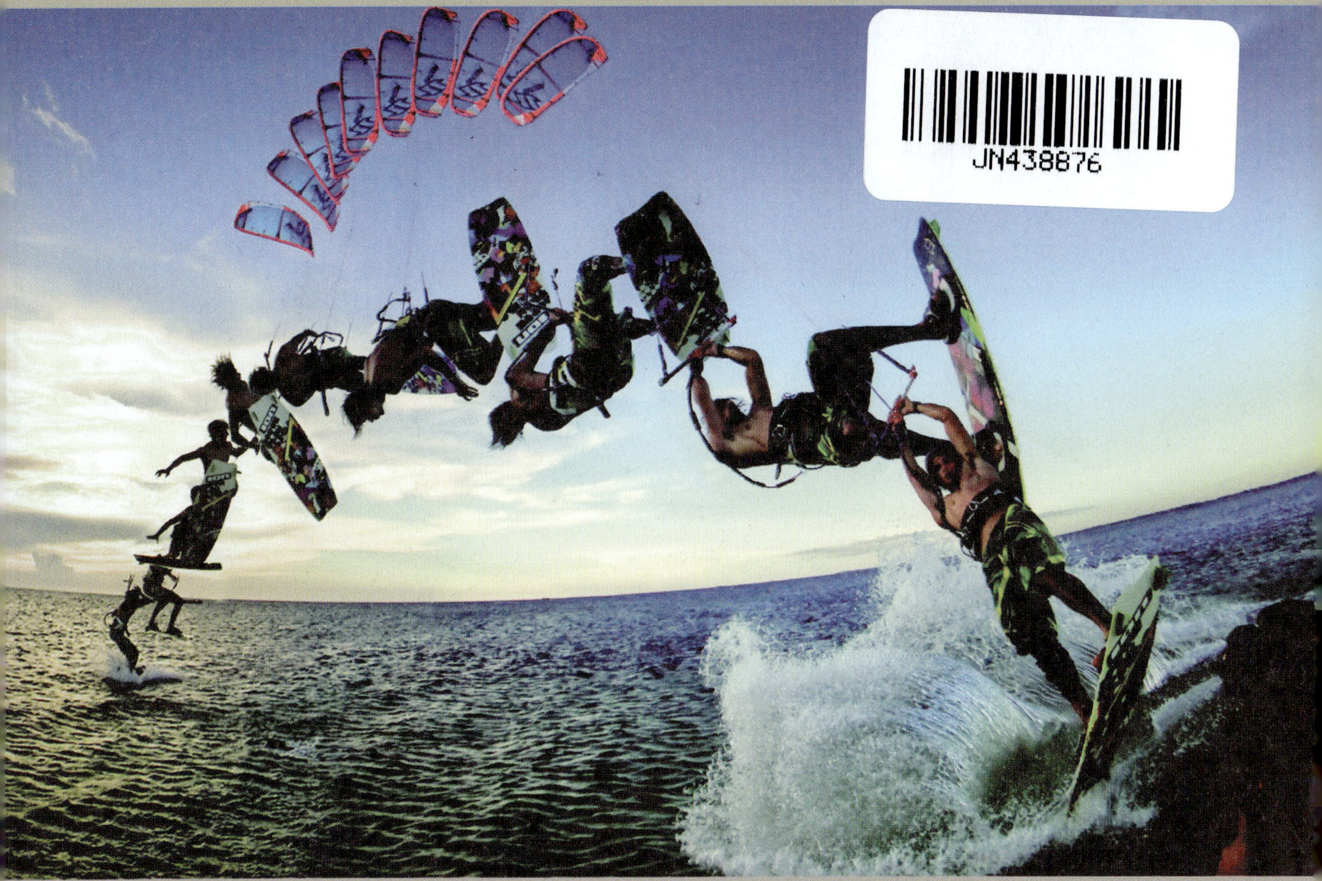

Fundamentals of Physics

3rd 일반물리학 II

물리개발연구위원회

머 리 말

물리학은 자연 현상을 다루는 학문이다. 우주는 어떻게 만들어 졌으며, 우주를 이루고 있는 구성원들은 다른 구성원들과 어떠한 질서를 유지하면서 조화를 이루고 있는가를 알려고 하는 것이 물리학의 본질이다. 거창하게 표현하였지만 실상은 물리학도 우리와 똑 같이 생긴 인간들이 만들었으며, 초창기 물리학은 우리의 감각에 크게 의존하고 있어서 일상생활 그 자체가 물리학이며 고등학교에서 배운 과학적인 사고와 상식만으로도 일상생활에서 일어나는 많은 현상을 이해하기 충분하다.

그러나 20세기 초반부터 인간의 감각기관의 정밀도를 훨씬 초월하는 과학 기기의 출현으로 현대 물리학은 매우 빠른 속도로 발전하였고, 그에 따라 물리학은 차츰 어려운 과목으로 여겨지게 되었다. 이러한 발달된 물리학의 내용은 자연과학, 공학, 의학 분야에 응용되고 있고 궁극적으로 우리 인간생활에 큰 도움이 되고 있다. 여기서 우리가 알아야 할 중요한 사실은 미래세계는 과학기술 발달이 가속될 것이므로 뉴턴 법칙만 배운 사람이 살기에는 불편할 것이므로 현대 과학에 나타나는 새로운 개념에 친숙해져야 한다는 점이다.

일부분의 학생들은 고교시절에 수학과 물리학으로부터 많은 고통을 받았을 것이다. 더군다나 물리학의 발달에 수학이 크게 기여하였기에 수식 없이 물리학을 충분히 설명하기에는 불가능하다. 인간의 병중에 가장 무서운 것 중에 하나는 통증을 느끼지 못하는 병이다. 통증을 마냥 피하려고 한다면 그 인간은 식물인간과 다를 바 없으며 개인의 발전을 기대하기 어렵다. 요컨대, 현대과학을 이해하기 위해서는 수학과 어느 정도 친숙해야 한다.

이 책의 앞부분에 다룬 역학은 인간의 오감에 기초하고 있는 일상생활에 나타나는 문제들을 벡터, 미분, 적분 등의 몇 가지 수학개념으로 표현하였다. 물리학 분야에서 가장 쉽게 이해할 수 있는 역학 부분을 공부하면서 수학적 개념과도 친숙해 지기를 기대한다. 미적분을 잘 푸는 것이 아니라 미적분의 개념을 역학을 공부하면서 깨우치기를 바란다. 이 책의 후반부에 다룬 전자기학과 현대물리학도 미적분과 벡터의 기초적인 수학적 개념을 적절하게 조화시켜서 책을 엮었다. 미적분을 잘 푸는 것 보다 그 개념을 이해하는 것이 중요하다. 다시 말해, 문제를 잘 푸는 것은 전문가가 할 일이고, 학생은 개념을 이해하고 개념을 이해하기 위한 논리적인 사고방식을 습득하여 주기 바란다.

이 책에서 사용한 물리용어는 고등학교에서 사용하는 용어를 준용하려고 애썼으며, 고교과정 밖의 용어는 한국물리학회 물리 용어집에 근거하였다. 원고 교정과정에서 많은 노력을 하였지만, 수정되어야 할 부분은 있을 것이다. 여러분들의 고견을 언제든지 청범출판사로 보내주시면, 향후 보다 나은 책을 만드는데 귀중한 자료로 삼을 것이다.

저자 일동

차 례

04 뉴턴의 운동법칙의 응용

05 일과 에너지

06 퍼텐셜에너지와 에너지 보존

07 운동량과 충돌

08 회전운동

09 만유인력

10 진동

11 파동

12 파동의 중첩

13 유체역학

14 온도와 기체운동론

15 열 및 열역학 제1법칙

16 열기관, 엔트로피, 열역학 제2법칙

17 전기력과 전기장

18 전위와 전기용량

19 전류와 직류회로

20 자기장

21 패러데이 법칙과 자기유도

22 전자기파

23 빛의 반사와 굴절

24 거울과 렌즈

25 파동광학

29 핵물리학

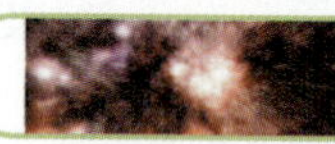

30 입자물리학과 우주론

Fundamentals of Physics

17 전기력과 전기장

날씨가 건조한 겨울철에 자동차 주행 후, 도어 손잡이를 잡으면, 찌릿하고 감전되는 느낌이나, 플라스틱 머리빗으로 머리를 빗을 때 머리카락들이 쭈뼛 쭈뼛하게 일어서는 일들을 경험해 보았을 것이다. 이러한 현상들은 우리가 이제 공부하게 될 정전기 현상들에 대한 예로서, 서로 다른 두 물체 사이에 마찰이 일어날 때 발생하게 된다. 앞의 두 예에서는 각각 자동차와 공기의 마찰, 머리빗과 머리카락 사이의 마찰에 의해서 일어나는 현상들이다. 왜 서로 다른 두 물체 사이에 마찰이 일어날 때 이런 현상들이 발생하게 되는 것일까?

이와 같은 정전기적 현상들을 이해하는 데는 물질을 구성하고 있는 원자의 구조와 전하의 성질, 물질에 따른 전기적 성질에 대한 지식이 필요하다. 이 장에서는 **정전기**에 대한 기초 개념과 이와 관련한 몇 가지 법칙에 대하여 다룰 것이다.

17.1 전하의 성질

모든 물질은 분자나 원자들로 이루어 졌다. 분자는 두 개 이상의 원자들이 결합해서 이루어지기 때문에, 결과적으로 물질은 원자들로 이루어지는 것이다. 그렇다면 원자는 또 무엇으로 이루어졌는가? 원자들은 우리가 들여다보기에는 너무 작아서 그 모습을 직접 확인할 수는 없지만, **양성자**(proton)와 **중성자**(neutron)들이 모여서 결합한 **원자핵**(nucleus)과 이 원자핵 주위의 궤도를 돌고 있는 **전자**(electron)들로 이루어 졌다. 이러한 원자의 모습을 쉽게 상상해 보려면, 그림 17.1에서처럼 태양을 중심으로 그 주위를 지구를 포함하는 행성들이 돌고 있는 태양계를 생각하면 도움이 될 것이다. 태양에 해당하는 것이 원자핵이고 행성들에 해당하는 것은 전자들이다. 비록 원자는 너무 작아서 우리가 직접 볼 수는 없지만, 마치 거대한 태양계의 모습과 닮은 소우주와 같다. 그렇다면 양성자와 중성자, 그리고 전자는 또 무엇으로 이루어 졌을까? 여러분의 질문은 계속 이어질 것이다. 그러나 더 이상의 질문에 대한 설명은 이 책의 수준을 벗어나기 때문에, 그리고 우리가 여기서 다룰 내용들은 이 정도의 지식만으로 충분하므로, 이 정도로 마치기로 하자.

실험결과에 의하면, 양성자는 **양**(positive)의 전기를, 전자는 **음**(negative)의 전기를 띠고 있는 반면 중성자는 전기적 성질을 갖고 있지 않는 것으로 밝혀졌다. 따라서 양성자와 중성자로 구성된 원자핵은 양의 전기를 띠고 있다. 그렇다면 양성자와 전자는 얼마만큼의 전기량을 띠고 있을까? 전기량의 단위에는 **전하**(charge) 또는 **전하량**(quantity of electric charge)이 있다. 전하량에 대한 국제단위는 **쿨롱**(coulomb[C])이다. 전자의 전하량 e에 대한 측정결과는

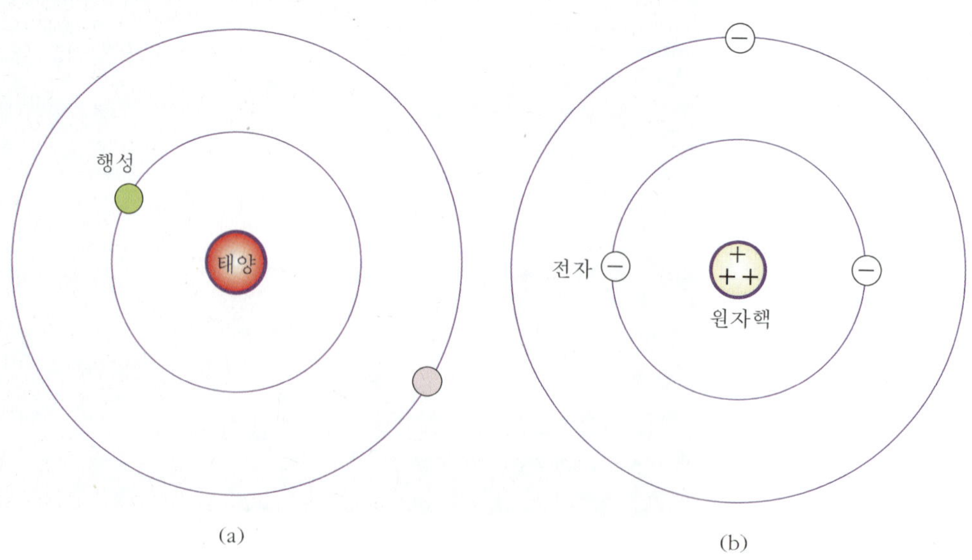

그림 17.1 (a) 태양 주위의 행성 (b) Li 원자의 원자구조

$$e = -1.60219 \times 10^{-19}\,\mathrm{C} \qquad (17.1)$$

이며, 양성자의 전하량은 $+1.60219 \times 10^{-19}$C이다. 비록 양성자의 질량이 전자의 질량보다 약 1,830배 크지만 [표 17.1 참조], 양성자의 전하량은 전자의 전하량과 부호만 다를 뿐 그 크기는 같다. 그러므로 원자들은 비록 양의 전하량을 갖고 있는 양성자와 음의 전하량을 갖고 있는 전자들로 구성되어 있으나, 한 원자를 구성하고 있는 양성자와 전자들의 수가 같기 때문에, 원자의 알짜 전하량은 없다, 즉 전기적으로 중성이다. 따라서 우주 속의 모든 물질들은 원자로 구성되었으므로 물질 전체로는 전기적으로 중성이다. 여기에 추가해서 여러분이 알아두어야 할 것은 이 우주 속에 존재하고 있는 총 전하량은 항상 일정하다는 것이다. 이것을 **전하보존의 법칙**(law of charge conservation)이라 한다. 또한 전하들은 같은 부호의 전하들끼리는 서로 밀어내고, 반대 부호의 전하들끼리는 끌어당기는 성질이 있다는 사실도 실험을 통하여 밝혀졌다.

이제 왜 서로 다른 두 물체 사이에 마찰이 일어날 때 정전기적 현상들이 발생하게 되는지를 알아보기로 하자. 실험적 관측 결과에 의하면 서로 다른 두 물체를 마찰시킬 때, 물체의 표면을 통하여 두 물체사이에 전자들의 이동이 일어나게 되고, 이로 인하여 한 쪽 물체로부터 전자들을 넘겨받은 물체는 과잉 전자들 때문에 음전기를, 그리고 전자를 넘겨준 다른 한 쪽 물체는 그만큼 양전기를 띠게 된다는 것이다. 그러면 "어떤 물체는 다른 물체로부터 전자들을 받아들이고, 어떤 물체는 다른 물체로 전자를 내주는가?" 라는 의문을 갖게 될 것이다. 원자들은 종류에 따라 전자를 받아들이기를 좋아하는 것과 내주기를 좋아하는 원자들이 있다. 따라서 그러한 물질의 성질은 그 물질을 구성하고 있는 원자들의 성질에 달려 있다. 이렇게 전기적으로 중성인 물질이 마찰에 의해서, 혹은 다른 원인으로 과잉 전자들을 갖게 되든지, 전자를 잃어버림으로써 전자가 모자라게 되어 전기를 띠게 되는 것을 **대전**(electrification)이라 하고, 대전된 물질을 **대전체**(charged body)라 한다. 이와 같이 서로 다른 두 물질을 접촉시켜 마찰시키게 되면, 이들 사이에 전자의 이동이 일어나서 한 쪽은 양전기로 대전되고, 다른 한 쪽은 음전기로 대전된다. 플라스틱 머리빗으로 머리를 빗을 때, 머리카락들이 쭈뼛 쭈뼛하게 일어서는 현상은 빗과의 마찰에 의해서 머리카락들이 같은 종류의 전하로 대전되고, 같은 종류의 전하로 대전된 머리카락들은 서로 밀어내기 때문에 나타난다.

표 17.1 양성자, 전자 그리고 중성자의 질량과 전하량

입 자	질량	전하량
양성자	$m_p = 1.673 \times 10^{-27}$kg	$q_p = +e = +1.602 \times 10^{-19}$C
전 자	$m_e = 9.109 \times 10^{-31}$kg	$q_e = -e = -1.602 \times 10^{-19}$C
중성자	$m_n = 1.673 \times 10^{-27}$kg	$q_n = 0$

예제 **17.1** 마찰로 인해 1nC의 정전기가 발생했다고 하자.

(a) 이 전하량이 전자에 의해서만 전달이 된다고 한다면 몇 개의 전자에 해당하는 것일까?

(b) 인체에 −1nC의 알짜전하가 존재한다면 이 잉여전자의 비율은 얼마인가

풀이 (a) 정전기가 전달될 때 전자의 개수는 전하량을 각 전자의 전하량으로 나눈 것으로 볼 수 있으므로

$$\frac{-1\times10^{-9}\text{C}}{-1.6\times10^{-19}\text{C}/\text{전자}}=6\times10^{9}\text{ 전자}$$

(여기서 전달되는 전하량은 1nC이지만 이것이 전자에 의해 일어나므로 음의 부호가 붙는 것이다)

(b) 표준 성인의 체중을 70kg이라 하면 체중의 대부분은 핵자(nucleon)에 의한 것이다. 따라서

$$\text{핵자의 개수}=\frac{\text{인체 질량}}{\text{질량/핵자}}=\frac{70\text{kg}}{1.7\times10^{-27}\text{kg}}=4\times10^{28}\text{ 핵}$$

핵자 중 절반이 양성자(양선자수와 중성자수가 같다고 가정)라고 한다면

$$\text{양성자의 개수}=\frac{1}{2}\times4\times10^{28}=2\times10^{28}\text{ 개}$$

전기적으로 중성인 물체는 동등한 갯수의 전자를 갖는다. 알짜전하 −1nC인 신체는 6×10^{9}개의 잉여전자를 갖는다. 따라서 잉여전자의 비율은

$$\frac{6\times10^{9}}{2\times10^{28}}\times100\%=(3\times10^{-17})\%$$

이 예제에서 볼 수 있듯이 대전된 거시적인 물체는 양전하의 크기와 음전하의 크기가 아주 미소한 차이만을 갖는다. 이런 이유로 거시적 물체간의 전기력은 보통 무시할 수 있게 되는 것이다.

17.2 도체와 절연체

대부분의 물질들은 그들이 가지고 있는 전기적 성질에 따라, 도체와 절연체의 두 그룹으로 나눌 수 있다. 금속이나 전해질 용액처럼 전기가 잘 통하는 물질, 즉 그 물질을 통해 전하들이 쉽게 이동할 수 있는 물질들을 **도체**(conductor)라 하고, 고무나 유리처럼 전기가 잘 통하지 않는 물질, 즉 그 물질을 통해 전하들이 이동할 수 없는 물질들을 **절연체**(insulator) 혹은 부도체라 한다. 그러나 **실리콘**(silicon)이나 게르마늄(germanium)처럼 도체와 절연체의 중간적 성질을 가지는 물질도 있는데, 이러한 물질들을 **반도체**(semiconductor)라 한다. 이러한 반도체 물질들은 순수한 물질일 때는 절연체와 유사한 성질을 보여주지만, 적당한 불순물을 첨가해 주게 되면, 전하의 이동이 쉽게 일어나는 특성을 나타낸다.

그렇다면 "왜 도체 물질에서는 전하의 이동이 쉽고, 절연체 물질에서는 전하의 이동이 어려운가?" 라는 의문이 생길 것이다. 이와 같은 도체와 절연체 사이의 차이를 이해하려면, 원자의 세계로 들어가 보아야 한다. 앞 절에서 우리는 원자의 세계가 태양계와 유사한 모습을 하고 있다는 것을 이미 배웠다. 즉, 태양 주위를 행성들이 각기 서로 다른 궤도를 따라 공전하고 있는 것처럼, 원자 속의 전자들도 원자핵에 구속되어 그 주위를 서로 다른 궤도를 따라 공전하고 있다. 어떤 전자는 원자핵에 가까운 궤도를, 그리고 어떤 전자는 원자핵으로부터 멀리 떨어진 궤도를 공전하고 있는 것이다. 그런데 원자핵에 대한 이들 전자들의 구속력은 원자핵으로부터 멀리 떨어질수록 약해져서, 맨 바깥쪽 궤도에 있는 전자들의 구속력이 가장 약하게 된다. 바꾸어 말하면 맨 바깥쪽 궤도에 있는 전자들은 그 안쪽에 있는 전자들보다 원자로부터 떼어내기가 쉽다는 것이다. 그러나 원자로부터 이 전자들을 떼어내기 쉬운 정도는 원자의 종류마다 달라서, 정도의 차이는 있으나 구리나 은처럼 금속원자들은 쉽고, 불활성 기체인 헬륨이나 아르곤원자들에서는 어렵다. 금속원자에서처럼 쉽게 분리될 수 있는 전자들을 **자유전자**(free electron)라고 한다. 이러한 명칭은 원자로부터 쉽게 분리되어 자유롭게 움직일 수 있는 전자라는 의미에서 붙여진 것이다. 따라서 자유전자를 가지는 원자로 구성된 물질은 도체이고, 자유전자를 갖지 못하는 원자로 구성된 물질은 절연체이다.

유도에 의한 대전

대전체를 전기적으로 중성인 물체와 접촉시키면, 대전체로부터 일부의 전하들이 중성인 물체로 이동하여 중성인 물체가 대전된다. 그러나 대전체를 직접 접촉시키지 않고도 다른 물체를 대전시킬 수 있다. 그림 17.2에서 보는 것처럼, 두 개의 절연된 금속구 A와 B를 생각해 보자. 그림 17.2 (a)에서는 대전되지 않은 두 개의 구가 서로 접촉해 있으므로 사실상 대전되지 않은 한 개의 도체로 생각할 수 있다. 다음에 그림 17.2 (b)에서처럼 음으로 대전된 막대를 금속구 A 가까이로 가져가 보자. 그러면 금속구 속의 자유전자들이 음으로

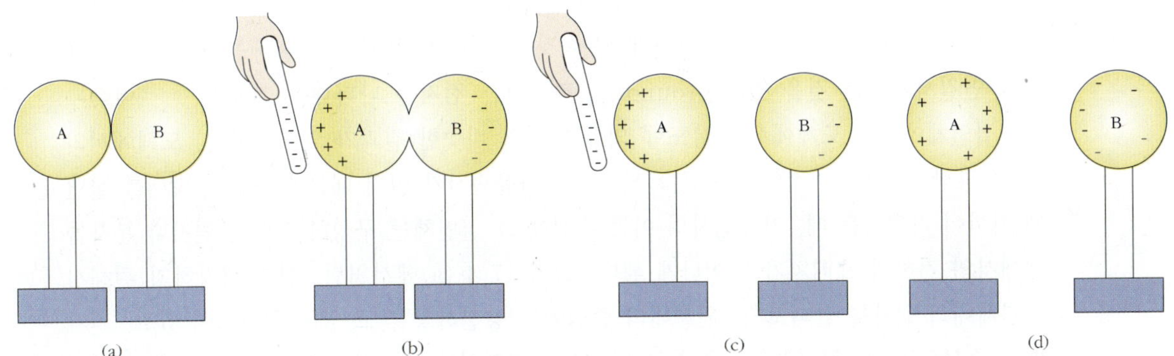

그림 17.2 유도에 의한 전하유도

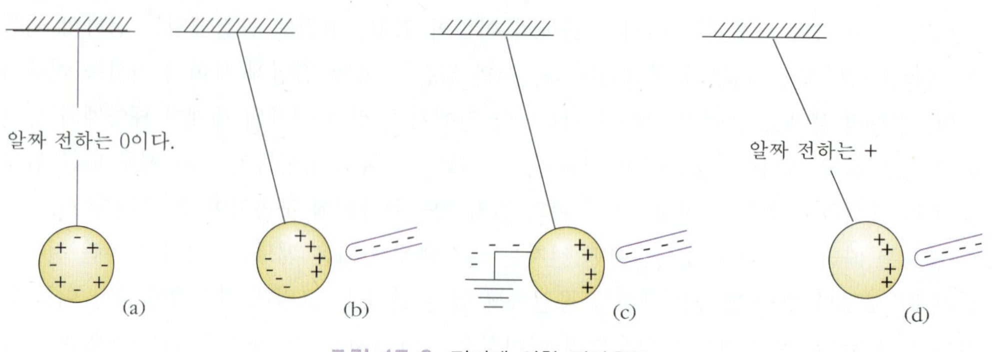

그림 17.3 접지에 의한 전하유도

대전된 막대에 의해 밀려서 금속구 B로 옮겨가게 되므로 금속구 B는 과잉의 전자를 가지게 되고, 반대로 금속구 A는 전자가 모자란 상태가 된다. 그림 17.2 (c)에서처럼 이 두 금속구를 분리시키고, 그림 17.2 (d)에서처럼 대전된 막대를 치워버리게 되면, 금속구 A는 양전하로, 그리고 금속구 B는 음전하로 대전된다. 이와 같이 대전된 물체의 접촉 없이 다른 물체를 대전시키는 것을 **유도**(induction)라 하고, 이런 과정에 의해 금속구에 대전된 전하를 **유도전하**(induced charge)라 한다.

앞의 경우에는 두 개의 금속구를 이용하여 유도에 의해 대전시키는 예를 고찰해 보았다. 그러나 한 개의 금속구만으로도 유도에 의해 대전시킬 수 있다. 그림 17.3에서와 같이 실에 의해서 절연된 채 매달아 놓은 전기적으로 중성인 금속구가 있다. 그림 17.3 (a)에서처럼 이 금속구는 전기적으로는 중성인데 이것은 양전하와 음전하가 같은 수로 섞여있기 때문이다. 그림 17.3 (b)에서와 같이 음전하로 대전된 막대를 이 금속구로 가까이 가져가면 음전하인 자유전자들이 음전하로 대전된 막대 반대쪽으로 밀려서 양전하와 음전하가 서로 분리된다. 다음에 그림 17.3 (c)에서와 같이 음전하가 분포되어 있는 금속구 표면을 지표면과 도선으로 연결해보자. 그렇게 되면 금속구 표면의 자유전자들이 도선을 통해 지구로 빠져나가게 되어서, 그림 17.3 (d)에처럼 이 금속구는 양전하만으로 대전되게 된다. 지구는 꽤 좋은 도체로서 거의 무한히 많은 전하들을 담아놓을 수 있는 저장소로서의 역할을 한다. 그러므로 그림 17.3 (c)에서와 같이 금속 물체를 도선으로 지표면과 연결시켜주면, 자유전자들이 도선을 통해 지구로 빠져나가게 되는 것이다. 이와 같이 금속 물체를 도선으로 지표면과 연결시켜주는 것을 **접지**(grounding)라 한다. 접지를 나타내는 기호는 ⏚이다.

절연체에서도 도체에서의 유도에 의한 대전과 비슷한 결과가 일어나지만, 도체에서와는 그 과정이 다르다. 절연체는 금속과는 달리 자유전자가 없기 때문에 대전된 막대를 절연체 가까이 가져갔을 때, 자유전자의 이동 대신에 그 절연체를 구성하고 있는 원자나 분자들 내에서의 전하의 재배치가 일어나게 된다. 그림 17.4 (a)에서처럼, 쉽게 생각하기 위해서 절연체내의 원자를 살펴보자. 원자내의 중심에는 양전하를 갖고 있는 원자핵이 있고, 원자핵을 중심으로 그 주위에 전자들이 구 대칭으로 균일하게 분포하고 있어서, 본래 원자 내에

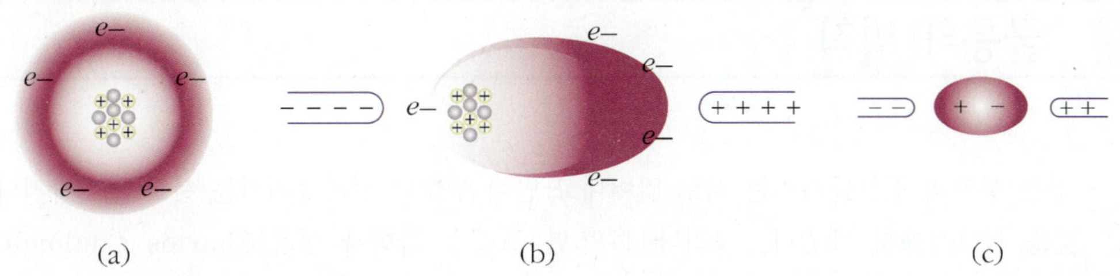

그림 17.4 분극이 일어난 하나의 원자에 대한 개념도. 핵 주위를 돌고 있는 전자들은 외부의 전하들에 의해 영향을 받아서 그들의 위치에 약간의 변화가 생긴다. 따라서 원자내의 양전하와 음전하 사이에 약간의 분리가 일어나는데 이것을 분극이라 한다.

서는 양과 음의 전하분포 중심이 같다. 그러나 절연체 외부에서 음으로 대전된 막대를 절연체 가까이로 가져오게 되면, 전자들이 음으로 대전된 막대 반대쪽으로 밀려나게 되므로, 그림 17.4 (b)에서처럼 양전하의 중심과 음전하의 중심이 분리된다. 이러한 현상을 **전기분극**(electric polarization)이라 한다. 따라서 도체에서와는 달리 절연체에서는 이러한 분극 현상에 의해, 그림 17.4 (c)에서처럼 음으로 대전된 막대 쪽에 인접해 있는 표면에는 양전하가, 그 반대 쪽 표면에는 음전하가 우세하게 분포하는 것이다. 이와 같이 분극이 일어나 만들어지게 되는 하나의 양전하와 음전하 쌍을 **전기쌍극자**(electric dipole)라 한다. 전기분극 현상에 대한 예로서 풍선을 머리카락에 비빈 후, 이 풍선을 벽에 가져가면 벽에 달라붙는 것을 볼 수 있다. 그 이유는 풍선을 머리카락에 비비게 되면 풍선이 대전되고, 풍선에 대전된 전하에 의해서 벽이 전기분극을 일으키게 되며, 결과적으로 벽 표면에 풍선과 반대부호의 전하가 유도되기 때문이다(그림 17.5).

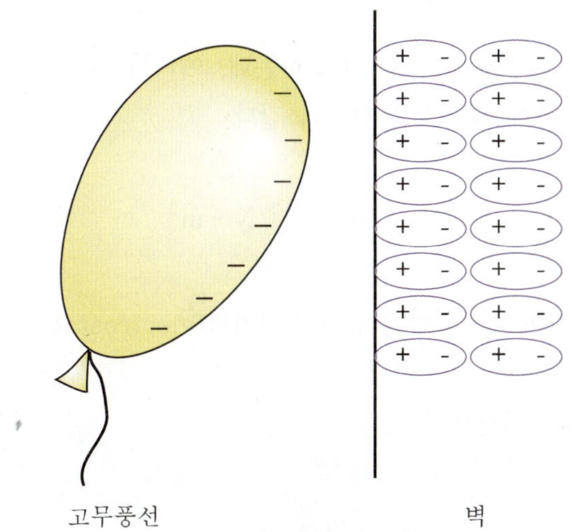

그림 17.5 마찰에 의해 음으로 대전된 고무풍선이 벽 가까이에 접근하면 벽을 구성하고 있는 분자들이 분극되어 서로를 끌어당기게 된다.

17.3 쿨롱의 법칙

같은 부호의 전하들끼리는 서로 밀어내고 반대 부호의 전하들끼리는 서로 끌어당긴다는 것을 17.1절에서 배웠다. 그러나 1785년 프랑스 과학자 쿨롱(Charles Coulomb; 1736-1806)이 실험에 의하여 **쿨롱의 법칙**(Coulomb's law)을 발표하기 전까지는 전하들 사이에 작용하는 힘의 성질에 대해서는 알고 있었으나, 그들 사이에 작용하는 힘의 크기를 직접 계산에 의해 알아낼 수는 없었다.

쿨롱은 직접 실험을 통해, 일정한 점전하 q_1과 q_2 사이에 작용하는 힘 F는 그들 사이의 거리 r의 제곱에 반비례, 즉 $F \propto 1/r^2$이고 두 점 전하들 사이의 거리가 일정하다면 힘 F는 두 전하의 곱에 비례, 즉 $F \propto q_1q_2$인 관계가 있다는 것을 발견하였다. 쿨롱의 법칙은 이 두 개의 관계를 하나로 묶어서 두 점 전하들 사이에 작용하는 힘 F를 나타낸 것으로써 힘의 크기는 다음과 같다.

$$F = k\frac{q_1q_2}{r^2} \tag{17.2}$$

여기서 k는 비례상수로서 사용하는 단위계에 따라 값이 다른데, 국제단위계(SI 단위계)에서는

$$k \approx 9.0\times 10^9\,\mathrm{N\cdot m^2/C^2} \tag{17.3}$$

이다. 이 상수는 $k = 1/(4\pi\epsilon_0)$로 쓰이기도 하는데, 여기서 ϵ_0는 **유전상수**(permittivity constant)로서, 진공상태에서의 값은 다음과 같다.

$$\epsilon_0 = 8.85\times 10^{-12}\,\mathrm{C^2/N\cdot m^2} \tag{17.4}$$

이와 같이 전하들 사이에 작용하는 힘을 **정전기력**(electrostatic force), 또는 **쿨롱힘**(Coulomb's force)이라 한다. 정전기력은 두 점 전하들을 연결하는 직선을 따라 작용하는 힘으로서 이 힘을 벡터로 나타내면,

$$\mathbf{F} = k\frac{q_1q_2}{r^2}\hat{\mathbf{r}} \tag{17.5}$$

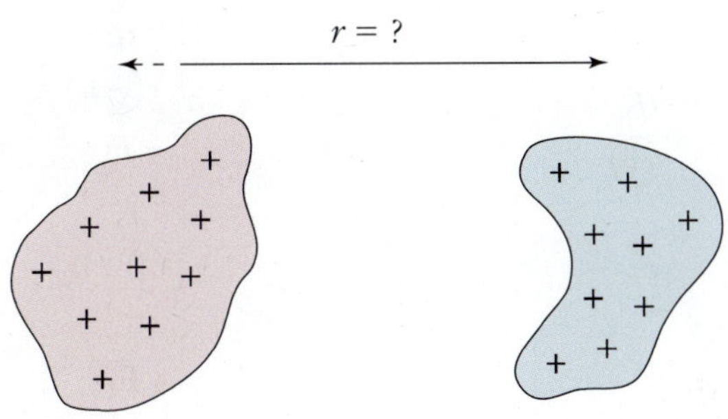

그림 17.6 대전된 물체들이 어떤 유한한 크기를 갖고 있다면, 전하들 사이의 거리를 정하기가 곤란해진다.

이다. 전하에는 양전하와 음전하가 있으므로 두 전하의 곱 $q_1 q_2$의 부호가 양이면 서로 밀어내는 척력이고, 음이면 끌어당기는 인력을 뜻한다.

여기서 지금 사용하고 있는 몇 가지 용어에 대해서 그 의미를 좀 더 분명히 해두는 것이 앞으로 여러분이 공부하게 될 내용을 이해하는 데 도움이 될 것이다. 먼저 지금 우리가 공부하고 있는 제17장과 다음 장인 제18장까지의 내용은 **정전기학**(electrostatics)에 대한 것이다. 정전기학이란 우리가 고찰하고 있는 전하들이 모두 어떤 일정한 위치에 정지해 있을 때의 전기적 현상들을 다루는 분야이다. 전하들이 고정되어있지 않고 운동하고 있을 때는, 전하들 사이에는 정전기력뿐만 아니라 나중에 배우게 될 **자기력**(magnetic force)까지 작용하게 된다. 두 번째로는 우리는 앞에서 점전하란 용어를 사용했다. 여기서 점전하란 우리가 관찰하고 있는 공간의 크기에 비해서 전하의 크기가 매우 작다는 것을 의미한다. 만일 그림 17.6에서와 같이 대전된 물체들이 어떤 유한한 크기를 갖고 있다면, 정전기력을 구하는 데 있어서 전하들 사이의 거리를 정하기가 곤란해진다. 그러나 이러한 경우에도 구할 수 있는 방법은 있으며 그것은 나중에 배우게 될 것이다.

지금까지 우리는 두 개의 점전하 사이에 작용하는 정전기력에 대해서만 고찰하였다. 그러면 여러 개의 전하들이 분포되어 있을 때, 그들 중 한 전하가 그 주위에 분포하고 있는 전하들에 의해서 받는 정전기력은 어떻게 구해야 하는가? 그림 17.7을 보면서 4개의 전하 q_1, q_2, q_3, q_4들 중 q_1이 나머지 전하들로부터 받는 힘을 구해보기로 하자. 먼저 전하 q_2에 의해서 q_1이 받는 힘 $\mathbf{F}_{12}$을 구하고, 같은 방법으로 나머지 전하 q_3, q_4로부터 받는 힘 $\mathbf{F}_{13}$, $\mathbf{F}_{14}$를 각각 구하여 이들을 벡터적으로 더하면, 전하 q_1이 나머지 전하들로부터 받는 총 힘 $\mathbf{F}_1$이 구해진다. 따라서 일반적으로 N개의 전하 분포에서 q_1이 받는 총 힘은 다음과 같다.

$$\mathbf{F}_1 = \mathbf{F}_{12} + \mathbf{F}_{13} + \cdots + \mathbf{F}_{1N} \tag{17.6}$$

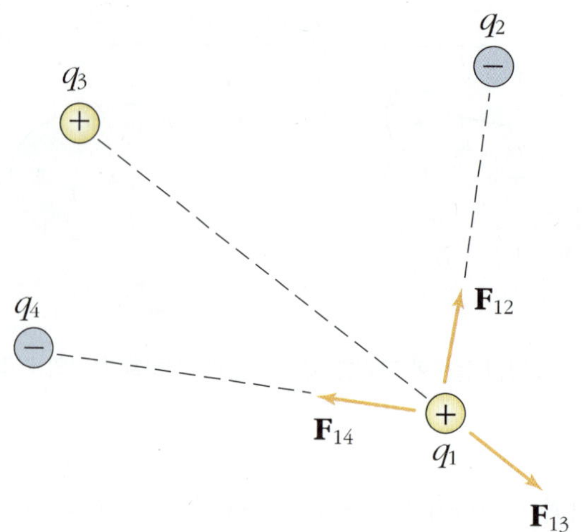

그림 17.7 두 전하들 사이에 작용하는 힘은 다른 전하에 의한 영향을 받지 않는다. q_1에 작용하는 총 힘은 다른 전하들에 의해서 받는 힘들에 대한 벡터 합이다.

예제 17.2 그림 17.8에서 처럼 길이가 4cm와 3cm인 직사각형의 세 모서리에 각각 $q_1=3\mu C$, $q_2=-2\mu C$, $q_3=5\mu C$인 세 개의 점전하가 놓여있다. q_3에 작용하는 쿨롱힘을 구하여라.

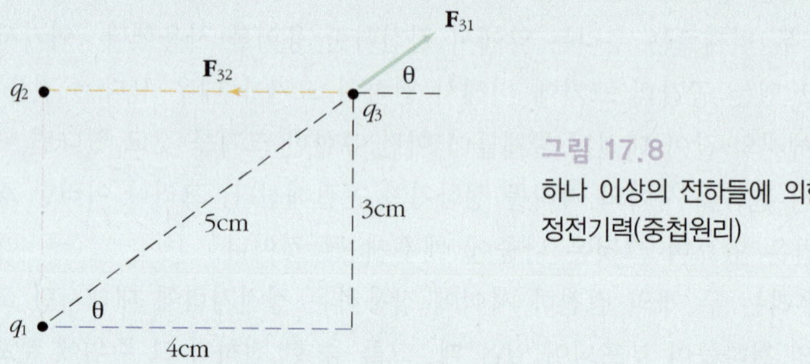

그림 17.8
하나 이상의 전하들에 의한 정전기력(중첩원리)

풀이 먼저 q_1의 위치를 원점으로 하는 직각좌표계를 그림 17.8과 같이 설정하기로 하자. 그리고 전하 q_1과 q_2가 q_3에 작용하는 힘을 각각 F_{31}과 F_{32}라 하자. 그러면 q_3에 작용하는 총 힘은 다음과 같다.

$$\mathrm{F}_3 = \mathrm{F}_{31} + \mathrm{F}_{32}$$

쿨롱의 법칙으로부터

$$\begin{aligned}\mathrm{F}_{31} &= \frac{q_1 q_3}{4\pi\epsilon_0 r_{31}^2}(\mathrm{i}\cos\theta + \mathrm{j}\sin\theta) \\ &= \frac{3\times 5\times 10^{-12}\mathrm{C}^2}{4\pi\times 25\times 8.85\times 10^{-12}\mathrm{C}^2/\mathrm{N}}\left(\frac{4}{5}\mathrm{i}+\frac{3}{5}\mathrm{j}\right) \\ &= (43.2\mathrm{i}+32.4\mathrm{j})\mathrm{N}\end{aligned}$$

그리고

$$\mathbf{F}_{32} = \frac{q_3 q_2}{4\pi\epsilon_0 r_{32}^2}\,\mathbf{i}$$
$$= \frac{-5\times 2\times 10^{-12}\mathrm{C}^2}{4\pi\times 16\times 8.85\times 10^{-12}\mathrm{C}^2/\mathrm{N}}\,\mathbf{i}$$
$$= (-56.25\,\mathbf{i})\mathrm{N}$$

그러므로

$$\mathbf{F}_3 = (43.2-56.3)\mathbf{i}\mathrm{N} + 32.4\mathbf{j}\mathrm{N}$$
$$= (-13.1\mathbf{i} + 32.4\mathbf{j})\mathrm{N}$$

이고 이 힘의 크기는 $\sqrt{13.1^2+32.4^2}\,\mathrm{N} = 34.9\mathrm{N}$이다.

$$\theta = \tan^{-1}\left(\frac{32.4}{13.1}\right)$$
$$= 112.1°$$

17.4 전기장

높은 곳에서 잡고 있던 물체를 놓으면, 그 물체는 땅바닥으로 떨어진다. 누가 이 물체를 밧줄로 매고 땅바닥으로 잡아당기지 않았는데도 떨어지는 이러한 현상은 지구와 물체사이에 밧줄 대신에 눈으로 보이는 것은 아니지만 지구가 만드는 중력장이라는 것이 형성되어 있어서, 이것을 통하여 중력이 물체에 전달되기 때문이라는 것을 우리는 이미 공부하였다. 이와 마찬가지로 전하에 작용하는 정전기력도 **전기장**(electric field)이라는 것이 있어서, 이를 통하여 정전기력이 이 전하에 전달되기 때문이라고 보는 것이 타당할 것이다.

그렇다면 전기장은 어떻게 정의되는지에 대해서 살펴보기로 하자. 먼저 그림 17.9에서처럼 양의 점전하 Q를 공간의 한 점에 위치시키고 그 주위에 다른 양의 점전하 q를 놓아보자. 이 때 전하 q는 Q와 q를 연결하는 직선을 따라 Q로부터 멀어지는 방향으로 밀려날 것이고, Q는 이와 반대로 q로부터 멀어지는 방향으로 밀려날 것이다. 이것은 Q에 의해서 만들어지는 전기장을 통해 q가 이 방향으로 정전기력 F_q를 받고 있다는 것을 의미하는 것이고, Q는 q가 만드는 전기장을 통해 정전기력 F_Q를 받고 있다는 것을 의미하는 것이다. 그렇다면 전기장은 구체적으로 어떻게 정의되어지는지를 이 그림으로부터 살펴보자. 먼저 q가 있는 곳에서의 전기장을 다음과 같이 정의한다.

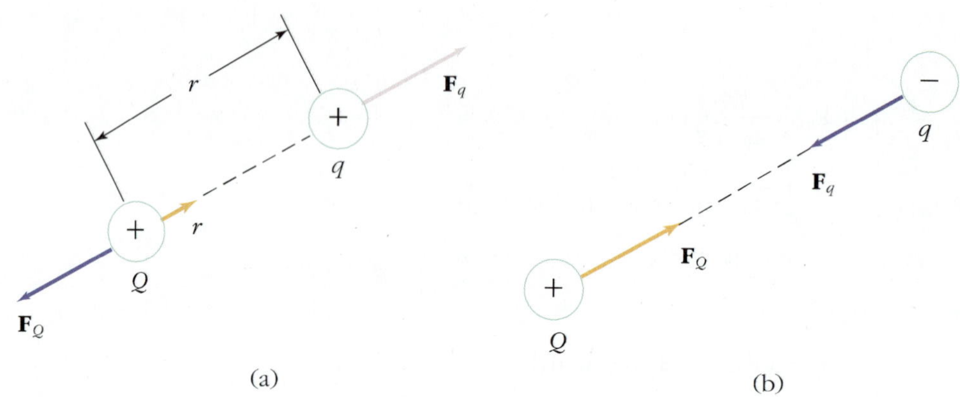

그림 17.9
거리 r만큼 떨어져 있는 두 개의 점전하는 쿨롱의 법칙에 따라 서로에게 전기력을 작용한다. (a) 부호가 같은 전하들끼리 척력, 그리고 (b) 부호가 서로 다른 전하들끼리는 인력이 작용한다.

$$\mathrm{E}_q = \frac{\mathrm{F}_q}{q} \tag{17.7}$$

즉, 전하 q가 있는 위치에서 단위 전하당 받는 정전기력을 의미한다. 중력장에서 질량 m이 받는 중력은 $m\mathrm{g}$이다. 이 때 단위 질량당 받는 중력은 $m\mathrm{g}/m = \mathrm{g}$가 되는데, 전기장은 중력가속도 g에 해당하는 것이다. 정전기력 F_q는 쿨롱의 법칙에 따라 식 (17.5)로 주어지므로, 식 (17.7)로부터 전기장 E_q는

$$\mathrm{E}_q = k\frac{Q}{r^2}\hat{\mathrm{r}} \tag{17.8}$$

가 된다. 이와 같이 전기장 E_q는 q가 양전하이면 F_q와 같은 방향을 갖는 벡터이다. 따라서 일단 전기장을 알고 있으면 정전기력 F_q는 이 전기장으로부터 다음과 같이 구해진다.

$$\mathrm{F}_q = q\mathrm{E}_q \tag{17.9}$$

q가 음전하이면 정전기력 F_q는 E_q와 반대방향이 되는데, 이것은 q에 작용하는 정전기력이 q를 밀어내는 방향이 아니고 Q쪽으로 끌어당기는 방향으로 작용하고 있다는 것을 의미한다.

전하 q가 전하 Q의 위치에 만드는 전기장 E_Q를 생각해보자. 앞에서와 마찬가지로 이번에는 Q의 위치에서 단위 전하당 받는 정전기력이므로 $\mathrm{E}_Q = \mathrm{F}_Q / Q$이다. 이 때 F_q와 F_Q는 뉴턴의 작용-반작용 법칙에 따라 크기는 서로 같고 방향은 반대가 된다. 그러나 정전기력과는 달리 전기장 E_q와 E_Q는 방향은 서로 반대가 되지만(부호가 같으면) Q와 q가 다르면 크기도 다르다.

일반적으로 N개의 전하들이 분포해 있을 때 이 전하들 각각이 공간의 임의의 한 곳에서 만드는 전기장을 $E_1, E_2, \cdots, E_N$이라 하면, 이 곳에서의 총 전기장은 다음과 같다.

$$\mathrm{E} = \mathrm{E}_1 + \mathrm{E}_2 + \cdots + \mathrm{E}_N = \sum \mathrm{E}_i \tag{17.10}$$

여기서

$$E_i = k \frac{q_i}{r_i^2} \hat{\mathrm{r}}_i \tag{17.11}$$

이고, $\hat{\mathrm{r}}_i$는 전하 q_i로부터 우리가 전기장을 구하려는 곳까지의 거리벡터를 r_i라고 할 때 이 r_i방향으로의 단위벡터이다.

예제 **17.3** 전하량이 1.0×10^{-6} C과 2.0×10^{-6} C인 두 개의 점전하 q_1과 q_2가 서로 10cm 떨어져 있다. 이 두 점전하들을 연결하는 직선 상에서 전기장이 영이 되는 위치를 구하라

풀이 그림 17.10에서와 같이 두 점전하를 연결하는 축을 x축이라 하자. 두 점전하가 같은 부호의 전하를 가지고 있으므로, 이 직선 상의 두 전하사이에서는 두 전하가 시험전하에 작용하는 힘은 서로 반대방향이 된다. 따라서 전기장이 영이 되는 위치는 두 전하사이에 있을 것이다. 이 위치를 전하 q_1으로부터 x라 하고, 두 전하사이의 거리를 ℓ이라 하자. 그러면 이 위치에서 $E_1 = E_2$가 되므로 식 (17.8)에 의해서 다음이 성립한다.

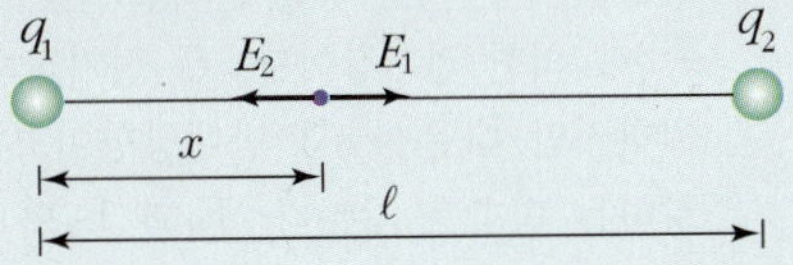

그림 17.10
두 전하에 의한 전기장이 상쇄되는 지점

$$k\frac{q_1}{x^2} = \frac{kq_2}{(\ell - x)^2}$$

이 관계식으로부터 x를 구하면,

$$x = \frac{\ell \pm \ell\sqrt{q_2/q_1}}{1 - q_2/q_1} = \frac{10 - 10\sqrt{2}}{1-2} = 4.1\,\mathrm{cm}$$

전기쌍극자에 의한 전기장

전기쌍극자(electric dipole)는 크기는 같지만 부호가 다른 두 전하 $+q$와 $-q$가 L만큼 떨어져 그림 17.11과 같은 구조로 존재하는 것이다. 한 전하의 전기장은 $1/r^2$에 비례하여 감소한다. 반대부호인 두 전하의 합이 영이 아니면 그들에 의한 전기장은 $r \gg L$인 경우 $(q_1 - q_2)/r^2$에 비례한다. 두 전하의 합이 0인 경우 두 전하가 정확하게 동일 위치에 존재한다면 전기장에 대한 두 전하의 $1/r^2$ 기여는 정확하게 영의 전기장을 만들 것이다. 그러나 두 전자가 동일 위치에 존재하지 않기 때문에 합 전기장은 $1/r^3$에 비례하게 된다는 것을 알게 될 것이다. 쌍극자의 전기장은 $(+q, -q)$ 전하쌍의 전기쌍극자모우먼트(p)라 불리는 qL에 비례한다. L을 $-q$로부터 $+q$의 방향과 크기 L인 벡터라 할 때 $p = qL$로 정의한다. 그러므로 **전기쌍극자모우먼트**(electric dipole moment) p는

$$\mathrm{p} = q\mathrm{L} \tag{17.12}$$

여기서 벡터 p는 음전하로부터 양전하의 방향이다.

예제 17.4 그림 17.11에 보인 전기쌍극자의 전기장을 쌍극자로부터 r $(r \gg L)$만큼 떨어진 위치인 P점에서 구하여라. 점 P는 쌍극자를 연결하는 선을 수직이등분하는 직선상에 위치한다.

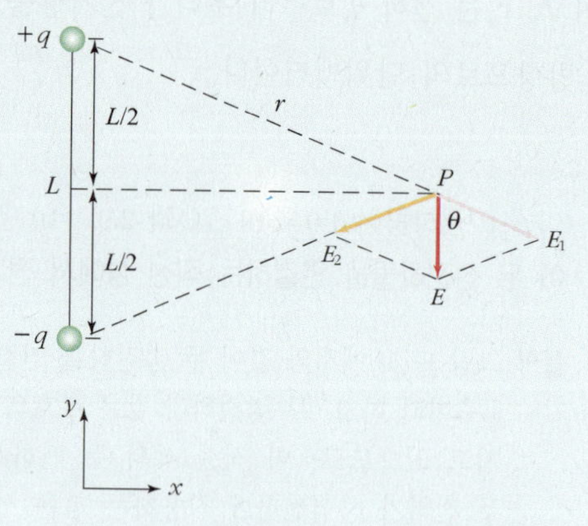

그림 17.11 쌍극자에 의한 전기장 방향

풀이 P점에서의 알짜 전기장 E는 $\mathrm{E}_1 + \mathrm{E}_2$로 주어진다. 여기서 E_1은 $+q$에 의한 전기장이고 E_2는 $-q$에 의한 전기장이다. 두 전기장의 크기는 동일하지만 E_1은 $+q$의 반대방향이고 E_2는 $-q$를 향하는 방향을 갖는다. E_1과 E_2의 x성분은 서로 상쇄되고 y성분은 두 배가 된다. 즉,

$$\mathrm{E} = E_y \mathrm{i} = (E_{1y} + E_{2y})\mathrm{i} = 2E_{1y}\mathrm{i}$$

여기서 $E_{1y} = \dfrac{q}{4\pi\epsilon_0 r^2}\cos\theta$이다.

그림에서 $\cos\theta$는 다음과 같이 주어짐을 알 수 있다.

$$\cos\theta = \frac{L/2}{r} = \frac{L}{2r}$$

그러므로 수직이등분 선상을 따르는 총 전기장은

$$\mathrm{E} = \left(\frac{2q}{4\pi\epsilon_0 r^2}\right)\left(\frac{L}{2r}\right)\mathrm{i} = \frac{qL}{4\pi\epsilon_0 r^3}\mathrm{i}$$

위 식은 거리 r이 L에 비해 그리 크지 않더라도 성립한다. 하지만 전기장의 세기는 $1/r^3$에 비례해 줄어든다. 즉, 수직이등분 선상을 따르는 점들에서의 전기장은

$$\mathrm{E} = -\frac{\mathrm{p}}{4\pi\epsilon_0 r^3}$$

이다. 여기서 $p=qL$이라는 관계식을 사용하였다. 만약 $r \gg L$이면 $r \simeq x$이고 따라서

$$\mathrm{E} \simeq -\frac{\mathrm{p}}{4\pi\epsilon_0 x^3}$$

가 된다. 전기쌍극자에 의한 전기장이 공간상의 모든 점에서 쌍극자모우먼트에 반평행한 것이 아니라 위 식과 같이 오로지 이 쌍극자를 수직이등분 하는 선상의 모든 점들에 대해서만 그러하다는 것이다. 만약 $+q$와 $-q$를 잇는 선 상 (y축 상)의 전기장을 구하고자 한다면 그 크기는 $\mathrm{E} = \frac{2\mathrm{p}}{4\pi\epsilon_0 x^3}$가 되는데 이를 연습문제에서 증명하도록 할 것이다.

연속 전하분포에 의한 전기장

지금까지 우리는 점전하들이 공간에 띄엄띄엄 분포해 있을 때의 전기장에 대해서 알아보았다. 그러나 실제로는 전하들이 도체면이나 어떤 체적 속에 연속적으로 분포되어있는 경우가 대부분이다. 이런 경우, 이들 전하들이 주위에 만드는 전기장을 어떻게 구할 것인지에 대해서 생각해 보기로 하자.

식 (17.8)로 정의되는 전기장은 점전하일 때만 타당한 표현이다. 그러므로 그림 17.12에서와 같은 형태의 체적 V속에 전하 q가 연속적으로 분포되어 있을 때, 이 전하가 만드는 전기장을 구하려면, 먼저 이 전체 전하를 수없이 많은 조각으로 매우 작게 쪼개어서 그 한 조각의 크기가 점에 가깝도록 한다. 이렇게 작게 쪼갠 한 조각의 전하량을 dq라 하자. 그러면 이 점전하 dq로부터 r인 곳에서의 **전기장**(electric field)은

$$d\mathrm{E} = k\frac{dq}{r^2}\hat{\mathrm{r}} \tag{17.13}$$

이 된다. 다음에 이렇게 쪼개어진 각각의 전하들이 r에서 만드는 전기장들을 벡터적으로 더해주면 총 전기장이 구해진다. 따라서 총 **전기장**은 다음과 같다.

$$\mathrm{E} = k\int_V \frac{dq}{r^2}\hat{\mathrm{r}} \tag{17.14}$$

체적전하밀도 ρ는

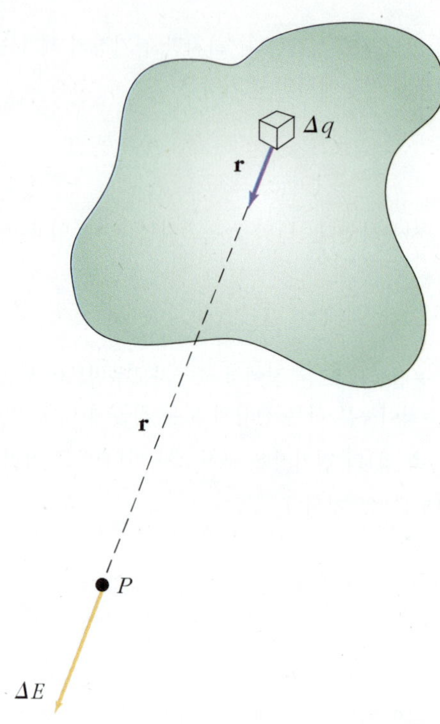

그림 17.12
체적 속에 연속적으로 분포되어 있는 전하에 의한 점 P에서의 전기장은 체적소 ΔV에 들어있는 전하 Δq들에 의한 전기장들의 벡터 합이다.

$$\rho = \frac{dq}{dV} \tag{17.15}$$

이므로 식 (17.14)의 총 전기장은

$$\mathbf{E} = k\int_V \frac{\rho\, dV}{r^2}\hat{\mathbf{r}} \tag{17.16}$$

로 나타낼 수 있다. 만일 전하 dq가 면적 dA에 분포되어 있다면 면전하밀도 σ는

$$\sigma = \frac{dq}{dA} \tag{17.17}$$

이고, 길이 dL에 분포되어 있다면 전하의 선전하밀도 λ는

$$\lambda = \frac{dq}{dL} \tag{17.18}$$

이다. 이들 경우에 대해서 식 (17.16)은 각각

$$\mathrm{E} = k\int_A \frac{\sigma dA}{r^2}\hat{\mathrm{r}} \text{ 와 } \quad \mathrm{E} = k\int_L \frac{\lambda dL}{r^2}\hat{\mathrm{r}} \tag{17.19}$$

의 형태로 바뀌게 된다.

17.5 전기력선

하나의 점전하 q가 만드는 전기장을 생각해보자. 전기장은 벡터이므로 전하 주위의 임의의 한 점에서의 전기장은 화살표로 나타낼 수 있다. 그림 17.13 (a)에서처럼, 이때 화살표의 길이는 그 점에서의 전기장의 크기에 비례하도록 하고, 방향은 정전기력이 작용하는 방향으로 그리면 된다. 점전하 q가 양전하이면 화살의 방향이 이 전하로부터 나가는 방향이고, 음전하이면 들어오는 방향이다.

그런데 모든 점에서의 전기장을 그림 17.13 (a)에서와 같은 모양으로 그리려면 서로 중첩되기 때문에, 그림 17.13 (b)에서처럼 오히려 연속적인 선으로 그리는 것이 효과적이다.

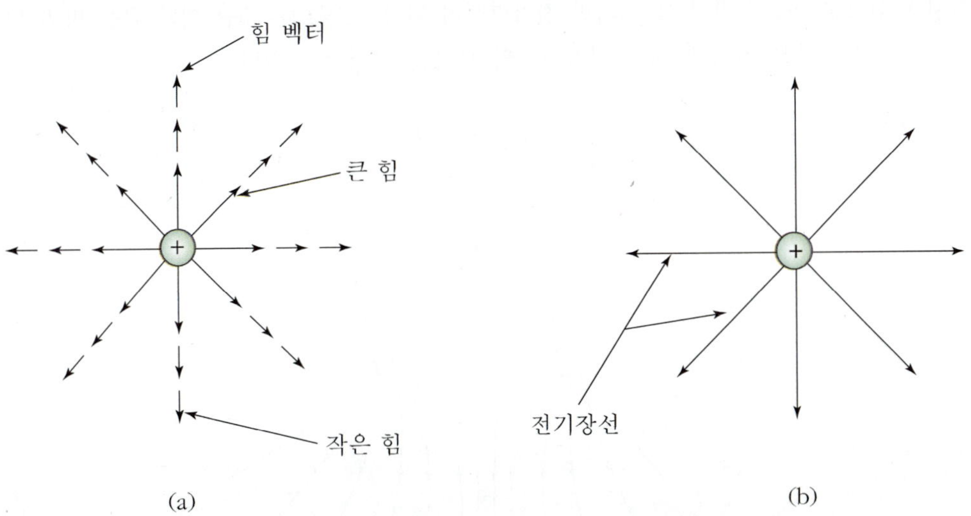

그림 17.13 한 개의 점전하에 의해서 만들어지는 전기력선들을 그리는 방법
(a) 점전하가 시험전하에 작용하는 전기력 벡터들을 보여주고 있다. (b) 그림 (a)에서의 화살표들을 연결하여 그린 전기력선

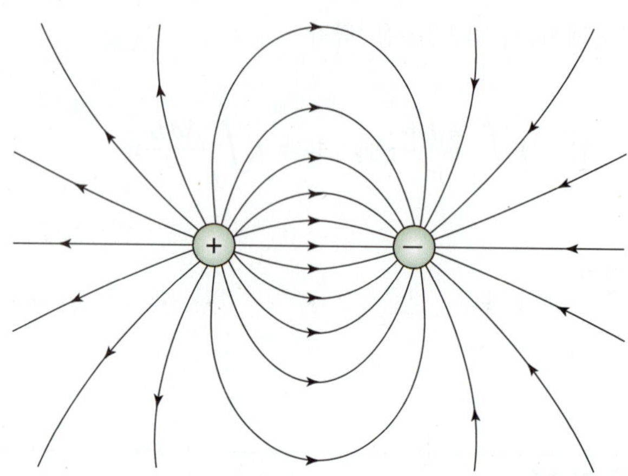

그림 17.14 서로 크기가 같고 부호가 반대인 두 개의 점전하에 의해서 만들어지는 전기력선

이와 같이 전기력이나 전기장 벡터를 연속적으로 그린 선을 **전기력선**(line of electric force)이라 한다. 하나의 점전하 q가 만드는 전기력선들의 모양은 사방이 구멍으로 뚫린 조그마한 구형 노즐을 통해 물줄기를 내뿜어대는 분수대에서 물줄기에 해당한다고 생각하면 이해하기가 쉽다.

하나 이상의 점전하들이 만드는 전기력선은 어떻게 그릴 것인가? 이것에 대해서 생각해보기로 하자. 그림 17.14에서처럼 전하량은 q로 같으나 서로 부호가 다른 두 개의 점전하가 있을 때, 그 주위의 한 위치에서의 전기장은 $+q$와 $-q$가 그 위치에서 만드는 각각의 전기장들을 벡터적으로 더한 것이다. 각 위치에서 이와 같은 방식으로 구한 합 벡터들의 접선 방향으로 연속적인 선을 그리면 전기력선이 된다. 그림 17.15는 이와 같은 방법으로 그린 두 개의 같은 전하에 대한 전기력선의 모양을 보여주고 있다.

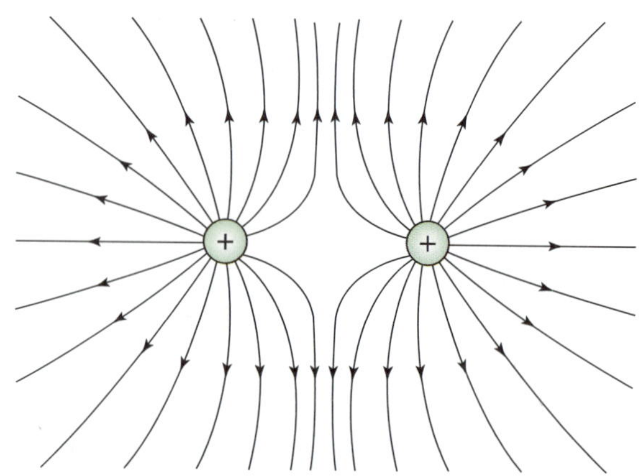

그림 17.15 부호와 크기가 같은 두 개의 점전하에 의해서 만들어지는 전기력선

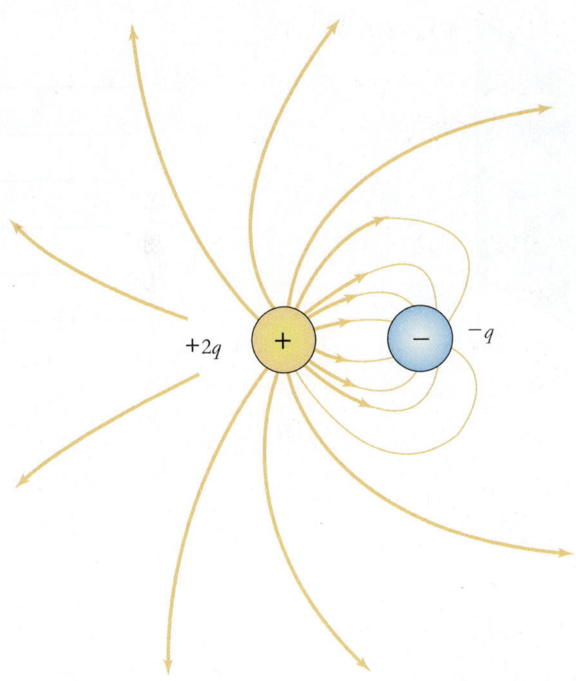

그림 17.16 점전하 $+2q$와 $-q$가 만드는 전기장, $+2q$에서 나온 전기력선의 절반만이 $-q$로 들어간다는 사실에 유의하기 바람.

그림 17.16은 서로 전하의 크기가 달라지면 전기력선의 개수도 달라진다는 사실을 보여준다. 이 그림에서 $+2q$에서 나온 전기력선의 절반만이 $-q$로 들어감을 보이고 있다.

전기력선들의 성질을 요약하면 다음과 같다.

1. 전기력선들은 항상 양전하로부터 출발하고 음전하에서 끝난다.
2. 전기력선의 수는 전하의 크기에 비례한다.
3. 전기장의 세기는 전기장에 수직한 어떤 면을 지나는 전기력선의 수에 비례한다.
4. 전기력선들은 서로 교차하지 않는다.

17.6 가우스의 법칙

점전하가 만드는 전기장은 쿨롱의 법칙에 의해서 쉽게 구할 수 있다. 그렇다면 전하들이 어떤 면이나 체적 속에 연속적으로 분포되어 있을 때, 이 전하분포가 만드는 전기장은 어떻게 구할 것인가? 물론 이런 경우에도 원리적으로는 쿨롱의 법칙에 의해서 구할 수는

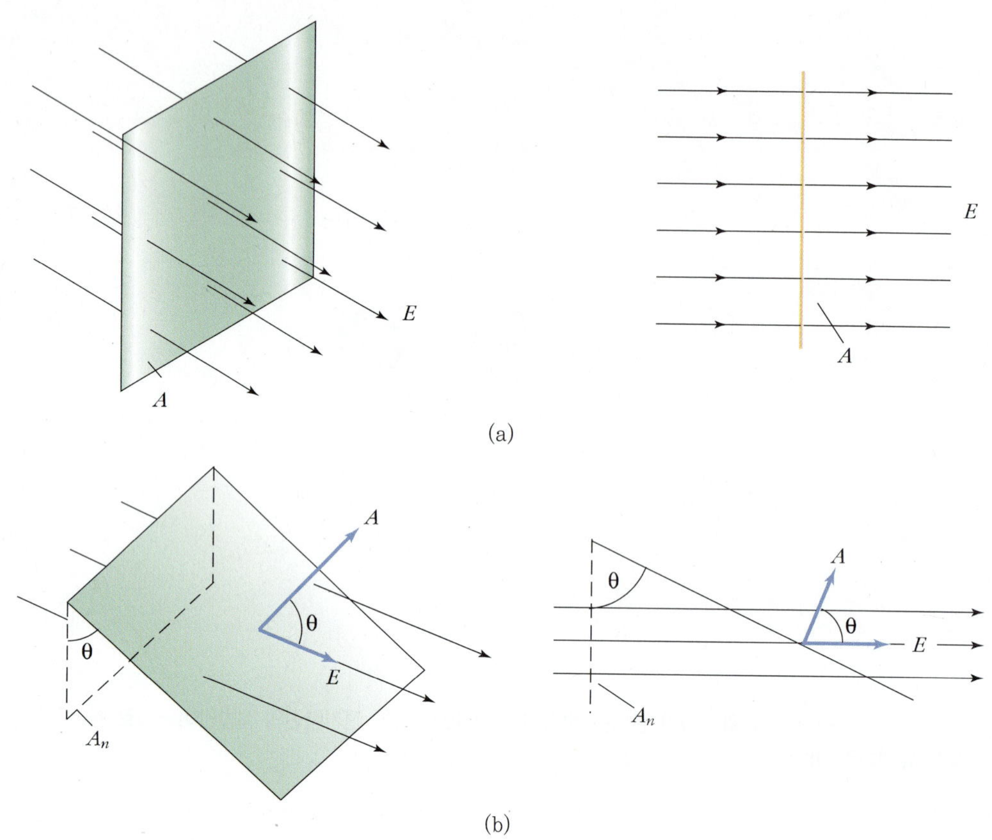

그림 17.17

(a) 전기장에 수직인 면적 A인 평면을 관통하는 전기력선의 수는 $\Phi_E = EA$가 된다.

(b) 만일 면이 전기장에 대해서 각 θ로 기울어져 있으면, 전기선속은 $\Phi_E = EA\cos\theta$가 된다.

있으나, 그에 필요한 적분이 복잡해진다. 이와 같은 경우에, 보다 쉽게 전기장을 구하는 다른 방법이 없을까? 이 물음에 대해서 생각해보기로 하자.

우리는 앞 절에서 전기력선들이 가지는 성질에 대해서 알아보았다. 이러한 전기력선의 성질과 전기장과의 관계를 수식화 할 수 있다면, 이 관계식으로부터 전기장을 구할 수 있을 것이다. 그림 17.17 (a)는 전기장의 크기와 방향이 서로 같은 어떤 영역을 보여주고 있다. 이와 같은 영역을 균일한 전기장의 영역이라 한다. 이제 이 균일한 전기장에 수직하게 놓여 있는 어떤 면을 관통하여 지나가는 전기력선의 수를 구해보자.

전기장의 세기는 전기장에 수직하게 놓인 어떤 면을 지나는 전기력선의 수에 비례하므로 면적이 A인 면을 관통하는 전기력선의 수를 Φ_E라 하면, 이들 사이의 관계를 다음과 같이 나타낼 수 있다.

$$\Phi_E = EA \tag{17.20}$$

여기서 어떤 단면을 관통하는 전기력선의 수, Φ_E를 **전기선속**(electric flux)이라 한다. 그런데 그림 17.17 (b)에서와 같이 전기장에 수직이 아닌 면 A에 대한 전기선속은 어떻게 구하면 될까? 이럴 때는 전기장에 나란한 방향으로 면 A를 투영시켰을 때, 생기는 그림자 면 A_n을 관통하는 전기선속을 구하면 된다. 왜냐하면 A_n을 관통하는 전기력선의 수는 결국 면 A를 관통하는 전기력선의 수와 같을 것이기 때문이다. 따라서 전기선속은 다음과 같다.

$$\Phi_E = EA_n \tag{17.21}$$

여기서 $A_n = A\cos\theta$인 관계가 있으므로 전기선속은

$$\Phi_E = EA\cos\theta \tag{17.22}$$

로 나타낼 수 있다. 여기서 θ는 면적 벡터 $\mathbf{A}$와 전기장 벡터 $\mathbf{E}$ 사이의 각이다. 식 (17.22)를 이들 두 벡터 $\mathbf{A}$와 $\mathbf{E}$로 나타내면 다음과 같다.

$$\Phi_E = \mathbf{E}\cdot\mathbf{A} \tag{17.23}$$

전기장이 균일하지 않거나, 전기력선들이 지나가는 면이 평면이 아닐 경우에는 전기선속이 식 (17.23)에 의해서 간단하게 구해지지 않는다. 이러한 경우에는 그림 17.18에서처럼 면을 아주 작은 조각으로 나누어서, 그 한 조각이 평면과 다름없도록 한다. 이렇게 나눈 조각의 면 $\Delta\mathbf{A}$에서의 전기장은 이 면 내에서도 위치에 따라 다를 수는 있지만, 그 면적이 아주 작으므로 큰 차이가 없을 것이다. 따라서 각각의 면 $\Delta\mathbf{A}$를 지나는 전기선속을 구해서 이들을 더해주면, 이것이 총 전기선속이 된다. 즉,

$$\Phi_E \simeq E_1\cdot\Delta\mathbf{A}_1 + E_2\cdot\Delta\mathbf{A}_2 + \cdots = \sum \mathbf{E}_\mathrm{f}\cdot\Delta\mathbf{A}_\mathrm{f} \tag{17.24}$$

이다. 보다 더 정확하게 전기선속을 구하려면, 면 $\Delta\mathbf{A}_f$를 더 작게 나누어서 $\Delta\mathbf{A}_f \to 0$이 되도록 해서 위와 같은 방법으로 더해주면 된다. 이렇게 구하는 것을 수학에서는 정적분이라 하며, 다음과 같이 표기한다.

$$\Phi_E = \lim_{\Delta A_f \to 0}\sum E_f\cdot\Delta\mathbf{A}_f = \int \mathbf{E}\cdot d\mathbf{A} \tag{17.25}$$

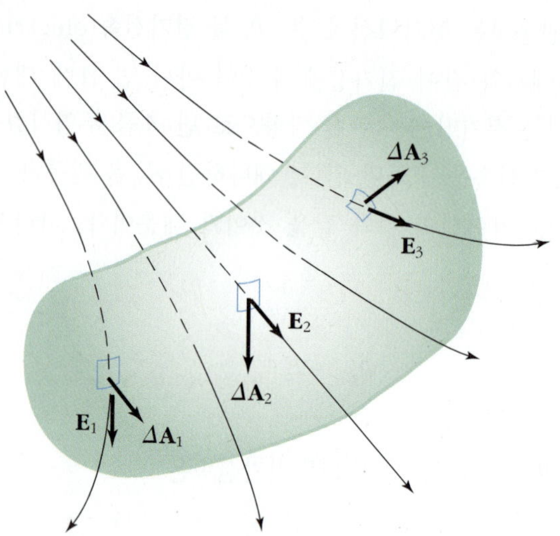

그림 17.18 만일 전기장 선들이 지나가는 면이 평면이 아니거나 전기장이 균일하지 않다면, 이 면을 아주 작은 면적소로 나누어서 각 면적소가 평면과 다름없이 한다.

가우스의 법칙

그림 17.19에서처럼 어떤 공간에 하나의 점전하 q가 놓여있을 때, 전하 주위에서의 전기장의 세기를 생각해보자. 구면 대칭성에 의해서 이 전하를 중심으로 하는 반경 r인 구면 상의 모든 점에서의 전기장의 세기는 같을 것이라는 것은 쉽게 알 수 있다. 또한 이 구면 상의 모든 점에서의 전기장의 방향은 구면에 수직하면서 구면으로부터 외부로 나가는 방향이라는 것도 알 수 있다.

이제 이 반경 r인 구면, 즉 폐곡면 A을 통해 외부로 나가는 총 전기선속을 구해보기로

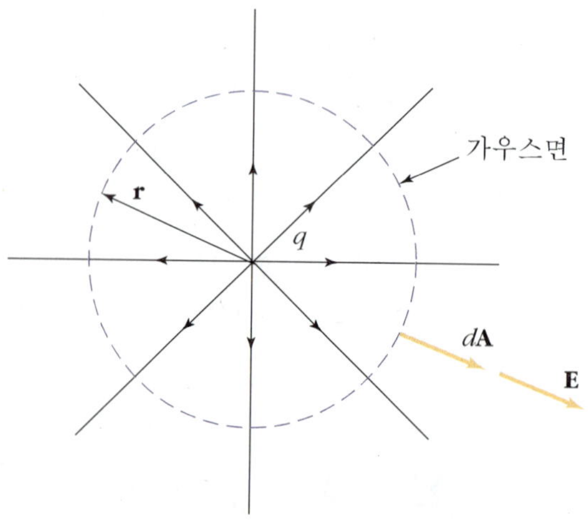

그림 17.19 점전하를 중심으로 하는 구형 가우스 면

하자. 우리가 생각하는 면이 평면이 아니므로, 먼저 평면처럼 보이는 매우 작은 면적 $d\mathrm{A}$를 지나가는 전기선속 $d\Phi_E = \mathrm{E} \cdot d\mathrm{A}$를 구하고 이것들을 전부 더해주면 될 것이다. 폐곡면에서 면적 벡터 $d\mathrm{A}$의 방향은 항상 내부에서 외부로 향하는 방향을 양의 방향으로 한다는 것을 유념하라. 그러면 전기장 E의 방향과 $d\mathrm{A}$의 방향이 서로 같으므로, 총 전기선속 Φ_E는

$$\Phi_E = \oint_A \mathrm{E} \cdot dA = E(4\pi r^2) \tag{17.26}$$

이다. 전하 q로부터 거리 r인 곳에서의 전기장의 세기는 $E = kq/r^2$이므로, $\Phi_E = 4\pi kq$이다. 식 (17.26)에서 상수 k를 $1/4\pi\epsilon_0$으로 바꾸어주면, 다음과 같은 관계식이 얻어진다.

$$\oint_A \mathrm{E} \cdot d\mathrm{A} = \frac{q}{\epsilon_0} \tag{17.27}$$

식 (17.27)에서 보면 폐곡면 A를 지나는 총 전기선속 Φ_E는 거리 r과는 무관하고, 단지 폐곡면 내부에 들어있는 전하량 q에만 비례한다는 사실을 알 수 있다. 그런데 식 (17.27)은 점전하 q를 중심으로 하는 구면에 대한 결과이다. 그렇다면 그림 17.20과 같이 불규칙한

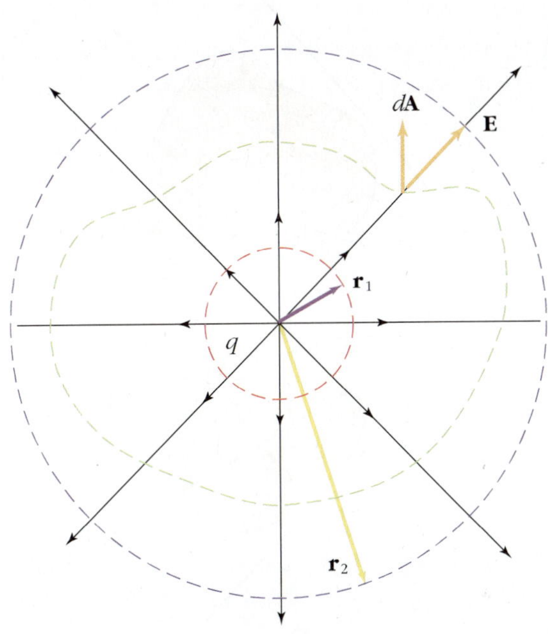

그림 17.20 하나의 점전하 주위의 불규칙한 폐곡면을 통과하는 전기선속. 이 전기선속은 점전하를 중심으로 하는 구면을 통과하는 전기선속과 같다.

형태의 폐곡면에 대해서는 어떻게 될까? 이 경우에도 총 전기선속은 $\Phi_E = \oint_A \mathrm{E} \cdot d\mathrm{A}$ 로서 구할 수 있다. 그러나 이런 경우에는 점전하로부터 폐곡면까지의 거리가 일정하지 않을 뿐더러(이것은 폐곡면 상에서의 E의 값이 일정하지 않다는 것을 의미한다), 각 지점에서 $d\mathrm{A}$와 E가 이루는 각 θ가 일정하지 않으므로 적분이 쉽지 않다. 그러나 이 그림에서 보는 바와 같이, 점전하 q를 중심으로 해서 폐곡면 A의 내부, 혹은 외부에 있는 반경 r_1 혹은 r_2인 구면을 지나는 총 전기선속은 불규칙한 폐곡면 A을 지나는 총 전기선속 Φ_E와 같다는 것을 알 수 있다. 따라서 폐곡면의 모양과는 관계없이 폐곡면을 지나는 총 전기선속 Φ_E를 구하면, 식 (17.27)에서처럼 적분 결과가 $\frac{q}{\epsilon_0}$로 같을 것이다. 이러한 관계를 나타내는 식 (17.27)을 **가우스의 법칙**(Gauss's law)이라 하며, 이 관계식에서 폐곡면 A를 **가우스 면**(Gaussian surface)이라 한다. 전하 q가 양전하라면 전기력선들은 가우스 면 A를 통해 외부로 향할 것이므로 총 전기선속은 양의 부호를, 그리고 음전하라면 내부로 향할 것이므로 총 전기선속은 음의 부호를 갖게 된다.

지금까지는 전하가 폐곡면 내부에 들어 있는 경우만을 살펴보았다. 그렇다면 전하가 폐곡면 외부에 있을 때, 이 전하에 의하여 폐곡면을 통과하는 전기선속은 어떻게 될까? 그림 17.21에서 보는 바와 같이, 폐곡면을 통하여 내부로 들어오는 전기력선도 있고 외부로

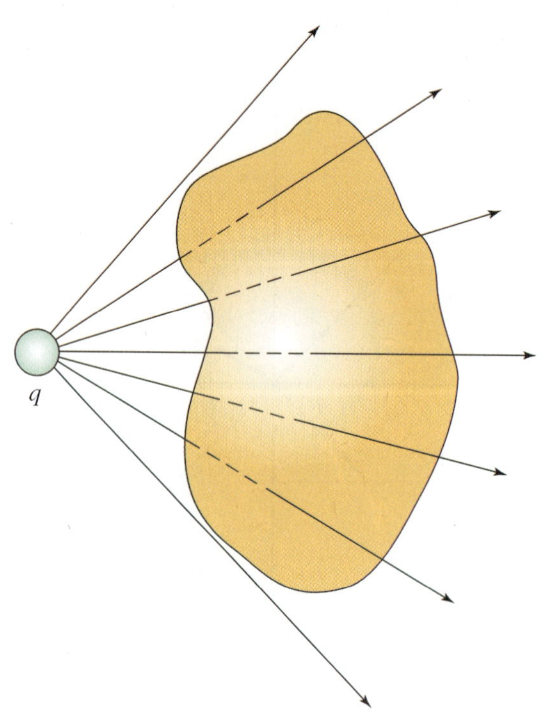

그림 17.21 폐곡면의 외부에 있는 점전하. 이 경우에는 폐곡면으로 들어오는 전기선속과 외부로 빠져나가는 전기선속은 같다.

빠져나가는 전기력선도 있다. 그러나 이 그림으로부터 내부로 들어오는 전기력선과 외부로 빠져나가는 전기력선의 수가 같다는 것을 알 수 있다. 그러므로 이 폐곡면으로부터 외부로 빠져나가는 알짜의 전기선속은 영이 된다. 따라서 가우스의 법칙인 식 (17.27)을 좀더 명확하게 나타내면 다음과 같다.

$$\oint_A \mathrm{E} \cdot d\mathrm{A} = \frac{q_{\text{내부전하}}}{\epsilon_0} \qquad (17.28)$$

여기서 $q_{\text{내부전하}}$는 가우스면 내부에 들어 있는 전하만을 의미하며 E는 가우스 면상에서의 전기장을 나타낸다.

가우스의 법칙은 어떤 폐곡면을 통하여 외부로 빠져나가는 전기선속을 구하는 관계식이지만, 더 중요한 것은 식 (17.14)에 의해서 구하기 어려운 어떤 형태의 전하분포가 만드는 전기장을 이 법칙을 이용하면 쉽게 구할 수 있다는 것이다. 이 법칙을 이용하여 쉽게 전기장을 구하려면 가우스 면을 잘 설정하는 것이 중요한데, 그 요령은 전하분포에 대칭이 되도록 가우스 면을 설정하는 것이다.

예제 17.5 무한히 넓은 부도체 평면상에 전하가 면전하밀도 σ로 균일하게 분포되어 있다. 이 면으로부터 d 만큼 떨어진 곳에서의 전기장을 구하라.

풀이 그림 17.22와 같이 부도체 평면으로부터 위쪽과 아래쪽으로 길이가 d이고 단면이 ΔA인 원통형 가우스 면을 만들고 가우스의 법칙을 이용하여 전기장을 구하면 된다. 가우스 면 내부의 총 전하는 $\sigma \Delta A$이다. 전하가 평면 분포를 하고 있기 때문에 전기장 E의 방향은 이 평면에 수직이면서 위쪽과 아래쪽 방향이다. 따라서 원통형 가우스 면의 측면을 지나는 전기장 성분은 없고, 원통의 위쪽과 아래쪽 면을 지나는 전기장만 있을 뿐이다. 그리고 전하가 평면 대칭으로 분포하고 있기 때문에, 이 가우스 면의 위쪽과 아래쪽 면에서의 전기장의 세기는 같다. 그러므로 이 가우스 면을 관통하는 전기선속 Φ는 다음과 같다.

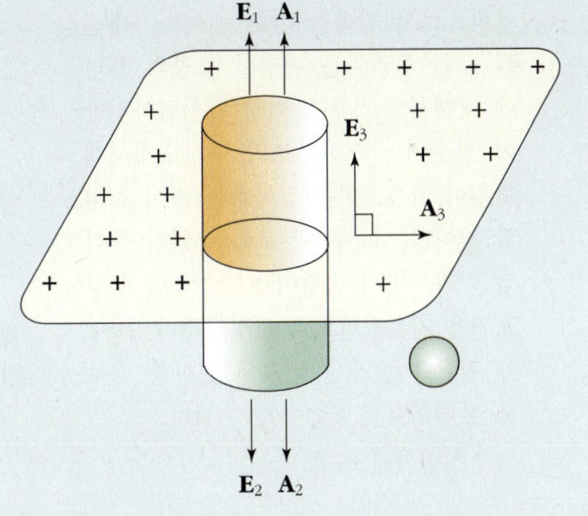

그림 17.22
부도체 평면으로부터 길이가 d이면서, 위와 아래로 대칭이 되게 조그만한 원통형 가우스 면을 만든다. 전기선속은 양쪽 끝의 단면을 통해서만 나간다.

$$\Phi = \oint_S \mathrm{E} \cdot d\mathrm{A} = E\int_{\text{윗면}\Delta A} dA + E\int_{\text{아랫면}\Delta A} dA$$

$$= 2E\Delta A$$

가우스의 법칙으로부터,

$$2E\Delta A = \frac{\sigma \Delta A}{\epsilon_0}$$

$$\mathrm{E} = \frac{\sigma}{2\epsilon_0}\hat{n} \qquad (\hat{\mathrm{n}}\ :\ \text{면에 수직인 단위벡터})$$

따라서 무한히 넓은 부도체 평면상에 전하가 면전하밀도 σ로 균일하게 분포되어 있을 때는 이 면으로부터의 거리에 상관없이 전 공간에 걸쳐 전기장이 균일하다는 것을 알 수 있다.

예제 17.6 구형 전하분포 외부에서의 전기장

17.4절에서 총전하 Q를 갖는 구의 전기장 크기는 점전하 Q가 갖는 전기장과 그 크기가 동일하다고 하였는데 이 결과를 가우스법칙을 이용하여 보여라.

풀이 그림 17.23은 반경이 R이고 총전하량이 Q인 구형전하분포를 나타낸다. 이제 $r > R$인 지점에서의 전기장 크기를 구해보기로 하자. 전하분포는 구형대칭성을 가지므로 전기장은 중심에서 동경방향으로 바깥쪽을 향할 것이다. 대전된 구를 둘러싸는 어떠한 모양의 표면에 대해서도 가우스 법칙은 성립하지만 이 경우에는 전하분포의 구형대칭성에 맞추어 가우스면을 잡아주는 것이 편리할 것이다. 즉 구형분포와 동일한 중심점을 가지면서 반경이 $r\,(> R)$인 구형표면을 가우스면으로 설정해준다. 이렇게 잡은 가우스면은 모든 전하를 내부에 포함하므로 $Q_{in} = Q$가 된다.

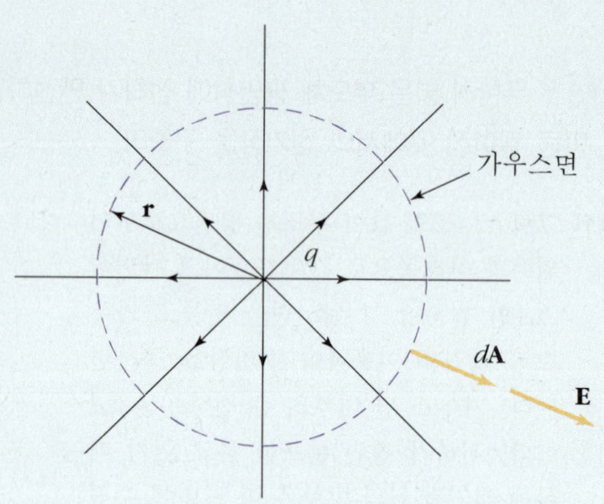

그림 17.23
총전하 Q가 균일하게 분포된 구형전하분포와 외부에 설정한 가우스면

가우스법칙에 따라

$$\Phi_E = \oint \mathrm{E} \cdot d\mathrm{A} = \frac{Q_{in}}{\epsilon_0} = \frac{Q}{\epsilon_0}$$

전기선속을 계산하기위해 전기장의 살펴보면 이 전기장은 모든 면에서 가우스면과 수직이다. 비록 우리가 전기장의 크기를 알지 못하더라도 구형대칭성에 의해 전기장은 구의 중심에서 동일한 거리에서는 일정하다는 사실이다. 그러므로 가우스면을 통과하는 총 전기선속은

$$\Phi_E = EA_{구} = 4\pi r^2 E$$

이다. 여기서 구의 표면적 $A_{구} = 4\pi r^2$을 이용하였다. 이 전기선속 값을 가우스법칙에 대입하면

$$4\pi r^2 E = \frac{Q}{\epsilon_0}$$

가 된다. 그러므로 구형전하분포 외부 거리 r인 지점에서의 전기장 크기는

$$E_{외부} = \frac{1}{4\pi\epsilon_0}\frac{Q}{r^2}$$

또는 벡터형태로 나타내면

$$\mathrm{E}_{외부} = \frac{1}{4\pi\epsilon_0}\frac{\mathrm{Q}}{\mathrm{r}^2}\hat{\mathrm{r}}$$

이다. 여기서 $\hat{\mathrm{r}}$는 동경단위벡터이다.

17.7 도체의 정전기적 성질

구리와 같은 도체들은 그 도체 속의 어느 구리원자에도 속박되지 않고 도체내부를 자유롭게 움직일 수 있는 자유전자들을 가지고 있다. 이러한 도체가 외부 전기장 속에 놓여있게 되면, 그림 17.24에서와 같이 도체 속의 자유전자들이 전기장의 영향으로 쿨롱힘을 받아 왼쪽 도체표면으로 끌려가서 분포하게 되고, 그 대신에 오른쪽 표면에는 양전하가 분포하게 된다. 이와 같이 도체의 양쪽 표면이 음전하와 양전하로 분리되어 분포됨에 따라, 도체 내부에는 이 전하들에 의한 전기장이 외부의 전기장과 반대방향으로 형성되게 된다. 따라서 이렇게 형성되는 전기장의 세기는 양쪽으로 분리되는 전하량에 따라 점차 커져서, 외부 전기장과 크기가 같아질 때까지, 즉 도체내부의 총 전기장이 영이 될 때까지 전하의 이동이 일어

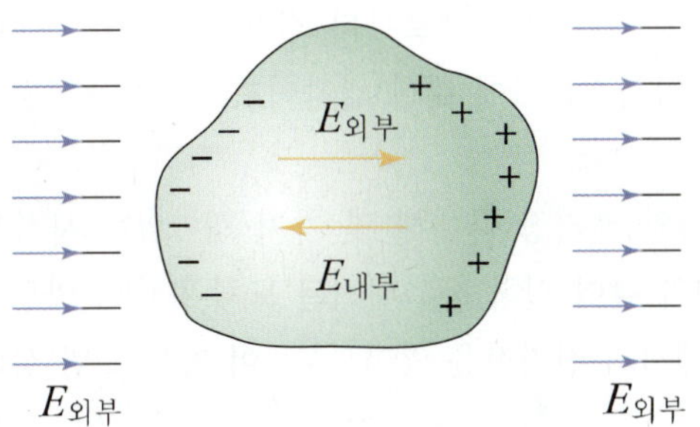

그림 17.24
도체가 외부 전기장 속에 놓이게 되면, 도체 속의 자유전자들이 이 전기장의 영향으로 재배치되어 외부 전기장과 반대인 내부 전기장을 만들게 된다. 따라서 정상상태에서는 도체 내부의 총 전기장은 결과적으로 영이 된다.

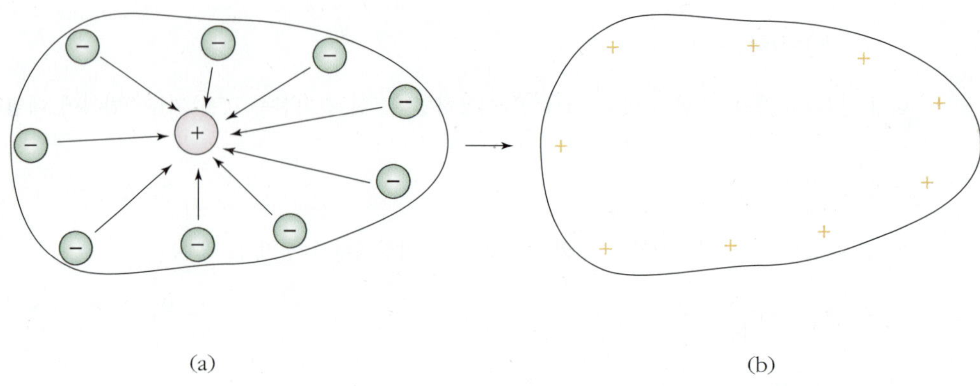

그림 17.25
양전하 q를 도체내부로 주입하게 되면 (a) 도체내부의 자유전자들이 쿨롱힘에 의해 도체의 알짜 전하량이 영이 될 때까지 이 양전하로 끌려와서 정전기적 평형을 이루게 된다. 결과적으로 (b) 표면에는 결국 주입한 만큼의 알짜 양전하가 분포되게 된다.

난다. 일단 도체내부의 전기장이 영이 되면 더 이상의 알짜 전하이동은 일어나지 않는데, 이 때 이 도체는 **정전기적 평형**(electrostatic equilibrium)을 이루고 있다고 한다. 좋은 도체에서는 이러한 정전기적 평형은 매우 짧은 시간(약 10^{-12}s)에 이루어진다.

앞에서는 외부 전기장 속에 도체가 놓여있을 때, 도체가 전하의 재분포에 의해서 정전기적 평형을 이루는 경우를 생각해 보았다. 이번에는 외부로부터 도체내부로 전하를 주입했을 때, 어떻게 정전기적 평형을 이루는지에 대해서 생각해보기로 하자. 먼저 양전하를 도체내부로 주입하는 경우(양전하를 주입한다는 것은 실제로는 도체로부터 같은 양에 해당하는 음전하, 즉 전자들을 외부로 분리시킨다는 것을 의미한다.)를 생각해보자. 그림 17.25에서와 같이 주입된 전하에 의해 도체내부에 전기장이 생기게 되고, 자유전자들이 쿨롱힘에 의해 내부의 알짜 전하량이 영이 될 때까지 양전하로 끌려와서 정전기적 평형을 이루게 된다. 그 대신에 주입된 전하량만큼의 자유전자들이 쿨롱힘에 의해 도체 표면으로부터 내부의 양전하로 끌려왔기 때문에, 표면에는 결국 주입한 만큼의 알짜 양전하가 남아있게 된다. 음전하를 주입하는 경우(음전하를 주입한다는 것은 양전하의 경우와는 반대로 외부로부터 전자들을 도체로 주입하는 것을 의미한다.)에는 주입된 전자들이 쿨롱힘에 의해 서로 반발하여 도체표면으로 밀려나가 재배치가 이루어진다. 이와 같이 어떤 도체가 양전하 또는 음전하로 대전된다는 것은 전기적으로 중성인 도체로부터 전자를 외부로 분리시켰는가, 아니면 외부로부터 전자를 도체로 주입시켰는가에 대한 결과이며, 이들 주입된 전하들은 모두 도체 표면에 분포하게 된다.

가우스의 법칙은 도체와 관련한 전하와 전기장에 대해 몇 가지 재미있는 사실을 추론하는 데 이용될 수 있다. 그림 17.26에서와 같이 전하 q로 대전된 도체 표면의 바로 안쪽에 있는 가우스 면을 상상해보자. 도체내부에서의 전기장은 영이므로, 이 가우스 면 상의 모든

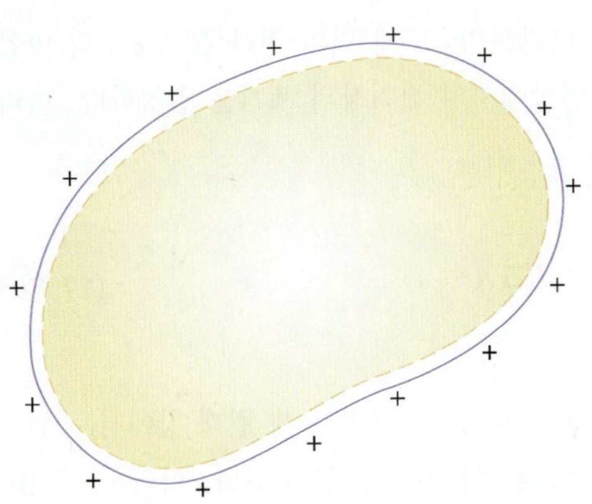

그림 17.26
전하 q로 대전된 도체 표면 바로 안쪽의 가우스 면. 도체내부에서의 전기장은 영이므로 가우스 면 상에서 전기장에 대한 면 적분을 하면 영이 된다. 따라서 가우스의 법칙에 따라 내부의 알짜 전하는 영이 된다.

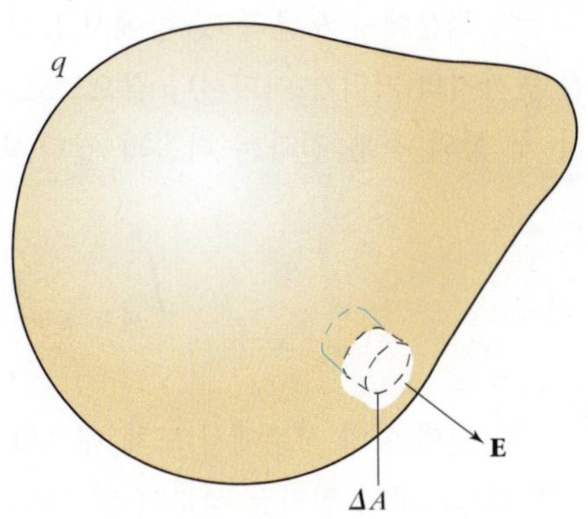

그림 17.27
전하 q로 대전된 도체

점에서 전기장 E는 영이 된다. 따라서 가우스의 법칙인 식 (17.28)을 적분한 결과는 영이 된다. 이것은 가우스 면 내부에는 알짜 전하가 없다는 것을 의미하며, 그렇기 때문에 대전된 전하는 도체 표면에만 존재해야 한다.

다음에는 도체 표면 바로 바깥에서의 전기장을 가우스의 법칙을 이용하여 구해보자. 그림 17.27에서와 같이 도체 면을 중심으로 해서 도체 외부와 내부를 포함하면서 단면적 ΔA가 매우 작으면서 길이가 매우 짧은 원통형 가우스 면을 만들되, 양쪽 끝 면을 도체 면과 나란하게 하자. 원통의 단면적을 작게 하는 것은 가우스 면 내부에 포함된 도체 면이 평면과 다름없이 하기 위해서이고, 길이를 짧게 하는 것은 도체면 바로 바깥에서의 전기장을 구하기 위해서이다. 가우스법칙을 적용하기 전에 도체면 바로 바깥에서의 전기장의 방향은 표면에 수직하다는 사실을 알아야 하다. 만일 전기장이 표면에 수직하지 않게 되면 표면의 접선방향으로의 전기장 성분을 갖게 되고, 따라서 전하들이 도체 표면을 따라 이동하게 되므로 아직 정전기적 평형을 이루지 못한 것이 된다. 그리고 도체 내부에서의 전기장은 영이다. 이제 이렇게 만든 가우스 면을 따라 가우스의 법칙인 식 (17.28)의 적분을 다음과 같이 해보자.

$$\begin{aligned} \Phi &= \oint \mathrm{E} \cdot d\mathrm{A} \\ &= \int_{\text{바깥 끝면}} \mathrm{E} \cdot d\mathrm{A} + \int_{\text{내부 끝면}} \mathrm{E} \cdot d\mathrm{A} + \int_{\text{측면}} \mathrm{E} \cdot d\mathrm{A} \\ &= \frac{q_{\text{내부전하}}}{\epsilon_0} \end{aligned} \qquad (17.29)$$

이 적분에서 오른쪽 첫 항에서 E와 dA는 나란하며, 도체 면의 전하 분포로부터 바깥 끝 면까지의 거리가 어디서나 같으므로, 이 끝 면상에서의 전기장의 세기는 일정하다. 따라서 첫 항의 적분 결과는 다음과 같다.

$$\int_{\text{바깥 끝면}} \mathrm{E} \cdot d\mathrm{A} = E\Delta A \tag{17.30}$$

두 번째 항의 적분에서 도체 내부의 전기장은 영이므로, 그리고 세 번째 항에서는 원통 측면 방향으로의 전기장 성분이 없으므로 이 두 항의 적분결과는 영이 된다. 따라서 면전하 밀도를 σ라 할 때, 식 (17.28)의 적분결과는

$$E\Delta A = \frac{q_{\text{내부전하}}}{\epsilon_0} = \frac{\sigma \Delta A}{\epsilon_0} \tag{17.31}$$

와 같이 된다. 이 관계식으로부터 전기장의 크기

$$E = \frac{\sigma}{\epsilon_0} \tag{17.32}$$

를 얻는다. 여기서 구해진 전기장은 원통형 가우스 면 중에서 도체 바로 바깥 끝 면에서의 적분 결과이므로, 도체 표면상에서의 전기장이 된다.

정전기적 평형을 이루고 있는 고립된 도체의 성질을 요약하면 다음과 같다.

1. 도체 내부에서의 전기장은 영이다.
2. 도체에서의 알짜 전하는 도체 표면에 분포된다.
3. 도체 바로 바깥에서의 전기장은 도체 표면에 수직하다.
4. 도체 바로 바깥에서의 전기장의 크기는 σ/ϵ_0이다.

연습문제
EXERCISES

1 유리막대를 실크 천으로 문질러서 유리막대에 3nC의 전하량을 갖게 하였다. 이 마찰과정 중, 양성자가 유리막대에 추가된 것인지 아니면 전자가 제거된 것인지를 설명해 보아라.

2 알짜전하 영인 상태에 있던 1.0g의 순수한 금조각에서 1.0%의 전자를 제거했다면 알짜전하량은 얼마인가?

3 그림 17.28에서처럼 평면상에 3개의 점전하 q_1, q_2, q_3가 있다. q_1에 작용하는 쿨롱힘을 구하라.

$q_1 = -1.0\times10^{-6}\text{C}$, $q_2 = 3.0\times10^{-6}\text{C}$, $q_3 = -2.0\times10^{-6}\text{C}$이고, $r_{12} = 15\,\text{cm}$, $r_{13} = 10\,\text{cm}$, $\theta = 30°$이다.

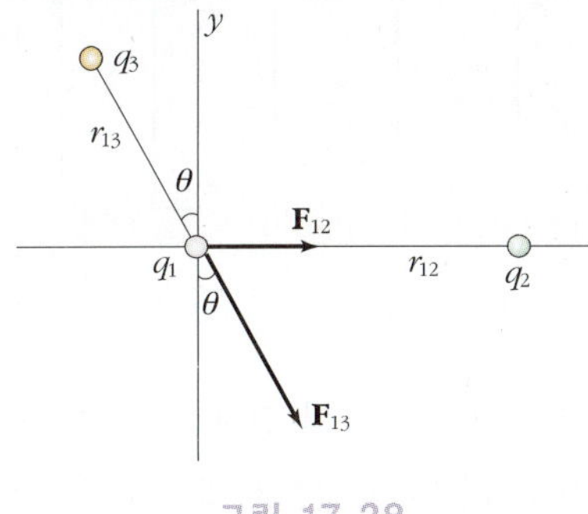

그림 17.28

4 수소 원자에서 전자와 양성자 사이의 거리는 $5.3\times10^{-11}\,\text{m}$이다. 전자와 양성자 사이의 (a) 정전기력과 (b) 만유인력을 구하라.

5 전하량이 $+2e$인 알파입자가 전하량 $+79e$인 금(gold)의 핵쪽으로 고속으로 입사한다. 알파입자가 금의 핵과 $2.0\times10^{-14}\text{m}$인 지점에 도달하였을 때 전기력의 크기를 구하라.

6 질량이 각각 0.20g인 두 개의 금속구가 그림 17.29에 보인 것과 같이 질량이 없는 줄에 의해 2θ의 각도를 이루고 매달려 있다. 두 금속구의 전하량이 같고 $\theta = 5°$일 때 평형을 이룬다고 하자. 줄의 길이가 30cm라면 각 전하의 크기는 얼마인가.

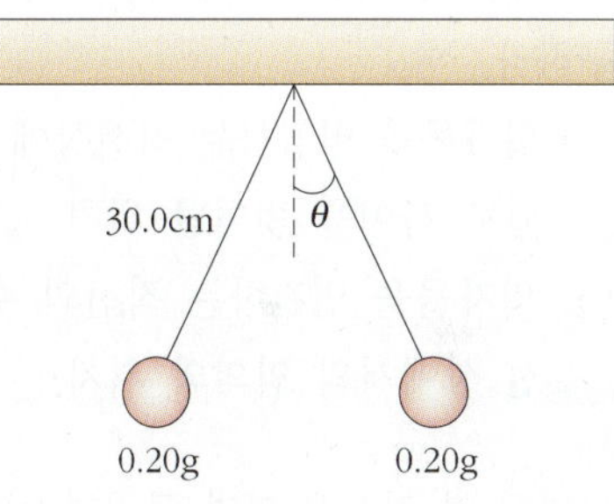

그림 17.29 전기장

7 빈 공간에도 전기장이 존재할 수 있을 것인가? 그렇다면 그 이유를 설명해 보아라.

8 지구는 중심방향 쪽을 향하고 평균 크기가 100N/C인 전기장을 갖는다. 이 전기장은 번개와 같은 다양한 현상에 의해 유지되고 있다. 지구표면에 존재하는 잉여전하량은 얼마인가?

9 그림 17.30에서처럼 하나의 양성자가 균일한 전기장 $E = 10^3 \mathrm{i}\,\mathrm{N/C}$에 나란하게 초기 속도 $10^5\,\mathrm{m/s}$로 입사되었다. 이 양성자가 거리 4cm만큼 이동했을 때의 속도를 구하라.

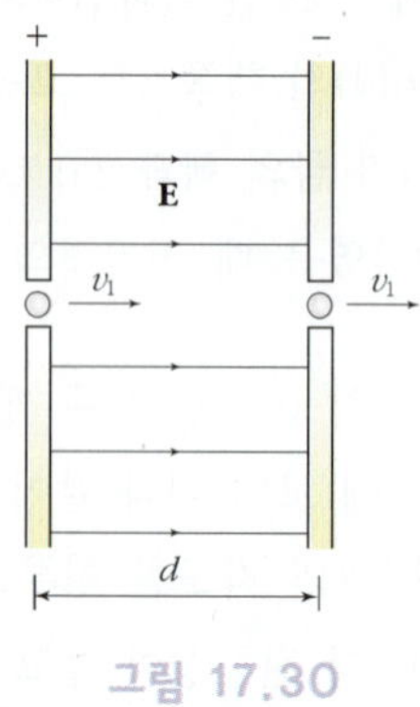

그림 17.30

10 전하량 Q인 두 개의 입자가 거리 $2a$만큼 떨어져 있다. 다음의 각 위치에서의 전기장을 구하라.

(a) 입자들을 연결하는 직선상에 있으나, 두 입자 사이를 벗어난 위치.

(b) 입자들을 연결하는 직선의 수직 이등분선 상에서의 임의의 위치.

11 무한히 긴 직선을 따라 균일한 선전하밀도 λ로 전하가 분포되어 있다. 이 직선 선전하 분포로부터 수직한 방향으로 R만큼 떨어진 위치에서의 전기장을 적분에 의해 계산하라.

12 반경 R인 부도체 구의 전 체적에 걸쳐 전하 Q가 균일하게 분포되어 있다. 이 부도체 구의 (a) 외부와 (b) 내부에서의 전기장을 구하라.

13 반경 a인 매우 긴 원통형 부도체에 단위 체적당 ρ로 균일하게 전하가 분포되어 있다. 이 부도체 외부에서의 전기장을 구하라 (그림 17.31 참조).

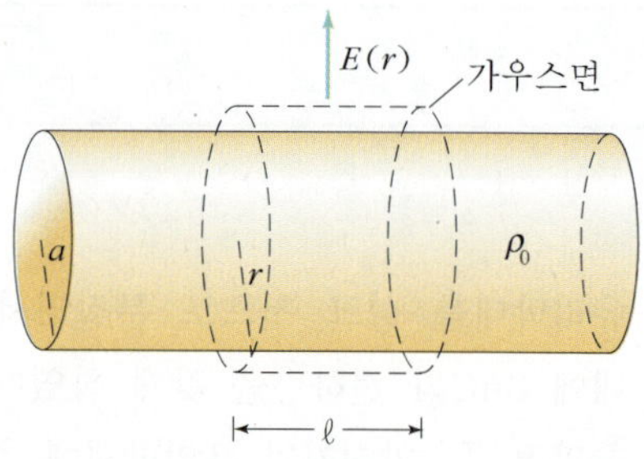

그림 17.31
원통형 전하분포와 동심축으로 하는 원통형 가우스 면. 원통의 측면을 통과하는 전기선속만이 존재한다.

14 그림 17.32에 보이듯이 두 평행판 사이에 수직으로 전기장이 걸려있는 속으로 전자가 수평입사 한다. 평행판 사이의 거리는 4.0cm이고 그 길이는 5cm이다. 전자의 초기속도를 $10 \times 10^6\,\mathrm{m/s}$라 할 때, 두 판의 중간지점으로 입사한 전자가 판의 반대쪽 끝을 통과할 때 위쪽 판과 충돌하려면 전기장의 세기를 얼마로 해야 할까?

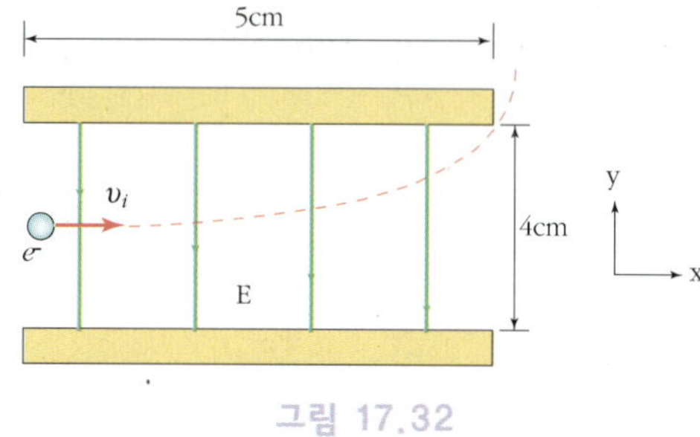

그림 17.32

15 얇은 구각이 양의 전하 Q로 대전되어 있다. 전기력선이 균일하게 도체표면을 통해 나온다고 한다. 다음의 두 가지 다른 상황에 대해 전기력선을 각각 그려 보아라.

(a) 구각이 매우 작고 아주 먼 곳에서 관측할 때

(b) 구각 내부의 공동에서 전기력선을 관측할 때

16 서로 다른 전하로 대전된 두 평면판 사이에 전기장이 걸려있다. 전하를 띠지 않는 금속구를 이 판 사이에 삽입한다. 이 구는 크기가 두 극판 사이의 전하분포에 영향을 미치지 않을 정도로 작다고 하자. 두 극판 사이의 전기력선이 이 금속구 때문에 어떻게 변화할 지 그려보아라.

17 그림 17.33과 같이 x축 방향으로 전기장이 걸려있다. 이 전기장 내부에 한 변의 길이가 L인 정육면체를 놓았을 때 각 면에 형성되는 전기선속들을 구하라.

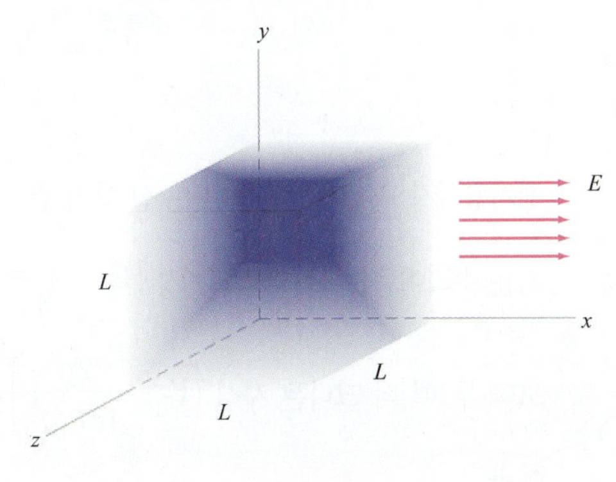

그림 17.33

18 단위 면적당 σ로 균일하게 전하가 분포되어 있는 무한히 넓은 부도체 평면 근처에, 그림 17.34와 같이 이 평면에 각 θ로 비스듬히 기울어진 면적 A인 평면을 지나는 전기선속을 계산하라.

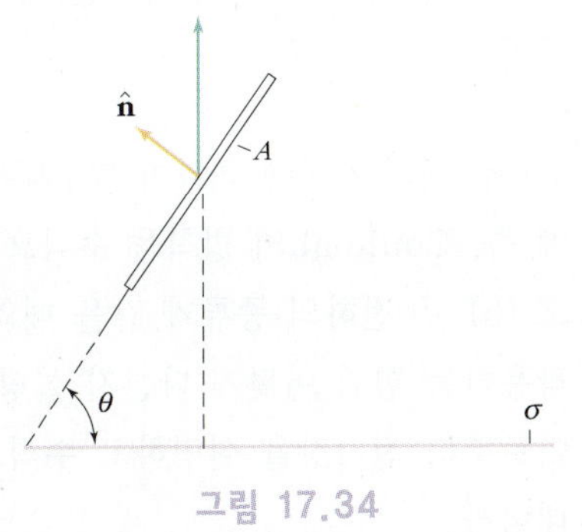

그림 17.34

19 연습문제 17.11에서의 전기장을 가우스의 법칙을 이용하여 구하라.

20 반경 R인 속이 빈 구형 도체가 균일하게 전하 Q로 대전되어 있다. 도체 (a) 외부와 (b) 비어있는 내부에서의 전기장을 구하라 (그림 17.35 참조).

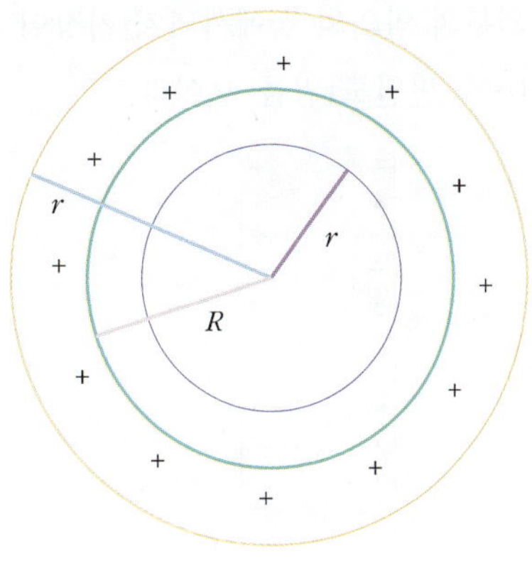

그림 17.35

21 지름이 2.0cm인 도체구에 2nC의 전하가 균일하게 분포되어 있다. 구 표면에서의 전기장을 구하라.

22 반경이 20cm인 공이 균일하게 80nC의 전하분포를 가진다.

(a) 이 공의 전하밀도는 얼마인가?

(b) 반경이 5, 10, 그리고 20cm인 위치에서의 전하는 얼마인가?

(c) 중심으로부터 5, 10, 그리고 20cm인 위치에서의 전기장의 크기는 얼마인가?

23 내경이 a이고 외경이 b인 구각(spherical shell)이 있다. 구각에는 $+2Q$의 전하가 분포하고 구각의 원점에 $+Q$의 점전하가 놓여있다.

(a) 다음 세 영역 ($r \le a$, $a < r < b$, $r \ge b$)에서의 전기장을 구하라.

(b) 구각의 안쪽 면에 얼마만큼의 전하가 존재하는가?

(c) 바깥 쪽 표면에는 또 얼마의 전하가 존재하는가?

24 무한 도체평면에 그림 17.36과 같이 전하가 분포해 있다. 가우스법칙을 이용하여 이 도체 외부의 임의의 점에서의 전기장이 $E = \sigma/\epsilon_0$ (σ : 면밀도)임을 보여라.

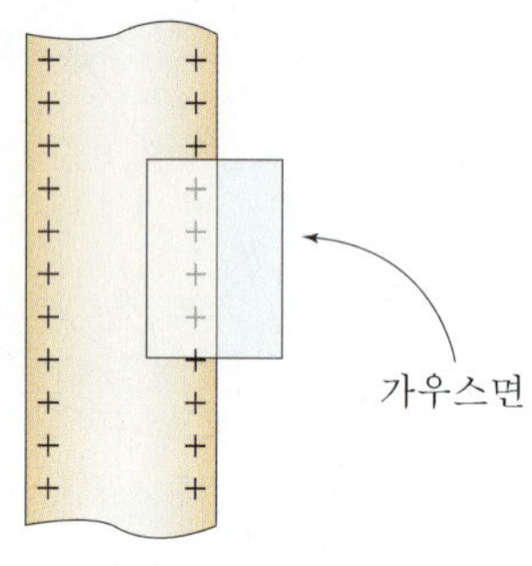

그림 17.36

25 그림 17.37은 면밀도 σ인 무한평면으로부터 d만큼 떨어져 존재하는 무한 넓이의 도체판을 보여준다. 영역 1, 2, 3, 그리고 4에서의 전기장 크기 E_1, E_2, E_3, 그리고 E_4를 구하라.

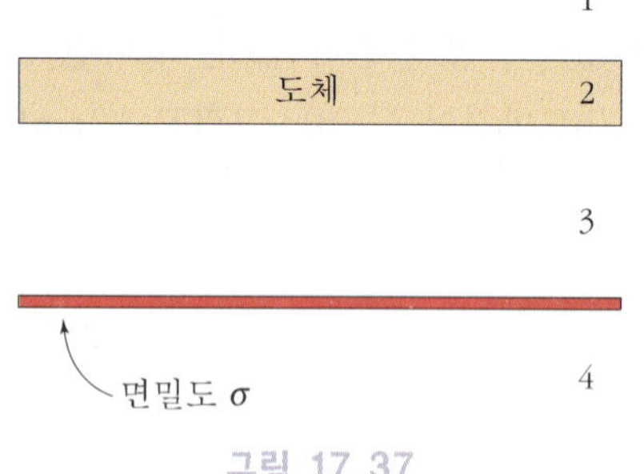

그림 17.37

26 금속 구각이 내경 12cm와 외경 20cm를 갖고 있다. 구각 내면의 전하밀도는 −100 nC/m^{2}이고, 외면의 밀도는 +100nC/m^{2}이다. 중심으로부터 4, 8 그리고 12cm 떨어진 지점에서의 전기장 크기와 방향을 각각 구하라.

27 중성상태인 도체 내부에 공동(cavity)가 존재하고 그 공동에 점전하 Q가 들어있다. 이 도체를 둘러싸는 폐곡면을 통과하는 알짜 전기선속은 얼마인가?

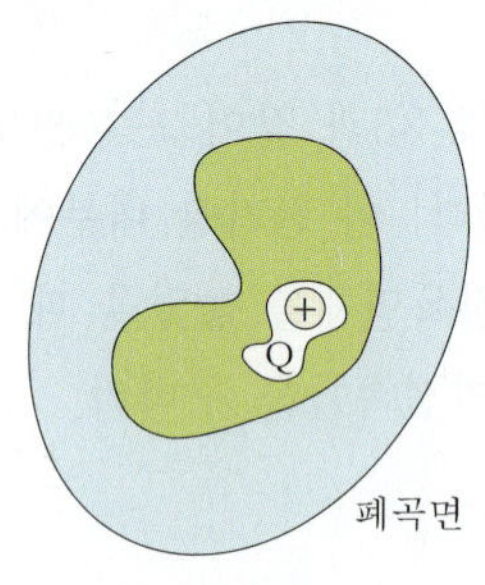

그림 17.38

28 전기쌍극자 $+q$와 $-q$를 잇는 선 상의 전기장 크기는 수직이등분 선 상의 전기장 $\left(\mathrm{E} = \dfrac{\mathrm{p}}{4\pi\epsilon_0 y^3}\right)$ 보다 두 배 더 크다는 사실 $\left(\mathrm{E} = \dfrac{2\mathrm{p}}{4\pi\epsilon_0 y^3}\right)$을 보여라.

29 전자와 양성자 각각이 갖고 있는 전하의 크기를 나타내어라.

30 (a) 전하 보존의 법칙(Law of Conservation of Charge)을 설명하고 (b) 전하가 서로 분리할 수 있는지 구체적인 예를 들어 논하라.

31 (a) 두 개의 전하에 의하여 형성되는 힘의 관계 즉, Coulomb의 법칙을 수식으로 나타내고 (b) 두 전하의 종류가 같을 때와 다를 때 작용하는 힘이 어떻게 다른지 설명하라. (c) 이로부터 전기장을 설명하고 수식으로 나타내어라.

32 (a) 전자와 양성자 각각이 갖고 있는 전하의 크기를 나타내어라. (b) 전하 보존의 법칙(Law of Conservation of Charge)을 설명하고 (c) 전하가 서로 분리할 수 있는지 구체적인 예를 들어 논하라.

33 전자 30개로 대전되어 있는 먼지 하나가 $E=20\text{N/C}$인 전기장에 노출되었다.
(a) 이 먼지가 받는 힘은 얼마인가?
(b) 먼지의 질량이 $3\text{mg}(3\times10^{-6}\text{kg})$라고 하면 이 먼지가 갖게 되는 가속도는 얼마인가?
(c) 이 먼지의 앞으로의 최종 행로를 예측하여 보아라.

34 진공 중에서 $Q_1=5.0\times10^{-6}C$의 전하와 $Q_2=2.0\times10^{-6}C$의 전하가 서로 2m 떨어져 있다.
(a) 두 대전체의 중간 지점에 작용하는 전기장의 세기와 방향을 구하여라.
(b) 만일 두 대전체의 중간 지점에서 수직 위 방향으로 다시 1m 더 떨어진 곳에서는 어떻게 되겠느냐? 여기서 유전율의 함수인 $1/(4\pi\epsilon_o)$로도 주어지는 상수 k는 $9.0\times10^{9}\text{Nm}^2/\text{C}^2$의 값을 갖는다.

35 300V의 전압 차로 2cm 떨어져 있는 두 평행 극판 사이를 전자빔이 통과한다. (a) 전자빔은 이 판 사이를 지나면서 어떤 방향으로 휘겠는지 그림으로 나타내어라. (b) 극판 사이의 영역에 대한 전기장의 값은 얼마이며, (c) 각각의 전자가 이 전기장에 의해 받는 힘의 크기는 얼마인가? (d) 전자의 가속도의 크기와 방향은 무엇인가? (e) 전자가 이 판 사이의 영역을 지나면서 그리는 경로의 형태는? $(q=1.6\times10^{-19}C,\ m=9.1\times10^{-31}\text{kg})$.

36 3개의 양전하가 직선을 따라 놓여있다. 점 A의 0.05C 전하는 점 B의 0.02C 전하 왼쪽으로 2m 거리에 놓여 있고 점 C의 0.03C 전하는 점 B의 오른쪽 1m 거리에 놓여있다. (a) 0.05C 전하에 의해 0.02C 전하에 작용하는 힘의 크기, (b) 0.03C 전하에 의해 0.02C 전하에 작용하는 힘의 크기, (c) 다른 두 전하가 0.02C 전하에 작용하는 힘의 크기는 각각 얼마인가? (d) 만일 0.02C 전하를 다른 두 전하에 의해 발생되는 전기장의 세기를 조사하는 시험전하로 사용한다면, 점 B에서 전기장의 크기와 방향은? (e) 점 B의 0.02C 전하가 −0.06C의 전하로 대체된다면 이 새로운 전하에 작용하는 정전기력의 크기와 방향은?

37 서로 다른 전하로 대전된 두 개의 수평판 사이로 나란하게 전자가 투영되었다. 두 판 사이의 전기장은 위쪽으로 500N/C일 때, (a) 전자에 작용하는 힘, (b) 전자가 판을 벗어날 때 수직으로 3mm 휘었다면 운동에너지의 증가를 구하여라.

38 $Q=-50\text{nC}$의 전하가 A에서 0.3m, B에서 0.5m 떨어져 있다. (a) A지점에서의 전위, (b) B 지점에서의 전위, (c) 다른 점전하 q가 A에서 B로 움직일 때 작용하는 전위차는 얼마이며 전위는 증가한 것인가 감소한 것인가?

18 전위와 전기용량

제 17 장에서 전하와 전기장의 개념을 배웠다. 이 장에서는 전위(혹은 전기퍼텐셜)와 전기용량에 대해 알아보고자 한다. 전위는 단위전하 당 갖는 전기퍼텐셜에너지로 정의되는데, 스칼라 양인 전위를 이용하면 전기장을 구하는 것이 훨씬 간편해진다. 전위로부터 전기용량을 정의할 수 있으므로 전기전자 회로의 기본소자인 축전기를 쉽게 이해할 수 있다. 축전기는 라디오의 동조회로, 자동차의 점화장치 등에 사용되는 가장 보편적인 전자소자이다.

18.1 전위

역학 부분에서 중력장에 축적된 에너지를 의미하는 중력퍼텐셜에너지에 대해 배웠다. 같은 의미로서 **전기퍼텐셜에너지**(electric potential energy)는 전기장에 축적된 에너지를 말한다. 중력과 전기퍼텐셜에너지 모두에 있어 물체가 움직일 때 생기는 퍼텐셜에너지의 차이는 전기장이나 중력에 의해 행해진 일과 그 크기는 같지만 부호는 반대이다. 즉,

$$\Delta U = -W_{장(field)} \tag{18.1}$$

이다. 여기서 음의 부호는 **장**(場; field, 지금의 경우에는 중력장 혹은 전기장 모두에 대해 성립한다)이 물체에 양의 일을 해 줄 때 물체의 에너지는 $W_{장}$ 만큼 증가한다는 의미이다. 이제 전기퍼텐셜에너지를 전기장과 연관시켜보자.

그림 18.1과 같이 시험전하 q_0가 놓인 위치의 전기장이 $\mathbf{E}$일 때 전하가 받는 힘은 $q_0\mathbf{E}$이다. 이 힘은 전기장 $\mathbf{E}$를 생성시키는 여러 전하가 q_0에 미치는 힘들의 벡터 합이기도 하다. 만일 외부에서 일을 해서 이 전하를 A점에서 B점으로 이동시키는 과정을 생각해보자. A에서 B로 가는 동안 전하가 받는 힘 $q_0\mathbf{E}$와 크기는 같고 방향이 반대인 외부 힘 $-q_0\mathbf{E}$를 주어서 변위 $d\mathbf{s}$ 만큼 이동하였다면 외부의 힘이 한 일은 $-q_0\mathbf{E}\cdot d\mathbf{s}$이다. 따라서 A에서 B까지 전하를 이동시키는 데 필요한 일 W_{AB}는

$$W_{AB} = -q_0\int_A^B \mathbf{E}\cdot d\mathbf{s} \tag{18.2}$$

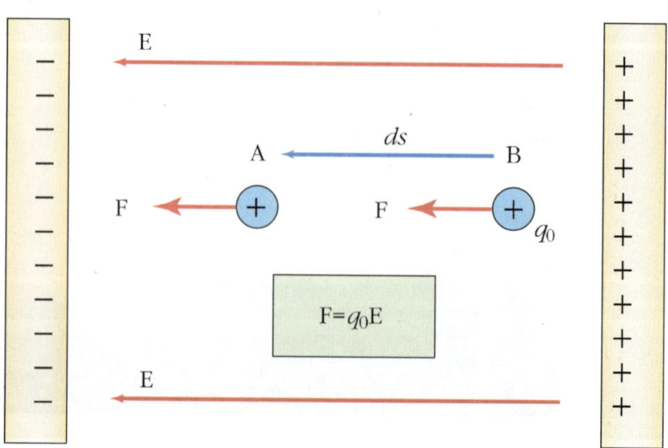

그림 18.1 전기장 내에 놓인 시험전하 q_0가 느끼는 전위

이다. 이 일은 전기 퍼텐셜에너지의 증가 $\Delta U = U_B - U_A$와 같다.

$$\Delta U = U_B - U_A = -q_0 \int_A^B \mathbf{E} \cdot d\mathbf{s} \tag{18.3}$$

단위 시험전하 당 전기퍼텐셜에너지를 **전위**(electric potential; 혹은 전기퍼텐셜)라고 한다.

$$\Delta V = \frac{\Delta U}{q_0} = V_B - V_A = -\int_A^B \mathbf{E} \cdot d\mathbf{s} \tag{18.4}$$

즉, 전위 ΔV는 외부 전기장이 단위 시험전하를 A에서 B까지 옮기는 데 한 일과 같다. 이런 의미로 볼 때 이 전위는 두 지점 간의 **전위차**(electric potential difference)를 의미하게 된다. 전위는 어떤 편리한 점에서 0이 되도록 취할 수 있다.

보통 q로부터 무한히 멀리 떨어져 있는 점의 전위를 0으로 잡는다. 즉, A가 q로부터 무한히 멀리 있을 때 $V_A = 0$라고 하면 임의의 점 P에서의 전위는

$$V_P = -\int_\infty^P \mathbf{E} \cdot d\mathbf{s} \tag{18.5}$$

이다.

전위의 국제단위는 이탈리아의 물리학자 **볼타**(Alessandro Volta, 1745~1827)의 업적을 기념하여 **볼트**(V)를 사용한다. 1V는

$$1\text{V} \equiv 1\,\text{J/C} \tag{18.6}$$

으로 정의되는데 이는 1C의 전하가 1V의 전위차를 넘어오기 위해서는 외부에서 1J의 일을 해 주어야 함을 뜻한다. 식 (18.4)에서 보듯이 전위[V]는 전기장[N/C]과 거리[m]의 곱과 같은 단위를 가진다. 따라서 전기장의 단위인 N/C은 V/m와 같은 차원을 갖게 된다.

원자와 핵의 세계에서 주로 사용되는 에너지의 단위는 **전자볼트**(electron volt; eV)이다.

$$\begin{aligned} 1\,\text{eV} &= (1.6 \times 10^{-19}\,\text{C})(1\,\text{V}) \\ &= 1.6 \times 10^{-19}\,\text{J} \end{aligned} \tag{18.7}$$

예를 들면 TV 브라운관의 전자총에서 나오는 전자빔은 5.0×10^7m/s의 속력을 가지고 있는데 이에 해당되는 전자의 운동에너지는 7.1×10^3eV이다. 전자가 정지상태로부터 7.1kV의 전위차를 통과하여 가속될 때 5.0×10^7m/s의 속력에 도달한다.

18.2 균일한 전기장 안의 전위차

먼저 그림 18.2와 같이 음의 y축 방향으로 균일한 전기장 E가 형성되어 있다고 하자. 거리 d만큼 떨어진 두 점 A와 B 사이의 전위차를 계산해보자. 시험전하 q_0를 A에서 B까지 이동시키는 데 필요한 일 W_{AB}는

$$W_{AB}=\int_A^B \mathbf{F}\cdot d\mathbf{s} = Fd = q_0Ed \tag{18.8}$$

이다. 따라서

$$V_B - V_A = \frac{W_{AB}}{q_0} = Ed \tag{18.9}$$

이다.

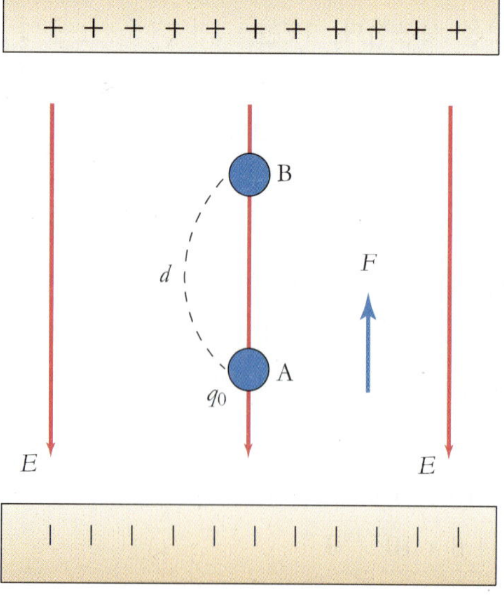

그림 18.2 균일한 전기장에서 느끼는 전위차

전기력선은 전위가 줄어드는 방향으로 향한다. 양의 전하가 전기장의 방향으로 B에서 A로 이동하면 전기퍼텐셜에너지는 감소한다는 뜻이기도 하다. 이것은 식 (18.4)

$$V_B - V_A = -\int_A^B \mathrm{E} \cdot d\mathrm{s} \tag{18.10}$$

에서 $\mathrm{E} \cdot d\mathrm{s} = -Eds$이므로

$$V_B - V_A = E\int_A^B ds = Ed \tag{18.11}$$

로도 구할 수 있다.

이번에는 그림 18.3과 같이 A에서 C를 거쳐 B로 가는 경로를 선택하여 보자. A에서 C로 가는 경로에 대해서

$$V_C - V_A = -\int_A^C \mathrm{E} \cdot d\mathrm{s} \tag{18.12}$$

이므로

$$E \cdot d\mathrm{s} = Eds \cos 135° = \frac{E}{\sqrt{2}} ds \tag{18.13}$$

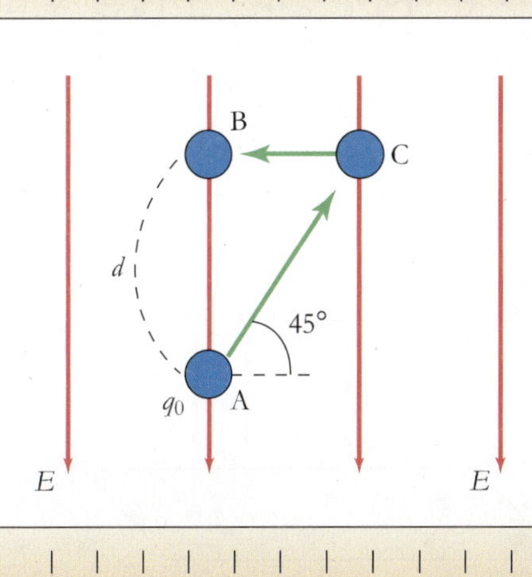

그림 18.3 전위차는 경로에 무관하다

를 식 (18.12)의 우변에 대입하여 적분을 계산하면

$$V_C - V_A = \frac{E}{\sqrt{2}}\int_A^C ds = \left(\frac{E}{\sqrt{2}}\right)\sqrt{2}\,d = Ed \tag{18.14}$$

를 얻는다. 그 다음 C에서 B로 가는 경로에 대해서

$$V_B - V_C = -\int_C^B \mathrm{E}\cdot d\mathrm{s} \tag{18.15}$$

이므로 이 경로에 대한 $\mathrm{E}\cdot d\mathrm{s} = 0$을 식 (18.15)의 우변에 대입하여 적분을 계산하면

$$V_B - V_C = 0 \tag{18.16}$$

을 얻는다. 즉 $V_B = V_C$이다. 따라서 A에서 C를 거쳐 B로 갈 때 계산되는 점 B와 점 A의 전위차는

$$V_B - V_A = (V_B - V_C) + (V_C - V_A) = 0 + Ed = Ed \tag{18.17}$$

이다. 이것은 식 (18.11)에 주어진 값, 즉 A에서 B로 바로 갈 때 계산한 전위차의 값과 같다. 그러므로 A에서 B까지 시험전하를 이동시키는 데 필요한 일 W_{AB}는 경로에 의존하지 않음을 알 수 있다. B점과 C점은 전위가 같으므로 등전위면 상에 있다고 말한다.

그림 18.4와 같이 V_0의 건전지(기전력)가 두 평행 판 사이에 연결되어 있고, 두 판은 d 만큼 떨어져 있을 때 두 판 사이에 생기는 전기장은 식 (18.17)에서 알 수 있듯이 $E = \dfrac{V_0}{d}$이다.

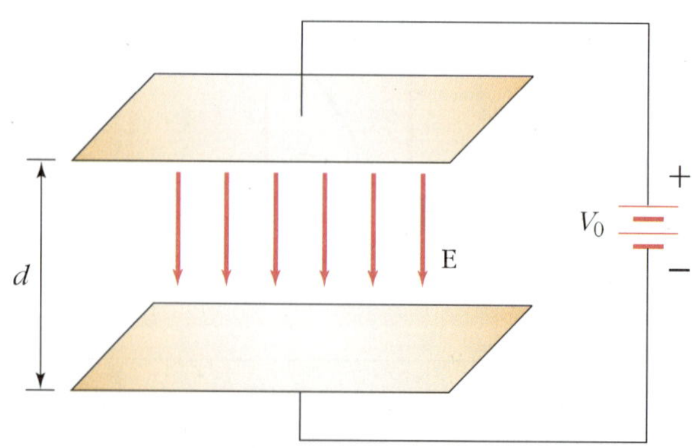

그림 18.4 거리 d만큼 떨어진 두 평행판 양단에 전위 V_0를 가했을 때의 전기장

예제 **18.1** 두 평행 판 사이의 전위차가 400V이다. 판 사이의 거리가 10cm일 때 (a) 판 사이의 전기장의 세기는 얼마인가? (b) 만일 양성자가 +판에서 −판까지 가속되었다면 양성자가 얻은 에너지는 얼마인가?

풀이 (a) $E = \dfrac{V}{d} = \dfrac{400\ \text{V}}{0.1\ \text{m}} = 4 \times 10^3\ (\text{V/m})$

(b) $\Delta U = q\Delta V = (1.6 \times 10^{-19}\ \text{C})(400\ \text{V}) = 6.4 \times 10^{-17}\,\text{J} = 400\ \text{eV}$

예제 **18.2** 초기속력 $3.0 \times 10^5\,\text{m/s}$를 갖는 양성자가 그림 18.5와 같이 전위차 200V인 공간으로 들어갈 때 그 최종속력은 얼마로 바뀔 것인가? 전하를 양성자 대신에 전자로 바꾸면 그 최종속력은 또 어떻게 변할 것인가?

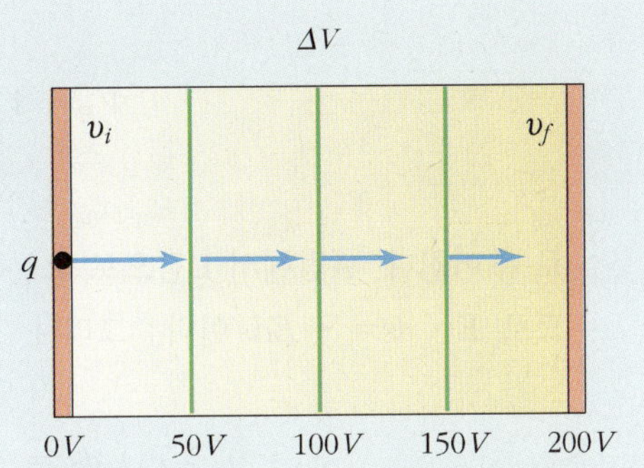

그림 18.5 전위차 200V인 공간으로 양성자가 들어가면 점점 그 속도가 줄어든다.

풀이 전하 q를 갖는 입자의 퍼텐셜에너지는 $U = qV$이다. 에너지보존법칙에 의하면 $E = U + K$이므로 $K_f + qV_f = K_i + qV_i$가 될 것이다. 이 식을 전위차 $\Delta V = V_f - V_i$를 이용해 바꾸어 쓰면

$$K_f = K_i - q\Delta V$$

로 된다. 여기서 K는 운동에너지로서 $1/2mv^2$으로 주어진다. 즉

$$\frac{1}{2}mv_f^2 = \frac{1}{2}mv_i^2 - q\Delta V$$

이다. 이 식으로부터 최종속력 v_f는

$$v_f = \sqrt{v_i^2 - \frac{2q}{m}\Delta V}$$

로 된다. 따라서 양성자인 경우에는 $q = e$, $m = 1.67 \times 10^{-27}\,\text{kg}$이므로

$$v_{f(\text{양성자})} = \sqrt{(3.0 \times 10^5\ \text{m/s})^2 - \frac{2(1.60 \times 10^{-19}\ \text{C})(200\ \text{V})}{1.67 \times 10^{-27}\ \text{kg}}} = 2.3 \times 10^5\ \text{m/s}$$

로 된다. 9% 정도 속도가 줄어든다는 사실을 알 수 있다. 이번에는 전하가 전자인 경우에 대해 생각을 해 보자. 전자는 $q = -e$, $m_e = 9.1 \times 10^{-31}\ \text{kg}$이므로

$$v_{f(\text{전자})} = \sqrt{(3.0 \times 10^5\ \text{m/s})^2 - \frac{2(-1.60 \times 10^{-19}\ \text{C})(200\ \text{V})}{9.1 \times 10^{-31}\ \text{kg}}} = 8.4 \times 10^6\ \text{m/s}$$

로 된다. 전자가 되면 거의 두 배 정도로 가속이 됨을 볼 수 있다.

18.3 점전하에 의한 전위와 전기 퍼텐셜

고립된 양의 점전하 q가 그림 18.6처럼 위치해 있다. 전기장은 그 전하에서 방사상으로 바깥으로 향하게 된다. 그 전하로부터 거리 r 떨어진 B지점의 전위를 구해보자. 그림 18.6에서와 같이 q와 B지점을 연장하여 생긴 직선상에 놓인 A지점을 잡으면 이 두 지점 사이의 전위차는 식 (18.4)에 의해

$$V_B - V_A = -\int_A^B \mathbf{E} \cdot d\mathbf{s} \tag{18.18}$$

로 주어진다. A점에서 B점으로 오는 경로 상에서 전기장의 방향과 이동방향이 반대방향이므로 $\mathbf{E} \cdot d\mathbf{s} = -Eds$이다. 그러나 경로 상에서 s가 증가함에 따라 r은 감소하므로

$$\mathbf{E} \cdot d\mathbf{s} = -E(r)ds = E(r)dr \tag{18.19}$$

로 나타낼 수 있다. q로부터 r 떨어진 지점의 전기장의 크기는

$$E(r) = \frac{kq}{r^2} \tag{18.20}$$

이므로 두 점 A와 B 사이의 전위차는

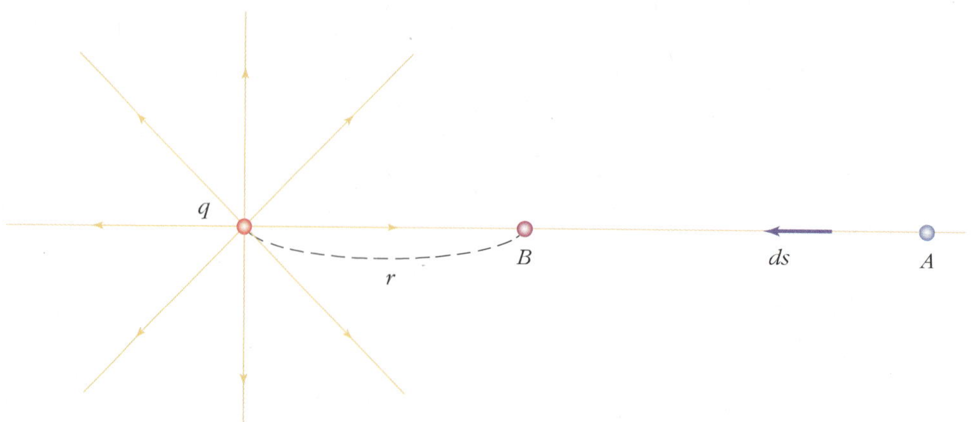

그림 18.6 점점하 q로부터 거리 r만큼 떨어진 B점의 전위는 그 보다 먼 지점 A에서의 전위와의 차이로부터 구해야 한다.

$$V_B - V_A = -\int_{r_A}^{r_B} \frac{kq}{r^2} dr = kq\left[\frac{1}{r_B} - \frac{1}{r_A}\right] \tag{18.21}$$

이다. $r_A = \infty$ 전위의 기준을 0이 되게 선택하면 점전하에서 거리 r인 점의 전위는

$$V = k\frac{q}{r} \tag{18.22}$$

가 된다. 식 (18.21)의 결과는 A와 B를 연결하는 경로와 무관하다.

고립된 점전하의 등전위면은 그 전하를 중심으로 한 동심구로 이루어져 있음을 알 수 있다. 두 개 이상의 점전하로 인한 전위는 중첩의 원리를 적용하면 얻어진다. i번째 전하 q_i가 점 P로부터 r_i 떨어져 있을 때 점 전하군에 의한 점 P에서의 전위는

$$V = k\sum_i \frac{q_i}{r_i} \tag{18.23}$$

가 된다.

만일 전하들이 그림 18.7과 같이 연속적인 분포를 하고 있고, 전하 요소 dq가 점 P로부터 r만큼 떨어져 있으면 dq에 의해 P점에 형성되는 전위는 $dV = k\frac{dq}{r}$이다. 각 전하 요소로부터 P점까지의 거리 r은 변하므로 전체 전하에 의한 점 P점에서의 전위는 이를 전체적으로 적분한 $V = k\int \frac{dq}{r}$ 로 나타낼 수 있다.

그리고 그림 18.8과 같이 두 점전하 q_1, q_2가 r 만큼 떨어져 있을 때, 전하 q_1에 의해 P점에 생기는 전위가 V_1이라면 q_2를 무한대로부터 현 위치까지 옮겨오는 데 필요한 일은 $q_2 V_1$이다.

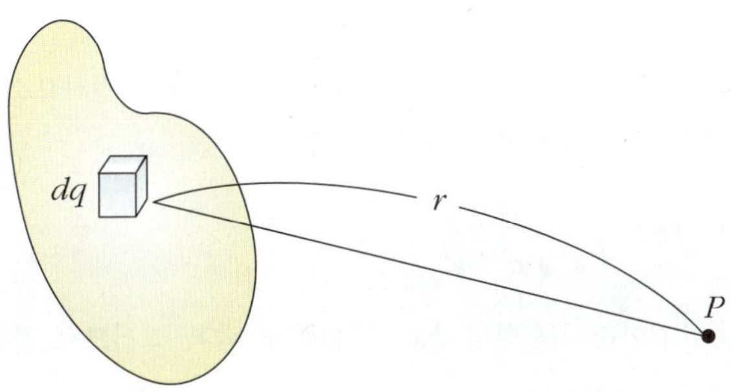

그림 18.7
연속 전하분포에 의한 P점에서의 전위는 전하요소 dq에 의한 P점에서의 전위의 합으로부터 구할 수 있다.

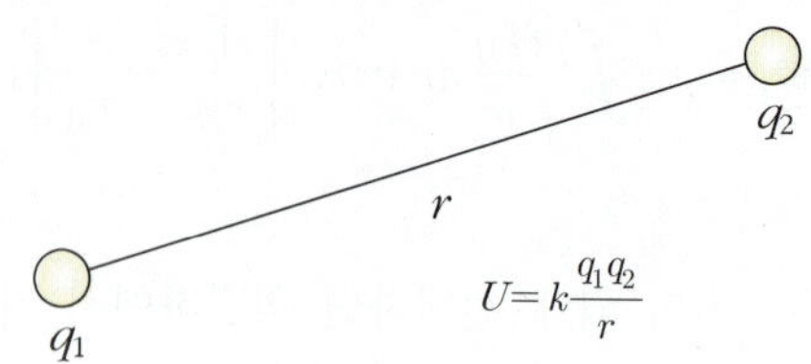

그림 18.8 거리 r만큼 떨어진 두 점전하의 전기퍼텐셜에너지

이 일이 바로 두 입자계의 전기 퍼텐셜에너지이다.

$$U = q_2 V_1 = k\frac{q_1 q_2}{r} \tag{18.24}$$

U가 양이면 두 전하는 같은 부호이며 두 전하를 현 위치로 모으기 위해서는 양의 일을 해주어야만 한다. U가 만일 음이면 두 전하는 서로 다른 부호이며 이 전하 계를 흩뜨려 놓기 위해서 일이 필요하다는 것을 의미한다. 만약 계가 두 개 이상의 하전 입자로 이루어져 있을 때 총 전기 퍼텐셜에너지는 각 쌍의 전하들의 U를 구하여 모두 더하는 방법으로 구할 수 있다.

예제 **18.3** 그림 18.9에 보인 것과 같이 면전하밀도 σ이며, 반지름 a인 균일하게 대전된 원반(disk)의 축에 위치한 P점에서의 전위를 구하라.

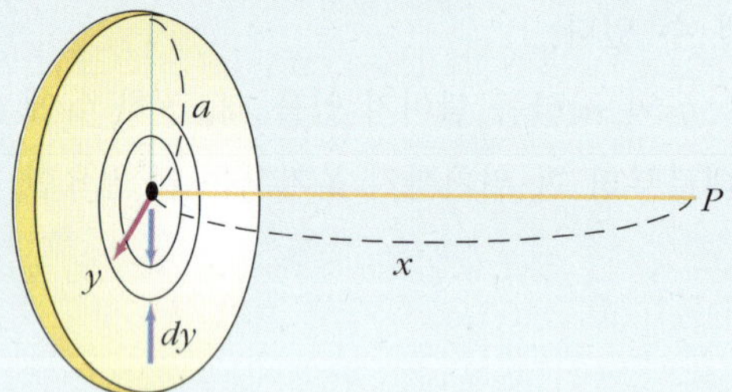

그림 18.9
반지름이 a이고 밀도가 σ인 균일한 원반 대전체로부터 거리 x만큼 떨어진 점 P에서의 전위

풀이 원반의 중심으로부터 거리 y와 $y+dy$ 사이의 부분을 차지하는 전하요소 dq는 점 P로부터 $\sqrt{x^2+y^2}$ 의 거리에 있다. 또 $dq = \sigma 2\pi y dy$이므로 전위는

$$V = k\int \frac{dq}{r} = k\sigma 2\pi \int_0^a \frac{y dy}{\sqrt{x^2+y^2}}$$

로 주어진다. $x^2+y^2 = t^2$이라 치환하면 $2ydy = 2tdt$가 된다. 그러므로 전위는

$$V = k\sigma 2\pi \int_x^{\sqrt{x^2+a^2}} dt = k\sigma 2\pi(\sqrt{x^2+a^2} - x)$$

로 계산된다. 만일 $x \gg a$이면

$$(x^2+a^2)^{\frac{1}{2}} = x\left(1+\frac{a^2}{x^2}\right)^{\frac{1}{2}} = x\left(1+\frac{1}{2}\frac{a^2}{x^2}+\cdots\right) \approx x+\frac{a^2}{2x}$$

이므로

$$V = \frac{k\sigma\, 2\pi\, a^2}{2x} = \frac{k\sigma\pi a^2}{x} = \frac{kQ}{x}$$

이다. 즉, 멀리 떨어진 점 P에서 보면 원반이 마치 총 전하량이 Q인 점전하처럼 보인다.

전기쌍극자의 퍼텐셜에너지

대전된 입자가 중성인 물체와 어떻게 상호작용을 하는지를 이해하기 위해 쌍극자 모델이 주로 도입이 된다. 전기장 논의에서 언급하였듯이 쌍극자에 전기장이 가해지면 쌍극자 **회전력**(torque)을 느끼게 된다. 일정하게 전기장이 걸려있는 내부에 놓인 전기쌍극자의 퍼텐셜에너지를 구해보자.

그림 18.10은 전기장 $\mathbf{E}$가 걸려있는 내부에 존재하는 쌍극자의 상태를 보인 것이다. **쌍극자모멘트**(electric dipole moment) $\mathbf{p}$는 그 크기가 $p = qd$이면서 $-q$로부터 $+q$쪽을 향한다. 이에 따라 힘 $\mathbf{F}_+$와 $\mathbf{F}_-$가 쌍극자에 회전력을 주게 된다. 여기서 우리의 관심사는 전기장 때문에 ϕ_i의 각도로 존재하던 쌍극자의 기울기가 ϕ_f로 바뀌게 될 때까지 행해진 일을 계산하는 것이다. 음전하와 양전하에 행해진 일은 동일하므로 양전하에 행해진 일을 구한 뒤 두 배 해주면 전체 일의 양이 될 것이다.

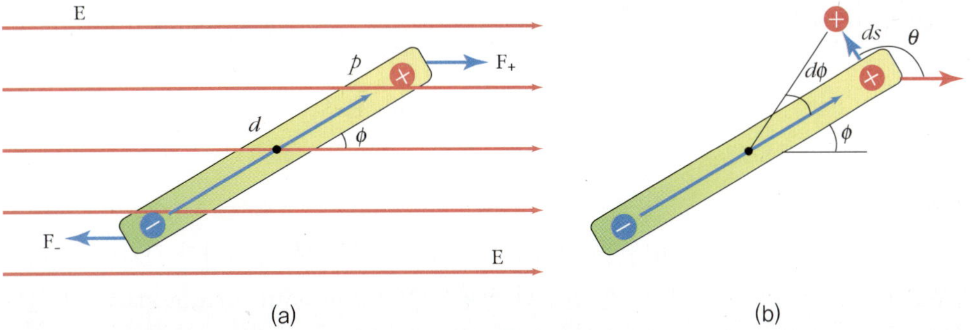

그림 18.10 전기장 내부에 놓인 전기쌍극자의 퍼텐셜에너지
(a) 전기장 내부에서 회전에 의해 일을 하는 쌍극자 (b) +전하 부분에 미치는 힘과 회전력 관계를 설명하는 상세도

그림 18.10 (b)는 양전하에 미치는 일을 자세하게 그린 것이다. 쌍극자가 회전할 때 미소변위는 $ds = rd\phi = (d/2)d\phi$이다. 그러면 $\mathbf{F}_+$에 의해 행해진 미소 일은

$$\begin{aligned} dW_+ &= \mathbf{F}_+ \cdot d\mathbf{s} = F_+(ds)\cos\theta = \left(\frac{1}{2}qdE\right)\cos\theta d\phi \\ &= \left(\frac{1}{2}pE\right)\cos\theta d\phi \end{aligned} \tag{18.25}$$

이다. 그림에서 보면 $\theta = \phi + 90°$이므로 $\cos\theta = \cos(\phi + 90°) = -\sin\phi$이다. 그러므로 전기장에 의해 $d\phi$만큼 회전하면서 행해진 일은

$$dW_{쌍극자} = 2dW_+ = -pE\sin\phi d\phi \tag{18.26}$$

이다. 여기서 숫자 2는 음전하에 대해서도 동일하기 때문이다. 즉 쌍극자가 ϕ_i에서 ϕ_f로 회전할 때 생기는 총 일은

$$W_{쌍극자} = -pE\int_{\phi_i}^{\phi_f}\sin\phi d\phi = pE\cos\phi_f - pE\cos\phi_i \tag{18.27}$$

이다. 그러면 이 일과 연관된 퍼텐셜에너지는

$$\Delta U_{쌍극자} = U_f - U_i = -W_{쌍극자} = -pE\cos\phi_f + pE\cos\phi_i \tag{18.28}$$

로 된다. 위 식의 양변을 비교하면

$$U_{쌍극자} = -pE\cos\phi = -\mathbf{p} \cdot \mathbf{E} \tag{18.29}$$

가 된다.

그림 18.11은 쌍극자의 퍼텐셜에너지 그림이다. 이 에너지는 쌍극자가 전기장과 나란한 경우인 $\theta = 0°$에서 최소이다. 이를 안정된 **평형상태**(stable equilibrium state)라 한다. 각도가 $\pm 180°$가 되면 쌍극자의 방향이 완전히 반대가 되어 **불안정 평형상태**(unstable equilibrium state)를 이룬다. 약간의 외부조건 변화에 대해서도 이 상태가 되면 회전이 일어나게 된다. 마찰이 없는 상태로 존재하는 쌍극자는 $\theta = 0°$ 근처에서 앞뒤로 진동을 한다.

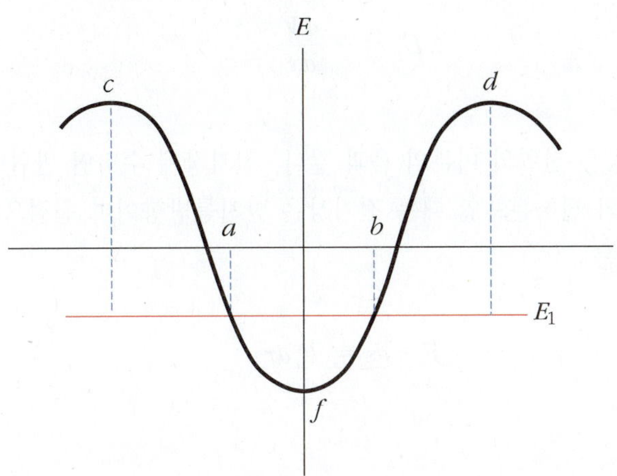

그림 18.11 전기장 내에 놓인 전기쌍극자의 퍼텐셜에너지. a와 b는 에너지 E_1을 갖는 진동의 전환점, c와 d는 각각 $\theta = \mp 180°$에서 불안정한 평형점. f는 $\theta = 0°$에서 안정된 평형점

18.4 전기장과 전위의 관계

전기장 E와 전위 V 사이에는 어떤 관계가 있을까? 그림 18.12와 같이 등전위면의 분포가 있고 전하 q_0가 전위 V인 등전위면 상에 놓여 있다고 하자. 이 전하가 $V+\Delta V$인 등전위면 상으로 이동하려면 $\Delta W = -q_0 \mathrm{E} \cdot \Delta \mathrm{s}$ 의 일이 필요하다. 따라서 $\Delta V = -\mathrm{E} \cdot \Delta \mathrm{s}$ 이다. $\Delta \mathrm{s}$ 를 극한소로 잡으면 $dV = -\mathrm{E} \cdot d\mathrm{s}$ 이다. 만일 전기장이 한 성분 E_x를 가진다면 $\mathrm{E} \cdot d\mathrm{s} = E_x dx$ 이므로

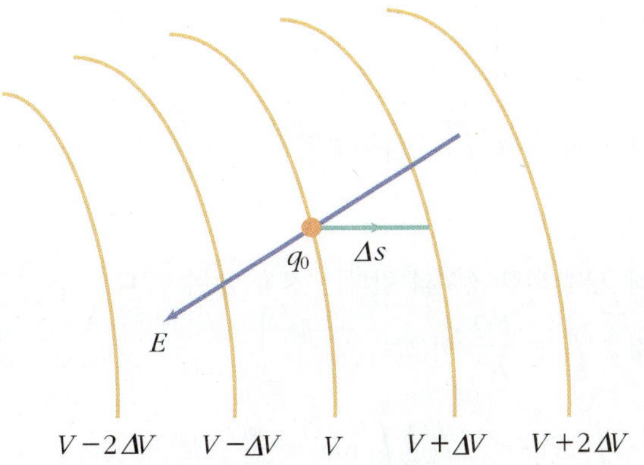

그림 18.12 등전위면 V에서 $V+\Delta V$로 시험전하 q를 이동시키는 과정

$$E_x = -\frac{dV}{dx} \tag{18.30}$$

가 된다. 즉, 전기장은 전위의 미분의 음과 같다. 전기장에 수직인 변위에 대한 전위변화는 0이 된다. 구 대칭의 전하분포일 때는 전기장은 반지름방향이며 원점으로부터의 거리 r에만 의존한다. 이때는

$$\mathbf{E} \cdot d\mathbf{s} = E_r dr \tag{18.31}$$

이므로

$$E_r = -\frac{dV}{dr} \tag{18.32}$$

가 된다. 점전하 q에 의한 전위는 $V = k\frac{q}{r}$이므로 이 전하에 의해 생기는 전기장은 $E_r = -\frac{dV}{dr} = k\frac{q}{r^2}$이다. 등전위면은 전기력선에 수직이 된다.

예제 **18.4** 균일한 양의 전하밀도를 가진 반경 R인 절연체 고체구가 그림 18.13과 같이 총 전하량 Q를 가지고 있다.

(a) 구 밖의 한 점에서의 전위를 구하여라.

(b) 구 내부의 한 점에서의 전위를 구하여라.

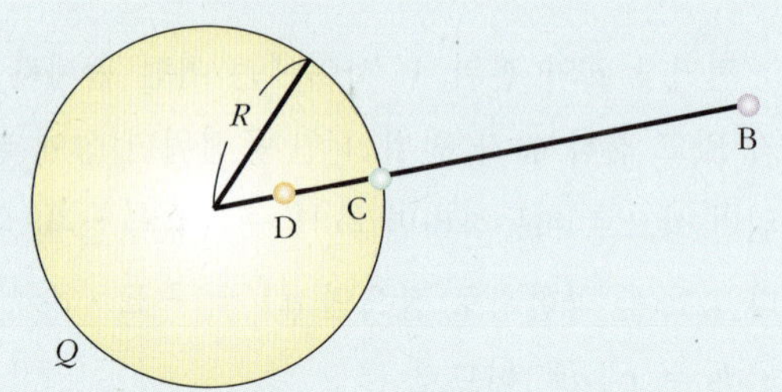

그림 18.13 반경이 R이고 전하량이 Q인 균일한 절연체구의 내부와 외부에서의 전위

풀이 (a) 가우스 법칙으로부터 균일하게 대전된 구 외부의 전기장의 크기는 $E_r = k\frac{Q}{r^2}$임을 쉽게 알 수 있다.

$\mathbf{E} \cdot d\mathbf{s} = E_r dr$로부터

$$V_B = -\int_{\infty}^{r} E_r dr = -kQ\int_{\infty}^{r} \frac{1}{r^2} dr = k\frac{Q}{r}$$

를 얻는다.

이 결과는 점전하 Q에 의한 전위와 같다는 것을 알 수 있다.

(b) 구 내부의 전기장은 $E_r = \frac{kQ}{R^3}r$이므로

$$V_D - V_C = -\int_{R}^{r} E_r dr = -\frac{kQ}{R^3}\int_{R}^{r} r dr = \frac{kQ}{2R^3}(R^2 - r^2)$$

이다.

$V_C = \frac{kQ}{R}$를 대입하면 $V_D = \frac{kQ}{2R}\left(3 - \frac{r^2}{R^2}\right)$를 얻는다.

예제 **18.5** 반지름 R인 도체구의 표면에 총 전하량 Q가 균일하게 대전되어 있다. 구의 외부 $(r > R)$와 내부 $(r < R)$에서의 전위를 그래프로 그려라.

풀이 구의 외부에서는 $E = k\frac{Q}{r^2}$이므로 V는 $V = k\frac{Q}{r}$이다. 구의 표면에서는 $V = k\frac{Q}{R}$이 된다.

구의 내부에서는 $E = 0$이므로 어디서나 $V = k\frac{Q}{R}$이다. 이 결과를 그래프로 그려보면 그림 18.14와 같이 된다. 반지름 R인 구 내부에서의 전위는 균일하지만 구 외부에서는 거리 r의 함수꼴로 전위가 줄어든다. 17.7절에서 도체의 고체구가 알짜전하가 있으려면 그 전하는 도체의 표면에 있어야만 한다는 것과 그리고 전기장은 표면에 수직인 방향으로 생긴다는 것을 배웠다. 정전 평형에 있는 도체 표면 위의 모든 점에서 전위는 같다. 왜냐하면 이 점들을 연결하는 경로 상에서 $\mathbf{E} \cdot d\mathbf{s} = 0$이기 때문이다. 도체 내부에서는 $E = 0$이므로 전위는 도체 내에 어디서나 일정하며 표면에서의 전위와 같다는 것을 알 수 있다.

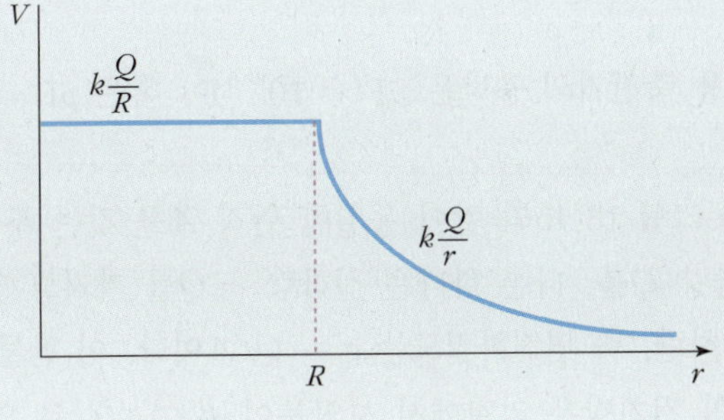

그림 18.14
반지름 R인 도체구 내부와 외부에서의 전위

18.5 전기용량과 축전기

크기가 같고 부호가 반대인 전하를 지닌 두 도체 평행판을 생각해 보자. 이것은 건전지의 단자에 두 개의 대전되지 않은 도체 판을 연결하여 만들 수 있다. 전하량 Q가 증가할수록 전기장의 세기 E는 증가한다.

$$E \propto Q \tag{18.33}$$

앞에서 두 평행판 사이의 전위차는

$$V = Ed \tag{18.34}$$

이었으므로 $V \propto Q$란 결론이 나온다. 이렇게 평행한 두 도체판을 결합하여 만든 것을 **축전기**(capacitor)라고 부르고 이 축전기의 **전기용량**(capacitance) C는

$$C = \frac{Q}{V} \tag{18.35}$$

로 정의한다. 즉, 전기용량 C는 단위볼트 당 저장된 전하량이라고 볼 수 있다. 전기용량의 국제단위는 영국의 물리학자 패러데이(Michael Faraday: 1791~1867)의 업적을 기념하여 **패럿**(F)을 사용한다.

$$1\mathrm{F} = \frac{1\mathrm{C}}{1\mathrm{V}} \tag{18.36}$$

는 매우 큰 전기용량인데 보통 축전기의 용량은 $\mu\mathrm{F}(= 10^{-6}\mathrm{F})$ 혹은 $p\mathrm{F} = 10^{-12}\mathrm{F}$)의 단위를 가진다.

평행판 축전기의 경우는 그림 18.15와 같이 동일한 면적 A를 갖는 두 판이 거리 d만큼 떨어져 있고 한 판은 전하량 Q를, 다른 하나는 전하량 $-Q$를 가지고 있다. 양의 전하를 가진 판의 단위 면적당 전하량, 즉 면전하밀도는 $\sigma = Q/A$이다. 이 판들이 가까이 위치해 있다고 하면 두 판 사이의 전기장은 앞장에서 보았듯이 $E = \sigma/\epsilon_0$로 일정하다. 두 판 사이의 전위차는

$$V = Ed = \frac{Qd}{\epsilon_0 A} \tag{18.37}$$

이므로 평행판 축전기의 전기용량은

$$C = \frac{Q}{V} = \epsilon_0 \frac{A}{d} \tag{18.38}$$

이다. 평행판 축전기의 전기용량은 그들 판의 면적에 비례하고 간격에 반비례한다. 즉, 큰 전하량을 저장하기 위해서는 큰 면적의 도체판을 좁은 간격으로 유지시켜야 한다.

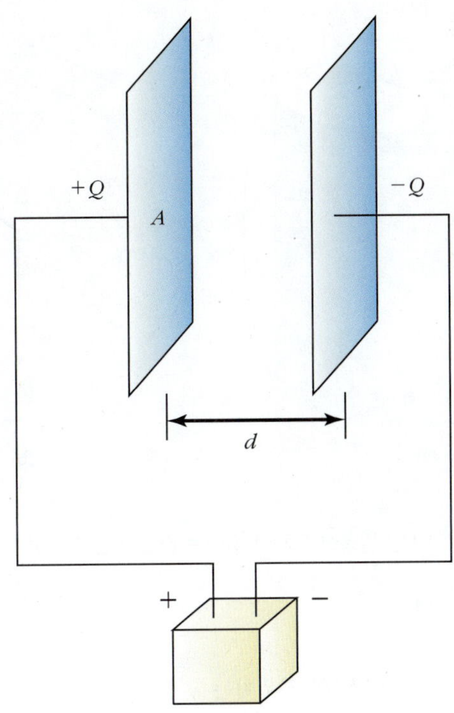

그림 18.15 면적이 A이고 거리가 d만큼 떨어진 두 평행판으로 이루어진 평행판 축전기

예제 18.6 면적이 $1.0\ m^2$이고 1.0mm 떨어진 금속판으로 이루어진 평행판 축전기의 전기용량은 얼마인가? 여기에 200V의 전압을 판 사이에 걸어 주었을 때 축전기에 저장된 전하량은 얼마인가?

풀이 $C = \epsilon_0 \dfrac{A}{d} = (8.85\times 10^{-12}\ C^2/N\cdot m^2)\times \dfrac{1.0m^2}{1.0\times 10^{-3}m} = 8.85\times 10^{-9}\ F$

$Q = CV = (8.85\times 10^{-9}\ F)(2.0\times 10^2\ V) = 1.77\times 10^{-6}\ C$

예제 18.7 동축 케이블(coaxial cable)은 일종의 원통형 축전기이다. 그림 18.16과 같이 반경 a, 전하량 Q인 원통형 도체가 내부에 있고 반경 b, 전하량 $-Q$인 원통껍질이 동축 상에 위치해 있다. 단위 길이당 전기용량을 구하라.

풀이 두 원통 사이의 전위차는

$$V_b - V_a = -\int_a^b \mathbf{E}\cdot ds$$

이다. 연습문제 17.11에서 단위 길이당 전하량이 λ(선전하밀도)인 원통 주위의 전기장이

$$E = \frac{2k\lambda}{r}$$

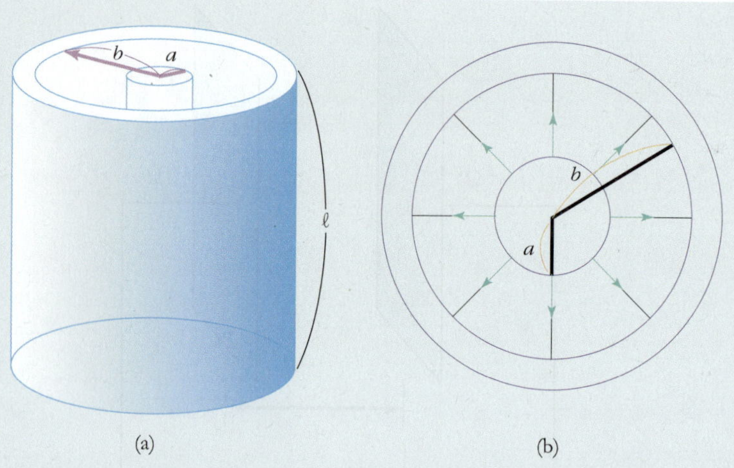

그림 18.16
(a) 반경이 a이고 길이가 ℓ인 원통형 도체와 길이는 같으며 반경이 b인 동축 원통형 껍질로 이루어진 원통형 축전기
(b) 원통형 축전기의 단면

임을 보았다. 따라서 a와 b사이의 전위차는

$$V_b - V_a = -\int_a^b E_r dr = -2k\lambda \int_a^b \frac{1}{r} dr = -2k\lambda \ln\left(\frac{b}{a}\right)$$

이다. $\lambda = Q/\ell$임을 이용하면 a와 b 사이의 전위차의 크기는

$$\Delta V = \frac{2kQ}{\ell} \ln\left(\frac{a}{b}\right)$$

이다. 따라서 전기용량은

$$C = \frac{Q}{\Delta V} = \frac{\ell}{2k\ln(a/b)}$$

이고 동축 케이블의 단위 길이당 전기용량은

$$\frac{C}{\ell} = \frac{1}{2k\ln(a/b)}$$

이다.

예제 18.6에서 보듯이 축전기에 많은 양의 전하를 저장하는 것이 어렵다는 것을 알 수 있다. 큰 용량이 되도록 하기 위해 d를 너무 작게 만들면 **절연파괴** 현상이 일어난다. 이런 문제를 해결하기 위해 극판 사이에 **유전체**(dielectrics)라고 하는 절연물질을 삽입한다. 유전체란 가죽, 유리, 왁스먹인 종이, 세라믹 등과 같이 전도되지 않는 물질인데 대부분의 유전체는 파괴될 때까지 공기에서보다 더 큰 전기장에 견딜 수 있다. 유전체가 도체판 사이에 삽입되면 판 사이의 전위차가 κ배만큼 감소하게 된다. 즉,

$$V = \frac{V_0}{\kappa} \text{(여기서 } V_0\text{는 유전체가 없을 때 두 판 사이의 전위차)} \qquad (18.39)$$

따라서 전기용량은 $C = Q/V = \kappa Q/V_0 = \kappa C_0$가 되어 유전체가 없을 때의 전기용량 C_0보다 κ배 증가한다. κ를 이 유전체의 **유전상수**(dielectric constant)라고 한다. 그러면 유전체는 전기용량을 어떻게 증가시키는가? 유전체의 **분극**(polarization) 현상이 그 이유이다.

그림 18.17은 대전된 축전기판 사이에 있는 유전체 물질 분자내의 전하분리를 나타낸 것이다. 이것은 분자를 **전기쌍극자**(electric dipole)로 보면 쌍극자가 전기장 속에서 돌림힘을 받아 그림처럼 정렬하게 된다. 즉, 쌍극자의 +쪽이 왼편의 $-Q$로 대전된 판에 가깝게 위치하게 되는 것이다. 도체판에 가까운 유전체 표면에는 도체판과 반대부호의 전하가 유도되었다고 볼 수 있다. 이 유전체의 표면에 유도된 전하밀도를 σ_i라고 하면 도체판 사이의 전기장은

$$E = \frac{\sigma - \sigma_i}{\epsilon_0} = \frac{V}{d} \qquad (18.40)$$

가 된다. 따라서 **유전상수**(dielectric constant)는

$$\kappa = \frac{C}{C_0} = \frac{Q/V}{Q/V_0} = \frac{E_0}{E} = \frac{\sigma}{\sigma - \sigma_i} \qquad (18.41)$$

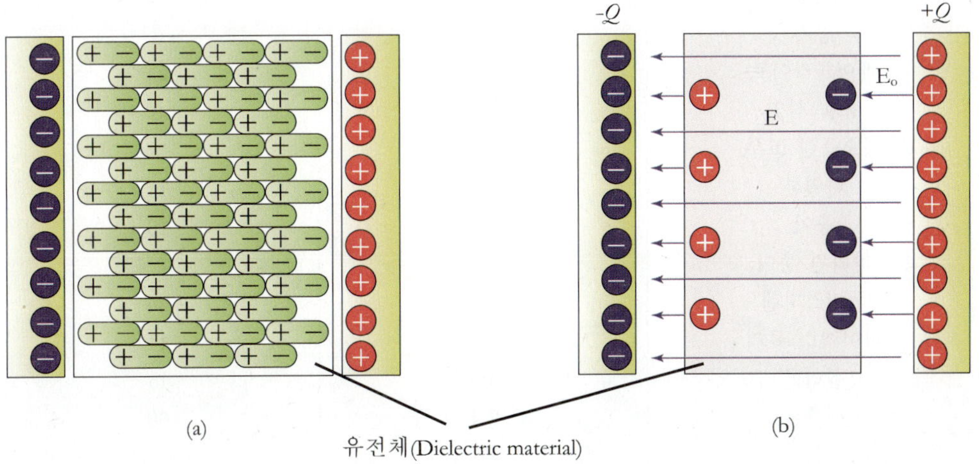

그림 18.17 축전기 판 사이에서 유전체 물질의 극성 분자들은 전기쌍극자로서 행동하면서 전기장에 대해 반대방향으로 정렬하려는 경향이 있다. 이것이 유전체 표면에 전하밀도 σ_i를 유도한다.

가 된다. 그러므로

$$\sigma - \sigma_i = \frac{\sigma}{\kappa} \tag{18.42}$$

따라서 식 (18.42)을 식 (18.40)에 대입하면

$$E = \frac{\sigma}{\kappa\epsilon_0} \tag{18.43}$$

가 된다. 진공의 유전율 ϵ_0에 유전상수 κ를 곱한 값을 유전체의 **유전율**(permittivity) ϵ이라고 한다. 유전율 ϵ을 사용하면 식 (18.43)의 전기장은

$$E = \frac{\sigma}{\epsilon} \tag{18.44}$$

로 되고, 전위차는

$$V = Ed = \frac{\sigma d}{\epsilon} = \frac{Qd}{A\epsilon} \tag{18.45}$$

표 18.1 실온에서 여러 물질의 유전상수와 유전강도

물질	유전상수 κ	유전 강도($\times 10^5$V/m)
진공	1.00000	—
공기	1.00059	3
베이클라이트	4.9	24
용융 석영	3.78	8
네오플렌 고무	6.7	12
나일론	3.4	14
종이	3.7	16
파라핀 종이	2.0-3.5	40~60
폴리스티렌	2.56	24
파이렉스 유리	5.6	14
실리콘	2.5	15
테플론	2.1	60
물	80	—
미카(mica)	4.5-8.0	150-220
다이아몬드	5.7	100

로 된다. 따라서 유전체가 있을 때의 전기용량은

$$C = \frac{Q}{V} = \epsilon \frac{A}{d} \tag{18.46}$$

가 되어 C가 증가한다.

표 18.1에는 20℃에서의 여러 물질들의 유전상수와 유전강도를 표시해 두었다.

18.6 축전기의 연결

여러 개의 축전기가 회로 상에서 서로 연결되어 다양하게 응용된다. 연결된 축전기는 한 개의 등가 축전기와 같이 행동한다. 기본적으로 축전기의 연결법에는 **직렬연결**(series connection)과 **병렬연결**(parallel connection)이 있는데 복잡한 연결도 직렬과 병렬의 조합이라고 볼 수 있다.

그림 18.18 (a)는 전압이 걸린 축전기 3개가 직렬로 연결된 것을 나타낸다. 이것은 한 개의 등가 축전기인 그림 (b)와 같이 표시 가능하다. 그림 18.18 (a)에서 개개의 축전기에 걸린 전압은

$$V_1 = \frac{Q}{C_1}, \quad V_2 = \frac{Q}{C_2}, \quad V_3 = \frac{Q}{C_3} \tag{18.47}$$

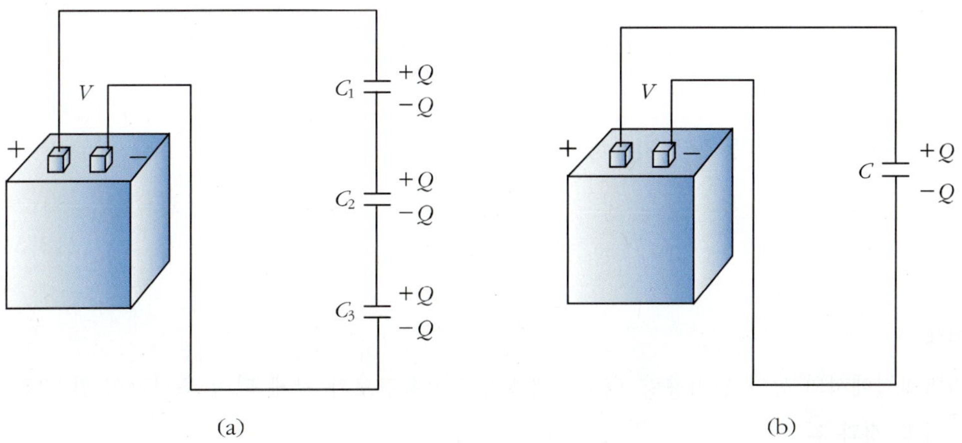

그림 18.18 직렬로 연결된 축전기들. 모든 축전기에 같은 양의 전하 Q가 존재한다.

이다. 여기서 Q는 모두 같은데 이것은 원래 중성이던 도체판 사이에 단지 전하가 분리되기 때문이다. 총 전압은 $V = V_1 + V_2 + V_3$이므로 등가 전기용량을 C_{eq}라 하면

$$V = \frac{Q}{C_{eq}} \tag{18.48}$$

이다. 식 (18.47)에 의해 위 식은

$$\frac{Q}{C_{eq}} = \frac{Q}{C_1} + \frac{Q}{C_2} + \frac{Q}{C_3} \tag{18.49}$$

로 된다. 따라서 직렬연결의 등가 전기용량은

$$\frac{1}{C_{eq}} = \frac{1}{C_1} + \frac{1}{C_2} + \frac{1}{C_3} + \cdots \tag{18.50}$$

이 된다. 직렬연결에서의 등가 전기용량 C_{eq}는 개개의 전기용량 C_1, C_2, ⋯ 보다 항상 작다.

그림 18.19는 전압이 걸린 3개의 축전기가 병렬로 연결된 것을 나타낸다. 각 축전기에 걸린 전압이 동일하다. 등가 전기용량 C_{eq}에 축적되는 전하는 개개의 전하들의 합이다. 즉,

$$Q = Q_1 + Q_2 + Q_3 \tag{18.51}$$

총 전하는 $Q = C_{eq}V$이고 개별 전하들은 $Q_1 = C_1 V$, $Q_2 = C_2 V$, $Q_3 = C_3 V$이므로

$$C_{eq}V = C_1 V + C_2 V + C_3 V \tag{18.52}$$

가 되어 병렬연결의 등가 전기용량 C_{eq}는

$$C_{eq} = C_1 + C_2 + C_3 \tag{18.53}$$

이다.

병렬연결에서의 등가 전기용량 C_{eq}는 개개의 전기용량보다 크게 되며 축전기의 판 면적이 증가한 것과 같다.

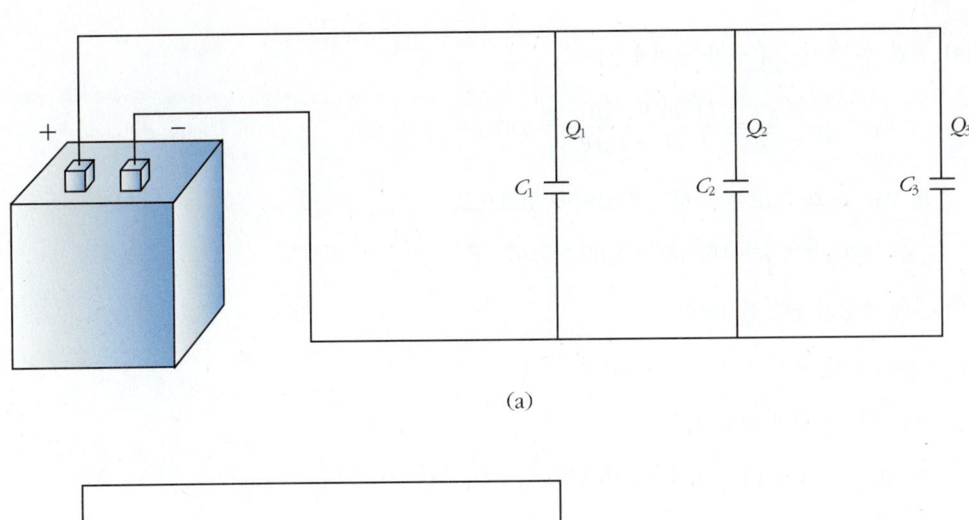

(a)

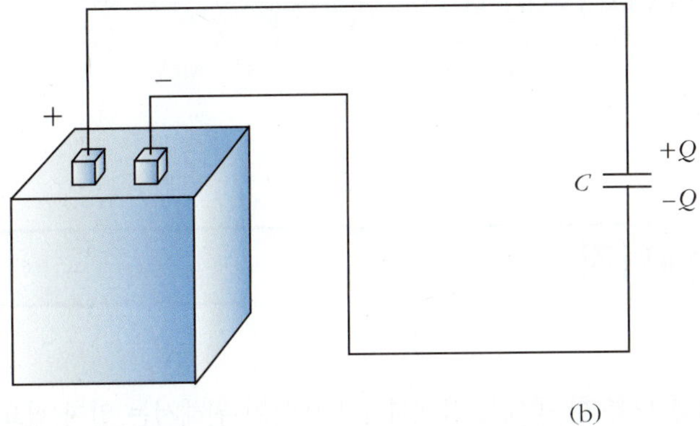

(b)

그림 18.19
병렬로 연결된 축전기들. 축전기의 전위차는 모두 같으며 전기용량에 비례하는 전하가 각 판 위에 존재한다.

18.8 그림 18.20에서와 같이 세 개의 축전기가 연결되어 있다.

(a) 이 조합의 등가 전기용량을 구하여라.

(b) AB 사이에 10V의 전위차가 걸렸을 때 각 축전기에 축적된 전하량은 얼마인가?

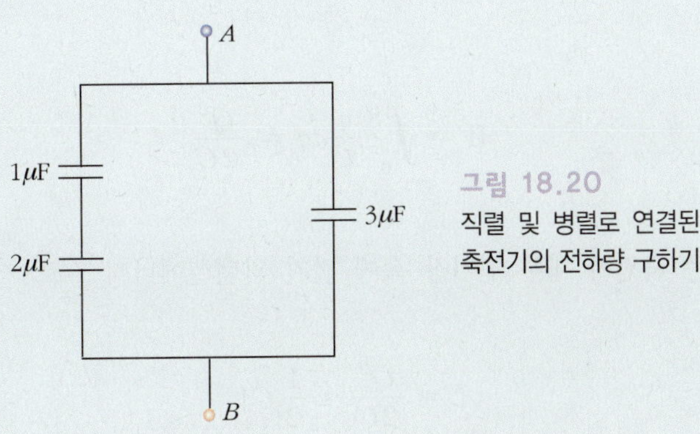

그림 18.20
직렬 및 병렬로 연결된 축전기의 전하량 구하기

풀이 (a) 왼편 두 축전기의 등가 전기용량은

$$C_L = \frac{C_1 C_2}{C_1 + C_2} = \frac{(1\ \mu\text{F})(2\ \mu\text{F})}{1\ \mu\text{F} + 2\ \mu\text{F}} = 0.67\ \mu\text{F}$$

또 $0.67\mu\text{F}$과 $3\mu\text{F}$은 병렬로 연결되어 있으므로

$$C = C_L + C_R = 0.67\ \mu\text{F} + 3\ \mu\text{F} = 3.67\ \mu\text{F}$$

(b) 왼쪽 축전기들의 전하량은

$$Q_1 = Q_2 = Q_L = C_L V = 6.7 \times 10^{-6}\,(\text{C})$$

오른쪽 축전기의 전하량은

$$Q_R = C_R V = (3 \times 10^{-6}\ \text{F})(10\ \text{V}) = 3 \times 10^{-5}\ \text{C}$$

18.7 축전기에 저장된 에너지

두 평행판의 한 쪽에는 양전하를 다른 한 쪽에는 음전하를 모아두기 위해서는 일이 필요하다. 이 일은 어디로 갈까? 대답은 전하들 사이의 전기장내에 퍼텐셜에너지로 축적된다.

면적 A이고 거리 d 떨어진 한 쌍의 금속 평행판을 생각해 보라. 총 전하가 Q가 될 때까지 한쪽 판에서 다른 판으로 전하를 옮겨서 최종 전위차가 Q/C가 될 것이다. 처음에는 두 평행판 사이의 전위차는 작고 각각의 전하를 옮기는데 작은 일이 필요하다. 충전 과정 중 판에 축적된 전하량이 q일 때 축전기에 걸리는 전위차는 $\Delta V = q/C$ 이다. 전하 $-q$인 판에서 전하 q인 판으로 전하량 dq를 옮기는 데 필요한 일 dW는 $dW = \Delta V dq = (q/C)dq$이다. 충전의 시작, 즉 $q = 0$에서 최종 전하량 Q까지 축전기가 충전하기 위해 필요한 **일**은

$$W = \int_0^Q \frac{q}{C} dq = \frac{Q^2}{2C} \tag{18.54}$$

이다. 이 일은 축전기 내부 전기장 속에 전기 퍼텐셜에너지 U로 저장된다. 즉,

$$U = \frac{Q^2}{2C} = \frac{1}{2} CV^2 \tag{18.55}$$

판의 면적과 두 판 사이의 거리의 곱인 Ad는 전기장이 점유하고 있는 공간의 부피이다. 전기장의 **에너지 밀도** u_E를 전기장과 관련된 단위 부피당 전기 퍼텐셜에너지라고 정의하면,

$$C = \epsilon_0 \frac{A}{d}, \quad V = Ed \tag{18.56}$$

에서

$$u_E = \frac{1}{2}\epsilon_0 \frac{A}{d}(Ed)^2 / Ad = \frac{1}{2}\epsilon_0 E^2 \tag{18.57}$$

이다. 전기장의 에너지 밀도는 전기장의 세기 E의 제곱에 비례한다. 이 결과는 평행판 축전기의 경우로부터 유도되었으나 임의의 구조에서도 적용되는 일반적인 결과이다.

연습문제

EXERCISES

1 그림 18.21과 같이 세 개의 점전하가 정삼각형을 이루고 있다. $q_1 = 1.0 \times 10^{-8}\,\text{C}$, $q_2 = -2.0 \times 10^{-8}\,\text{C}$, $q_3 = 3.0 \times 10^{-8}\,\text{C}$이며 $a = 1.0\,\text{cm}$라고 할 때 이 계의 전기 퍼텐셜에너지는 얼마인가?

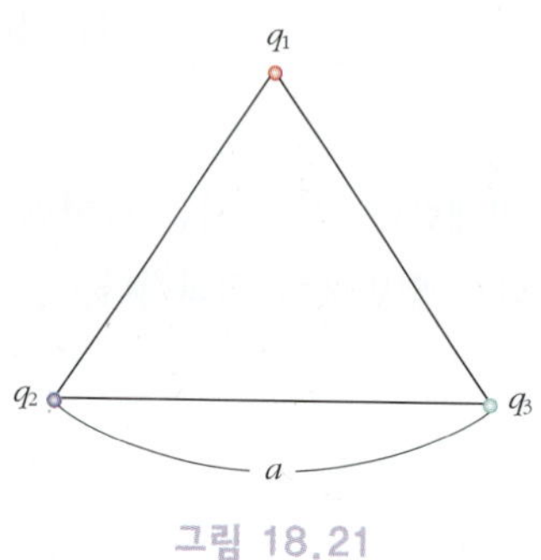

그림 18.21

2 양성자가 정지상태로부터 균일한 전기장 내부로 들어간다.

(a) 운동방향에 대해 설명하라.

(b) 양성자와 연관된 운동에너지 변화와 전기퍼텐셜에너지에 대해 설명하여라.

3 그림 18.22와 같이 두 전하 q, $-q$가 일정한 거리 $2a$ 만큼 떨어져 있다. 두 전하의 중심으로부터 거리 r, 각도 θ만큼 떨어진 점 P에서의 전위를 r과 q의 함수로 표시하라. 단, r은 $2a$보다 훨씬 크다.

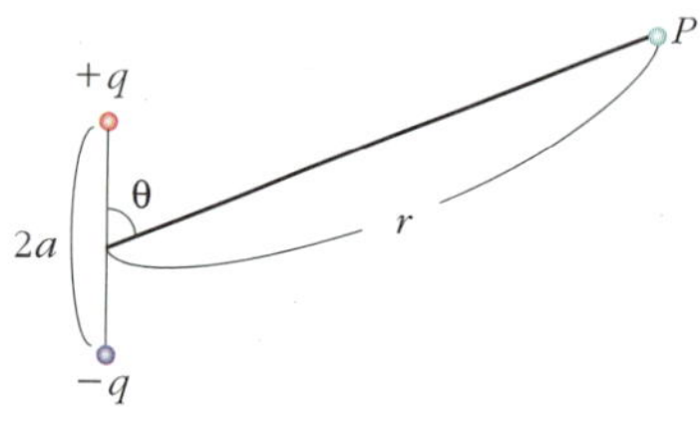

그림 18.22

4 세 개의 전하들이 그림 18.23과 같이 이등변삼각형의 세 꼭짓점에 놓여있다. 전하량을 $q = 10\,\text{nC}$이라고 할 때 밑변 중간부분에서의 전기퍼텐셜을 구하여라.

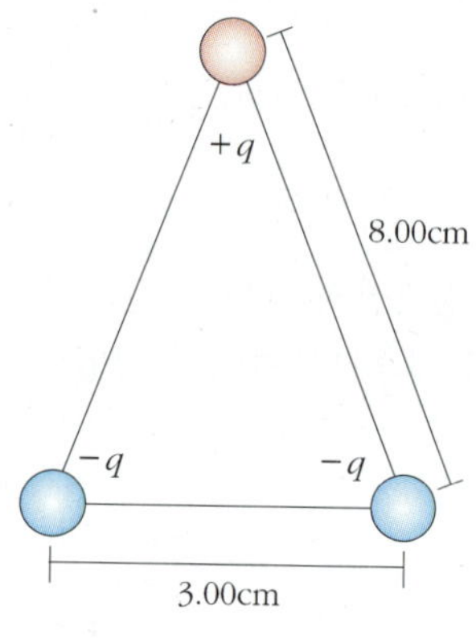

그림 18.23

5 그림 18.24에서와 같이 총 전하량 Q이고 반지름 a인 균일하게 대전된 원환(ring)의 축 상에 위치한 점 P에서의 전위를 구하라.

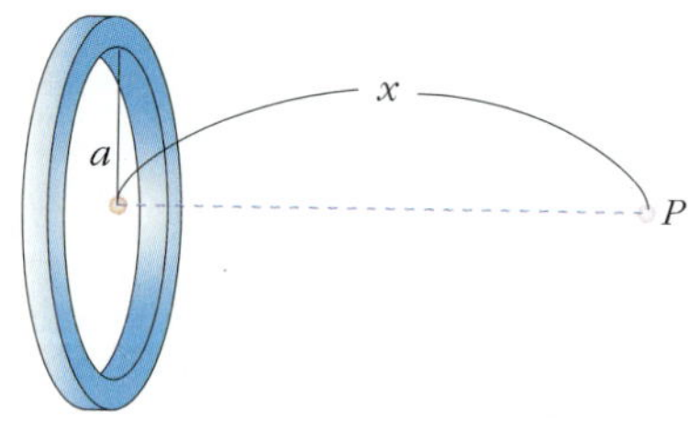

그림 18.24

6 균일하게 대전된 반경 R의 절연체 구의 전위는 $r < R$일 때 (구의 내부)

$$V = \frac{kQ}{2R}\left(3 - \frac{r^2}{R^2}\right)$$

그리고 $r > R$일 때 (구의 외부) $V = \frac{kQ}{r}$ 이다. $E_r = -\frac{dV}{dr}$을 이용하여 구의 내부와 외부에서의 전기장을 구하라.

7 양성자가 $E = 300\,\mathrm{N/C}$인 전기장과 나란하게 3.00cm를 이동한다.

(a) 이 전기장에 의해 양성자에 행해진 일은 얼마인가?

(b) 양성자의 퍼텐셜에너지에 어떤 변화가 일어나는가?

(c) 얼마만큼의 전위차가 있어야 양성자가 이 만큼 이동할까?

8 8kg의 물체가 $Q = 70.0\,\mu\mathrm{C}$의 전하를 띠고 스프링과 연결되어 그림 18.25와 같이 바닥에 놓여있다. 이 스프링의 힘상수 $k = 100$ N/m이다. 이 계가 전기장 $E = 7 \times 10^5\,\mathrm{V/m}$인 속에 놓여있다고 하자.

(a) 물체가 $x = 0$ 위치에서 정지상태로부터 풀어놓는다면 스프링이 얼마나 늘어날까?

(b) 물체의 평형위치는 어디이겠는가?

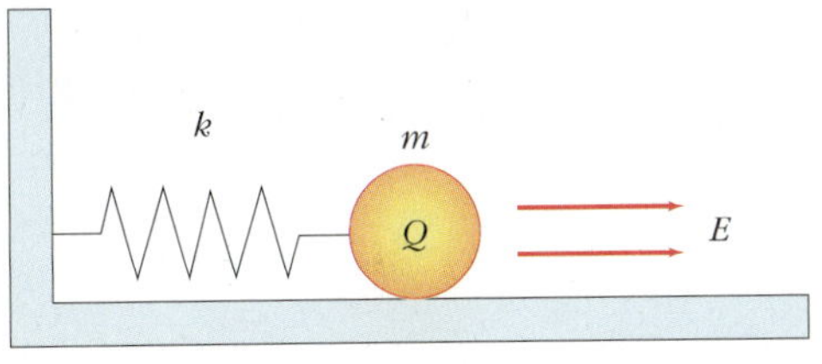

그림 18.25

9 그림 18.26과 같이 원자의 행성운동 모델을 제시한 러드포드(Rutherford)의 유명한 산란실험에서는 전하량이 $2e$이고 질량이 $6.64 \times 10^{-27}\,\mathrm{kg}$인 알파입자가 전하량 $79e$인 금의 핵으로 발사된다. 초기에 금의 핵으로부터 아주 멀리 떨어진 위치에서 $2.00 \times 10^7\,\mathrm{m/s}$의 초속도로 금의 핵으로 직접 발사된다. 이 알파입자가 금의 핵에 얼마만큼 가까이 접근하였다가 되돌아가겠는가? 단 금의 핵은 정지상태를 유지한다고 가정하라.

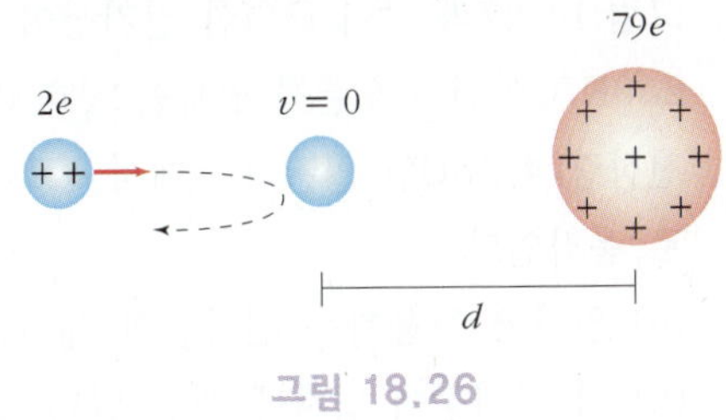

그림 18.26

10 TV 브라운관의 가속전압용 극판 사이에 30kV의 전위차가 걸려있다. 극판 간격이 1.7cm이라면 극판 사이에 형성되는 전기장의 크기는 얼마일까?

11 작은 구형 물체가 10nC의 전하량을 갖는다. 이 물체의 중심으로부터의 전위가 25V, 50V, 그리고 100V 되는 위치를 계산하여라. 등전위면의 간격이 전위차의 간격과 비례하는가?

12 랜턴을 5분 동안 켜둔다. 이 동안 $-8.0 \times 10^2\,\mathrm{C}$의 전자들이 흐른다. 9600J의 전기퍼텐셜에너지가 빛과 열로 변한다. 이 만큼의 전자가 이동하기 위해 필요한 전위차는 얼마인가?

13 면적 $A = 1.0\,\mathrm{m}^2$, 간격 $d = 5\,\mathrm{mm}$인 평행판 축전기에 전위차 $V = 10{,}000\,\mathrm{V}$를 가했다.

(a) 이 평행판 축전기의 전기용량은 얼마인가?

(b) 이 때 축적되는 전하량은 얼마인가?

(c) 축전기 내부의 전기장의 세기는 얼마인가?

(d) 축전기 내부에 저장된 에너지 밀도는 얼마인가?

14 전자총의 전자는 음극에서 나와 이보다 더 높은 전위를 갖는 양극 쪽으로 가속된다. 음극과 양극 사이의 전위차가 12kV이라면 전자가 양극에 도달하였을 때의 속도를 구하라.

15 그림 18.27과 같이 균일한 전기장이 크기가 240N/C이면서 오른쪽 방향을 향하고 있다. 전하량 4.2nC인 입자가 a에서 b로 직선으로 움직인다.
(a) 입자에 작용하는 전기장의 세기는?
(b) 이 전기장이 입자에 행한 일의 크기는?
(c) 위치 a, b 사이의 전위차 $V_a - V_b$는 얼마인가?

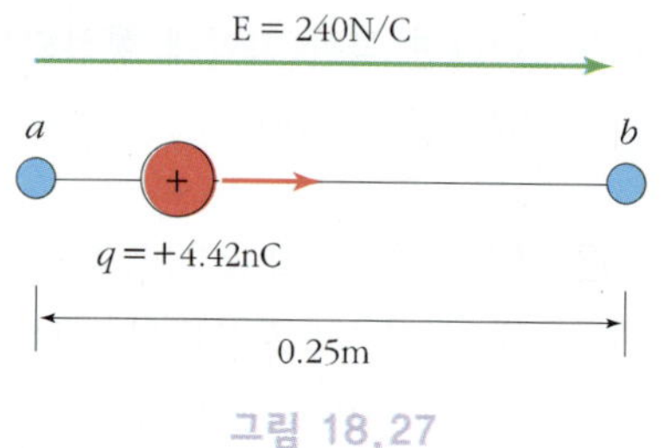

그림 18.27

16 1시간 동안 3.0C의 전하를 이동시키는 10.0V의 배터리의 출력은 몇 와트인가?

17 다음 그림 18.28에서 각 축전기의 용량은 $C = 1.0\ \mu\text{F}$이고 A와 B사이의 전위차는 20 V이다. 각 축전기의 전하와 각 축전기에 걸리는 전위차 그리고 A와 D사이의 전위차를 계산하라.

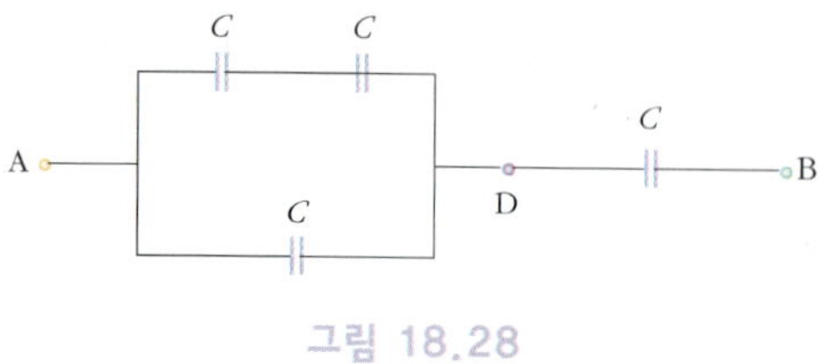

그림 18.28

18 그림 18.29와 같이 유전상수가 κ_1과 κ_2인 유전체 판을 축전기 사이의 공간에 넣었다. 각 판의 두께는 $\frac{d}{2}$이고 축전기 평행판 (면적 A)사이의 거리는 d이다. 이 때 이 축전기의 전기용량은 얼마인가?

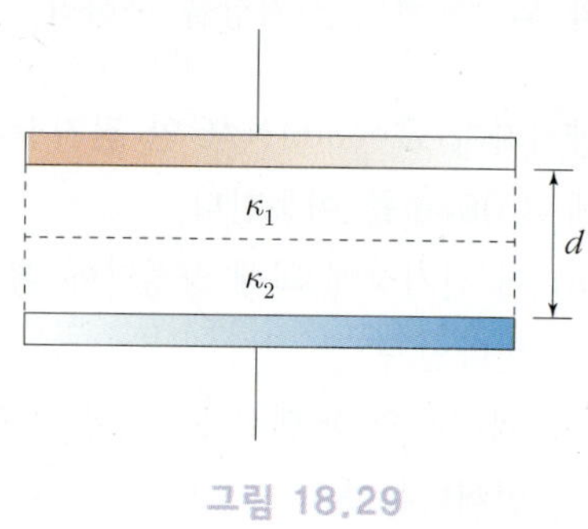

그림 18.29

19 Au(Z = 79)의 원자핵은 반경이 약 6.6×10^{-15} m이다. (+)의 전하가 구형의 핵 내부에 균일하게 분포되어 있다고 가정하고 핵의 표면에서의 전위를 구하라.

20 그림 18.30과 같이 면적 146cm^{2}인 평행판 축전기에서 간격 $d = 0.58$mm이다. 면적의 반은 종이로 채워져 있고 반은 공기로 채워져 있다. 이 축전기의 전기용량은 얼마인가?

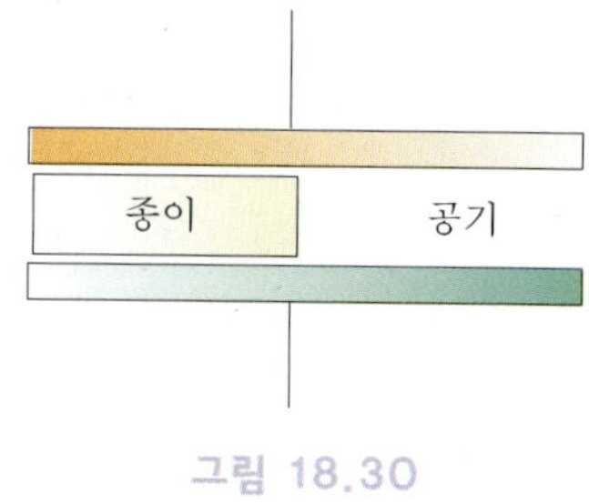

그림 18.30

21 축전기의 정전용량이 $10.2\mu\text{F}$인 축전기의 전위차를 60.0V로 줄이려면 얼마만큼의 전하를 제거하여야 할까?

22 변 길이가 5cm와 3cm인 평행판 축전기 사이의 거리 d가 1.8mm이다.

(a) 이 축전기에 3×10^{-11}C(30 pF)의 전하가 존재한다면 이 극판 사이에 걸린 전기장의 크기는 얼마인가?

(b) 전하량을 그대로 유진한 채 유전율 6.0인 유전체가 극판 사이에 삽입되면 전기장의 세기는 어떻게 바뀔까?

23 그림 18.31과 같이 유전상수 $\kappa=3.0$인 유리를 유전체로 삽입한 평행판축전기의 정전용량이 10μF이다. 이 축전기를 1.5V의 건전지로 충전을 했다. 전지를 제거한 후 극판 사이의 유전체인 유리를 제거하였다면 (a) 정전용량 (b) 전위차 (c) 극판상의 전하량, 그리고 (d) 축전기에 축적된 에너지를 각각 구하여라.

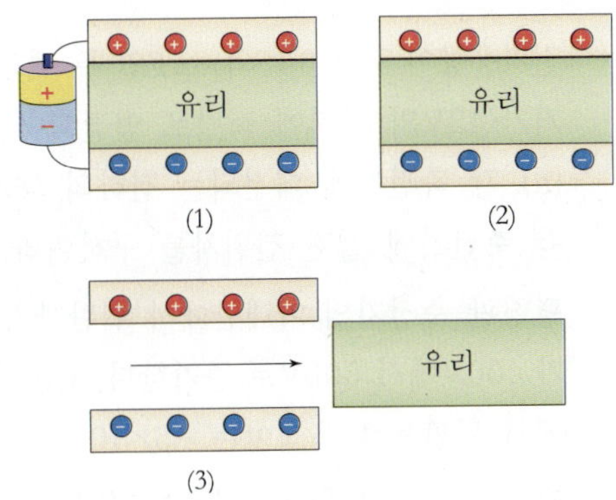

그림 18.31

24 진공속에 있는 평행판 내부에 단위 체적당 2 J/m^{3}의 전기 퍼텐셜에너지를 저장한다고 하자.

(a) 이 때 균일한 전기장의 세기는 얼마인가?

(b) 전기장의 세기가 2배가 되면 단위 체적당 얼마나 많은 에너지가 저장되겠는가?

25 세포벽의 전위차는 −90mV이다. 벽의 두께가 10nm라면 이 세포 내부의 전기장 크기는 얼마일까? 전기장은 균일하다고 가정하라.

26 세포 내부의 전위는 바깥에 비해 90.0mV 정도 낮다. 전하 $+e$인 Na^+ 이온이 세포 바깥에서 안으로 들어온다면 전기장이 이 이온에 한 일은 얼마인가?

27 그림 18.32에서와 같이 200,000m/s의 속력으로 양성자가 두 극판의 중간점에서 양극판 쪽으로 발사된다.

(a) 이 속도가 양극판에 도달하기에 충분한 속도임을 보여라.

(b) 양성자가 양극판에서 되돌아와 음극판과 충돌할 때의 속력은 얼마일까?

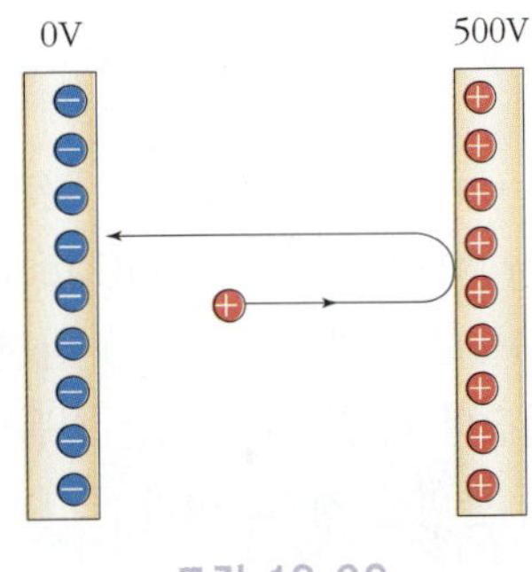

그림 18.32

28 세 개의 금속판이 그림 18.33과 같이 배열해 있다. (a) E_x 대 x의 그래프와 (b) V 대 x의 그래프를 $0\le x\le 3$ cm 범위에 대해 그려 보아라. 단 세 극판 모두 2.0cm×2.0cm의 단면적을 갖는다고 하자.

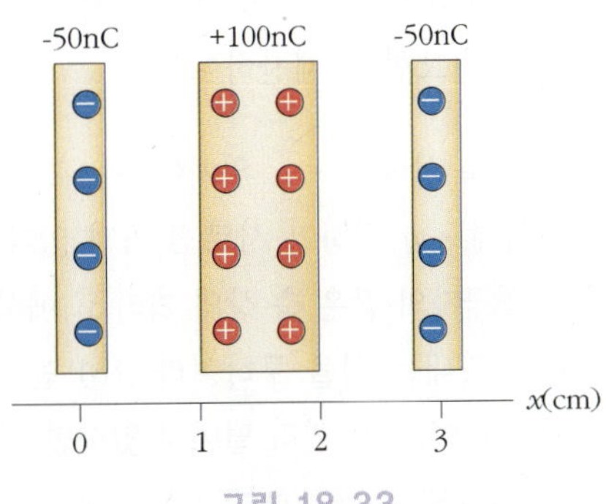

그림 18.33

29 그림 18.34와 같이 콘덴서들이 연결되어 있으며, 여섯 개의 콘덴서 용량은 10μF으로 동일하다.

(a) 이 회로의 등가 정전용량은 얼마인가?

(b) 위치 a와 b사이의 전위차는 얼마인가?

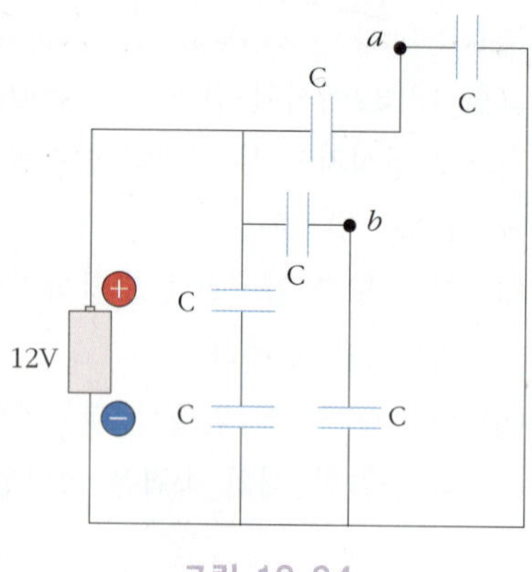

그림 18.34

30 (a) Coulomb의 법칙과 전기 Potential Energy(PE)로부터 전위(Electric Potential)를 정의하는 식과 (b) 점전하의 전위와 전기장의 관계를 나타내는 식을 쓰고, (c) 전위의 단위를 정의하여라.

31 (a) eV는 무슨 단위이며, (b) 300.0eV는 얼마의 값을 갖는지 SI 단위로 나타내어라.

32 세기가 2×10^6V/m인 전기장에서 전자가 가속되고 있다. (a) 2m를 움직이는 동안 전자에 가해지는 에너지는 keV로 얼마이며, (b) 40GeV의 에너지를 갖기 위해서는 거리가 얼마나 필요한지 계산하여라.

33 어떤 축 상에서 $-a$ 위치에 $-q$ 전하가, $+a$ 위치에 $+q$ 전하가 서로 떨어져 있다. (a) 이런 쌍극자의 같은 축 상의 거리 x 에서의 전위를 나타내는 식을 구하여라. (b) 만일 x가 a에 비하여 무척 멀리 떨어져 있다면 식은 어떻게 나타낼 수 있느냐?

34 수소원자 내에서 양성자로부터의 평균 거리가 $r=0.53\times10^{-10}$m 인 곳에 위치하는 전자에 대해 (a) 작용하고 있는 Coulomb의 힘, (b) 전위 및 (c) 전기 퍼텐셜 에너지를 구하여라. $k=9.0\times10^9$Nm^2/C^{2}이고, 양성자는 전자와 크기가 같고 부호가 반대인 전하를 가짐을 유의할 것.

35 전기용량이 50μF의 축전기가 10V로 대전되었다. 전지를 제거한 후 도체판 사이를 2.0mm에서 4.0mm로 증가시켰다. (a) 축전기에 쌓인 전하량은 얼마이며, (b) 처음에 축전기에 저장된 에너지의 양 및 (c) 도체판 사이의 간격이 증가된 후 변화된 에너지의 양을 계산하여라.

36 전기용량이 각각 3μF와 6μF인 두 개의 축전기가 12V의 전지에 직렬로 연결되어 있다. (a) 각 축전기에 대전되는 전하의 양과 (b) 각 축전기에 걸린 전위차를 구하여라.

37 평행판 축전기의 아래판에서 위판까지 전위가 100V에서 500V로 증가한다. (a) 아래판에서 위판으로 움직이는 -5×10^{-4}C 전하의 위치 에너지 변화량은 얼마인가?

(b) 이 과정에서 위치 에너지는 증가하는가 아니면 감소하는가?

38 공기층으로 0.4mm 떨어져 있는 평행판 축전기가 240V 전위차에 의해 각 판에 0.02μC 전하로 충전되어 있다. 공기의 유전상수를 3.0kV/mm라고 가정할 때, (a) 이 축전기의 전기용량, (b) 판 하나의 면적, (c) 두 판 사이의 전위차를 구하여라.

39 트럭에 쓰이는 12V 전지에는 180A · h (ampere-hours)라고 쓰여 있다.

(a) 이 전지는 몇 Coulomb의 전하를 공급할 수 있는가?

(b) 이 전지가 공급하는 총 에너지는 얼마인가?

(c) 이 전지로 3.3A의 전류를 쓰는 라디오는 몇 시간을 가동할 수 있는가?

Fundamentals of Physics

19

전류와 직류회로

앞의 두 장에서는 전하가 정지해 있을 때에 일어날 수 있는 여러 가지 현상에 대하여 고찰해 보았다. 그러나 보다 중요한 현상들은 전하가 움직일 때 일어나는 현상들이다. 예를 들어 전구를 전원에 연결하여 빛을 내게 한다든지 모터를 전원에 연결하여 회전시켜 일을 하는 것과 같은 현상들이다. 이러한 것들은 전구나 모터를 통하여 전하가 흐르면서 전하가 가지고 있던 에너지의 일부가 빛이나 역학적 에너지로 바뀌게 되는 현상들인데, 전하의 흐름은 크게 보아 두 가지 형태로 나타날 수 있다. 하나는 전하들이 일정한 방향으로 이동하는 경우로서 이때의 전하의 흐름을 **직류전류**라 하고, 다른 하나는 전하가 이동하는 방향이 반복적으로 바뀌는 경우로서 이때의 전하의 흐름을 **교류전류**라 한다. 이 장에서는 전류를 정확히 정의하고 직류가 흐르고 있는 회로를 분석하는 방법들을 고찰하기로 한다.

19.1 전류

전류가 흐를 수 있는 선을 도선이라 하는데, 도선을 따라 전하는 어떤 운동을 하는 것일까? 도선은 구리나 알루미늄과 같은 금속을 일정한 굵기의 가늘고 긴 원통모양으로 만들어 사용한다. 금속 1cm^3 속에는 10^{22}개 정도의 아주 많은 수의 원자가 들어 있다. 뒤에서 배우게 되듯이 원자는 원자핵과 그 주변을 돌고 있는 전자들로 이루어져 있는데, 금속 원자들의 경우 1~4개의 전자들이 다른 전자들에 비하여 원자핵에 약하게 속박되어 있다. 많은 수($\sim 10^{22}$개/cm^3)의 원자들이 아주 가까운 간격($\sim 10^{-10}\text{m}$)으로 규칙적으로 배열되어 결합을 형성하면, 약하게 원자핵에 속박되어 있던 전자들이 원자핵의 인력으로부터 벗어나 금속 내부를 비교적 자유롭게 돌아다닐 수 있게 된다. 이러한 전자들을 **자유전자**(free electron)라고 하고, 자유전자를 내어놓고 +전하를 띠게 되는 원자를 **이온**(ion)이라 한다. 만약 도선의 양 끝 사이에 외부에서 전기장을 가하면 자유전자들이 전기장의 반대방향으로 도선을 따라 움직이게 되며, 이러한 전하의 흐름을 **전류**(current)라 한다. 실제로는 전자가 움직여 전류가 흐르지만, 역사적으로 전류를 운반하는 전하운반체가 양전하일 것으로 생각했었기 때문에 전류의 방향을 양전하가 흐르는 방향으로 정의하였다. 음전하가 한 방향으로 흐르는 것은 양전하가 반대방향으로 흐르는 것과 같기 때문에 전류가 흐르는 방향은 전자가 움직이는 방향과 반대이며, 이는 꼭 기억해 두어야 할 중요한 사항이다.

전류를 정확히 정의하기 위해서 그림 19.1을 살펴보기로 한다. 그림에서 도선은 일정한 굵기의 원통모양으로 나타내었고, 전하운반체는 공으로 나타내었으며, 전하운반체의 평균속도를 v_d로 나타내었다. 앞에서 언급했던 것처럼 금속 내에는 아주 높은 밀도의 이온핵과 자유전자가 있으며, 자유전자들은 양전하를 띤 이온핵 뿐 아니라 다른 자유전자들과도 상호작용하며 움직이기 때문에 매우 복잡한 운동을 한다. 그러나 상대적으로 긴 시간 동안 평균하여 보면 일정한 평균속도를 갖는다고 할 수 있으며, 자유전자들의 평균속도를 **유동속도**(drift velocity)라고도 한다.

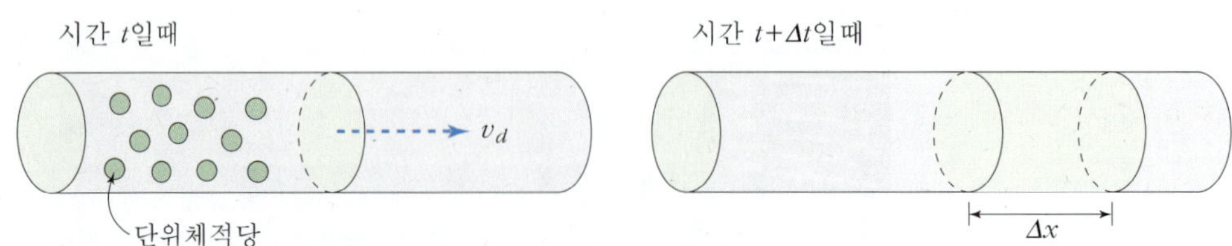

그림 19.1 전류를 만드는 전자의 이동
(a) 시간 t일 때 단위체적당 n개의 전자들이 존재하다가 유동속도 v_d로 오른쪽으로 움직인다.
(b) Δt의 시간이 지난 후 $\Delta x = v_d \Delta t$만큼 이동한다. 그 부피는 $V = A\Delta x$이다.

그림 19.1과 같이 원통에 수직인 왼쪽 단면 A를 시간 Δt 동안에 지나가는 전하운반체의 수를 알아보자. 단면 바로 왼쪽에 있던 전하운반체는 아주 짧은 시간 뒤에 단면을 지나갈 것이고, 단면으로부터 왼쪽으로 더 멀리에 있는 전하운반체일수록 나중에 단면을 지나가게 될 것이고, 너무 멀리 떨어져 있던 전하운반체는 Δt 동안에 단면을 지나가지 못할 것이다. 따라서 단면으로부터 $\Delta x = v_d \Delta t$ 만큼 떨어진 곳에 있던 전하운반체까지 Δt동안에 단면을 지나갈 것이다. 즉, 밑면적이 A이고 길이가 Δx인 원기둥 속에 들어 있는 모든 전하운반체들이 Δt 동안에 단면 A를 지나갈 것이다. 전하운반체의 밀도(단위체적당 전하운반체의 수)를 n이라 할 때 밑면적이 A이고 길이가 Δx인 원기둥 속에 들어 있는 모든 전하운반체들의 수는 $nA\Delta x$이다. 따라서 Δt 동안에 단면을 지나가는 전하의 양 ΔQ는 다음과 같다.

$$\Delta Q = qnv_d \Delta t A \tag{19.1}$$

식 (19.1)의 양변을 Δt로 나누면, 도선 상의 단면 A를 단위 시간당 지나가는 전하율이 얻어지는데 이를 전류라 하며, 1초에 1C의 비율로 전하가 지나가면 그 때의 전류의 크기를 1**암페어**(ampere; [A])라 정의한다.

$$I \equiv \frac{\Delta Q}{\Delta t} = qnv_d A \tag{19.2}$$

식 (19.2)의 양변을 A로 다시 나누면, 단위 면적당 전류가 얻어지는데 이를 **전류밀도**(current density) J라 정의한다.

$$J \equiv \frac{I}{A} = qnv_d \tag{19.3}$$

전류밀도는 벡터량이고 다음과 같이 표현된다.

$$\mathbf{J} \equiv qn\mathbf{v}_d \tag{19.4}$$

전류밀도벡터 $\mathbf{J}$를 사용하면 전류는 식 (19.3)으로부터

$$I = \mathbf{J} \cdot \mathbf{A} \tag{19.5}$$

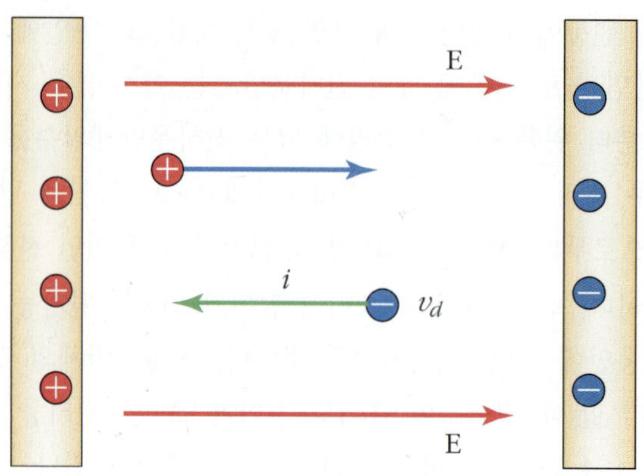

그림 19.2 전기장, 전류 그리고 유동속도의 정의

로 나타낼 수 있다. 이 때 A는 도선에 수직하지 않을 수 있는 일반적인 단면의 면적벡터이며, 이 면적벡터의 크기는 단면적의 크기 A이고, 방향은 전류가 흘러 나가는 쪽으로 단면에 수직이다. 대전입자의 평균속도 v_d는 대체적으로 외부 전기장 E에 비례하기 때문에 전류밀도 J도 대체적으로 E에 비례한다(그림 19.2 참조).

예제 **19.1** 전류의 세기 비교

그림 19.3과 같이 동일한 재료로 만들어졌지만 서로 다른 직경을 갖거나 전류의 흐름 속도가 두 배로 차이가 날 경우 전류의 세기를 큰 순서부터 나열하여 보아라.

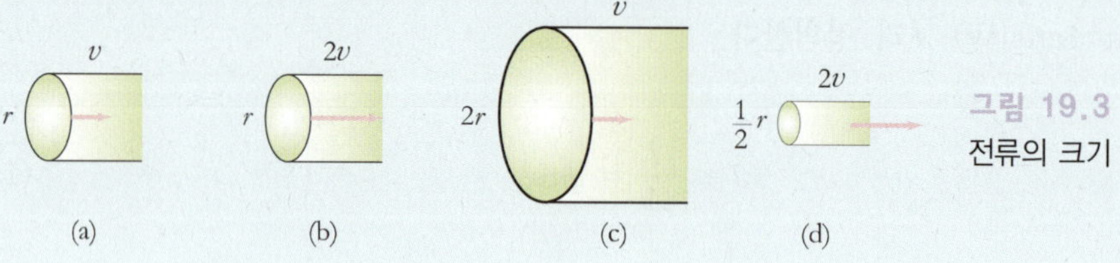

그림 19.3 전류의 크기

풀이 $I_c > I_b > I_a > I_d$의 순이다. 전류는 $r^2 v_d$에 비례하므로 반지름이 두 배가 되는 것이 포류속도를 두 배로 하는 것 보다 더 큰 영향을 미치게 된다.

예제 **19.2** 구리선 내에서의 유동속도

단면적이 $2.50 \times 10^{-7}\,\mathrm{m}^2$인 구리 도선에 1.0A의 전류가 흐를 때 도선 내의 전자들의 유동속도는 얼마인가? 구리 원자 하나당 하나의 자유전자가 들어 있고 구리의 원자량은 63.5 g/mol이고 밀도는 $8.95\,\mathrm{g/cm^3}$이다.

풀이 전류 $I = qv_dA$이므로 도선 내에서의 전자의 밀도를 알면 유동속도를 알아낼 수 있다. 구리의 원자량이 63.5g/mol이므로 63.5g의 구리 속에는 아보가드로수만큼의 원자가 있고, 원자 하나가 자유전자 하나씩을 가지고 있으므로 63.5g의 구리 속에는 아보가드로의 수만큼의 자유전자가 있다. 구리 1mol의 부피 V는

$$V = \frac{m}{\rho} = \frac{63.5\,\mathrm{g}}{8.95\,\mathrm{g/cm^3}} = 7.09\,\mathrm{cm^3}$$

이고, 구리 1 mol 속에는 아보가드로의 수만큼의 자유전자가 있고 구리 1 mol의 부피가 $7.09\,\mathrm{cm^3}$이므로 전류에 기여하는 전자의 밀도 n은

$$n = \frac{6.02\times 10^{23}\,\text{전자/mol}}{7.09\,\mathrm{cm^3/mol}} = 8.48\times 10^{22}\ \text{전자/cm}^3 = 8.48\times 10^{28}\ \text{전자/m}^3$$

이다. 따라서 유동속도 v_d는 식 (19.3)을 이용하여 계산하면

$$v_d = \frac{I}{nqA} = \frac{1.0\,\mathrm{C/s}}{(8.48\times 10^{28}\,\mathrm{m^{-3}})(1.60\times 10^{-19}\,\mathrm{C})(2.5\times 10^{-7}\,\mathrm{m^2})}$$
$$= 2.95\times 10^{-4}\,\mathrm{m/s}$$

가 된다.

19.2 저항과 옴의 법칙

앞 절에서 전류는 도선의 어떤 단면을 단위 시간당 지나가는 전하로 정의하였으며, 이는 전자의 전하(q), 밀도(n), 유동속도(v_d), 그리고 단면적(A)에 의하여 결정된다는 것을 보았다. 이 중에서 외부 전기장의 영향으로 변할 수 있는 양은 유동속도(v_d) 밖에 없다. 진공 속에 놓여 있는 전하 q에 외부에서 크기가 E인 전기장이 가해지면 크기 qE인 힘 F를 받게 되며 이 전하의 질량이 m이라면 qE/m의 가속도로 전기장이 존재하는 한 계속해서 같은 비율로 가속될 것이다. 즉, 유동속도는 시간에 비례해서 무한히 증가할 것이다. 그러나 우리는 일상생활에서의 경험으로 전기장이 세지면(도선 양 끝 사이에 가해진 전위차가 커지면), 전류의 크기는 커지지만 시간이 지나더라도 계속적으로 증가하지 않고 거의 일정한 전류가 유지되는 것을 알고 있다. 그렇다면 전기장이 가해졌을 때 진공 속의 전자의 유동속도는 시간에 비례해서 무한히 커지는데 도선 속의 전자는 왜 일정한 유동속도를 가지는 것일까? 이것을 이해하기 위해서는 금속 내부를 조금 더 자세하게 관찰해 볼 필요가 있다.

금속내부를 확대하여 들여다보면, 전자를 잃어버린 이온들이 규칙적으로 배열되어 있

는데 이런 규칙적인 배열상태를 **격자**(lattice)라 한다. 실온에서도 +이온들은 자신의 평형 위치를 중심으로 진동하고 있으며, 다른 +이온들과의 상호작용의 결과로 격자 전체가 진동하게 되는데 이를 **격자진동**(lattice vibration)이라 한다. +이온과 +이온 사이의 공간 속을 전자들이 돌아다니고 있는데, 모두 같은 속력으로 움직이는 것이 아니고 0부터 10^6m/s에 이르기까지 다양한 속력으로 움직인다. 이 전자들은 서로 충돌하고, 진동하고 있는 +이온과도 충돌하고, 격자 속에 있을 수 있는 다양한 결함들의 영향을 받아 아주 짧은 시간 동안만 가속되고 충돌 후에는 움직임의 방향성을 잃게 된다. 이러한 다양한 충돌들의 영향을 받아 일정한 전기장 하에서의 전자들의 평균 유동속도는 일정한 값을 가지게 되며, 다양한 충돌들의 영향의 크기와 상대적인 중요성은 물질에 따라 다르다. 중요한 결과는 평균 유동속도 v_d가 전기장 E에 비례하고, 따라서 도선 양 끝에 가해진 전위차 ΔV에 비례하여 도선에 흐르는 전류 I가 ΔV에 비례하여 증가한다는 사실이다. 이를 **옴의 법칙**(Ohm's law)이라 한다.

그림 19.4와 같이 길이가 L인 도선의 오른쪽 끝 (b)에는 전위 V_b가 왼쪽 끝 (a)에는 전위 V_a가 유지된다면, 도선에 흐르는 전류 I는 전위차 $\Delta V = V_b - V_a$에 비례한다. $\Delta V > 0$이면 b에서 a쪽으로 전류가 흐르고, $\Delta V < 0$이면 a에서 b쪽으로 전류가 흐른다. 이 때의 비례상수를 $1/R$이라 정의하고, R을 저항이라 한다.

$$I \equiv \frac{\Delta V}{R}, \text{ 또는 } \Delta V \equiv IR \tag{19.6}$$

전위차가 1V일 때 1A의 전류가 흐르면 그 때의 저항 R을 1Ω(ohm)이라 한다.

실제로 여러 물질의 전류를 측정해보면, 그림 19.5 (a)의 경우처럼 옴의 법칙을 따르는 물질들이 있고, 그림 19.5 (b)의 경우처럼 옴의 법칙을 따르지 않는 물질들이 있다. 옴의 법칙을 따르는 물질들을 저항성 물질이라 하고, 따르지 않는 물질들을 비저항성 물질이라 한다.

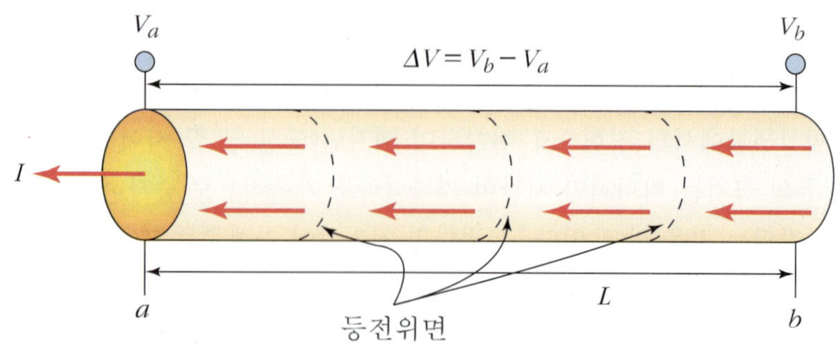

그림 19.4 길이가 L인 양쪽 끝 사이에 전위차가 유지되면 도선에 전류 I가 흐른다.

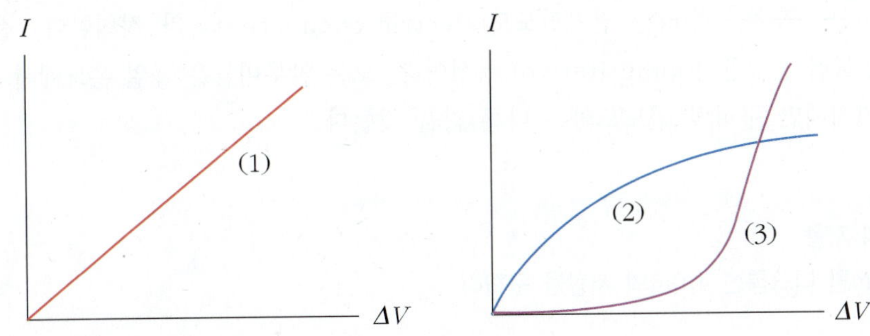

그림 19.5 물질의 전류-저항 특성
(1) 저항성 물질 (2) 비저항성 전구의 필라멘트 (3) 비저항성 다이오드

어떤 특정한 물질로 만들어진 도선들의 경우에는 도선의 저항 R은 도선의 길이 L에 비례하고 도선의 단면적 A에 반비례하는데, 이 때의 비례상수를 **비저항**(resistivity) ρ라고 한다. 즉,

$$R \equiv \rho \frac{L}{A} \tag{19.7}$$

비저항의 단위는 Ω · m이다. 비저항은 물질 고유의 특성이고 여러 물질의 비저항들이 측정되어 표 19.1과 같이 정리되어 있다.

표 19.1 섭씨 20도에서의 비저항과 비저항의 온도계수

물질	비저항 (Ω · m)	온도계수 $\alpha[(℃)^{-1}]\times10^{-3}$
은	1.59×10^{-8}	3.8
구리	1.67×10^{-8}	4.05
금	2.35×10^{-8}	3.4
알루미늄	2.65×10^{-8}	3.9
텅스텐	5.40×10^{-8}	4.5
철	9.71×10^{-8}	5.0
백금	10.6×10^{-8}	3.64
납	21×10^{-8}	3.9
니크롬	150.0×10^{-8}	0.4
수은	96×10^{-8}	0.89
탄소	3500×10^{-8}	−0.5
게르마늄	0.6	−50
실리콘	2300	−70

비저항의 역수를 우리는 **전기전도도**(electric conductivity)라 정의한다. 전도도는 밀도처럼 물질의 정량적(quantitative) 특성이다. 모든 알루미늄은 동일 온도에서 같은 전도도를 가지지만 구리의 전도도와는 다른 값을 갖는다.

예제 **19.3** 도선의 저항

지름이 2.0mm인 니크롬선 4.0m의 저항을 구하라.

풀이 $R \equiv \rho L/A$인데, 표 19.1을 보면 니크롬의 비저항 ρ는 $1.5\times 10^{-6}\Omega \cdot \mathrm{m}$이므로

$$R \equiv \frac{\rho L}{A} = \frac{(1.5\times 10^{-6}\,\Omega \cdot \mathrm{m})(4.0\,\mathrm{m})}{\pi(1.0\times 10^{-3}\mathrm{m})^2} = 1.9\Omega$$

이다.

초전도성

1911년에 독일의 물리학자 온네스(Kamerlingh Onnes)가 매우 낮은 온도에서 금속의 전도도를 연구 중이었다. 이 실험 중 우연히 수은이 4.2K에서 갑자기 모든 저항이 영이 된다는 사실을 발견하였다. 이렇게 저온에서 완전하게 저항을 잃어버리는 현상을 **초전도성**(superconductivity)이라 한다. 이 후 많은 학자들에 의해 연구가 진행되면서 초전도물질의 비저항은 아주 작은 것이 아니라 완벽하게 영이 된다는 사실을 밝혀냈다. 전자들이 마찰을 느끼지 못한 채 움직이므로 전기장이 없더라도 **초전도체**(superconductor)내부를 자유롭게 움직여 다닌다. 1950년대 이전까지만 하더라도 초전도성은 잘 이해되지 않다가 양자역학적인 해석이 이루어진 이후 이해되기 시작했다. 초전도체로 만들어진 도선은 전자들이 원자와 충돌해 발열을 일으키지 않으므로 무한 크기의 전류를 흐르게 할 수 있다. 그러므로 초전도체로 만들어진 전자석을 이용하면 아주 큰 자기장을 만들 수 있지만 아직까지는 워낙 저온에서 이 현상이 일어나므로 실용화 단계는 아니다. 예전에는 20K 이하의 온도에서만 초전도성이 생기기 때문에 큰 관심이 없다가 1986년 125K에서 YBCO 계열 초전도체에서 초전도성이 관찰되면서 다시 관심의 대상이 되고 있는 중이다. 초전도체 응용의 중요한 예 중 하나가 **마이스너 효과**(Meissner effect)를 이용하는 것이다. 마이스너 효과란 물질이 초전도체가 되면 자기장이 내부로 침투하지 못하게 밀어낸다는 것이다. 그러므로 자성체 위에 초전도체를 두게 되면 그림 19.6과 같이 그 물질이 부상하게 된다. 이 원리를 이용하여 자기부상열차를 만들 수 있으며 마찰이 없이 운동할 수 있는 많은 응용 분야에 적용 가능해진다.

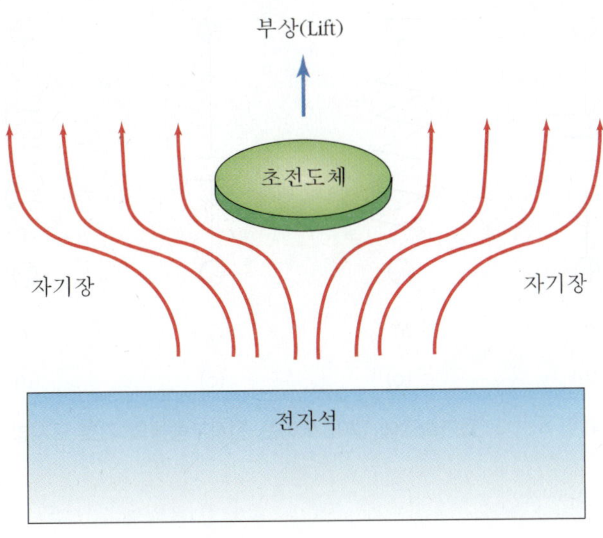

그림 19.6 마이스너 효과에 의한 초전도체의 부상(lift)

기본회로와 회로소자들

그림 19.7은 저항과 축전기가 전원에 연결되어 있는 가장 기본적인 회로를 보인 것이다. 그림 19.7 (a)는 전원에 저항 하나와 축전기 하나가 연결되어 있는 가장 기본적인 **기본회로** (electric circuit)를 보인 것이고, 그림 19.7 (b)는 그것에 해당하는 회로상의 **등가회로** (equivalent circuit)를 보인 것이다. 여기서 저항이라 표시해 둔 부분이 우리가 사용하는 전자기기들이다.

그림 19.8에는 그림 19.7에 보인 등가회로에 많이 쓰이는 전자부품의 기호를 나타낸 것이다. 그림 19.8 (a)는 직류전원을 나타내는 기호로서 길이가 긴 쪽이 양극이고 짧은 쪽이 음극을 나타낸다. 그림 19.8 (b)는 회로의 부하저항을 나타낸다. 그림 19.8 (c)는 축전기를 나타내고 그림 19.8 (d)는 코일의 인덕터를 나타내는 기호이다.

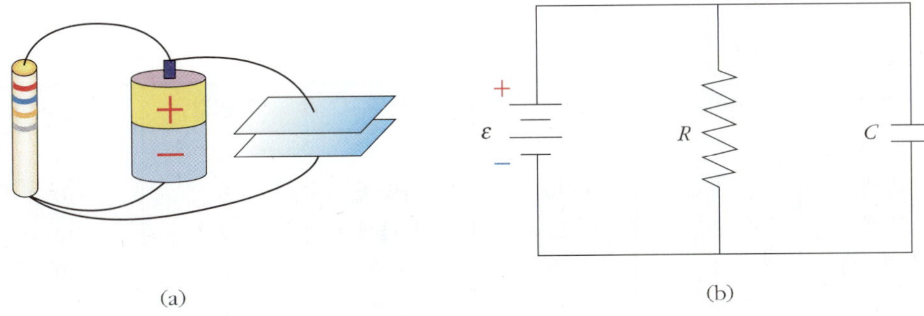

그림 19.7 (a) 기본회로 (b) 등가회로

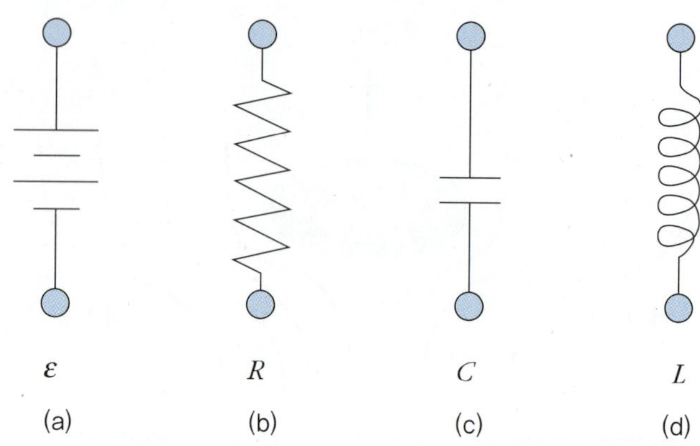

그림 19.8 등가회로에 많이 쓰이는 전자부품들의 기호 표시법

저항 읽기

저항에도 여러 가지 종류가 있지만 가장 널리 사용되는 저항은 원통형으로 생긴 탄소 피막 저항이다(그림 19.9 참조). 이 저항은 크기가 작기 때문에 저항값을 일일이 표면에 표기하기가 어려워 색깔별로 4개의 띠를 만들어 표시한다. 처음 세 자리의 색깔은 저항의 크기를 나타내고 4번째 색깔은 오차의 정도를 표시한다. 색깔에 대한 수치값은 표 19.2에서 보인 것과 같다. 예를 들어 순서대로 적색-파랑색-보라색-금색 이라면 저항의 크기는 $26 \times 10^7 \Omega$이며 1%의 오차를 가진다는 의미이다. 즉 세 번째 자리는 승수를 의미한다. 오차는 금색은 1% 그리고 은색은 5%를 나타낸다.

그림 19.9 색깔 저항의 저항 표시법

표 19.2 저항의 색값과 승수

색깔	자리값	승수	색깔	자리값	승수
검정색	0	1	녹색	5	10^5
갈색	1	10	파랑색	6	10^6
적색	2	10^2	보라색	7	10^7
오렌지색	3	10^3	회색	8	10^8
노랑색	4	10^4	흰색	9	10^9

19.3 온도에 따른 비저항의 변화

도선의 온도가 올라가면, 도선이 팽창하여 원자간의 간격이 커지고, 진동이 심해지는 등의 여러 가지 요인의 변화에 의하여 비저항이 변하게 된다. 작은 정도의 온도의 증가에 대해서 비저항의 증가는 기준온도 T_0에서의 비저항의 크기 ρ_0와 온도의 증가 ΔT에 비례한다. 이때의 비례상수를 비저항의 **온도계수**(temperature coefficient of resistivity)라 하고 α로 나타낸다.

$$\Delta\rho = \alpha\,\rho_0\,\Delta T \tag{19.8}$$

비저항의 온도계수는 물질 고유의 특성이며 표 19.1에 있는 크기의 값을 갖는다. 저항의 온도계수를 사용하여 온도 T에서의 비저항을 다음과 같이 나타낼 수 있다.

$$\rho = \rho_0[1 + \alpha(T - T_0)] \tag{19.9}$$

저항이 비저항에 비례하므로 온도 T에서의 저항은 다음과 같다.

$$R = R_0[1 + \alpha(T - T_0)] \tag{19.10}$$

온도가 너무 크게 변하지 않으면, 비저항의 온도계수 α가 거의 일정하므로 저항의 변화를 이용하여 온도계를 만들 수 있는데 이를 저항 온도계라 한다.

19.4 온도에 따른 저항의 변화

어떤 백금 저항 온도계의 저항이 19.0℃에서 40.0Ω이었는데 어떤 뜨거운 용액에 넣었더니 저항이 60.0Ω으로 증가하였다. 이 뜨거운 용액의 온도는 얼마인가?

풀이 식 (19.10)과 같이 임의의 온도에서의 저항은 $R = R_0[1 + \alpha(T - T_0)]$이므로 온도 T에 대하여 풀면 다음을 얻는다.

$$T = T_0 + \frac{R - R_0}{\alpha R_0}$$

$$= 19.0℃ + \frac{60.0\Omega A - 40.0\Omega}{[3.92\times 10^{-3}(℃)^{-1}](40.0\Omega)} = 147℃$$

19.4 전기에너지와 전력

그림 19.10과 같이 건전지와 저항을 연결하여 닫힌회로를 구성하면, 건전지 내에서의 화학작용의 결과로 생긴 에너지가 건전지 밖으로(엄밀히 말하자면) 전자기장의 형태로 전달되며, 이 에너지는 저항을 지나며 열에너지로 변환된다. 이상적인 건전지는 양단에 일정한 전위차를 유지할 수 있는 기구를 말하며, 실제의 건전지는 외부로 전류가 흘러나가면 단자사이의 전압이 떨어진다.

건전지의 음극에 대한 양극의 전위차를 V라 하고 회로에 흐르는 전류를 I라 하자. 옴의 법칙에 의하면 도선 양 끝의 전위차는 전류와 저항에 비례한다. 그런데 그림 19.10에서 저항을 제외한 도선부분의 저항은 저항 R에 비하여 무시할 수 있을 정도로 작으므로 건전지의 두 극 a, b 사이의 전위차 V는 저항의 양끝 사이의 전위차와 같다. 따라서 회로에 흐르는 전류 I는 옴의 법칙에 의하여 다음과 같다.

$$I = \frac{V}{R} \tag{19.11}$$

Δt 동안에 저항 R을 지나가는 전하의 양은 식 (19.2)에 의하여 $\Delta Q = I\Delta t$이다. 이 전하 ΔQ가 저항을 지나가는 동안에 전위가 V 만큼 감소하므로 이 전하는 전기 퍼텐셜에너지를

$$\Delta U = \Delta Q\, V \tag{19.12}$$

만큼 잃게 된다. 이 에너지는 저항에 의해서 열로 발산된다. 따라서 저항에서 소모되는 전력, 즉 단위 시간당 소모되는 전기에너지 P는 다음과 같다.

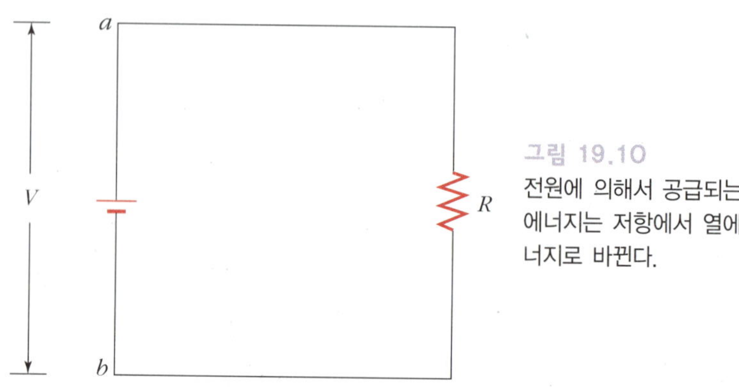

그림 19.10
전원에 의해서 공급되는 에너지는 저항에서 열에너지로 바뀐다.

$$P \equiv \frac{\Delta U}{\Delta t} = \frac{(I\Delta t)V}{\Delta t} = IV \tag{19.13}$$

옴의 법칙을 이용하면 P를 다음과 같이 3가지 형태로 표현 할 수 있다.

$$P = IV = I^2R = \frac{V^2}{R} \tag{19.14}$$

전력의 단위는 **와트**(W)이며, 초당 1J의 전기에너지가 소모되면 저항에서 소모되는 전력이 1W가 된다. 전력회사에서 요금을 부과하기 위해서는 일정기간(1달) 동안에 사용한 전기에너지의 총량을 킬로와트 · 시(kW · h)로 나타내는데, $1\,\mathrm{W} = 1\,\mathrm{J/s}$ 이므로

$$1\,\mathrm{kW \cdot h} = (10^3\,\mathrm{W})(3600\,\mathrm{s}) = 3.6 \times 10^6\,\mathrm{J} \tag{19.15}$$

이다.

예제

19.5 저항에서 발산되는 열에너지

가정용 다리미의 규격이 220V, 1200W라고 표시되어 있다. 이 다리미의 저항을 구하고, 220V 전원에 연결되었을 때 흐르는 전류를 구하라.

풀이 식 (19.14)에 의하면 $P = V^2/R$이므로 저항은

$$R = V^2/P = (220\,\mathrm{V})^2/(1200\,\mathrm{W}) = 40.3\ \Omega$$

$P = IV$이므로 흐르는 전류는 $I = P/V = (1200\,\mathrm{W})/(220\,\mathrm{V}) = 5.45\ \mathrm{A}$이다.

19.5 키르히호프의 법칙

앞에서 우리는 전력을 정의하기 위하여 가장 간단한 회로(그림 19.10)를 살펴보았다. 실제의 회로는 여러 개의 전지들, 여러 개의 저항들, 여러 개의 전기용량 등을 포함하고 여러 개의 분기점과 여러 개의 폐회로를 가질 수 있다. 또한 그림 19.10에서는 이상적인 건전지를 고려하였으나 실제의 건전지는 외부에 저항을 연결하기 전후에 건전지의 양극과 음극 사이의 전압이 다르다. 따라서 다양한 회로를 체계적으로 분석할 수 있는 방법이 필요

하다. 회로를 분석하기 위해서 사용되는 두 개의 기본법칙이 있는데, 이를 **키르히호프의 법칙**(Kirchhoff's law)이라 한다. 이 절에서는 이 두 개의 기본법칙을 살펴보고 간단한 직류회로를 분석하고자 한다.

먼저 키르히호프 제 1 법칙을 살펴보기 위하여 그림 19.11과 같은 분기점에 들어오는 전류와 분기점에서 나가는 전류를 살펴보기로 하자. 분기점에서 전하가 생성되거나 소멸되지 않으므로 들어오는 전류의 총합과 나가는 전류의 총합은 같아야 할 것이다. 즉,

$$I = I_1 + I_2 + I_3 \tag{19.16}$$

일반적으로는

$$I_{\text{in}}^{\text{total}} = I_{\text{out}}^{\text{total}} \tag{19.17}$$

이 법칙은 분기점에서의 전하의 보존을 나타내며, **키르히호프의 제 1 법칙** 또는 **분기점 법칙**(junction rule)이라 불린다.

그림 19.10을 보면 $b-a-b$로 된 폐회로가 하나 있다. 점 b에서 출발하여 회로를 따라 이상적인 건전지를 거쳐 점 a로 가면, 전위가 V 만큼 상승한다. 다시 점 a에서 출발하여 회로를 따라 저항 R을 지나 점 b로 가면, 전위가 V 만큼 감소한다. 따라서 폐회로 $b-a-b$를 따라 한 바퀴 돌면 전위의 증가는 0이다. 즉 $(\Delta V)^{\text{total}} = 0$. 이를 키르히호프의 제 2 법칙 또는 폐회로법칙이라 한다.

일반적으로,

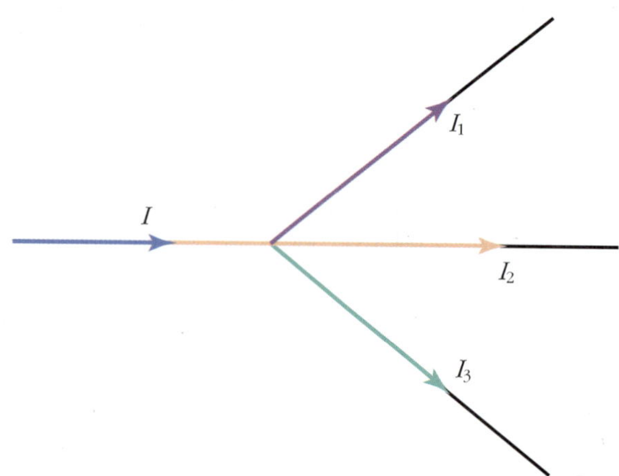

그림 19.11 분기점에 흘러 들어오는 전류의 총량과 분기점에서 흘러 나가는 전류의 총량은 같다.

$$\sum_{i=0}^{n}(\Delta V)_i = 0 \tag{19.18}$$

이다. 즉, 폐회로내에서의 모든 전위증가의 합은 0이다. 폐회로 내의 어떤 부분 (i −번째 회로요소)에서 전위의 증가가 있으면 $(\Delta V)_i > 0$이고, 전위의 감소가 있으면, $(\Delta V)_i < 0$이다. 만약 전하 q가 폐회로 $b-a-b$를 따라 한 바퀴 돌아 제자리에 돌아온다면 전하 q의 퍼텐셜에너지의 증가는 $\Delta U == q\Delta V = 0$이다. 즉, 전하 q의 에너지는 증가하지 않는다. 폐회로를 한 바퀴 도는 동안에 전위의 증가가 없는 것은 에너지 보존법칙의 결과이다. 다시 말해서 **키르히호프의 제 2법칙**은 한 점에서의 전하 q의 퍼텐셜에너지가 두 값을 가질 수 없다는 사실의 다른 표현이라 할 수 있다.

회로에 키르히호프의 법칙을 적용해 문제를 풀 때 다음과 같은 절차를 따라서 해보면 쉽게 문제를 풀 수 있다.

키르히호프 법칙의 사용법

① 회로를 그려라. − 값을 아는 소자와 모르는 소자를 구분하여 명칭을 붙인다.
단, 축전기가 있는 경우 정상상태에서는 축전기에 전하가 저장되어 양단 사이에 전압강하가 있지만, 직류전류는 축전기를 통하여 흐르지 않으므로 전류를 구하는 데 있어서는 축전기가 포함된 지선은 없는 것과 같다.

② 전류의 흐르는 방향을 정하라. − 정해진 방향으로 전류의 흐름을 표시하라.

- 실제 전류의 흐름방향을 안다면 그 방향을 택하라.
- 실제 전류의 방향을 모른다면 방향을 임의로 잡아라. 만약 설정이 잘못되었다면 전류값이 음으로 나올 것이다.

③ 폐회로를 따라 흐름을 파악한다. − 회로상 임의의 점에서 출발하여 단계 ②에서 설정한 전류의 방향으로 따라가 보아라. 분기점에 키르히호프의 분기점법칙을 적용한다. 이 때 중복되는 식이 얻어지지 않도록 주의한다. 즉, 분기점의 총 수 보다 1개 적은 수의 분기점에 키르히호프의 분기점법칙을 적용한다.
폐회로에 폐회로법칙을 적용한다. 이 때 중복되는 식이 얻어지지 않도록 주의한다. 즉, 폐회로의 총 수 보다 1개 적은 수의 폐회로에 키르히호프의 폐회로법칙을 적용한다.

- 각 회로소자를 지날 때마다 전위차는
$$\Delta V = V_{\text{아랫방향}} - V_{\text{윗방향}}$$
- 기전력을 음에서 양으로 지날 때에는
$$\Delta V_{\text{기전력}} = +\varepsilon$$

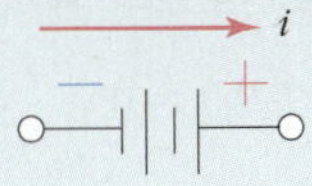

- 기전력을 양에서 음으로 지날 때에는
$$\Delta V_{\text{기전력}} = -\varepsilon$$
- 저항을 지날 경우에는
$$\Delta V_{\text{저항}} = -iR$$

④ 폐회로 법칙을 적용한다.

$$\sum(\Delta V)_i = 0$$

예제 **19.6** 다음 그림 19.12와 같은 회로에서 기전력 ε_1=12V, ε_2=6V이고, 저항 R_1과 R_2는 모두 6Ω이다. 각 저항에 흐르는 전류와 지선 $a-b$에 흐르는 전류를 구하라.

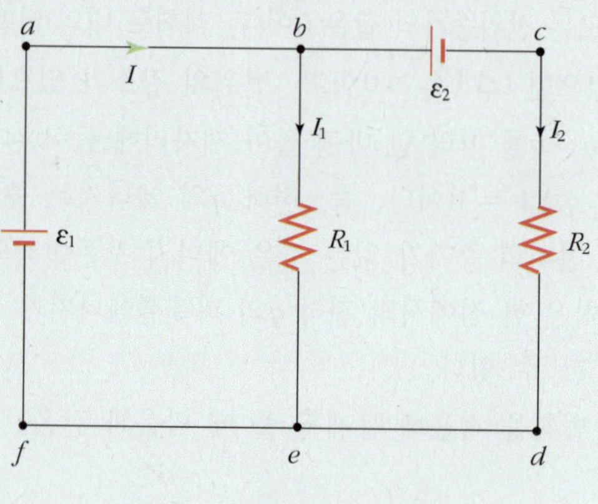

그림 19.12

풀이 이 회로에는 2 개의 분기점 b와 e가 있다. 분기점 b에 키르히호프의 분기점법칙을 적용하면 다음 결과를 얻는다.

$$I = I_1 + I_2 \qquad (1)$$

그러나 만약 분기점 e에 키르히호프의 분기점법칙을 적용하면 식 (1)과 같은 결과를 얻는다.
이 회로에는 3개의 폐회로가 있다. 즉, $a-b-c-d-e-f-a$, $a-b-e-f-a$, $b-c-d-e-b$ 이다.
그러나 $a-b-e-f-a$와 $b-c-d-e-b$를 합하면 $a-b-c-d-e-f-a$가 얻어지므로 두 개의 폐회로에만 키르히호프의 폐회로법칙을 적용하면 된다. 먼저 $a-b-e-f-a$에 적용하면

$$\varepsilon_1 + (-I_1 R_1) = 0 \qquad (2)$$

$a-b-c-d-e-f-a$에 대해서는

$$\varepsilon_1 + (-\varepsilon_2) + (-I_2 R_2) = 0 \qquad (3)$$

3개의 미지수 I, I_1, I_2에 대하여 3개의 방정식이 있으므로 해를 구할 수 있다. 식 (2)로부터

$$I_1 = \frac{\varepsilon_1}{R_1} = \frac{12\,\text{V}}{6\,\Omega} = 2\,\text{A} \qquad (4)$$

를 얻고, 식 (3)으로부터

$$I_2 = \frac{\varepsilon_1 - \varepsilon_2}{R_2} = \frac{12\,\text{V} - 6\,\text{V}}{6\Omega} = 1\text{A} \qquad (5)$$

를 얻고, 식 (1)로부터

$$I = I_1 + I_2 = 2\,\text{A} + 1\,\text{A} = 3\,\text{A} \qquad (6)$$

를 얻는다.

예제 **19.7** 다음 그림 19.13과 같은 회로에서 기전력 ε_1과 ε_2는 각각 12V, 6V이고, 저항 R_1과 R_5는 모두 4Ω, 저항 R_2, R_3, R_4는 모두 2Ω 이고 축전기 C 의 전기용량은 $5\mu\text{F}$ 다. 정상상태에서 각 저항에 흐르는 전류와 축전기에 저장되는 전하의 양을 구하시오.

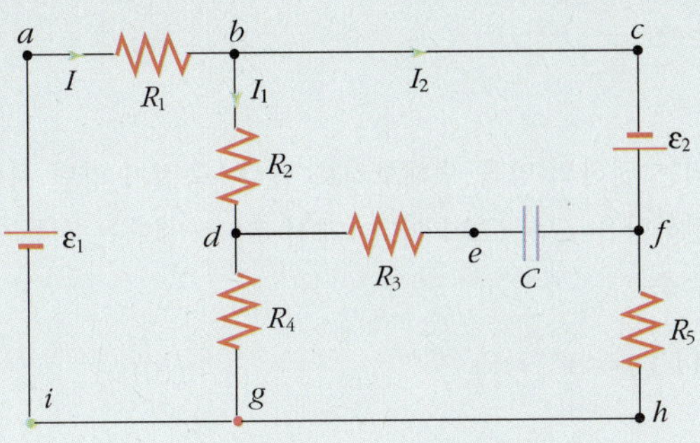

그림 19.13

풀이 이 회로를 분석하는 데 있어 제일 먼저 주목해야 할 점은 축전기가 삽입되어 있다는 사실이다. 회로를 구성한 직후에는 지선 $d-e$에 전류가 흐르지만, 시간이 흘러 정상상태에 이르게 되면 지선 $d-e$에는 전류가 흐르지 않는다. 따라서 전류를 구하는 데 있어서는 지선 $d-e-f$는 절단되어 있는 것과 같다. 따라서 분기점은 b와 g에 있으며 b에 키르히호프의 분기점 법칙을 적용하면

$$I = I_1 + I_2 \qquad (1)$$

를 얻는다. 이 회로에 있는 폐회로를 모두 찾아보면, $a-b-d-g-i-a$, $a-b-c-f-h-g-i-a$, $b-c-f-h-g-d-b$ 등 3개가 있다. 이 중에서 폐회로 $a-b-d-g-i-a$에 대하여 키르히호프의 폐회로법칙을 적용하면

$$\varepsilon_1 + (-IR_1) + (-I_1R_2) + (-I_1R_4) = 0 \qquad (2)$$

을 얻는다. 폐회로 $a-b-c-f-h-g-i-a$에 대하여 키르히호프의 폐회로법칙을 적용하면

$$\varepsilon_1 + (-IR_1) + \varepsilon_2 + (-I_2R_5) = 0 \qquad (3)$$

을 얻는다. 식 (1)을 식 (2)에 대입하면

$$(R_1 + R_2 + R_4)I_1 + R_1I_2 = \varepsilon_1 \qquad (4)$$

을 얻는다. 식 (1)을 식 (3)에 대입하면

$$R_1I_1 + (R_1 + R_5)I_2 = \varepsilon_1 + \varepsilon_2 \qquad (5)$$

를 얻는다. 식 (4)와 (5)에 기전력과 저항의 크기를 대입하면 다음 두 식을 얻는다.

$$2I_1 + I_2 = 3\text{A} \qquad (6)$$

$$2I_1 + 4I_2 = 9\text{A} \qquad (7)$$

I_1과 I_2에 대해서 식 (6)과 (7)을 풀면 다음을 얻는다.

$$I_1 = 0.5\text{A},\ I_2 = 2\text{A} \qquad (8)$$

식 (8)을 식 (1)에 대입하면

$$I = 2.5\text{A} \qquad (9)$$

가 나온다.

이제 축전기에 저장되는 전하의 양을 구해보기로 한다. 축전기 양단 사이의 전위차를 ΔV라 하면 축전기에 저장되는 전하량은 $Q = C\Delta V$이다. 지선 $d-e-f$에는 전류가 흐르지 않으므로 R_3에서의 전압강하는 없다. 즉,

$$(\Delta V)_{ef} = (\Delta V)_{df} = V_d - V_f \qquad (10)$$

점 g에 대한 d점의 전위는 R_4에서 일어난 전압강하와 같다. 즉,

$$V_{dg} = V_d - V_g = I_1 R_4 = (0.5\,\text{A})(2\Omega) = 1\,\text{V} \qquad (11)$$

그리고 점 h에 대한 f 점의 전위는 R_5에서 일어난 전압강하와 같다. 즉,

$$V_{fh} = V_f - V_h = I_2 R_5 = (2\,\text{A})(4\Omega) = 8\,\text{V} \qquad (12)$$

따라서 축전기 양단에서 일어나는 전압강하는 식 (10)에 의해서

$$(\Delta V)_{ef} = V_d - V_f = 1\,V - 8\,V = -7\text{V} \qquad (13)$$

여기에서 −부호는 점 f의 전위가 점 e의 전위보다 높다는 것을 의미하고 점 f쪽 판에 +전하가 저장됨을 의미한다. 전하의 크기만을 생각하면 축전기에 저장되는 전하량은 다음과 같다.

$$Q = C(\Delta V)_{ef} = (5\times 10^{-6}F)(7\text{V})$$
$$= 3.5\times 10^{-5}\text{C}$$

19.6 저항의 연결

키르히호프의 법칙들을 적용하여 간단한 회로를 분석하여 보기로 하자. 먼저 그림 19.14 (a)와 같이 저항이 직렬로 연결되어 있는 경우를 살펴보자. 저항들이 직렬로 연결되어 있으므로 두 저항을 지나가는 전류 I는 같다. 따라서 각 저항에서는 전압이 IR_i만큼 감소한다. 먼저 저항을 직렬로 연결해 둔 그림 (a)의 경우에 앞에서 설명한 〈키르히호프 법칙의 사용법〉에 따라 방향을 설정해 주면

$$V + (-IR_1) + (-IR_2) = 0 \tag{19.19}$$

을 얻고 이것을 정리하면

$$V = I(R_1 + R_2) \tag{19.20}$$

가 된다.

그림 19.10의 경우와 비교해보면, 두 저항의 **직렬연결**(series connection)의 경우인 그림 19.14 (a)는 저항이 $R_1 + R_2$인 하나의 저항이 연결된 경우와 같은 크기의 전류가 흐른다. 이 때 이 저항을 직렬연결된 R_1과 R_2 전체의 등가저항이라 하고 $R_{eq} = R_1 + R_2$로 나타낸다.

$$R_{eq} = R_1 + R_2 \tag{19.21}$$

식 (19.6)을 이용하면 각 저항에서 일어나는 전압강하를 구할 수 있다. 즉,

$$(\Delta V)_i = IR_i = VR_i/(R_1 + R_2) = VR_i/R_{eq} \tag{19.22}$$

일반적으로 여러 개의 저항들이 직렬로 연결되어 있을 때의 등가저항과 저항 R_i에서 일어나는 전압강하는 다음과 같다.

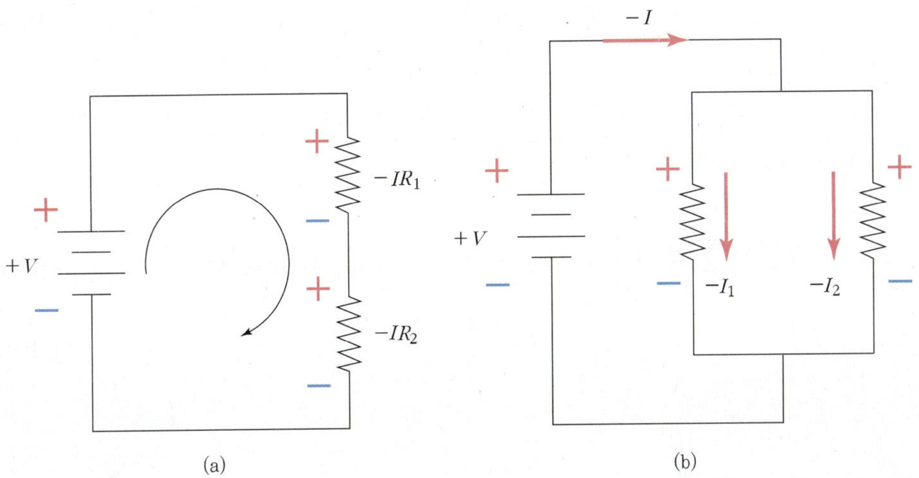

그림 19.14 저항의 연결

$$R_{eq} = \sum_i R_i = R_1 + R_2 + \cdots \quad \text{(저항의 직렬연결)} \tag{19.23}$$

$$(\Delta V_i) = V\frac{R_i}{\sum_i R_i} = V\frac{R_i}{R_{eq}} \tag{19.24}$$

다음으로, 그림 19.14 (b)와 같이 저항이 병렬로 연결되어 있는 경우를 살펴보자. 저항들이 병렬로 연결되어 있으므로 각 저항에서 일어나는 전압강하 ΔV는 같다. 따라서 각 저항을 지나 흐르는 전류를 각각 I_1, I_2라 하면

$$I_i = \frac{V}{R_i} \tag{19.25}$$

이다. 키르히호프의 제 1 법칙에 따라서 분기점에 들어가는 총 전류와 분기점에서 나가는 총 전류는 같다. 즉,

$$I = I_1 + I_2 = \frac{V}{R_1} + \frac{V}{R_2} = V\left(\frac{1}{R_1} + \frac{1}{R_2}\right) \tag{19.26}$$

그림 19.10의 경우와 비교해보면, 두 저항의 **병렬연결**(parallel connection)의 경우는 저항이 $(1/R_1 + 1/R_2)^{-1}$인 하나의 저항이 연결된 경우와 같은 크기의 전류가 흐른다. 따라서 등가저항은 $R_{eq} = (1/R_1 + 1/R_2)^{-1}$이다. 이것을 다시 표현하면 다음과 같다.

$$R_{eq}^{-1} = R_1^{-1} + R_2^{-1} \tag{19.27}$$

일반적으로 여러 개의 저항들이 병렬로 연결되어 있을 때의 등가저항과 저항 R_i를 지나는 전류는 다음과 같다.

$$R_{eq}^{-1} = \sum_i R_i^{-1} = R_1^{-1} + R_2^{-1} + \cdots \quad \text{(저항의 병렬연결)} \tag{19.28}$$

$$I_i = \frac{V}{R_i} \tag{19.29}$$

예제

19.8 저항의 연결

그림 19.15와 같이 각각 4, 6, 3Ω 인 저항이 연결되어 있다. 등가저항은 얼마인가?

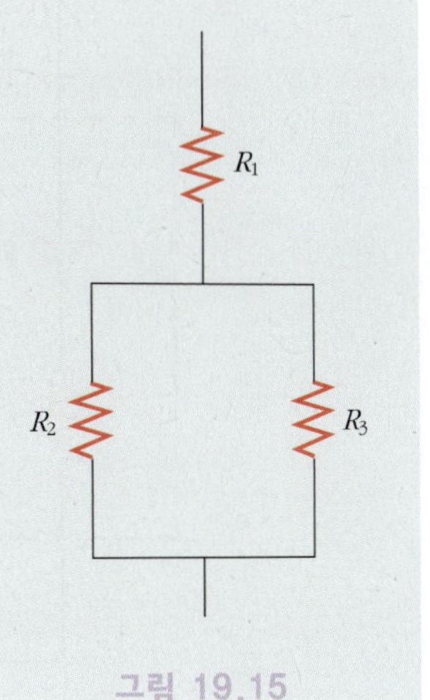

그림 19.15

풀이 먼저 R_2와 R_3의 병렬연결의 등가저항 $R_{eq,\,23}$을 구하면

$$R_{eq,\,23} = \left(\frac{1}{R_2} + \frac{1}{R_3}\right)^{-1} = \left(\frac{1}{6\Omega} + \frac{1}{3\Omega}\right)^{-1} = 2\ \Omega$$

을 얻는다. R_1과 $R_{eq,\,23}$의 직렬연결의 등가저항을 구하면

$$R_{eq} = R_1 + R_{eq,\,23} = 4\Omega + 2\Omega = 6\ \Omega$$

이다.

19.7 기전력

그림 19.10에 보인 건전지는 이상적인 건전지라고 가정했었다. 이상적인 건전지는 외부에 저항이 연결되어 있거나 그렇지 않거나 건전지 양단에 나타나는 전위차는 일정하다. 그러나 실제 건전지는 두 경우의 전위차는 같지 않고, 저항이 연결되어 있을 때의 전위차가 더 작다.

건전지와 같이 전기에너지를 공급하는 장치를 **기전력원**이라 하고, 기전력원은 그것을 통과하는 전하에 일을 하여 전위를 높여준다. 건전지의 경우 이 에너지는 건전지 내부에서의 화학반응에 의해서 발생되는 화학적 에너지에 의해서 공급되며, 발전기의 경우는 발전기를 회전시켜주는 역학적 에너지에 의해서 공급된다. 기전력원이 그것을 지나가는 단위 전하당 하는 일의 양을 **기전력**(electromotive force)이라 하고 ε로 나타낸다. 기전력의 단위는 전위와 같은 볼트(V)이다. 실제 건전지는 외부에 저항이 연결되면, 마치 건전지 내부에 작은 저항이 있는 것처럼 (그림 19.16) 건전지 양단에 나타나는 전위차가 작아지며, 이 때의 전위차를 단자전압이라 하고 V_T로 나타낸다.

그림 19.16에 있는 폐회로에 키르히호프의 폐회로법칙을 적용하면

$$\varepsilon = I(r + R) \tag{19.30}$$

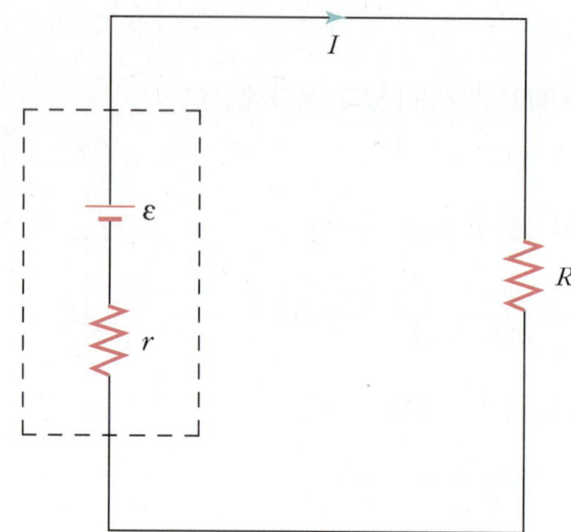

그림 19.16
실제의 건전지는 기전력 ε와 내부저항 r이 직렬로 연결되어 있는 것처럼 작동한다.

얻는다. 따라서 단자전압은

$$V_T = \varepsilon - Ir \tag{19.31}$$

로 주어진다.

예제 **19.9** 실제의 건전지

기전력이 6V이고 내부 저항이 0.1Ω 인 건전지 두 개와 5.8Ω 의 저항이 직렬로 연결되어 있다면 각 건전지의 단자전압은 얼마인가?

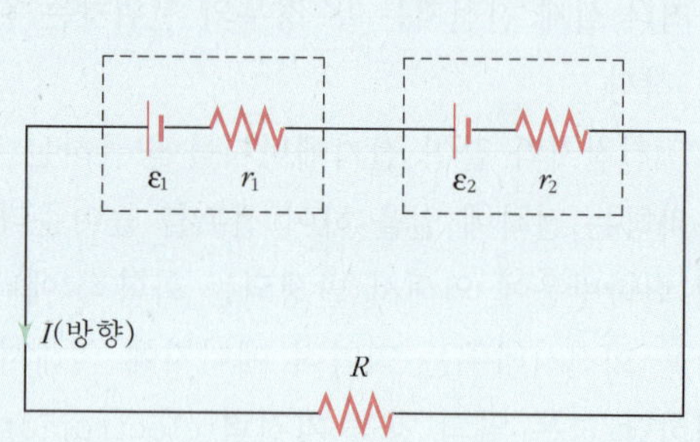

그림 19.17

풀이 그림 19.17의 폐회로에 키르히호프의 폐회로 법칙을 적용하면

$$[\varepsilon_1 + (-Ir_1)] + [\varepsilon_2 + (-Ir_2)] + (-IR) = 0$$

이다.
따라서

$$I = (\varepsilon_1 + \varepsilon_2)/(r_1 + r_2 + R) = (6\text{V} + 6\text{V})/(0.1\ \Omega + 0.1\ \Omega + 5.8\ \Omega) = 2\text{A}$$

이고, 건전지 1의 단자전압은

$$V_{T1} = \varepsilon_1 - r_1 I = 6\text{V} - (0.1\Omega) \times (2\text{A}) = 5.8\text{V}$$

이다.
(건전지 2의 단자전압도 건전지 1의 경우와 동일하다.)

쇼트 회로

그림 19.18과 같이 저항 R을 0이라 하자. 이와 같이 회로 상의 전체 저항이 아주 작거나 완전히 영인 회로를 **쇼트 회로**(short circuit)라 한다. 이런 회로에서는 건전지가 완전하게 소모(shorting out)되어 버린다. 회로를 쇼트 시키면 $R=0$인 상태가 되므로

$$I=\frac{\varepsilon}{0}=\infty \tag{19.32}$$

의 전류가 흐르게 된다. 실제로는 전류가 무한대로 되지는 않는다. 대신에 건전지의 내부저항 r이 회로 상의 유일한 저항이다. 이런 경우 쇼트 전류는

$$I=\frac{\varepsilon}{R+r}=\frac{\varepsilon}{r} \tag{19.33}$$

이다. 즉 1Ω의 내부저항을 갖는 3V 건전지는 3A의 쇼트 전류를 형성한다. 이 값이 이 건전지가 만들 수 있는 최대 전류이다. 그러므로 외부에 부하저항 R을 연결하게 되면 회로의 전류는 3A 보다 작아진다.

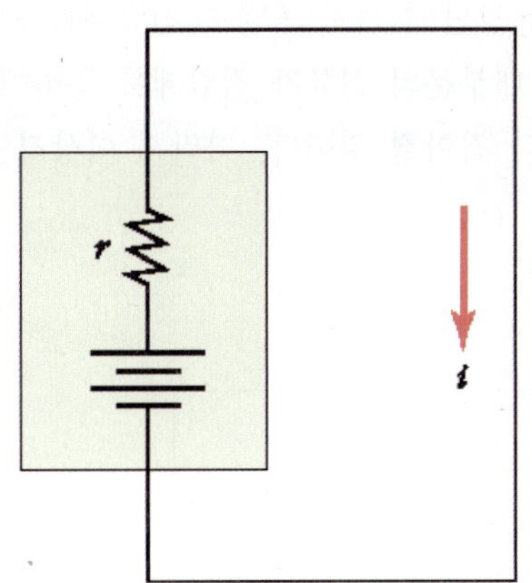

그림 19.18
쇼트 회로

예제 19.10 자동차 건전지 쇼트 시

내부 저항이 0.020Ω 인 12V 자동차 건전지가 쇼트되었다면 이 건전지에서 공급되는 전력은 얼마인가?

풀이 쇼트 회로의 전류는

$$i_{\text{쇼트}}=\frac{\varepsilon}{r}=\frac{12\text{ V}}{0.02\ \Omega}=600\text{ A}$$

이다. 전류는 건전지 내부의 화학작용에 의해 만들어지고 부하저항(load resistance)에 의해 소진된다. 그러나 쇼트회로 건전지의 경우에는 건전지의 내부저항이 부하저항이 된다. 쇼트된 건전지는 내부적으로 $P = i^2 r = 7{,}200\ \mathrm{W}$의 전력소모를 일으킨다.

19.8 전류계와 전압계

지금까지 간단한 회로와 회로를 분석하는 데 필요한 키르히호프의 법칙들을 살펴보았다. 폐회로에는 전류가 흐르고, 건전지, 저항, 축전기 등의 양 끝 사이에는 전위차가 있다는 것을 알게 되었다. 그렇다면 전류와 전위차는 어떻게 측정할 수 있는 것일까? 이 때 사용하는 기구를 **전류계**(ammeter)와 **전압계**(voltmeter)라 하며 계기판에 보이는 바늘이 움직이는 아날로그 방식과 계기판에 숫자가 나타나는 디지털 방식의 두 종류가 있다.

전류계는 그림 19.19와 같이 전류를 측정하고자 하는 부분에 직렬로 삽입되어야 한다. 만약 전류계의 내부저항을 무시할 수 없다면 전류의 크기는 감소할 것이다. **따라서 이상적 전류계의 내부저항은 0이다.** 전압을 측정하기 위해서는 그림 19.19에서와 같이 전위차를 측정하고자 하는 회로 요소의 양단에 걸쳐 병렬로 전압계를 연결하여야 한다. 만약 전압계의 내부저항이 아주 작다면 대부분의 전류가 전압계를 통하여 흐르게 되고 따라서 전위차는 전압계를 연결하기 전보다 작아질 것이다. 따라서 **이상적인 전압계의 내부저항은 ∞이다.**

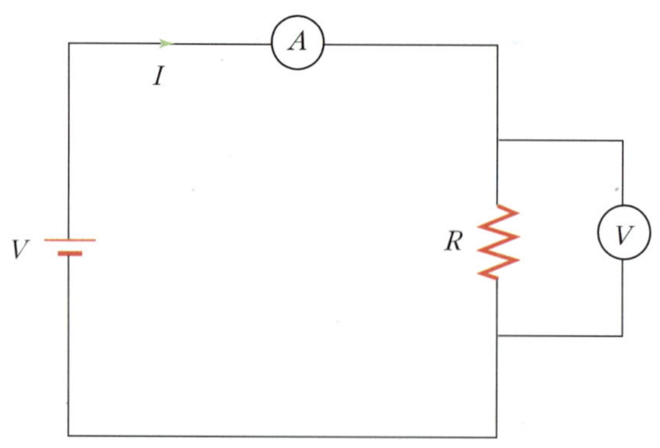

그림 19.19 전류계와 전압계의 연결

예제 **19.11** 어떤 전류계의 내부저항이 20Ω이고 측정할 수 있는 최대전류(I_{max})가 1mA이다.
(a) 이 전류계를 써서 최고 1A까지 측정할 수 있는 전류계를 만들려면 어떻게 해야 하는가?
(b) 이 전류계를 써서 최고 10V까지 측정할 수 있는 전압계를 만들려면 어떻게 해야 하는가?

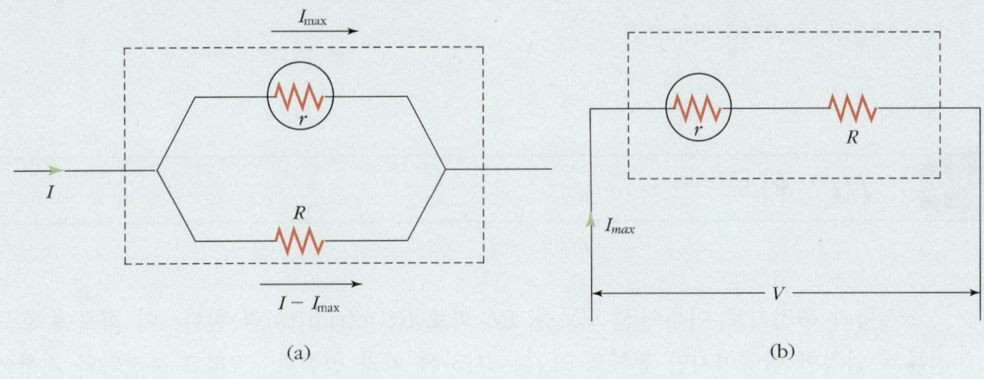

그림 19.20

풀이 예제 19.9에서와 같이 이 전류계의 양단에 가해질 수 있는 최대전압 V_{max}은

$$V_{max} = 20\ \Omega \times 1\ \text{mA} = 20\ \text{mV}$$

이다.

(a) 이 전류계를 써서 1A를 측정하려면 1mA 만이 이 전류계를 통하여 흐르고 999mA의 전류는 다른 회로로 흐르도록 해야 한다. 따라서 그림 19.20 (a)와 같이 아주 작은 저항을 이 전류계와 병렬로 연결해야 한다. 물론 이 작은 저항이 타지 않도록 열을 잘 발산시킬 수 있는 방법을 써야 한다. 일반적으로 저항 R_1과 R_2가 병렬로 연결되어 있는 경우 R_1을 통하여 흐르는 전류는 전체의 $R_2/(R_1+R_2)$이다. 즉,

$$I_1 = I\frac{R_2}{R_1+R_2}$$

$I_1 = I_{max}$, $R_1 = r$, $R_2 = R$이라 하고 R에 대해서 풀면,

$$R = \frac{r}{I/I_{max}-1} = \frac{(20\ \Omega)}{(1\text{A}/(1\text{mA})-1} = 0.020\ \Omega$$

이다.

(b) 이 전류계를 써서 10V를 측정하려면, 20mV(V_{max})만이 전류계에 가해지고 9.98 V는 다른 회로에 가해지도록 해야 한다. 따라서 그림 19.20 (b) 같이 아주 큰 저항을 이 전류계와 직렬로 연결해야 한다. 일반적으로 저항 R_1과 R_2가 직렬로 연결되어 있는 경우 R_1에서 일어나는 전위차는 전체의 $R_1/(R_1+R_2)$이다. 즉,

$$V_1 = \frac{VR_1}{R_1+R_2}$$

$R_1 = r$, $R_2 = R$라 하고 R에 대해서 풀면

$$R = r(V/V_{\max} - 1) = (20\ \Omega)[(10\text{V})/(20\ m\text{V}) - 1)] = 9.98\,\text{k}\,\Omega$$

이다.

19.9 *RC* 회로

저항과 축전기로 이루어진 회로를 ***RC* 회로**(RC circuits)라 한다. 이 회로에 흐르는 전류는 일정한 방향이지만 전류의 크기는 시간에 따라 변한다. 그리고 축전기와 저항에서 일어나는 전압강하 역시 시간에 따라 변한다. 이러한 변화는 축전기가 충전되는 중인가 방전되는 중인가에 따라 다르지만, 키르히호프의 법칙을 이용하여 분석할 수 있다.

먼저 그림 19.21 (a)와 같은 회로에서 축전기가 방전되는 경우를 살펴보자. 축전기의 전기용량을 C라 하고 저항의 크기를 R이라 하고, 회로스위치를 닫기 전에 축전기에는 전하 Q_0가 저장되어 있다 하자. 이 때 축전기 양단의 전위차는 $V_0 = Q_0/C$이다. $t = 0$일 때 스위치를 닫으면, 저항 양단에 전위차 V_0가 가해지므로 전류가 흐르기 시작한다. 이때의 전류, 즉 초기전류(I_0)는 다음과 같다.

$$I_0 = V_0/R = Q_0/RC \qquad (19.34)$$

임의의 시간 t일 때 축전기에 남아있는 전하의 양을 Q라 하면 전류 I는 축전기에 남아 있는 전하의 감소율과 같다. 즉,

$$I = -\frac{dQ}{dt} \qquad (19.35)$$

키르히호프의 폐회로법칙을 적용하면

$$\frac{Q}{C} + (-IR) = 0 \qquad (19.36)$$

식 (19.35)을 이용하면 Q에 대한 미분방정식을 얻는다.

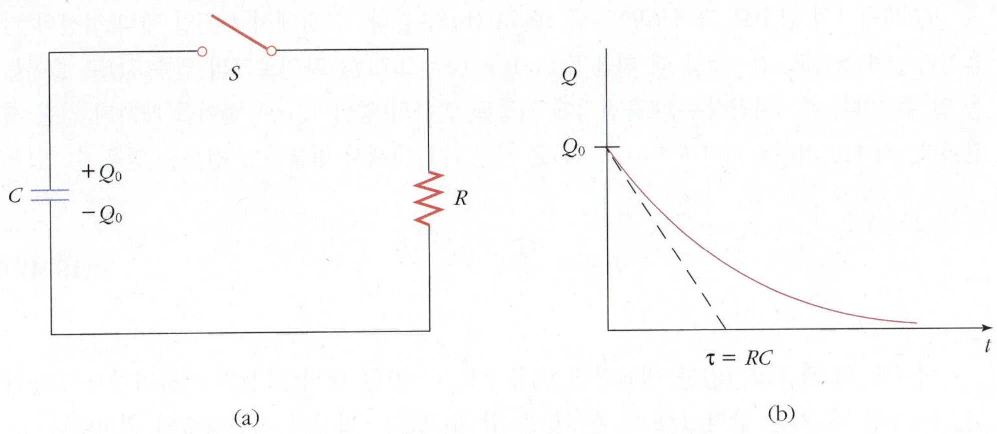

그림 19.21 *RC* 회로 : 축전기 방전회로

$$\frac{Q}{C} + R\frac{dQ}{dt} = 0, \text{ 또는 } \frac{dQ}{dt} = -\frac{Q}{RC} = -\frac{Q}{\tau} \tag{19.37}$$

여기서

$$\tau \equiv RC \tag{19.38}$$

이고, 이를 **시간상수**(time constant)라 한다. 식 (19.37)에 dt를 곱하고 Q로 나누면 다음을 얻는다.

$$\frac{dQ}{Q} = -\frac{dt}{\tau} \tag{19.39}$$

시간 $t = 0$에서 t까지 적분하면

$$\ln\frac{Q}{Q_0} = -\frac{t}{\tau} \tag{19.40}$$

를 얻는다. 따라서 임의의 시간 t에서 축전기의 전하는

$$Q(t) = Q_0 e^{-t/\tau} \tag{19.41}$$

이다.

$Q(t)$를 t의 함수로 그려보면 그림 19.21 (b)와 같다. 그림에서 t=0일 때의 접선의 기울기가 $-1/\tau$이고, $t=\tau$일 때 처음 값의 $1/e$ ($e=2.718$; 자연로그의 밑수 값)로 줄어듦을 알 수 있다. 즉, 시간상수는 축전기에 저장된 전하의 양이 $1/e$로 줄어들 때까지 걸린 시간이다. 식 (19.35)에 의하여 식 (19.41)을 시간 t에 대해서 미분하면 전류를 얻을 수 있다.

$$I(t) = \frac{Q_0}{\tau}e^{-t/\tau} \tag{19.42}$$

식 (19.41)과 (19.42)를 비교하면 전류 I도 $t=0$일 때의 접선의 기울기가 $-1/\tau$이고, $t=\tau$일 때 처음 값의 $1/e$로 줄어듦을 알 수 있다. 이것이 시간상수의 의미이다.

축전기가 충전되는 경우를 살펴보기 위하여 그림 19.22 (a)를 보자. 그림에서 건전지의 기전력은 ε이고, 축전기의 전기용량은 C, 저항의 크기는 R이다. 처음에 축전기에 저장되어 있는 전하 Q_0가 0이므로 축전기에서 생기는 전압강하는 0이다. 따라서 시간 $t=0$일 때 스위치를 닫으면 저항 양단에는 전압 ε가 가해지며 초기전류 I_0는 ε/R 이다. 전류가 흐르면 축전기에 저장되는 전하의 양 Q가 증가하며, 전류는 축전기에 저장되어 있는 전하의 증가율과 같다. 즉,

$$I = \frac{dQ}{dt} \tag{19.43}$$

이다.

그림 19.21의 경우에는 +전류가 흐르면 축전기의 전하가 감소하기 때문에 식 (19.35)에 −부호가 있고, 그림 19.22의 경우에는 +전류가 흐르면 축전기의 전하가 증가하기 때문에

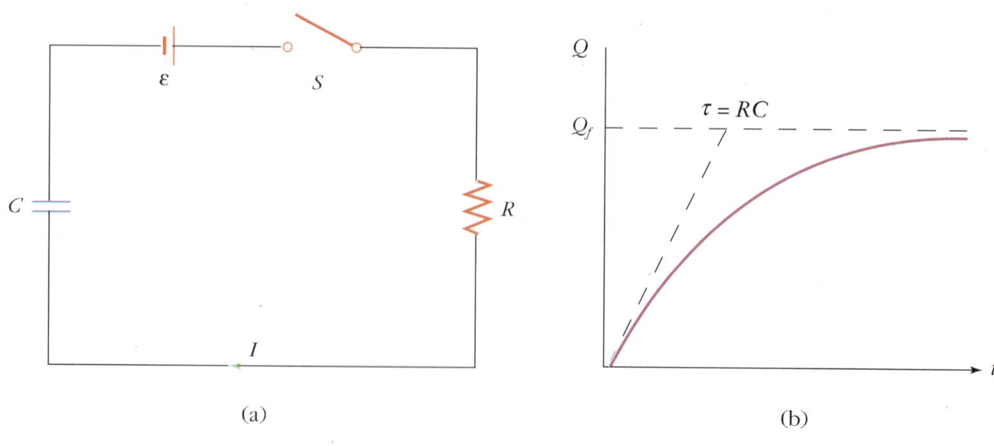

그림 19.22 RC 회로 : 축전기 충전회로

식 (19.43)에 +부호가 있다. 이 폐회로에 키르히호프의 폐회로법칙을 적용하면 다음 식을 얻는다.

$$\varepsilon + (-IR) + \left(-\frac{Q}{C}\right) = 0 \tag{19.44}$$

식 (19.43)을 이용하면, Q에 대한 미분방정식을 얻을 수 있다.

$$\frac{dQ}{dt} = \frac{\varepsilon}{R} - \frac{Q}{RC} = -\frac{Q-\varepsilon C}{RC} = -\frac{Q-Q_f}{\tau} \tag{19.45}$$

여기서 $\tau \equiv RC$는 시간 상수이고, $Q_f \equiv \varepsilon C$는 축전기가 완전히 충전되었을 때 저장된 전하이다. $Q' \equiv Q - Q_f$ 라고 정의하면 식 (19.37)와 같은 모양의 식을 얻게 된다.

$$\frac{dQ'}{dt} = -\frac{dQ'}{\tau} \tag{19.46}$$

따라서 식 (19.41)과 비교하면 Q'이 다음과 같음을 알 수 있다.

$$Q'(t) = Q'_0 e^{-t/\tau} \tag{19.47}$$

$Q'(t) \equiv Q(t) - Q_f$이고 $Q'(0) = Q(0) - Q_f = -Q_f$이므로

$$Q(t) = Q_f(1 - e^{-t/\tau}) \tag{19.48}$$

이다. $Q(t)$를 t에 대하여 그리면 그림 19.22 (b)와 같고 $t=0$ 때의 기울기는 Q_f/τ이고 $t=\tau$일 때 최종값의 $(1-1/e)$까지 증가하며 시간이 흐름에 따라 최종값 Q_f 까지 증가한다.

예제 **19.12** RC 회로 (1)

$t = 2\tau$ 때 축전기에 충전되는 값은 최대 전하량의 몇 %인가?

풀이 $Q(2\tau) = Q_f[1 - e^{-(2\tau)/\tau}]$ 이므로

$$Q(2\tau)/Q_f = 1 - e^{-(2\tau)/\tau} = 0.86$$

즉 86%이다.

예제

19.13 RC 회로 (2)

그림 19.23에 보인 스위치가 a에 오랫동안 붙어 있다가 $t=0$순간에 b로 접점을 바꾸었다. $t=5\mu s$ 일 때 축전기의 전하량과 저항을 통해 흐르는 전류량을 구하라.

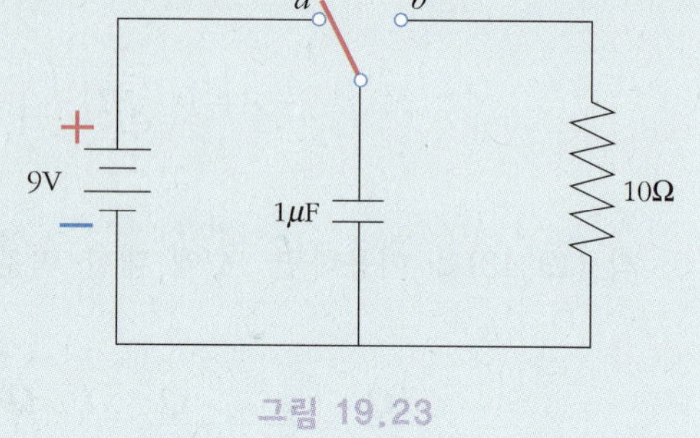

그림 19.23

풀이 건전지가 축전기에 9V의 전압을 충전시키므로 스위치가 b로 바뀌면 이 축전기는 10Ω의 저항을 통해 방전하게 된다.
RC회로의 시간상수는

$$\tau = RC = (10\ \Omega)(1.0\times10^{-6}\ \mathrm{F}) = 10\times10^{-6}\mathrm{s}$$
$$= 10\mu s$$

축전기는 초기에 9.0 V로 충전이 되어 있으므로

$$Q_0 = C\Delta V_C = (1.0\ \mu\mathrm{F})(9.0\ \mathrm{V}) = 9.0\ \mu\mathrm{C}$$

그러므로 $t = 5.0\ \mu\mathrm{s}$ 일 때 축전기의 전하량은

$$Q = Q_0 e^{-t/RC} = (9.0\ \mu\mathrm{C})e^{-(5.0\ \mu s)/(10\ \mu s)} = (9.0\ \mu\mathrm{C})e^{-0.5} = 5.5\ \mu\mathrm{C}$$

접점이 b로 바뀐 순간 초기전류는 $I_0 = Q_0/\tau = 0.90\,\mathrm{A}$이므로, $t=5.0\ \mu\mathrm{s}$ 일 때 저항에 흐르는 전류의 양은 $I = I_0 e^{-t/RC} = (0.90\ \mathrm{A})e^{-0.5} = 0.55\ \mathrm{A}$이다.

19.10 교류 이론

교류 회로는 회로 요소와 교류 전압 Δv를 제공하는 전력원으로 이루어진다. 시간에 따라 변하는 전압은 $\Delta v = \Delta V_{\max}\sin\omega t$로 나타낸다. 여기서 $\Delta V_{\max}$는 교류 전원의 최대 전압 혹은 **전압 진폭**(voltage amplitude)이다.

교류는 직류와 달리 일정한 주기를 가지고 전류의 방향이 반복적으로 변화하는 전류이다. 이 주기는 우리가 진동을 공부할 때 배웠던 그 주기와 마찬가지의 개념이다. 직류회로에서는 축전기(capacitor)가 회로에 들어가 있으면 전류가 흐르지 않지만 교류에서는 유도기전력에 발생하여 전류가 흐르게 된다. 인덕터(inductor) 또한 교류회로에 들어가면 유도전류를 형성하게 된다. 이렇게 형성되는 유도 전류는 기전력의 진동방향과 동일한 위상을 갖기도 하지만 반대의 위상을 가지는 일도 있기 때문에 마치 직류회로에서의 저항과 비슷한

역할을 한다. 이렇게 교류 회로에서는 저항 이외에도 축전기와 인덕터의 저항 성분을 통칭하여 임피던스(impedance)라 한다. 우선 축전기와 인덕터가 만들어 내는 임피던스의 성분에 대해 알아보자.

교류 회로에서 인덕터

그림 19.24와 같이 교류 전원에 연결되어 있는 인덕터만으로 구성된 교류 회로를 생각해 보자. 만약 $\Delta v_L = \varepsilon_L = -L(di/dt)$가 인덕터 양단에 걸린 자기유도 순간 전압이라면

$$\Delta v + \Delta v_L = 0$$

혹은

$$\Delta v - L\frac{di}{dt} = 0$$

이 된다. Δv에 대해 $\Delta V_{\max}\sin\omega t$로 대체하여 정리하면

$$\Delta v = L\frac{di}{dt} = \Delta V_{\max}\sin\omega t \tag{19.49}$$

을 얻는다. 이 방정식을 di에 대해 풀면

$$di = \frac{\Delta V_{\max}}{L}\sin\omega t\, dt$$

가 된다. 이 표현을 적분하면 인덕터 내에 흐르는 순간 전류 i_L은 시간의 함수로 표현된다.

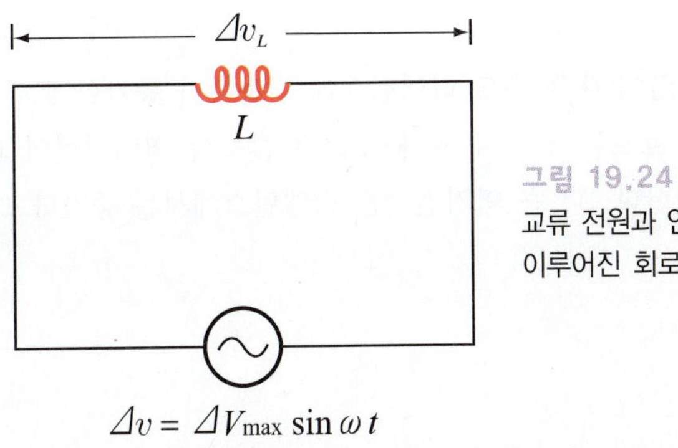

그림 19.24
교류 전원과 인덕터로 이루어진 회로

$$i_L = \frac{\Delta V_{max}}{L}\int \sin\omega t\,dt = -\frac{\Delta V_{max}}{\omega L}\cos\omega t \tag{19.50}$$

삼각함수 항등식 $\cos\omega t = -\sin(\omega t - \pi/2)$를 사용하면 식 (19.50)을 다음과 같이 나타낼 수 있다.

$$i_L = \frac{\Delta V_{max}}{\omega L}\sin\left(\omega t - \frac{\pi}{2}\right) \tag{19.51}$$

이 결과와 식 (19.49)를 비교하면 인덕터에 흐르는 순간 전류 i_L과 인덕터 양단에 걸린 순간 전압 Δv_L은 위상이 $(\pi/2)$rad= 90° 만큼 차이가 있음을 알 수 있다. 조화형 공급 전압에 대해 인덕터에 흐르는 전류는 항상 인덕터 양단에 걸린 전압보다 90°(시간에서 4분의 1주기)만큼 뒤진다.

위 식에서 $\omega t = n\pi(n = 0,\ 1,\ 2, \cdots)$ 일 때 전류가 최대로 되므로

$$I_{max} = \frac{\Delta V_{max}}{\omega L} \tag{19.52}$$

이것은 직류 회로 $[I = \Delta V/R]$에서 전류, 전압 그리고 저항 사이의 관계와 유사하다. 사실상 I_{max}는 암페어 단위를, ΔV_{max}는 볼트 단위를 가지기 때문에 ωL은 옴의 단위를 가져야 한다. 그러므로 ωL은 저항과 같은 단위를 가지고 저항과 같은 방식에서 전류와 전압에 관계된다. 그것은 전하의 흐름과 반대라는 의미에서 저항과 유사한 방식으로 거동해야 한다. ωL은 공급된 진동수 ω에 의존하기 때문에 인덕터는 다른 진동수에 대해 저항에 전류가 공급되는 형태로 다르게 반응한다. 이러한 이유 때문에 ωL을 **유도 리액턴스**(inductive reactance)라고 정의한다.

$$X_L \equiv \omega L \tag{19.53}$$

위 식은 주어진 공급 전압에 대해 유도 리액턴스는 진동수가 증가함에 따라 증가함을 나타낸다. 이것은 인덕터에 흐르는 전류의 변화가 크면 클수록 역기전력이 더 커짐을 말하는 패러데이의 법칙과 일치한다. 더 큰 역기전력은 리액턴스에서는 증가하고 전류에서는 감소한다.

교류 회로에서 축전기

그림 19.25는 교류 전원에 연결된 축전기로만 구성된 교류 회로를 보여준다. 이 회로에 키르히호프의 폐회로 법칙을 적용하면 $\Delta v + \Delta v_C = 0$이 됨으로 전원 전압의 크기는 축전기 양단에 걸린 전압의 크기와 같다.

$$\Delta v = \Delta v_C = \Delta V_{\max} \sin \omega t \tag{19.54}$$

여기서 Δv_C는 축전기 양단에 걸린 순간 전압이다. 전기 용량의 정의로부터 $C = q/\Delta v_C$이므로 식 (19.54)는

$$q = C\Delta V_{\max} \sin \omega t \tag{19.55}$$

가 된다. 여기서 q는 축전기의 순간 전하이다. $i = dq/dt$이기 때문에 식 (19.54)를 시간에 대해 미분함으로써 회로에서 순간 전류를 얻는다.

$$i_C = \frac{dq}{dt} = \omega C \Delta V_{\max} \cos \omega t \tag{19.56}$$

삼각함수 항등식

$$\cos \omega t = \sin(\omega t + \frac{\pi}{2}) \tag{19.57}$$

를 이용하면 식 (19.56)은 다음과 같은 형태로 나타낼 수 있다.

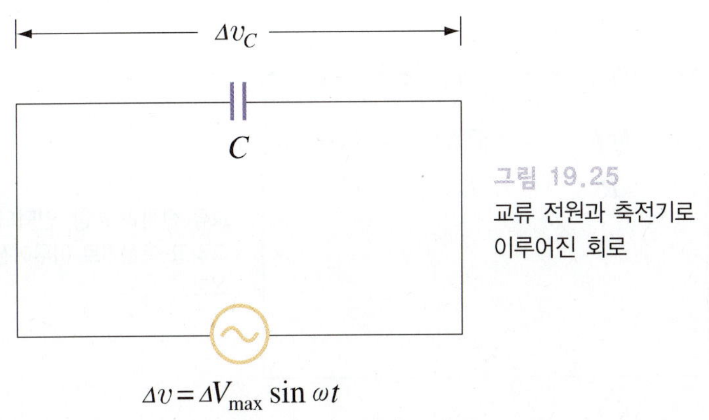

그림 19.25
교류 전원과 축전기로 이루어진 회로

$$i_C = \omega C \Delta V_{\max} \sin(\omega t + \frac{\pi}{2}) \tag{19.58}$$

이 식과 식 (19.54)를 비교하면 전류가 축전기 양단의 전압과 위상이 $(\pi/2)rad = 90°$ 차이가 있음을 알 수 있다. 즉, 조화형 공급 전압에 대해 전류는 항상 축전기 양단의 전압보다 90° 앞섬을 보여준다.

식 (19.56)으로부터 회로에 흐르는 전류는 $\cos\omega t = 1$일 때 최대값에 도달한다.

$$I_{\max} = \omega C \Delta V_{\max} = \frac{\Delta V_{\max}}{(1/\omega C)} \tag{19.59}$$

인덕터의 경우와 같이 이것은 옴의 법칙인 $R = \Delta v / I$와 유사하다. 그러므로 분모는 저항의 역할을 해야만 하고 옴의 단위를 가진다. $1/\omega C$를 기호 X_C로 표현한다. 이 함수는 진동수에 따라 변하기 때문에 이것을 용량 리액턴스(capacitive reactance)라 정의한다.

$$X_c \equiv \frac{1}{\omega C} \tag{19.60}$$

RLC 직렬 회로

그림 19.26은 교류 전압 전원에 직렬로 연결된 저항, 인덕터 그리고 축전기로 구성된 회로를 보여준다. 순간 공급 전압이 앞에서와 같이 시간에 조화적으로 변한다고 가정하자. 순간 공급 전압이

$$\Delta v = \Delta V_{\max} \sin\omega t$$

로 주어지고, 전류도

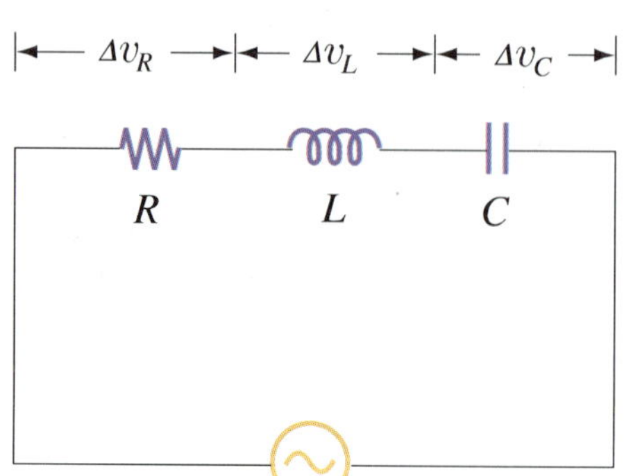

그림 19.26
교류 전원과 저항, 인덕터, 그리고 축전기로 이루어진 회로

$$i = I_{max}\sin(\omega t - \phi)$$

로 변한다고 가정하면 편리하다. 여기서 ϕ는 전류와 공급 전압 사이의 **위상각**(phase angle)이다. 앞의 축전기나 인덕터 설명에 의하자면 전류는 일반적으로 RLC 회로에서 전압과 같은 위상에 있지는 않을 것이라 예상된다. 우리의 목적은 ϕ와 I_{max}를 결정하는 것이다.

우선 요소들이 직렬로 연결되어 있기 때문에 회로 내의 모든 곳에 흐르는 전류는 어느 순간에나 같아야 함을 유념하라. 즉, **전류는 직렬 교류 회로의 모든 점에서 같은 진폭과 위상을 가진다.** 앞 절들에서 각 요소의 양단의 전압이 다른 진폭과 위상을 가짐을 알았다. 특히 저항 양단의 전압은 전류와 같은 위상이다. 인덕터 양단의 전압은 90°만큼 전류를 앞서고 축전기 양단의 전압은 전류에 90° 뒤진다. 이 위상 관계를 이용함으로써 세 가지 회로 요소 양단의 순간 전압을 다음과 같이 나타낼 수 있다.

$$\Delta v_R = I_{max}R\sin\omega t = \Delta V_R\sin\omega t \tag{19.61}$$

$$\Delta v_L = I_{max}X_L\sin(\omega t + \frac{\pi}{2}) = \Delta V_L\cos\omega t \tag{19.62}$$

$$\Delta v_C = I_{max}X_C\sin(\omega t - \frac{\pi}{2}) = -\Delta V_C\cos\omega t \tag{19.63}$$

여기서 ΔV_R, ΔV_L과 ΔV_C 는 각 요소 양단의 최대 전압값이다.

$$\Delta V_R = I_{max}R \qquad \Delta V_L = I_{max}X_L \qquad \Delta V_C = I_{max}X_C$$

세 가지 요소 양단의 전압값을 합한 것이 순간 전압 Δv와 같으므로

$$\Delta v = \Delta v_R + \Delta v_L + \Delta v_C$$

위상의 방향을 그림으로 방향과 크기로 나타낸 것을 위상자(phasor)라 한다. 각 성분들의 위상자를 도표로 나타낸 것이 그림 19.27이다.

앞에서 구한 각 성분의 위상들을 도표로 나타낸 것을 위상자 도표라 하는데 각 요소들의 위상자들을 한꺼번에 그려보면 그림 19.27과 같다. 여기서 위상자 I_{max}는 각 요소에 흐르는 전류를 나타내는 데 이용되는데 이는 각 요소들이 직렬로 연결되어 있으므로 모든 요소들에 흐르는 전류의 값은 같기 때문이다. 그림 19.27 (a)에서 세 가지 전압 위상자들의 벡터합을 얻기 위하여 그림 19.27 (b)에 위상자 도표를 다시 그린다. 전압 진폭 ΔV_R, ΔV_L 그리고 ΔV_C 의 벡터합의 길이가 최대 공급 전압 ΔV_{max}인 위상자와 같음을 알

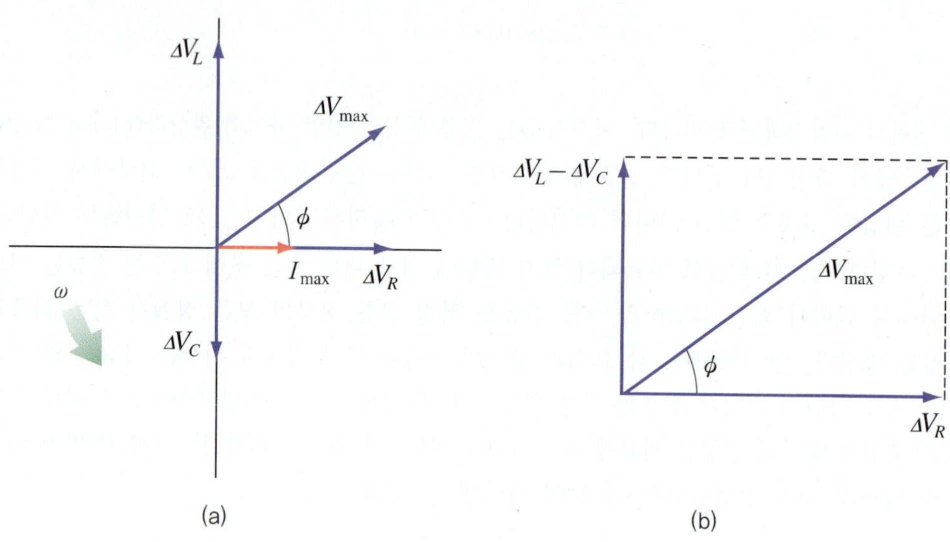

그림 19.27 위상자 표기
(a) 직렬 RLC 회로에서 각 성분들의 위상자 (b) 각 위상자를 합 벡터 형태로 나타낸 도표

알 수 있고 이는 전류 위상자 $I_{\max}$와 각 ϕ을 이룬다. 전압 위상자 ΔV_R 과 ΔV_C 는 같은 선상에 놓여 있고 방향은 반대이다. 그러므로 위상자 ΔV_R에 수직한 위상자 차이 $\Delta V_L - \Delta V_C$를 그릴 수 있다.

그림 19.27 (b)의 직각삼각형에서

$$\Delta V_{\max} = \sqrt{\Delta V_R^2 + (\Delta V_L - \Delta V_C)^2}$$

$$= \sqrt{(I_{\max} R)^2 + (I_{\max} X_L - I_{\max} X_C)^2}$$

$$\Delta V_{\max} = I_{\max} \sqrt{R^2 + (X_L - X_C)^2} \tag{19.64}$$

임을 알 수 있다. 그러므로 최대 전류를 다음과 같이 나타낼 수 있다.

$$I_{\max} = \frac{\Delta V_{\max}}{\sqrt{R^2 + (X_L - X_C)^2}}$$

이 식은 옴의 법칙과 같은 수학적 형태를 가진다. 분모는 저항과 같은 역할을 하므로 회로의 **임피던스**(impedance) Z라 한다.

$$Z \equiv \sqrt{R^2 + (X_L - X_C)^2} \tag{19.65}$$

여기서 임피던스 또한 옴의 단위를 가진다. 그러므로 식 (19.64)은 다음과 같이 나타낼 수 있다.

$$\Delta V_{\max} = I_{\max} Z \tag{19.66}$$

식 (19.66)을 식 $V = IR$의 교류에 대한 것과 동등하게 생각할 수 있다. 리액턴스가 진동수에 의존하기 때문에 교류 회로에서 임피던스와 전류는 저항, 인덕턴스, 전기 용량과 진동수에 의존함에 유념하라.

그림 19.27(a)에서 각 위상자로부터 공통인자 $I_{\max}$를 소거함으로써 그림 19.28에서 보듯이 임피던스 삼각형을 만들 수 있다. 이 위상자 도표로부터 전류와 전압 사이의 위상각 ϕ는

$$\phi = \tan^{-1}\left(\frac{X_L - X_C}{R}\right) \tag{19.67}$$

임을 알 수 있다. 또한 그림 19.28로부터 $\cos\phi = R/Z$임을 알 수 있다. $X_L > X_C$(고진동수에서 발생)일 때 그림 19.27 (a)처럼 위상각은 양수이고 전류는 공급 전압에 뒤짐을 의미한다. 이 경우 회로가 용량성보다는 유도성이 더 있다고 말한다. $X_L < X_C$일 때는 위상각은 음수이고 전류가 공급전압보다 앞서고 회로는 유도성보다는 용량성임을 의미한다. $X_L = X_C$인 경우는 위상각은 0이고 회로는 순수한 저항성만 있다.

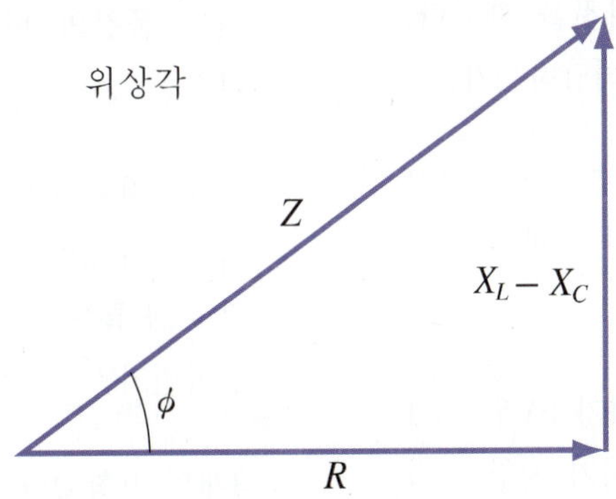

그림 19.28 직렬 RLC 회로의 임피던스 삼각형

연습문제
EXERCISES

1 어떤 전구에 1A의 전류가 흐르고 있다.
(a) 1시간 동안에 전구를 지나가는 전하의 양은 얼마인가?
(b) 이 시간 동안에 전구를 지나가는 전자의 수는 얼마나 되는가?

2 기전력 9.0V인 건전지가 72.0Ω의 저항과 연결되면 117mA의 전류를 흘린다. 건전지의 내부저항을 구하라.

3 연필심은 탄소로 구성되어 있다. 직경이 0.70mm이고 길이가 6.0cm인 연필심의 저항은 얼마인가?

4 구리선과 알루미늄선의 길이가 같고 저항도 같다고 하면 알루미늄선과 구리선의 직경비는 얼마일까?

5 이온가속기에서 단위시간당 3.0×10^{13}개의 He−4 핵(전하량 $+2e$)이 타깃을 때린다. 이를 전류로 바꾸면 얼마에 해당하는가?

6 지름이 0.80mm이고 길이가 50cm인 니크롬선에 3V의 전위차가 걸리면 얼마의 전류가 흐르겠는가?

7 어떤 저항 양단 사이의 전위차가 9V일 때 1시간 동안에 1.0×10^{4}C의 전하가 저항을 지나갔다. 저항의 크기는 얼마인가?

8 전선에 0.500A의 전류가 흐른다.
(a) 10.0초 동안 이 전선을 흘러지나간 전하의 양을 구하여라.
(b) 얼마만큼의 전자들이 이 시간동안 통과하였을까?

9 컴퓨터 모니터의 전자빔 전류는 320μA이다. 단위시간당 몇 개의 전자들이 스크린에 부딪히는가?

10 그림 19.29에 보인 30Ω 저항에 흐르는 전류의 방향과 크기를 구하라.

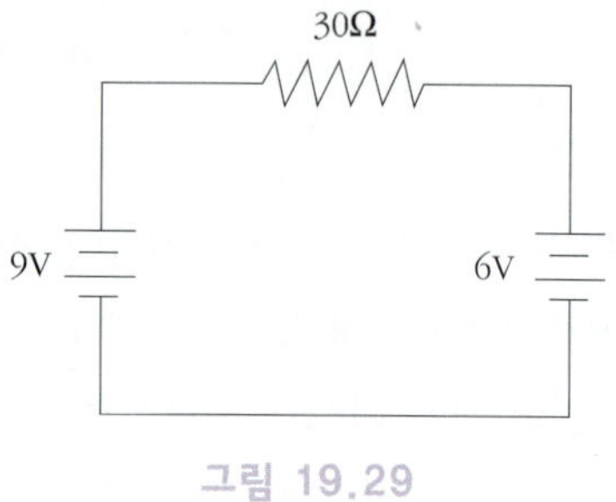

그림 19.29

11 어떤 저항의 크기가 20℃일 때 150Ω이고 30℃일 때 159Ω이라면 이 저항을 이루고 있는 물질의 비저항의 온도계수는 얼마인가?

12 220V 전원에 연결되어 있는 어떤 전구의 전력소모가 22Ω일 때 (a) 전구를 통하여 흐르는 전류는 얼마인가? (b) 전구의 저항은 얼마인가?

13 3개의 저항 2Ω, 4Ω, 8Ω이 (a) 직렬로 연결되어 있을 때의 등가저항은 얼마인가? (b) 병렬로 연결되어 있을 때의 등가저항은 얼마인가?

14 구리전선은 20℃에서 24Ω의 저항을 가진다. 길이가 세 배이고 반경이 두 배인 알루미늄 전선이 있다. 구리의 비저항이 알루미늄의 비저항보다 0.6배 더 크고, 알루미늄과 구리의 비저항 온도계수는 모두 $0.004℃^{-1}$이다. 20℃에서 알루미늄전선의 저항은 얼마인가?

15 그림의 Ⓐ 부분에서 측정한 전류가 2A이라면 I_1과 I_2는 각각 얼마인가?

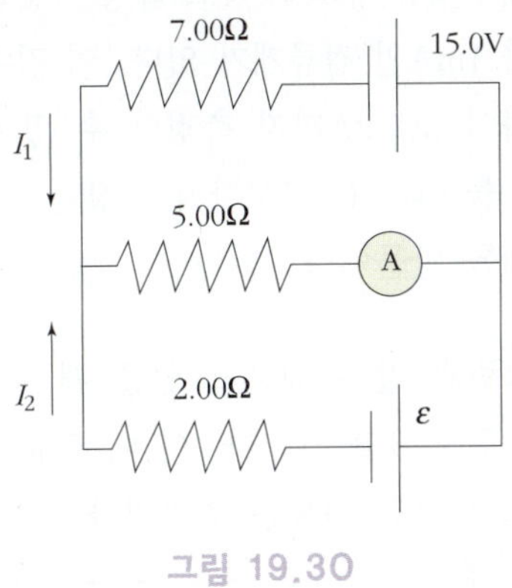

그림 19.30

16 그림 19.31의 회로에서 각 저항에 흐르는 전류를 구하라.

$\varepsilon_1 = \varepsilon_2 = 6\,V,\ \varepsilon_3 = 12\,V,$

$R_1 = 8\Omega,\ R_2 = 4\Omega,\ R_3 = 6\Omega.$

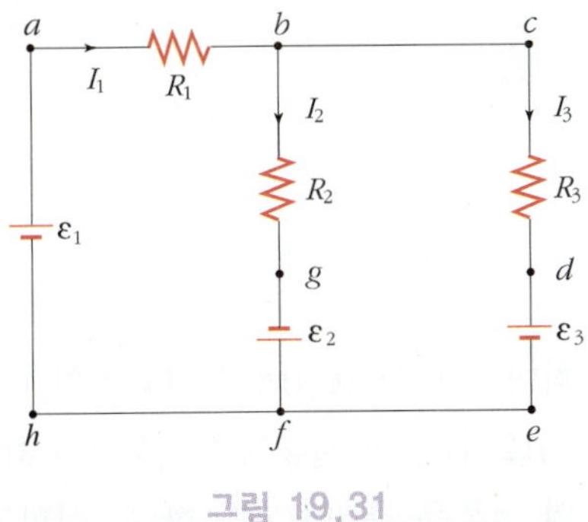

그림 19.31

17 그림 19.32의 회로에서 각 축전기에 저장되는 전하의 양을 구하라.

$\varepsilon = 6\text{V},\ R_1 = 5\Omega,$

$R_2 = 10\Omega,\ C_1 = 8\mu\text{F},$

$C_2 = 2\mu\text{F},\ C_3 = 6\mu\text{F}$

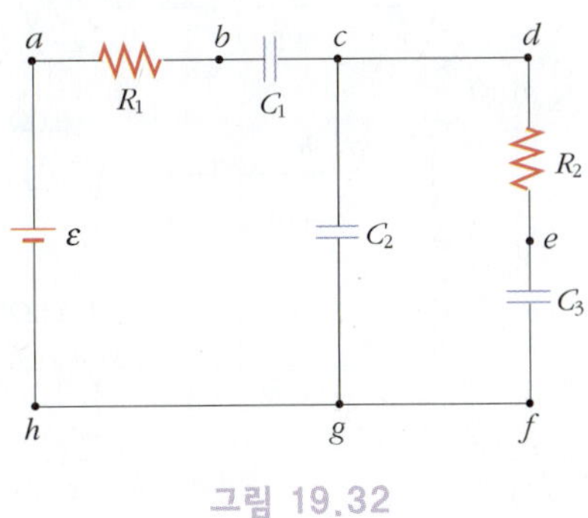

그림 19.32

18 그림 19.33에 보인 회로에서 a와 b점 사이의 등가저항을 구하여라. 수직방향으로 놓인 저항은 한쪽 단자가 개방(open) 상태라고 한다.

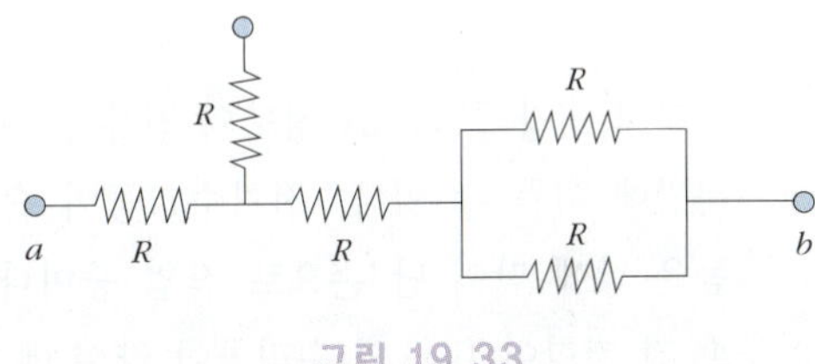

그림 19.33

19 그림 19.34에 보이는 회로에서 (a) 20Ω 저항의 양단을 흐르는 전류와 (b) a와 b 사이의 전위차를 구하여라.

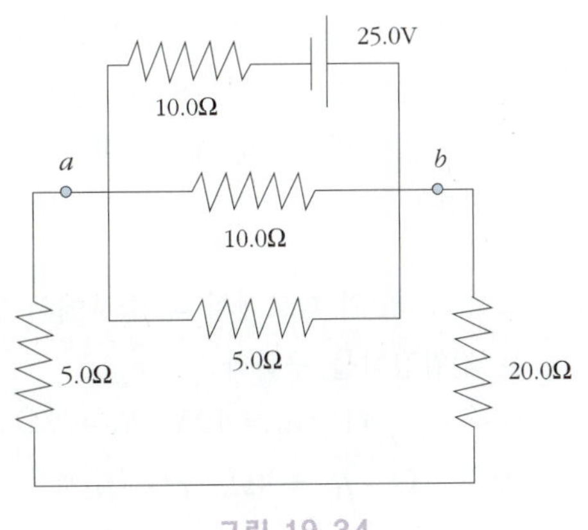

그림 19.34

20 그림 19.35에 보인 회로에서 a와 b 사이의 전위차를 구하여라.

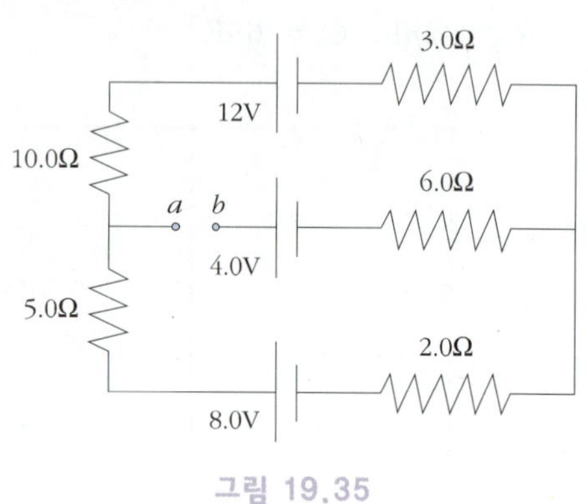

그림 19.35

21 새가 고압전선 위에 2.0cm 간격으로 양쪽 전선을 밟고 있다. 전선이 알루미늄으로 만들어졌고 직경이 2.0cm이며 150A의 전류를 흘린다. 새의 두 발 사이의 전위차를 구하여라.

22 사람의 심장에 50mA 정도의 전류만 흘러도 사망에 이를 수 있다. 전기수리공이 습도가 높은 날에 땀이 난 손으로 작업 중이다. 양 손 간 저항이 1kΩ인 수리공이 양 손에 하나씩의 전선을 쥐고 있다고 하자.

(a) 이 전선 사이에 얼마의 전위차가 걸리면 전기수리공의 몸을 통해 50mA의 전류가 흐를까?

(b) 전기가 통하고 있는 회로 상에서 작업 중인 수리공은 자기의 한 손을 등 뒤로 보내고 일을 하는데 그 이유는 무엇일까?

23 그림 19.36의 회로에서 각 소자에서 일어나는 전압강하를 구하라.

$\varepsilon_1 = \varepsilon_3 = 6\,V,\ \varepsilon_2 = 12\,V,\ R_1 = 2\Omega,$

$R_2 = 4\Omega,\ R_3 = 8\Omega,\ C = 4\mu F$

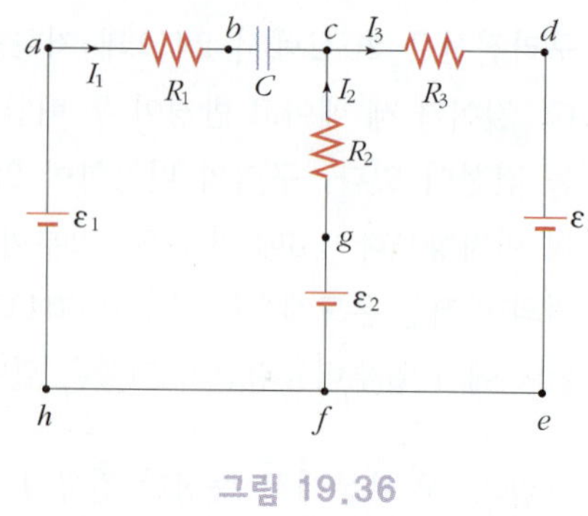

그림 19.36

24 내부저항이 50Ω이고 측정 가능한 최대전류가 1mA인 검류계가 있다. 이 검류계를 이용하여 (a) 2A까지 측정할 수 있는 전류계를 만들어라. (b) 5V까지 축정할 수 있는 전압계를 만들어라.

25 그림과 같은 회로가 있을 때, $t = 0$순간에 스위치 S를 닫는다. 이 때 전류계에 흐르는 초기 충전 전류는 얼마일까?

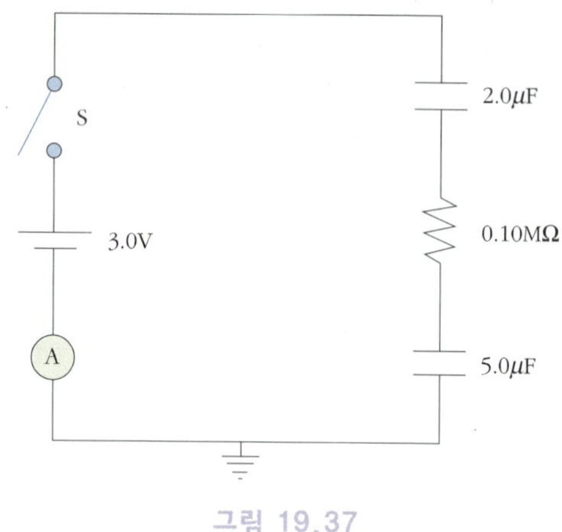

그림 19.37

26 최대 눈금이 10.0A인 전류계의 내부저항이 24Ω이다. 이 전류계를 이용하여 최대 12.0A의 전류를 측정하고자 한다. 실험조교가 저항을 이용하여 전류계를 보호하라고 한다.

(a) 얼마 크기의 저항을 어떻게 연결(병렬 혹은 직렬 연결)하여야 할까?

(b) 검류계로 읽은 눈금을 어떻게 변환하여야 하나.

27 전위차 1.20V로 675C의 전하를 이동시키려면 이 건전지에 축적된 에너지는 얼마이어야 할까?

28 12V로 동작하는 자동차의 시동모터용 건전지로 시동을 걸기 위해서는 1.20초 동안 219.0A의 전류를 소모한다.

(a) 건전지에서 얼마만큼의 전하가 나오는 것일까?

(b) 이 건전지가 공급하는 전기에너지는 얼마인가?

29 그림 19.38에 보인 회로 상의 각 저항에 걸리는 전력(power)을 구하여라.

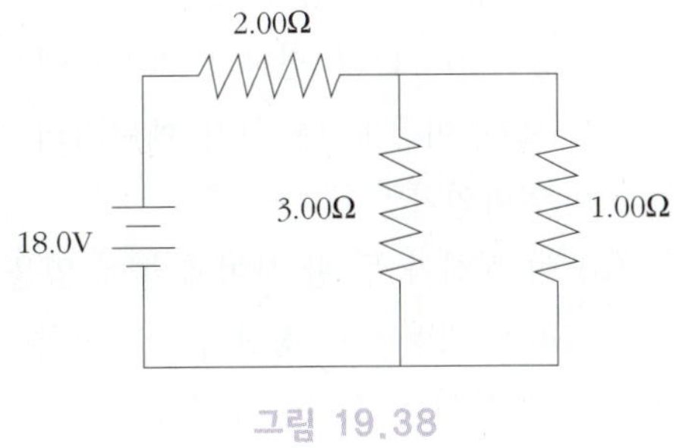

그림 19.38

30 동일한 크기의 두 기전력이 동일 크기의 두 저항과 그림 19.39와 같이 연결되어 있을 때 이 회로가 소모하는 전력의 크기를 ε와 R로 나타내어라.

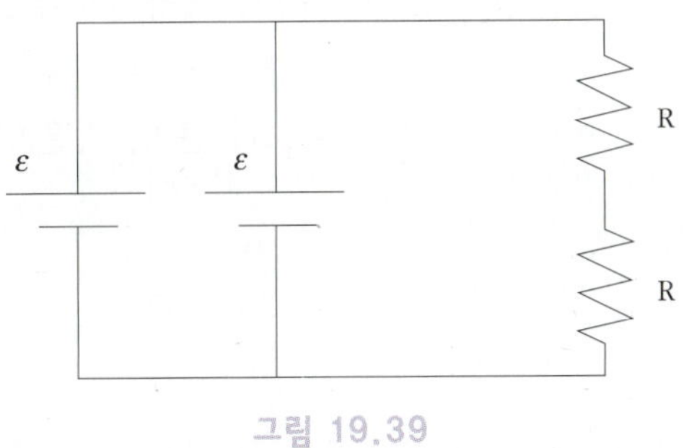

그림 19.39

31 200V의 전압을 사용하는 가정에서 60.0W와 100.0W의 전구를 사용한다.

(a) 두 전구의 저항을 구하라.

(b) 두 전구가 직렬로 연결되어 있다면 어느 전구가 더 밝게 빛이 날까? 혹은 더 많은 전력을 소모하게 될까?

(c) 두 전구가 병렬로 연결되어 있다면 어느 전구가 더 밝을까?

32 $R=72\Omega$과 직렬로 연결되어 있는 축전기가 최종값의 1/2까지 충전되는 데 2ms 걸린다면, 축전기의 전기용량 C는 얼마인가?

33 (a) 전류(Current)의 정의를 쓰고 (b) 기본단위를 나타내어라.

34 직경이 0.1cm이고 길이가 30cm인 도체의 저항이 30Ω이다.

(a) 같은 소재로 직경이 두 배가 되는 저항을 사용할 경우 같은 저항을 내기 위한 저항의 길이는 얼마가 돼야 하느냐?

(b) 이 저항에 120V의 전원을 연결할 경우 흐르는 전류(I)는 얼마이며, (c) 이 저항에서 발생하는 열량은 매초 얼마가 되겠느냐? (d) 발생열로 인해 온도가 올라갈 경우 발생열(전력)은 어찌되겠으며 그 이유는 무엇인가?

35 지름이 2mm인 구리선이 있다. 200W의 전구를 켜기 위해서 6.56A의 일정한 전류가 흐르며 이때의 자유전하밀도 $n=8.5\times10^{28}$이다. (a) 이 도선 속을 흐르는 전류밀도 J 및 (b) 전하의 유동속도 v_d를 구하여라.

36 전도체의 저항 변화를 측정하여 온도를 재는 백금 저항온도계는 20°C에서 50Ω의 저항을 갖는다. 이 저항온도계를 끓는 액체 속에 담갔을 때 저항이 66Ω으로 나타났다. 액체의 온도는 얼마일까? 단, 백금의 비저항 온도계수는 $a = 3.92 \times 10^{-3}$/°C이다.

37 전도체의 저항 변화를 측정하여 온도를 재는 백금 저항온도계는 20°C에서 50Ω의 저항을 갖는다. 이 저항온도계를 101.6°C에서 끓고 있는 액체 속에 담갔을 때 저항이 66Ω으로 나타났다. 백금의 비저항 온도계수(a)는 얼마라고 생각되는가?

38 두 개의 건전지(4V, 5V)와 두 개의 저항(10Ω, 20Ω)이 있다. 가장 큰 전류가 흐르도록 회로를 구성하고 전류의 크기를 계산하여라.

39 내부저항이 각각 0.2Ω과 0.4Ω이고 기전력이 5V, 8V인 두 개의 전지와 두 개의 저항, 10Ω과 20Ω이 있다. 가장 큰 전류가 흐르도록 회로를 구성하고 전류의 크기를 계산하여라.

40 전압계(Volt Meter)는 내부에 전류계와 함께 가변형의 큰 저항이 직렬로 연결되어 있다. 이 전류계에 최대 0.1A 까지만 전류가 흐르도록 설계되어 있고 가변저항이 최대치가 5,000Ω이라면 이 전압계는 최대 몇 V의 전압을 잴 수 있겠는가?

41 최대 전류 0.1A과 500Ω 저항으로 이루어진 전압계(A)와 최대 전류 0.01A과 5,000Ω 저항으로 이루어진 전압계(B) 두 가지가 있다.

(a) 이 두 개의 전압계가 잴 수 있는 최대 전압은 얼마인가?

(b) 두 전압계 중 어느 전압계의 정밀도가 높은지 이유를 들어 설명하라.

42 전기용량이 100μF인 축전기와 5,000Ω의 저항이 직렬로 연결되어 있는 RC 회로에서 (a) 축전기의 전하량이 시간에 따라 감소하는 관계식을 유도하고, (b) 축전기의 전하량이 1/4로 떨어지는 시간을 계산하라.

43 전기회로와 관련하여 (a) Kirchhoff의 1법칙과 (b) 제 2 법칙을 가급적 그림을 그려 설명하고 (c) 용도에 대하여 논하라.

44 평행판 축전기의 위판이 0V의 전위를 가지고 아래판이 500V의 전위를 가진다고 가정하자. 두 평행판 사이의 거리는 2.5cm이다.

(a) 3×10^{-4}C의 전하가 아래판에서 위판으로 이동할 때 위치 에너지의 변화는 얼마인가?

(b) 이 전하가 두 판 사이에 놓여 있을 때 전하에 작용하는 정전기력의 방향은?

(c) 판 사이의 전기장의 방향은?

45 전위차 6V인 그림 19.40의 회로에서 (a) 병렬 연결된 두 저항(6Ω, 9Ω)의 등가저항은 얼마인가? (b) 회로에 흐르는 총 전류는 얼마인가? (c) 6Ω 저항을 통하여 흐르는 전류는 얼마인가? (d) 8Ω 저항에서 소모되는 전력은? (e) 8Ω 저항에 흐르는 전류는 6Ω 저항에 흐르는 전류보다 큰가, 작은가?

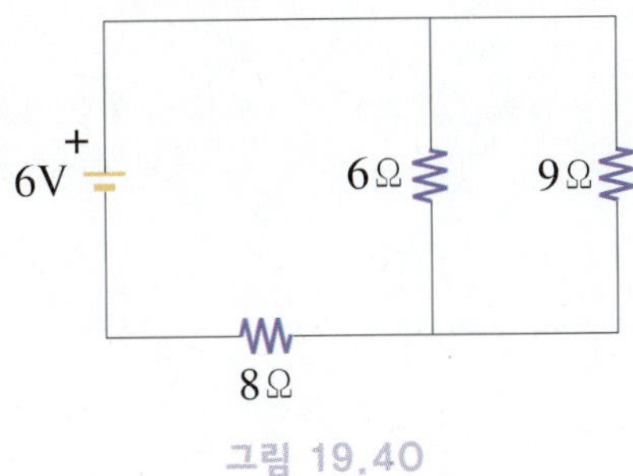

그림 19.40

46 두 개의 건전지 9V와 6V를 병렬로 연결하되 두 건전지의 양극 사이에 7Ω과 음극 사이에 5Ω의 저항을 각각 연결하였다. 두 건전지의 총 전압은 두 전압의 차가 될 것이다.

(a) 회로에 흐르는 전류는 얼마인가?
(b) 5Ω 양단에 걸리는 전압은 얼마인가?
(c) 9V 건전지에 의해 공급되는 전력은 얼마인가?
(d) 이 배열에서 6V 전지는 방전되는가 충전되는가?

47 800W 토스터기, 1100W 다리미, 그리고 500W 음식 처리기가 휴즈의 용량이 15A인 115V 가정용 회로에 병렬로 연결되어있다.

(a) 이들 기기가 쓰는 전류는 각각 얼마인가?
(b) 이들 기기의 각 전원을 동시에 켰을 때, 무슨 문제가 발생할까?
(c) 다리미 가열소자의 저항은 얼마인가?

48 각각 12Ω을 가진 세 개의 같은 저항이 서로 병렬로 연결되어 내부저항을 무시할 수 있는 12V의 전지와 연결되어 있다.

(a) 이 병렬연결의 등가저항은 얼마인가?
(b) 이 결합을 통하여 흐르는 총 전류는 얼마인가?
(c) 이 결합에서 각 저항을 통하여 흐르는 전류는 얼마인가?

49 15Ω의 저항 양단에 3V의 전압이 걸려있다.

(a) 이 저항을 통하여 흐르는 전류는 얼마인가?
(b) 저항에서 소모되는 일률은 얼마인가?

50 100W의 전구가 110V의 유효 AC 전압으로 작동한다.

(a) 전구를 통해 흐르는 유효전류는 얼마인가?
(b) 옴의 법칙에서 전구의 저항은 얼마인가?

51 토스터기는 110V AC 전원에 연결되어 6A의 전류를 사용한다.

(a) 이 토스터기에서 소비되는 전력은 얼마인가?
(b) 이 토스터기의 가열소자의 저항은 얼마인가?

52 용량이 $100\mu F$인 축전기가 일시에 20J의 에너지를 쏟아낸다.

(a) 축전기는 초기에 얼마의 전위차로 충전되어야 하는가?
(b) 초기에 충전된 전하량은 얼마인가?

53 60W 및 100W두 개의 전구를 120V 전원에 연결하려 한다. (a) 60W 전구의 저항, (b) 100W 전구의 저항은 얼마인가? (c) 두 개의 전구를 전원에 직렬로 연결하면 어느 전구가 더 밝겠으며, (d) 병렬로 연결하면 어느 전구가 밝겠는가?

20 자기장

극지방의 밤하늘에서 볼 수 있는 오로라 현상은 자기현상의 한 예이다. 이렇게 주변에서 일어나는 자기현상의 예를 우리는 쉽게 찾아볼 수 있다. 작게는 원자나 핵을 이루고 있는 입자들도 하나의 자석이고 크게는 지구나 중성자별 같은 천체 역시 하나의 자석으로 볼 수 있다. 자석의 대표적인 성질은 철을 잡아당긴다는 점이지만, 모터나 스피커에도 사용되고 정보의 기록매체로도 사용된다. 초전도 자석을 이용하면 매우 강력한 자기장을 만들어낼 수 있으며 이런 강한 전자석은 자기부상 열차에 사용되기도 한다.

우리는 이 장에서 자기현상은 전기현상과 큰 차이점이 있지만 이 두 현상은 유사한 원리로 설명될 수 있음을 알게 될 것이다. 더구나 자기의 근원은 전기와 무관할 수 없으며 자기장은 운동하는 전하에 영향을 미치고 거꾸로 운동하는 전하는 자기장을 만들어 낸다. 결국 모든 자기장의 원천을 움직이는 전하, 즉 전류라는 것을 알게 될 것이다.

20.1 자기장

자기적 현상은 오래 전부터 인류에게 친근한 현상이었다. 두 개의 자석을 가까이 접근시키면 서로 힘을 작용한다는 사실이 알려졌고, 중국에서는 이를 나침반으로 만들어 항해에 이용하기도 하였다. 하지만 이런 나침반이 전류가 흐르는 도선에 대해서도 반응을 나타내는 현상을 보면서 과학자들은 '자석'과 '전류가 흐르는 도선'의 어떤 공통된 힘이 그 근원일 것이라는 생각을 하게 되었다. 하지만 이 힘은 앞에서 배웠던 정전기적인 힘은 분명히 아니었다. 전기장 속에서 자석이나 전류가 흐르는 도선은 아무런 눈에 띄는 반응을 보이지 않았고, 자석 옆에 놓인 전하도 마찬가지였다. 과학자들은 이를 정전기력과는 다른, 전혀 새로운 종류의 힘, 즉 **자기력**(magnetic force)으로 생각하였다. 물론 전기적 현상과 마찬가지로 자기적 현상에도 두 종류의 극이 있다. 같은 극끼리는 서로 밀어내는 척력이 작용하고 다른 극 사이에는 서로 당기는 인력이 작용한다. 더구나 이 힘의 크기도 거리의 제곱에 반비례한다. 그러나 한 가지 중요한 차이가 있는데, 전기력의 양전하와 음전하는 서로 쉽게 분리될 수 있는 반면 자기력의 자극을 분리하는 것은 현재로서는 불가능한 것으로 알려져 있다. 막대자석을 반으로 잘라도 따로 떨어진 N극과 S극을 얻지 못한다. 대신 두 개의 새로운 자석이 생길 뿐이다. 이 작업을 아무리 반복하더라도 자극은 분리되지 않는다. 물리학자들에 의해 단일자극의 존재가능성에 대한 연구가 활발히 진행 중이지만, 지금까지 고립된 자극이 존재한다는 확실한 실험적 증거는 찾지 못하고 있다.

자기적인 현상의 근원은 움직이는 전하에 있다. 앞장에서 우리는 대전된 물체간의 정전기적 상호작용을 전기장의 개념을 도입하여 기술하였다. 마찬가지로 자기적인 힘을 설명하기 위해서 **자기장**(magnetic field; H)을 도입하자. 정지한 전하는 항상 주위에 전기장을 형성한다. 운동하는 전자의 주변에는 전기장과 함께 자기장이 생기게 된다.

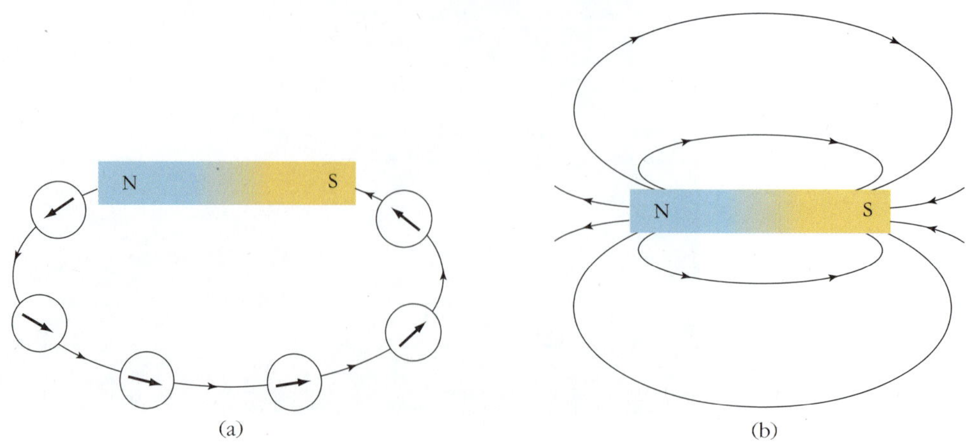

그림 20.1 (a) 막대자석 주변에 생긴 자기장의 궤적 (b) 막대자석 주변에 생긴 자기력선

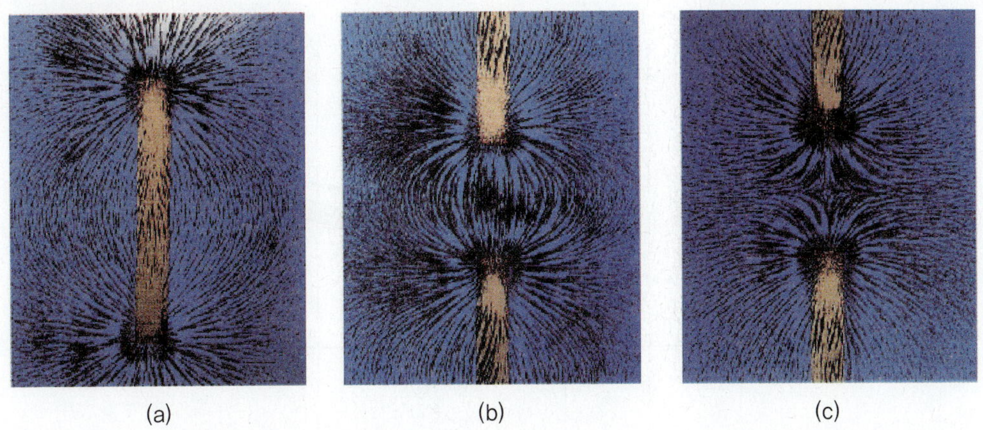

그림 20.2 (a) 철가루로 나타낸 막대자석 주위의 자기장 모양 (b) 서로 다른 두 자극 사이의 자기장 모양 (c) 동일한 두 자극 사이의 자기장 모양

어떠한 형태의 **장**(field)을 표현하기 위해서는 그 장의 세기와 방향을 정의해야 하며 그 장력에 대응하는 역선을 그려서 가시화 한다. 공간에 생긴 자기장은 자기력선(또는 자기선속)으로 형상화한다. 이 때 한 지점의 단위면적을 통과하는 자기력선의 수가 그 지점에서의 자기장의 세기에 비례하게 된다. 자기장의 방향은 그 점에 나침반을 놓을 때 바늘의 N극이 가리키는 방향으로 정의할 수 있다. 막대자석 주변에 생긴 자기장의 모습을 그림 20.1에 나타내었다. 자기력선은 항상 자석의 N극에서 S극으로 향함에 주목하자. 그림 20.2에는 미세한 철가루를 이용하여 가시화 한 다양한 자기장의 모습을 나타내었다. 진공이 아닌 물체에 작용하는 자기장을 **자기유도**(magnetic induction; B)라 한다.

20.2 실험적 고찰 : 전류가 흐르는 도선

많은 실험을 통하여 자기장 내에서 전류가 흐르는 도선이 힘을 받는다는 사실이 알려졌다. 우선 이 사실로부터 자기장을 정의하고 나서 자기적 현상에 대한 논의를 진행하자.

자석 등을 이용하여 자기장을 걸어 균일한 자기력선을 만들었다고 가정하자. 그 위에 그림 20.3과 같이 전류가 흐를 수 있는 직선 도선을 놓아보자. 이 경우 자기장 내에서 도선에 작용하는 힘에 관한 실험결과는 아래와 같다.

① 도선에 전류가 흐르지 않을 때에는 어떠한 경우에도 힘이 작용하지 않는다. 하지만 전류가 흐르기 시작하면 그 전류에 비례하는 크기의 힘이 작용한다. 전류의 방향을 바꾸면 작용하던 힘의 방향도 바뀐다.

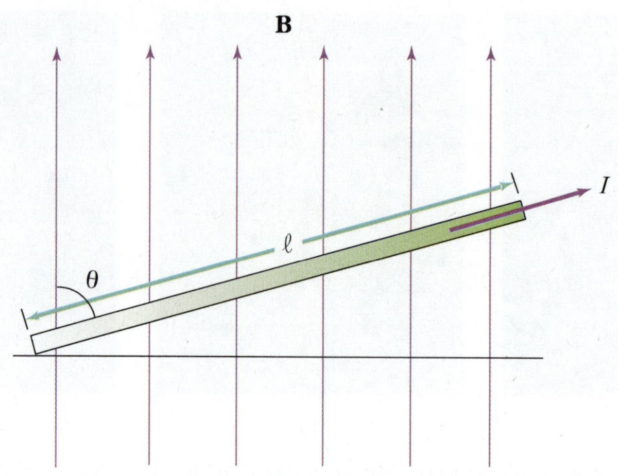

그림 20.3 자기장이 전류가 흐르는 도선에 작용하는 힘

② 이제 전류는 일정하게 유지하면서 도선의 각도를 변화시켜 보자. 도선의 각도가 90°에서 서서히 벗어나기 시작함에 따라 도선에 작용하는 힘의 크기도 점점 줄어든다. 극단적으로 도선의 방향을 자기력선의 방향과 같은 방향으로 하면 전류를 아무리 많이 흘려도 도선에 작용하는 힘의 크기는 0이 된다.

③ 이밖에도 센 자석을 이용하여 강한 자기장을 만들면 도선에 흐르는 전류나 도선의 방향이 일정하더라도 더 큰 힘이 작용한다.

④ 또 자기장의 세기, 전류, 도선의 방향이 고정되어 있더라도 도선의 길이가 길면 더 큰 힘이 작용한다.

이와 같은 실험적 사실들을 종합해 보면 도선에 작용하는 힘의 크기는 자기장의 세기 B, 도선에 흐르는 전류 I, 도선의 길이 ℓ, 그리고 도선과 자기장의 사잇각 θ(엄밀히 말하면 $\sin\theta$)에 비례하는 관계가 있다. 이를 수식으로 표현하면 다음과 같다.

$$F \propto BI\ell\sin\theta \tag{20.1}$$

전류 1A가 흐르는 1m의 도선에 수직($\sin\theta=1$)으로 작용하여 1N의 힘을 미치도록 하는 크기의 자기장을 자기장 단위로 선택한다. 자기장의 국제단위는 **테슬라**(T)이며 1T를

$$1\,\mathrm{T} \equiv 1\,\mathrm{N/A\cdot m} \tag{20.2}$$

로 정의한다. 따라서

$$F = BI\ell\sin\theta \tag{20.3}$$

가 되고 전류의 방향과 도선의 방향은 동일하므로 위 식 (20.3)을 벡터 식으로 표현하면

$$\mathbf{F} = I\boldsymbol{\ell} \times \mathbf{B} \tag{20.4}$$

이다. 이 식은 직선형 도선이 균일한 외부 자기장 B 속에 있을 경우에만 적용된다. 만약 도선이 직선이 아닌, 임의의 형태를 갖는 경우엔 그 도선의 아주 짧은 선분요소 $d\mathbf{s}$가 자기장 B 속에서 받는 힘

$$d\mathbf{F} = Id\mathbf{s} \times \mathbf{B} \tag{20.5}$$

를 구한 다음 이를 도선의 경로에 대해 적분해 주어야 한다.

$$\mathbf{F} = I\int_a^b d\mathbf{s} \times \mathbf{B} \tag{20.6}$$

여기서 a와 b는 도선의 시작점과 끝점이다.

예제 **20.1** 자기장 속에서 전류가 흐르는 도선에 작용하는 힘

그림 20.4에서와 같이 xy 평면상에 존재하는 반경 R인 반원형 도선에 전류 I가 흐른다. 같은 평면 위에 $+y$축 방향으로 자기장 B가 걸려있다. 이 경우 곡선 도선에 작용하는 자기력을 구하라. 이 결과를 동일한 경우의 길이 $2R$인 직선 도선에 작용하는 힘과 비교해 보라.

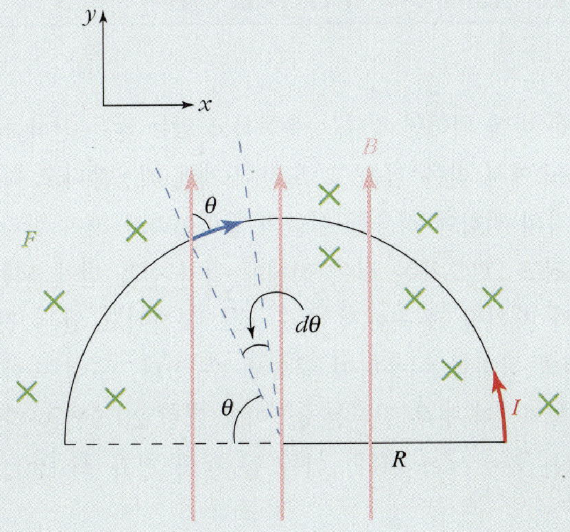

그림 20.4 반경 R인 반원형 도선에 작용하는 자기력. 길이 $2R$인 직선 도선과 동일한 힘이 작용한다.

풀이 먼저 도선의 미소 선분요소 ds에 작용하는 미소 힘 $d\mathbf{F}$를 구해보자. 그림 20.4에서처럼 θ를 B와 ds 사이의 각도라고 하면, $d\mathbf{F}$의 크기는 식 (20.5)에 의하여

$$|d\mathbf{F}| = I|ds \times \mathbf{B}| = IB\sin\theta\, ds$$

가 되며, ds는 원 둘레를 따라가는 미소 선분요소의 길이이다. 이 식을 적분하려면 ds를 $d\theta$로 표현해야 한다. $s = R\theta$이므로 $ds = Rd\theta$이고 $d\mathbf{F}$는

$$d\mathbf{F} = IRB\sin\theta\, d\theta$$

와 같이 쓸 수 있다. 곡선 도선에 작용하는 총 힘은 모든 미소 선분요소에 작용하는 힘들의 합인데 이는 위 식을 도선의 경로를 따라 적분해 주면 된다. dF를 전체 반원에 걸쳐 적분해 주면, 적분구간은 $\theta = 0°$에서 $\theta = 180°$까지이므로

$$F = IRB\int_0^{\pi}\sin\theta\, d\theta = IRB[-\cos\theta]_0^{\pi} = -IRB(\cos\pi - \cos 0) = -IRB(-1-1)$$
$$= 2IRB$$

가 된다. 각 도선 요소에 작용하는 힘이 지면으로 들어가는 방향이므로 반원형 도선에 작용하는 총 힘의 방향도 역시 지면으로 들어가는 방향이 된다.

만약 도선이 길이 $2R$인 직선 도선이라면 앞의 식 (20.3)에 의해 $2IRB$의 힘이 지면으로 들어가는 방향으로 작용하게 되는데 이는 위 반원형 도선의 결과와 일치한다. 이를 종합해 볼 때, 시작점과 끝점이 $2R$ 만큼의 거리가 떨어져 있는 도선이라면 그 도선이 직선이든 곡선이든 동일한 힘이 작용함을 알 수 있다.

20.3 운동하는 전하에 작용하는 힘

앞 장에서 배운 바에 의하면 전류는 운동하고 있는 많은 전하들의 모임이다. 전류가 흐르는 도선이 자기장 속에서 받은 힘은 그 도선 자체에 작용했다고 하기보다는 그 도선 내에서 움직이고 있는 각각의 전하에 작용한 힘들의 합력이라고 해야 한다. 이 힘은 도체를 이루고 있는 물질로 전달되고 그 도체는 길이 전체에 걸쳐 힘을 받게 되는 것이다.

대전된 입자가 자기장 B 속에서 속도 v로 움직이고 있는 경우, 이 입자에 작용하는 자기력 **F**는 앞 절의 결과를 이용하여 구해낼 수 있다. 도선 속에서 t초 동안 q의 전하가 흐른다고 가정해 보자. 이 경우 전류는 q/t이고 그림 20.5에 나타내었듯이 도선을 따라 전하가 움직인 거리는 $\ell = vt$가 된다. 이를 앞 절의 결과 식 (20.3)에 대입하면 자기력은

$$F = qvB\sin\theta \qquad (20.7)$$

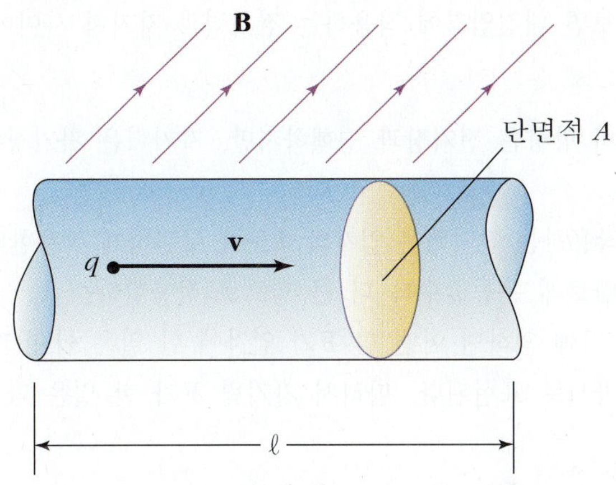

그림 20.5
자기장 B 속에서 운동하는 전하가 들어있는 도선의 일부분. 각 전하에 작용하는 자기력은 식 (20.7)로 주어진다.

이고, 이를 벡터로 표현하면 다음과 같다.

$$\mathbf{F} = q\mathbf{v} \times \mathbf{B} \tag{20.8}$$

그림 20.6은 자기력 F의 방향을 결정하는 오른손 법칙을 보여준다. 오른손 네 손가락을 v의 방향에서 자기장 B의 방향으로 돌려 감을 때 엄지손가락이 가리키는 방향이 양전하에 작용하는 자기력 F의 방향이 된다. 음전하의 자기력 방향은 양전하에 작용하는 힘의 방향과 반대이다.

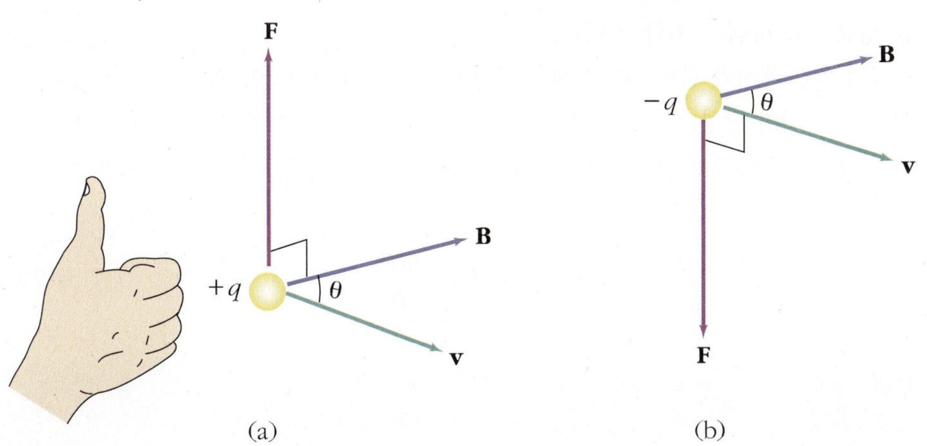

그림 20.6
(a) 자기장 B 내에서 속도 v로 움직이는 양전하에 작용하는 자기력 F 의 방향을 결정하는 오른손의 법칙, (b) 음전하의 경우엔 힘의 방향이 반대가 된다.

이들을 종합해 보면 대전입자에 작용하는 전기력과 자기력 사이에는 몇 가지 중요한 차이점이 있다.

1. 우선 전기력의 방향은 전기장과 평행하지만, 자기력은 자기장에 수직한 방향으로 작용한다.
2. 대전입자에 작용하는 전기력은 입자의 속도에 무관하게 작용한다. 하지만 자기력은 대전입자가 빠르게 운동할수록 더 큰 힘으로 작용한다.
3. 앞에서 배운 바에 의하면 어떤 힘 F가 입자에 한 일은 이 힘과 입자의 변위의 힘 방향성분의 곱으로 표현된다. 따라서 자기력 F가 한 일은 다음과 같다.

$$W = \mathbf{F} \cdot d\mathbf{s} = \mathbf{F} \cdot \mathbf{v}dt = 0 \tag{20.9}$$

자기력의 경우 힘은 속도에 수직이기 때문에 자기력이 대전입자의 운동에 대해 해준 일은 영이 된다. 즉, 자기력이 작용해도 대전입자의 에너지는 변하지 않으며 따라서 속도의 크기는 변화시키지 못한다. 자기력의 역할은 단지 그 운동 방향만을 바꿔줄 뿐이다.

20.4 자기장 속에서의 전하의 운동

균일한 자기장 B가 존재하는 공간을 생각하자. 이 속에서 대전입자가 운동할 때 자기력에 의해 어떠한 운동이 일어나는지 알아보자. 입자의 속도를 자기장에 평행한 성분과 수직한 성분으로 나눠 고려할 것이다.

그림 20.7에서와 같이 자기장에 수직한 운동을 살펴보자. 이 때 자기장과 속도가 만드는 평면에 수직한 방향으로 자기력이 나타날 것이다. 자기력이 입자의 속도에 항상 수직한 경우 이 힘은 구심력 역할을 하며 입자의 경로는 원이 된다. 이 때 운동반경은

$$|\mathbf{F}| = qvB = \frac{mv^2}{R} \tag{20.10}$$

로부터

$$R = \frac{mv}{qB} \tag{20.11}$$

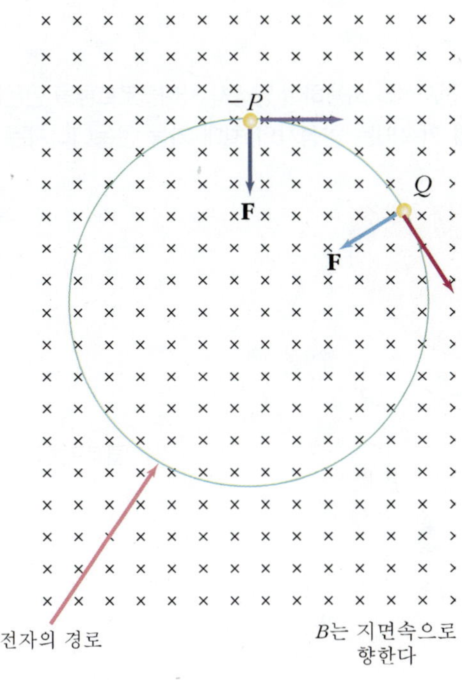

그림 20.7
균일한 자기장은 움직이는 전하로 하여금 원운동을 하게 한다. 그림은 음전하(전자)가 그리는 궤적이다.

가 된다. 다시 말하면 입자가 빠르게 운동할수록, 자기장이 약할수록, 무거운 입자일수록, 그리고 입자의 전하량이 작을수록 더 큰 원 궤도를 그린다. 입자가 음으로 대전되면 원운동의 방향이 바뀐다. 이 때 원운동의 주기는

$$T = \frac{2\pi R}{v} = \frac{2\pi m}{qB} \tag{20.12}$$

가 되고 진동수는 이것의 역수인

$$f = \frac{qB}{2\pi m} \tag{20.13}$$

인데 이를 **사이클로트론 진동수**(cyclotron frequency)라 한다. 사이클로트론 진동수는 입자의 운동속도에는 무관하다. TV 브라운관에서 주사된 전자선을 편향시키는 것, 방사광 가속기에서 가속된 대전입자의 운동방향을 바꿔주는 것 등은 바로 이 원리를 이용한 것이다.

자기장과 평행한 운동에 대하여는 입자에 작용하는 자기력이 없으므로 입자는 자기장 방향으로 등속도 운동을 하게 된다. 이들을 종합하면 자기장 속에서 하전입자는 나선운동을 하게 된다.

예제

20.2 양성자 사이클로트론의 운동에너지

양극 사이에 0.60T의 자기장을 만드는 원형 전자석을 사용하여 양성자 사이클로트론을 만든다. 전자석의 반경은 24cm이다. 이 사이클로트론에 의해 가속되는 양성자의 최대 가능 운동에너지는 얼마인가?

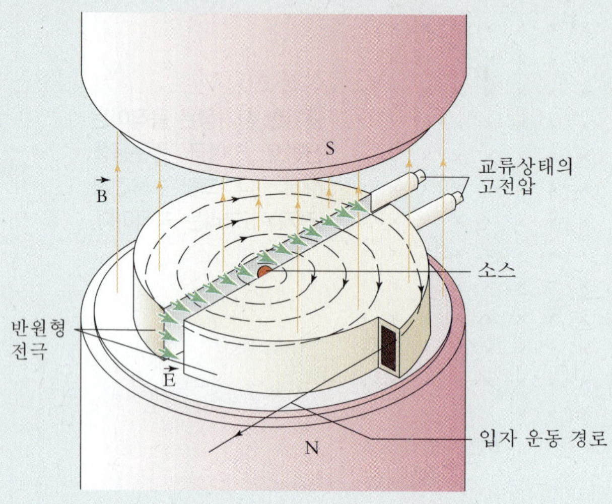

그림 20.8
사이클로트론의 구성도

풀이 양성자의 운동에너지가 증가할수록 사이클로트론의 회전반경도 커진다. 그러므로 최대운동에너지는 최대 반경에 의해 결정된다. 사이클로트론의 반경은 양성자에 작용하는 자기장의 크기에만 의존한다. 원형 경로에 뉴턴의 제 2 법칙을 적용하면

$$F=|q|vB=\frac{mv^2}{r}$$

인데 이 식을 v에 대해 풀어주면

$$v=\frac{|q|Br}{m}$$

이다. 이 v를 이용하여 운동에너지를 계산하면

$$K=\frac{1}{2}mv^2=\frac{1}{2}m\left(\frac{|q|Br}{m}\right)^2$$

이다. 양성자는 $q=+e$이고, 자기장의 세기 B=0.60T이므로 최대 반경을 r=0.24m라 두면 운동에너지는

$$K=\frac{(qBr)^2}{2m}=\frac{(1.6\times10^{-19}\,\mathrm{C}\times0.60\mathrm{T}\times0.24\,\mathrm{m})^2}{2\times1.67\times10^{-27}\,\mathrm{kg}}$$

$$=1.6\times10^{-13}\,\mathrm{J}$$

이다. 여기서 사이클로트론 문제도 뉴턴의 제 2 법칙을 이용해 풀 수 있으며, 활용하는 힘이 자기력이라는 사실이다. 그리고 회전운동이므로 자기력과 구심가속도가 같다는 조건에서 속도 v를 구할 수 있다는 것이다.

예제

20.3 사이클로트론 진동수

사이클로트론의 반원형반경(dee)이 0.92m이다. 최대 자장은 1.50T이고 이 가속장에 걸릴 수 있는 최대 진동주파수는 15MHz이다. 이 가속기가 가속한 양성자 ($q=e$, m=1amu) 및 알파입자 ($q=2e$, m=4amu)의 최대에너지와 사이클로트론 진동수를 계산하여라.

풀이 사이클로트론 진동수에 관한 식인 식 (20.13)으로부터 양성자의 진동수는

$$f_{\text{양성자}}=\frac{qB}{2\pi m}=\frac{1.6\times10^{-19}\ \mathrm{C}\times1.50\ \mathrm{T}}{2\pi\times1.67\times10^{-27}\ \mathrm{kg}}=22.9\times10^{6}\ \mathrm{Hz}$$

이고 알파입자의 경우에는

$$f_{\text{알파입자}}=\frac{qB}{2\pi m}=\frac{2\times1.6\times10^{-19}\ \mathrm{C}\times1.50\ \mathrm{T}}{2\pi\times4\times1.67\times10^{-27}\ \mathrm{kg}}=11.4\times10^{6}\ \mathrm{Hz}$$

이다. 즉 양성자의 진동수가 알파입자의 두 배이다.

그리고 예제 20.2에서 계산한 식에 의해 양성자와 알파입자의 최대운동에너지는 동일하며

$$\begin{aligned}K=\frac{(qBr)^2}{2m}&=\frac{(1.6\times10^{-19}\ \mathrm{C}\times1.50\ \mathrm{T}\times0.92\ \mathrm{m})^2}{2\times1.67\times10^{-27}\ \mathrm{kg}}\\&=1.45\times10^{-11}\ \mathrm{J}\\&=91\ \mathrm{MeV}\end{aligned}$$

의 값을 갖는다.

20.4 자기장 내에서 운동하는 양성자

양성자가 $+x$ 축 방향으로 $8.0\times10^{6}\ \mathrm{m/s}$의 속력으로 운동을 한다. 이 때 2.5T의 자기장이 x축과 60°의 각도를 이루고 있다. 이 경우 양성자에 작용하는 초기 자기력을 구하라. 이 양성자는 자기장과 수직인 평면상에서 어떠한 운동을 하겠는가?

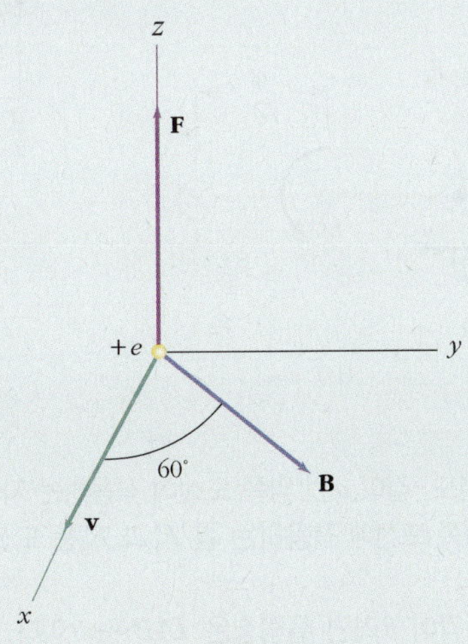

그림 20.9
양성자에 작용하는 자기력 F는 v와 B가 xy 평면 내에 있으면 $+z$ 방향이다.

풀이 양성자의 속도 중 자기장과 수직방향성분만 고려하면 식 (20.7)로부터 초기 자기력의 크기는

$$F = qvB\sin\theta$$
$$= (1.6\times 10^{-19}\ \text{C})(8.0\times 10^{6}\ \text{m/s})(2.5\ \text{T})(\sin 60°)$$
$$= 2.8\times 10^{-12}\ \text{N}$$

이고 방향은 $+z$축 방향이다. 이 평면상에서 식 (20.11)과 (20.12)에 의하여 반경 3.3×10^{-2} m인 원운동을 하게 되며 주기는 약 2.6×10^{-8} s가 된다.
자기장과 평행인 속도성분도 영이 아니므로 이 양성자는 나선운동을 하게 된다.

20.5 닫힌 전류고리에 작용하는 힘과 돌림힘

이제 자기장 내의 닫힌회로에 작용하는 힘과 돌림힘의 관계에 대해 알아보자. 그림 20.10 (a)는 각 변의 길이가 a와 b인 도선 고리를 나타내고 있다. 도선이 이루는 평면은 균일한 자기장의 방향과 θ의 각도를 이루고 있고, 도선에는 전류 I가 흐르고 있다.

길이 a인 부분 도선에 작용하는 힘은

$$F = IaB\cos\theta \tag{20.14}$$

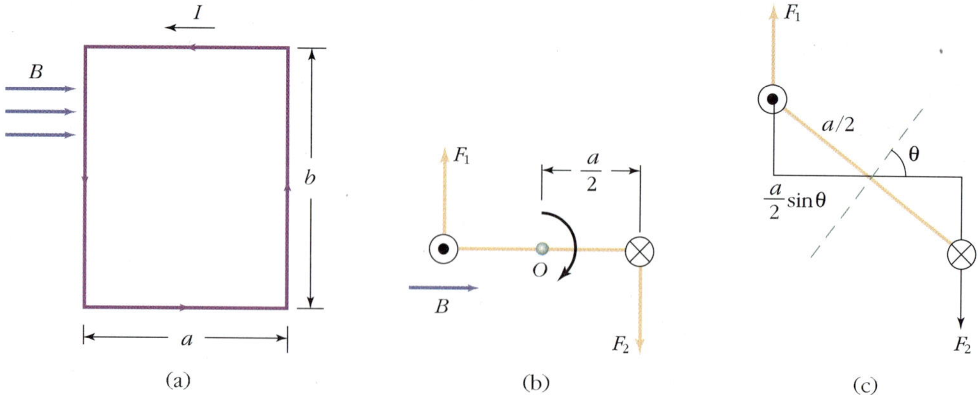

그림 20.10
(a) 균일한 자기장 내에 있는 직사각형 도선의 정면도. 길이 a인 양쪽 도선에 작용하는 자기력은 서로 상쇄된다.
(b) 직사각형 도선을 옆에서 본 그림. 길이 b인 양쪽 도선에 작용하는 힘 F_1과 F_2는 도선고리를 시계방향으로 회전시키는 돌림힘을 만들어냄을 알 수 있다.
(c) 도선 면에 수직한 방향과 자기장 B 사이의 각이 θ라면 돌림힘은 $IAB\sin\theta$이다.

가 된다. 이 때 크기가 같고 방향이 반대인 힘이 서로 다른 변에 작용하고 있다. 한편 길이 b인 부분 도선에 작용하는 힘은 전류의 방향과 자기장의 방향이 수직이므로

$$F_1 = F_2 = IbB \tag{20.15}$$

가 되며 이 두 힘의 방향은 서로 반대방향이다. 20.2절의 결과에 의하면 그림 20.10 (b)에서 F_1의 방향은 위쪽 방향이고 F_2의 방향은 아래쪽 방향이 된다. 각각 반대편에 작용하고 있는 힘이 서로 크기가 같고 방향이 반대이기 때문에 이 전류고리에 작용하고 있는 합력은 분명히 영이다. 그러나 길이 b인 두 부분 도선에 작용하는 힘은 전류고리를 돌리려는 모우먼트

$$\tau = 2(IbB)\frac{a}{2}\sin\theta = IabB\sin\theta \tag{20.16}$$

를 이루고 있으므로 돌림힘은 영이 아니다(그림 20.10 (c)). 이 돌림힘은 $\theta = 90°$일 때 최대이고, $\theta = 0°$일 때 즉 전류고리 면이 자기장에 수직일 때 영이 된다. $ab = A$는 전류고리의 면적이므로 돌림힘은 다음과 같다.

$$\tau = IAB\sin\theta \tag{20.17}$$

이것을 벡터 식으로 표현하면 다음과 같다.

$$\tau = I\mathrm{A} \times \mathrm{B} \tag{20.18}$$

여기서 A는 전류고리의 면적벡터로서 크기는 면적과 같은 값이고 방향은 오른손 법칙에 따라 면적에 수직하다.

IA의 곱을 전류고리의 **자기모우먼트**(magnetic moment) μ로 정의한다. 즉

$$\mu \equiv I\mathrm{A} \tag{20.19}$$

이며, 자기모우먼트의 국제단위는 $\mathrm{A \cdot m^2}$ 이다. 그림 20.11에서 보는 바와 같이 자기모우먼트의 방향은 전류고리의 면적벡터와 같으며, 위에서 언급했듯이 전류의 방향에 대해 오른손의 법칙으로 구할 수 있다. 돌림힘을 벡터로 표시하면

$$\tau = \mu \times \mathrm{B} \tag{20.20}$$

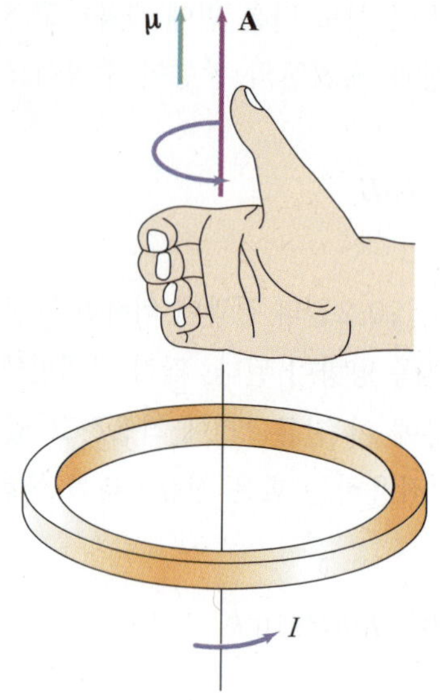

그림 20.11
전류고리의 면적벡터 $\vec{A}$를 결정하는 오른손 법칙. 자기모우먼트 μ의 방향은 A의 방향과 같다.

이다. 이 돌림힘은 항상 자기모우먼트 μ를 자기장 B 방향으로 정렬하도록 작용한다.

지금까지 우리는 사각형의 전류고리에 대해 자기모우먼트와 돌림힘에 관한 공식을 얻었으나, 이 결과는 어떠한 모양의 평면 전류고리에 대해서도 성립한다. 임의의 모양의 전류고리는 많은 수의 작은 사각형 전류고리들의 합으로 생각할 수 있다. 이 때 각각의 작은 전류고리에 흐르는 전류는 인접 전류고리의 전류와 상쇄되며 결국 테두리 전류의 효과만 남는다. 이 전류고리의 면적은 수많은 사각형 전류고리들의 면적의 합이 되므로 자기장 B 내에서 전류 I가 흐르는 임의의 모양을 한 전류고리에 대해서도 식 (20.18)는 성립한다. N번 감긴 전류고리에 대한 자기모우먼트와 돌림힘은 한 번 감긴 전류고리의 자기모우먼트와 돌림힘보다 N배 만큼 커진다.

예제 20.5 코일의 자기모우먼트

도선이 25회 감긴 5.40cm × 8.50cm의 직사각형 코일에 15.0mA의 전류가 흐르고 있다. 이 때 0.350T의 자기장이 코일 면에 평행하게 작용할 때, 이 코일에 작용하는 돌림힘의 크기를 구하라.

풀이 이 경우 면적은

$$A = (0.0540\ \text{m}) \times (0.0850\ \text{m}) = 4.59 \times 10^{-3}\ \text{m}^2$$

이다. 감긴 수가 25회이므로 자기모우먼트는

$$\begin{aligned}\mu_{\text{coil}} &= NIA = (25)(15.0 \times 10^{-3}\ \text{A})(4.59 \times 10^{-3}\ \text{m}^2) \\ &= 1.72 \times 10^{-3}\ \text{A} \cdot \text{m}^2\end{aligned}$$

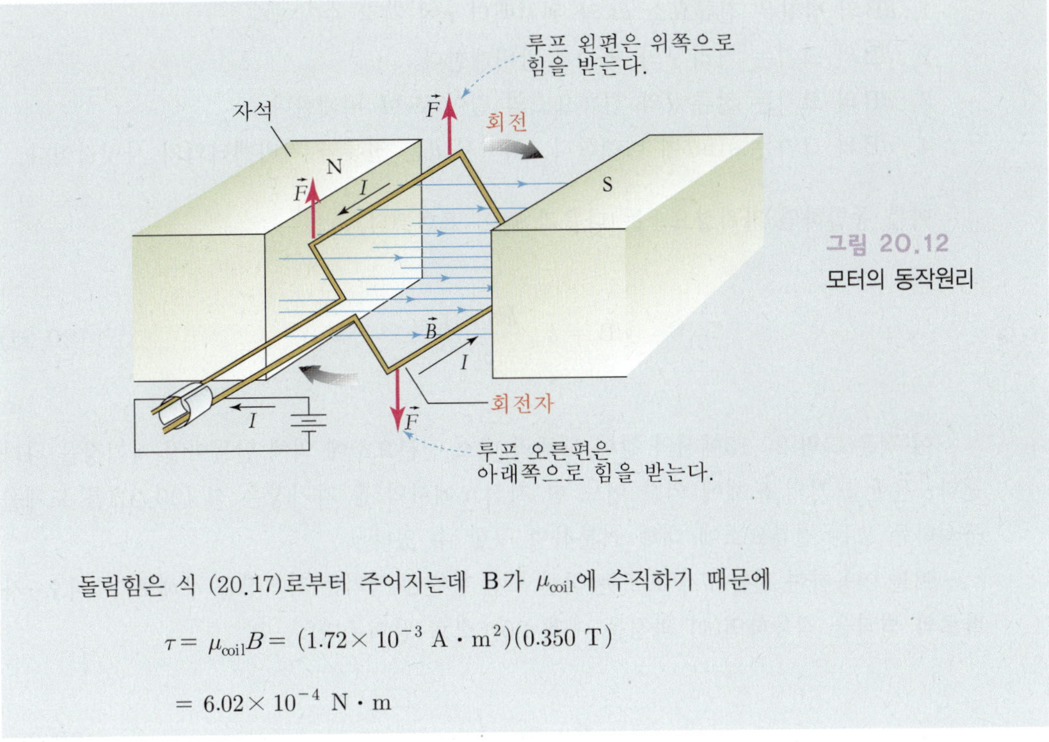

그림 20.12
모터의 동작원리

돌림힘은 식 (20.17)로부터 주어지는데 B가 μ_{coil}에 수직하기 때문에

$$\tau = \mu_{\text{coil}} B = (1.72 \times 10^{-3}\ \text{A} \cdot \text{m}^2)(0.350\ \text{T})$$

$$= 6.02 \times 10^{-4}\ \text{N} \cdot \text{m}$$

20.6 비오–사바르의 법칙

앞 절에서는 자석에 의해 자기장이 발생하며 주어진 자기장 내에서 움직이는 전하에 작용하는 힘에 대해 알아보았다. 이제부터는 전류(운동하는 전하)에 의해 생성되는 자기장을 구하는 방법을 알아보도록 하자. 앞으로 언급되는 자기장은 전류가 흐르는 도체에 의해 '만들어지는' 자기장이란 사실에 주의해야 한다.

전류에 의해 생기는 자기장 현상을 최초로 기록 관찰한 사람은 외르스테드(Oersted)였다. 그는 전류가 흐르는 도선 주위에 나침반을 놓으면 그 자침의 축이 도선에 수직한 방향으로 돌아간다는 사실을 발견하였다. 그후 비오(Jean Baptiste Viot)와 사바르(Felix Savart)는 실험을 통하여 전류가 흐르는 회로 주변 어느 점에서의 자기장을 계산할 수 있는 관계식을 유도하였다. 이 과정에서 다음과 같은 실험적 사실들을 이용하였다.

전류 I가 흐르는 전류요소 ds로부터 거리 r 만큼 떨어진 지점에 생기는 자기장 요소를 dB라 할 때

1. $d\mathrm{B}$의 방향은 전류요소 $d\mathrm{s}$와 위치벡터 r에 각각 수직이다.
2. $d\mathrm{B}$의 크기는 거리 r의 제곱에 반비례한다.
3. $d\mathrm{B}$의 크기는 전류 I와 전류요소의 길이 ds에 비례한다.
4. $d\mathrm{B}$의 크기는 $\sin\theta$에 비례한다. 여기서 θ는 전류와 거리벡터와의 사잇각이다.

이를 종합하면 자기장요소는 다음과 같이 표현된다.

$$d\mathrm{B} = k_m \frac{Id\mathrm{s} \times \hat{\mathrm{r}}}{r^2} \tag{20.21}$$

이 식은 그림 20.13에서와 같이 도체의 미소 선분요소에 의해 만들어진 자기장을 나타낸다. 유한 크기의 도체에 의한 어느 한 지점 r에서의 총 자기장은 식 (20.21)를 도체를 구성하는 모든 전류요소에 대해 적분하여 구할 수 있다.

이를 이용하여 전류 I가 흐르는 직선 도선 주변에 생기는 자기장을 구해보자. **비오-사바르의 법칙**을 적용하면(이 과정은 예제 20.6으로 남겨둔다)

$$B = 2k_m \frac{I}{r} \tag{20.22}$$

이 되는데, 실험결과와의 비교를 통하여 비례상수 k_m을 결정할 수 있다. 진공 중에서 비례상수 k_m은 국제단위로 10^{-7} T · m/A이다. 상수 k_m은 보통 $\mu_0/4\pi$와 같이 표기하며, 여기서 μ_0는 진공의 **투자율**이다.

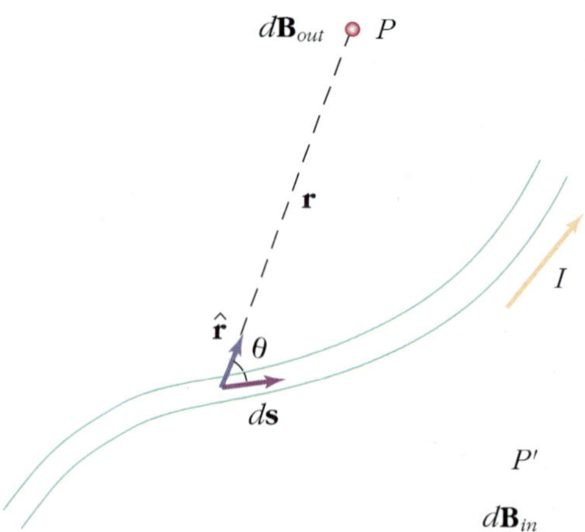

그림 20.13 전류가 흐르는 도선의 길이요소 ds에 의한 P점에서의 자기장은 비오-사바르의 법칙으로 구해진다. P점에서의 자기장은 지면에서 나오는 방향이며 P' 점에서는 들어가는 방향이다.

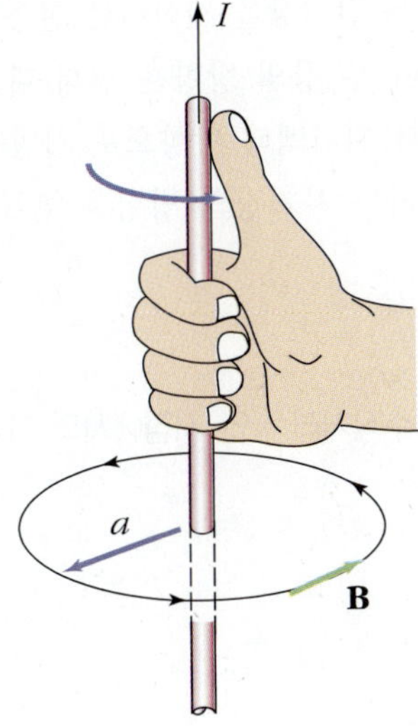

그림 20.14
오른손의 법칙을 이용하여 전류가 흐르는 긴 도선 주변의 자기장 방향을 결정할 수 있다. 자기력선은 도선 주위를 도는 원을 형성한다.

$$k_m = \frac{\mu_0}{4\pi} = 10^{-7}\ \mathrm{T \cdot m/A} \tag{20.23}$$

$$\mu_0 = 4\pi k_m = 4\pi \times 10^{-7}\ \mathrm{T \cdot m/A} \tag{20.24}$$

따라서 전류 I가 흐르는 긴 직선 도선으로부터 거리 r 만큼 떨어진 곳에서의 자기장의 크기는

$$B = \frac{\mu_0 I}{2\pi r} \tag{20.25}$$

이다. 이 때 자기장의 방향은 그림 20.14와 같은 오른손 법칙으로 쉽게 정할 수 있다.

전류의 방향을 엄지손가락 방향으로 향하게 하고 나머지 손가락으로 도선을 감싸 잡을 때 이 네 손가락의 방향이 바로 자기장의 방향이 되는 것이다. 자기력선은 도선을 중심축으로 하는 원을 그리며 도선에 수직한 평면 위에 있다. 식 (20.25)을 비오-사바르의 법칙이라 일컫기도 한다. 하지만 보다 넓은 의미에서 식 (20.21), 즉

$$d\mathrm{B} = \frac{\mu_0}{4\pi}\frac{I d\mathrm{s} \times \hat{\mathrm{r}}}{r^2} \tag{20.26}$$

를 **비오-사바르의 법칙**(Viot-Savart's law)이라 한다.

자기장을 계산하는 비오-사바르의 법칙은 전기장을 계산하는 쿨롱의 법칙에 대응되는 개념이며 수학적 형태도 유사하다. 그러나 이 두 장의 방향은 전혀 다르다. 예를 들어 양(+)의 점전하가 만드는 전기장은 전하로부터 위치벡터 방향으로 사방으로 퍼져나가는 모양으로 생긴다. 하지만 전류요소에 의해 생기는 자기장의 방향은 전류벡터와 위치벡터에 각각 수직이다.

예제 **20.6** 그림 20.15처럼 매우 긴 직선 도선으로부터 수직거리 x인 지점에서의 자기장을 구해 보자.

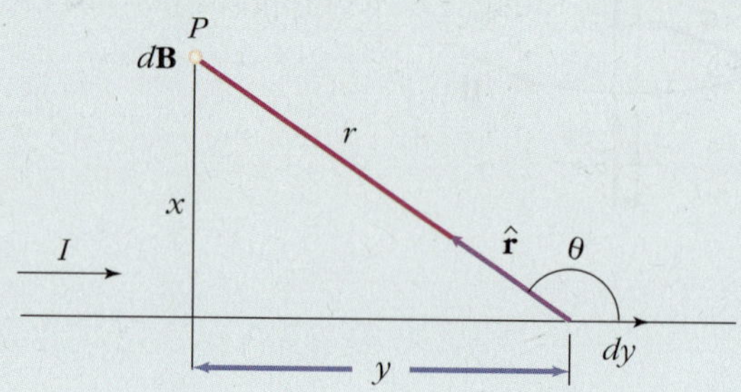

그림 20.15

무한 직선 도선으로부터 수직거리 x인 지점에서의 자기장

풀이 전류는 $+y$축 방향으로 흐르므로 각 도선요소에 의해 생기는 자기장 dB의 방향은 지면 밖으로 향한다. 자기장의 크기는 식 (20.21)로부터

$$B = k_m I \int_{-\infty}^{\infty} \frac{dy \sin\theta}{r^2}$$

여기서 $r^2 = x^2 + y^2$이다. 이 식에서 y와 θ는 모두 변수이지만 이 둘은 다음 식

$$\tan\theta = -\frac{x}{y}$$

에 의해 서로 연관되어 있다($\theta > 90°$임에 유의하자). 따라서 전류가 흐르는 선분 요소 dy는

$$dy = x\csc^2\theta\, d\theta = \frac{x d\theta}{\sin^2\theta} = x d\theta/(x/r)^2 = r^2 d\theta/x$$

로 표현된다. 그러므로

$$B = \frac{k_m I}{x}\int_{\theta=0}^{\pi} \sin\theta d\theta = -\frac{k_m I}{x}[\cos\theta]_0^{\pi} = 2k_m\frac{I}{x}$$

이다. 여기서 x는 일정한 값임에 유의하자. 이는 r 대신 x를 사용했을 뿐 식 (20.22)과 동일하다.

예제

20.7 원형 도선의 중심 축 상에서의 자기장

그림 20.16에서와 같이 yz 평면상에 있고 일정한 전류 I가 흐르는 반경 R의 원형 도선을 생각해 보자. 이 도선의 중심축상으로 거리 x 만큼 떨어진 한 점 P에서 자기장을 구하라.

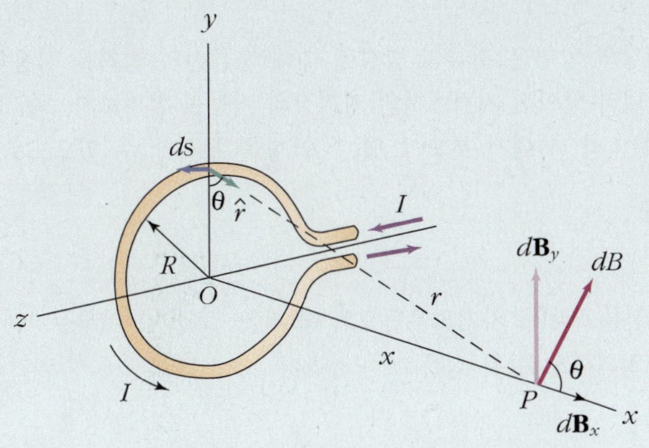

그림 20.16
전류가 흐르는 원형고리 중심 축 상의 한 점에서 P에서의 자기장을 계산하기 위한 기하학적 구조. 대칭성에 의해 총 자기장 B는 x축 방향을 향한다.

풀이 이 경우에서는 선분요소 ds가 $\hat{\mathbf{r}}$에 수직하며 도선 상의 모든 선분요소들은 점 P에서 동일한 거리 r에 있게 된다. 여기서 피타고라스의 정리에 의해 $r = \sqrt{R^2 + x^2}$이 되고 미소 선분요소 ds가 만드는 dB의 크기는

$$dB = \frac{\mu_0 I}{4\pi}\frac{d\mathbf{s} \times \hat{r}}{r^2} = \frac{\mu_0 I}{4\pi}\frac{ds}{(x^2 + R^2)}$$

이다. 이 자기장의 방향은 그림 20.16에서와 같이 위치벡터 $\mathbf{r}$과 ds가 만드는 평면에 수직하다. 벡터 $d\mathbf{B}$를 x축 성분 dB_x과 x축에 수직한 y축 성분 dB_y로 나누어 생각해 보자. x축에 수직한 성분들은 전체 원형 도선에 걸쳐 합해져서 영이 된다. 즉, 대칭성 때문에 원형 도선의 어느 한 부분이 만든 자기장의 수직성분은 정반대 편에 있는 선분요소가 만든 자기장의 수직성분과 상쇄되는 것이다. 결국 P 점에서의 총 자기장은 x축 성분만이 존재하며 이는 위 식의 $dB_x = dB\cos\theta$를 전체 도선에 걸쳐 적분하여 구할 수 있다. 즉

$$B_x = \oint dB\cos\theta = \frac{\mu_0 I}{4\pi}\oint\frac{ds\cos\theta}{x^2 + R^2}$$

가 된다. θ, x 그리고 R은 원형 도선의 모든 선분요소에 대해 일정한 상수로서 $\cos\theta = R/(x^2 + R^2)^{1/2}$의 관계가 있다. 따라서

$$B_x = \frac{\mu_0 IR}{4\pi(x^2 + R^2)^{3/2}}\oint ds = \frac{\mu_0 IR^2}{2(x^2 + R^2)^{3/2}} \quad (x\text{축 상에서}) \quad (1)$$

여기서 전류고리의 둘레는 $\oint ds = 2\pi R$임을 이용하였다. 이 원형 도선의 중심에서의 자기장을 구하기 위해서는 $x=0$으로 두면 된다. 따라서

$$B = \frac{\mu_0 I}{2R} \quad \text{(전류고리의 중심에서)}$$

이 된다. 이 자기장의 방향은 전류의 방향에 대해 오른손의 법칙을 사용하여 구해진다.
이 전류고리에서 멀리 떨어진 지점에서의 자기장의 거동을 살펴보자. 즉, x가 R에 비해 매우 큰 값을 가질 경우에는 식 (1)에서 분모에 있는 R^2항을 무시할 수 있으므로

$$B = \frac{\mu_0 I R^2}{2x^3}$$

을 얻게 된다. 전류고리의 자기모우먼트의 크기는 도선이 이루는 면적과 그 전류의 곱인 $\mu = I(\pi R^2)$으로 정의되므로 위 식은

$$B = \frac{\mu_0}{2\pi}\frac{\mu}{x^3}$$

로 표현할 수 있다. 자기모우먼트가 만드는 자기장의 세기는 그 자기모우먼트의 축상에서 거리의 세제곱에 반비례함을 알 수 있다. 자기장의 방향은 자기모우먼트의 방향과 같다.

20.7 평행 도선 사이에 작용하는 자기력

그림 20.17은 거리 a만큼 떨어져 있고 각각 I_1과 I_2의 전류가 흐르는 두 개의 긴 직선 도선의 일부분을 보이고 있다. 각 도체는 서로 상대방 도선이 만든 자기장 속에 놓이게 되므로 서로 힘을 느끼게 된다. 이 그림은 2번 도선이 만든 자기력선 하나를 나타내고 있다. 2번 전류 I_2에 의한 1번 도선의 위치에서의 자기장의 크기는

$$B = \frac{\mu_0 I_2}{2\pi a} \tag{20.27}$$

이다. 식 (20.4)에 의하면 1번 도선 길이 ℓ에 작용하는 힘은

$$F_1 = I_1 \ell B = \frac{\mu_0 \ell\, I_1 I_2}{2\pi a} \tag{20.28}$$

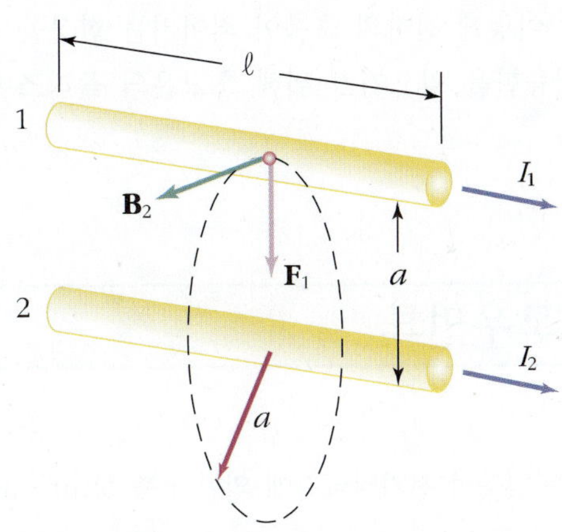

그림 20.17 일정한 전류가 흐르는 두 직선 도선이 서로 힘을 작용하고 있다. 이 힘은 두 전류의 방향이 서로 평행하면 인력이 되고 반 평행하면 척력이 된다.

이고 1번 도선에 단위 길이당 작용하는 힘의 크기는

$$\frac{F_1}{\ell} = \frac{\mu_0 I_1 I_2}{2\pi a} = (2\times 10^{-7}\ \mathrm{T\cdot m/A})\frac{I_1 I_2}{a} \tag{20.29}$$

가 된다. 1번 도선에 작용하는 힘 F_1의 방향은 $\ell \times \mathrm{B}$의 방향인 아래 방향이므로 2번 도선 쪽으로 끌리게 된다. 1번 도선에 의해 2번 도선의 위치에 생기는 자기장을 고려하면 2번 도선의 단위 길이당 크기가 같고 방향이 반대인 힘이 작용하는데, 이는 뉴턴의 제 3 법칙으로 설명이 된다. 따라서 두 도선 사이엔 서로 잡아당기는 인력이 작용한다. 한 도선의 전류 방향을 반대로 바꾸면, 힘의 방향도 반대가 되어 두 도체사이엔 서로 밀치는 척력이 작용하게 된다.

전류가 흐르는 두 평행 도선이 서로 힘을 작용한다는 사실은 식 (20.29)에 의해 국제 단위계에서 전류 1A를 정의하는데 기초가 된다. 즉, 진공 중에서 1m 떨어져 있는 두 평행 직선 도선 1m 길이당 정확히 2×10^{-7}N의 힘을 작용시키는 각 도선의 전류를 1A로 정의하는 것이다. 여기서 다시 전하 1C은 전류 1A가 흐르는 도선에서 1초 동안 흘러간 전하량으로 정의된다. 맨 처음 쿨롱의 법칙으로부터 전기력을 측정하여 전하 1C을 정의할 수도 있었겠지만, 이 측정은 도선과 도선 사이의 힘을 측정하는 것보다 훨씬 더 어렵고 부정확하다. 따라서 도선 간의 힘을 측정하여 구한 암페어로부터 기본 단위인 전하량 1C을 정의하는 것이다.

같은 방향으로 전류가 흐르는 두 도선 사이에는 서로 잡아당기는 인력이 작용하지만, 이런 인력은 한 도선 내에서 같은 방향으로 흐르는 각 전류요소 사이에도 작용한다. 만일 이 전하의 흐름이 액체나 이온화된 기체라면 이 인력은 마치 외부로부터 흐름의 중심 쪽으로의 압축력처럼 작용한다. 이렇게 전하의 흐름이 죄어지는 현상을 핀치효과(pinch effect)라고 한다. 이 현상은 핵융합을 일으키기 위해 초고온의 플라즈마를 만들 때 이용된다.

20.8 자기쌍극자 모우먼트

앞의 예제 17.4에서 배웠듯이 전기쌍극자에 의한 x축 상(on-axis) 임의의 점에서의 전기장은

$$\mathrm{E} = \frac{1}{4\pi\epsilon_0}\frac{2\mathrm{p}}{x^3} \tag{20.30}$$

이었다. 여기서 $\mathrm{p} = q\mathrm{L}$이다.

그리고 원형도선에 의한 축 상 임의의 점에서의 자기장은 예제 20.7에서 계산하였듯이

$$B = \frac{\mu_0}{2}\frac{IR^2}{(x^2+R^2)^{3/2}} \tag{20.31}$$

이다. 만약 x가 원형도선의 반경보다 아주 크다면 즉 $x \gg R$ 이라면 $(x^2+R^2)^{3/2} \to x^3$으로 둘 수 있으므로

$$B \cong \frac{\mu_0}{2}\frac{IR^2}{x^3} = \frac{\mu_0}{4\pi}\frac{2(\pi R^2)I}{x^3} = \frac{\mu_0}{4\pi}\frac{2AI}{x^3} \tag{20.32}$$

이다. 여기서 $A = \pi R^2$으로 루프의 면적이다. 식 (20.32)는 원형도선 루프에 대해 구한 식이지만 $x \gg R$인 지점에서는 전류가 흐르는 도선의 모양에 사실상 무관하게 적용가능하다. 단지 $x \approx R$인 위치에서는 모양에 의존하여 B가 달라진다.

이제 내부 면적이 A인 루프형 도선의 자기쌍극자 모우먼트는 식 (20.19)과 같이 정의된다.

자기쌍극자 모우먼트도 전기쌍극자모우먼트와 같이 벡터량이다. μ의 방향은 B의 방향과 동일하다. 즉 오른손법칙에 의해 정해지는 B의 방향이 곧 μ의 방향이 된다. 그림 20.11은 원형루프에 의해 만들어지는 자기쌍극자모우먼트를 보여준다.

B와 μ의 방향이 동일하므로 식 (20.19)를 식 (20.32)에 대입해 주면

$$B = \frac{\mu_0}{4\pi}\frac{2\mu}{x^3} \qquad (20.33)$$

을 얻는다.

이 식은 전기장에 대한 식인 식 (20.30)과 모양 면에서 아주 닮아 있다는 사실에 주목하기 바란다.

20.9 암페어의 법칙

자기장을 구하는 경우 비오-사바르의 법칙이 좀 복잡한 형태의 벡터연산임에 반하여 물리 계의 형태가 단순한 대칭성을 가질 경우에는 한결 더 손쉬운 방법으로 다루어질 수 있다.

전류 I가 흐르는 도선으로부터 거리 r만큼 떨어진 지점에서의 자기장을 구해 보자. 도선 주변에 생기는 자기력선은 도선을 중심으로 동심원을 그릴 것이다. 그림 20.18에서처럼 도선에 중심을 둔 반경 r의 원형 경로를 따라 스칼라 곱 $\mathrm{B} \cdot d\mathrm{s}$를 적분해 보자. 이 경로에서 $d\mathrm{s}$와 B는 항상 같은 방향이므로 $\mathrm{B} \cdot d\mathrm{s} = Bds$가 된다. 더구나 원형 경로 상에서 B는 일정하며 식 (20.25)로 주어진다. 따라서 원형 경로 상에서의 Bds의 선적분은

$$\oint \mathrm{B} \cdot d\mathrm{s} = \oint Bds = \frac{\mu_0 I}{2\pi r}(2\pi r) = \mu_0 I \qquad (20.34)$$

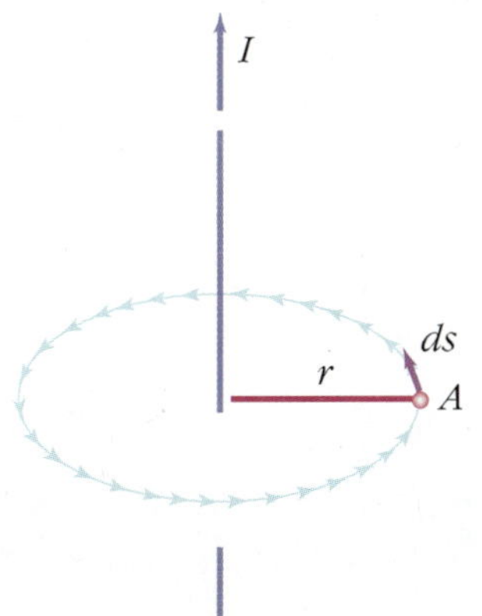

그림 20.18
암페어의 법칙을 적용하기 위한 원형경로. 이 경로는 동일한 길이의 미소 길이요소들로 구성되어 있다.

이다. 여기서 적분 $\oint ds = 2\pi r$로서 원둘레가 됨을 이용하였다. 여기서는 닫힌 경로가 직선 도선을 둘러싸는 원둘레인 특수한 경우에 대해 계산하였지만, 이 결과는 일정한 전류가 임의의 모양을 갖는 폐곡선으로 둘러싸인 면적을 통과하는 일반적인 경우에도 적용된다. 이를 **암페어의 법칙**(Ampere's law)이라 하며 다음과 같이 요약할 수 있다.

> 어떤 폐곡선 둘레에 대한 $\mathbf{B} \cdot d\mathbf{s}$의 선적분은 $\mu_0 I$와 같다. 여기서 I는 폐곡선으로 둘러싸인 면을 통과해 나가는 총 전류이다.

이를 수식으로 표현하면 다음과 같다.

$$\oint \mathbf{B} \cdot d\mathbf{s} = \mu_0 I \tag{20.35}$$

암페어의 법칙은 일정한 전류가 흐르는 경우에만 적용된다.

20.8 전류가 흐르는 긴 직선 도선이 만드는 자기장

반경이 R인 긴 직선도선의 단면적을 통하여 고르게 일정한 전류 I_0가 흐르고 있다. 영역 $r \geq R$과 $r < R$에 대하여 도선의 중심에서 거리 r인 지점에서의 자기장을 구하라.

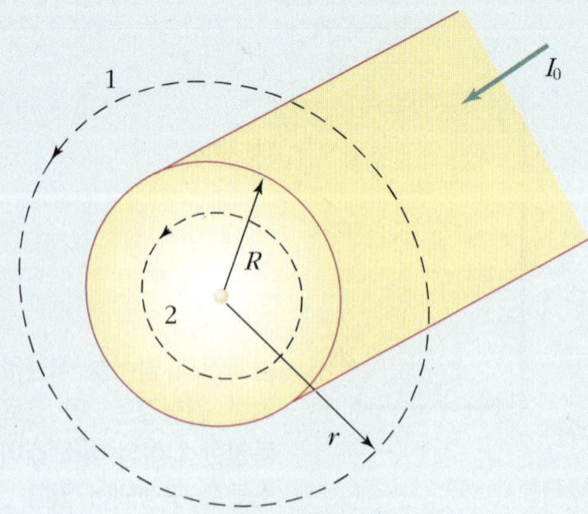

그림 20.19

반경 R인 직선 도선에 도선의 전체 단면에 걸쳐 일정한 전류가 흐르고 있다. 이 도선 주위의 자기장은 도선 중심으로부터 반경 r인 원형 경로에 암페어의 법칙을 적용하여 구할 수 있다.

풀이 그림 20.19와 같이 $r \geq R$인 영역 1에서 도선의 중심축에 중심을 둔 반경 r의 원을 적분경로로 택해 보자. 자기장 B는 이 원둘레 상에서 크기가 일정하고 방향은 ds와 평행함을 알 수 있다. 원의 면적을 통과해 나가는 총 전류가 I이므로 이 원에 대해 암페어의 법칙을 적용하면

$$\oint \mathrm{B} \cdot d\mathrm{s} = B\oint d\mathrm{s} = B(2\pi r) = \mu_0 I_0$$

$$B = \frac{\mu_0 I_0}{2\pi r} \quad (r \geq R\text{인 경우})$$

를 얻게 된다.

이제 $r < R$인 영역 2의 도선 내부를 생각해 보자. 전류가 도선의 단면적 전체에 걸쳐 균일하게 흐르기 때문에 반경 R인 도선을 통과하는 전체 전류에 대한 반경 r인 면적을 통과하는 전류의 비율은 전체 단면적 πR^2에 대한 영역 2의 단면적 πr^2의 면적비와 같다. 즉,

$$\frac{I}{I_0} = \frac{\pi r^2}{\pi R^2}$$

따라서 원 2에 대해 암페어의 법칙을 적용하면

$$\oint \mathrm{B} \cdot ds = B(2\pi r) = \mu_0 I = \mu_0\left(\frac{r^2}{R^2}\right) I_0$$

을 얻고 이것으로부터

$$B = \frac{\mu_0 I_0}{2\pi R^2} r \qquad (r < R\text{인 경우})$$

을 얻는다.

도선 중심으로부터의 거리 r에 대한 자기장 세기의 그래프를 그림 20.20에 나타내었다. 도선의 내부에서는 r과 B가 비례하여 $r \to 0$이면 $B \to 0$이 된다. 하지만 도선 외부에서 자기장은 r에 반비례한다. 결국 자기장의 세기는 도선의 표면($r = R$)에서 최대가 된다.

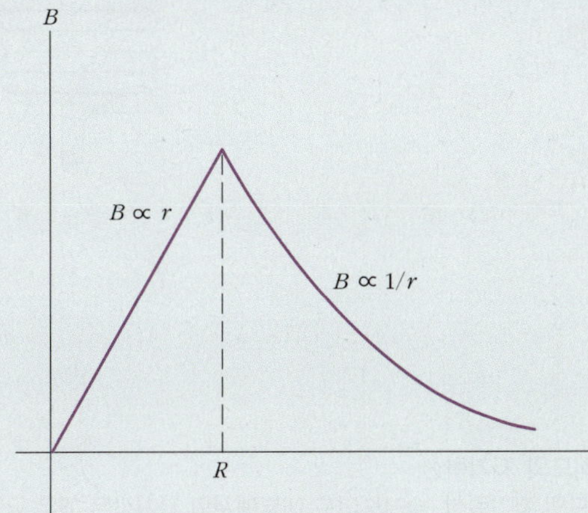

그림 20.20 도선 중심으로부터의 거리 r에 대한 자기장 세기의 변화

20.10 솔레노이드

솔레노이드(solenoid)는 나선형으로 도선을 감은 긴 원통형 코일이다. 이 때 어느 지점에서의 자기장은 솔레노이드를 구성하는 각각의 원형 도선에 의해 생긴 자기장들의 벡터적 합이 된다. 솔레노이드에 의해 만들어진 자기장은 막대자석의 자기장과 유사하다는 것을 알 수 있다.

그림 20.21에 성기게 감긴 솔레노이드에서 생기는 자기장의 모습을 나타내었다. 인접한 두 원형 도선 사이에서는 각 도선에 의해 생기는 자기장이 상쇄된다. 하지만 솔레노이드의 중심에서는 자기장들이 합하여져 비교적 균일하게 된다. 감은 수를 많이 하여 촘촘하게 하면 솔레노이드의 내부에서는 상당히 균일한 축 방향의 자기장을 얻을 수 있다. 전류가 흐르는 솔레노이드 내부에 생기는 자기장의 방향은 오른손의 법칙을 이용하여 간단하게 예측할 수 있다. 오른손의 네 손가락이 전류의 방향을 향하도록 하고 솔레노이드를 감아 쥘 경우, 엄지손가락이 가리키는 방향이 자기장의 방향이 된다.

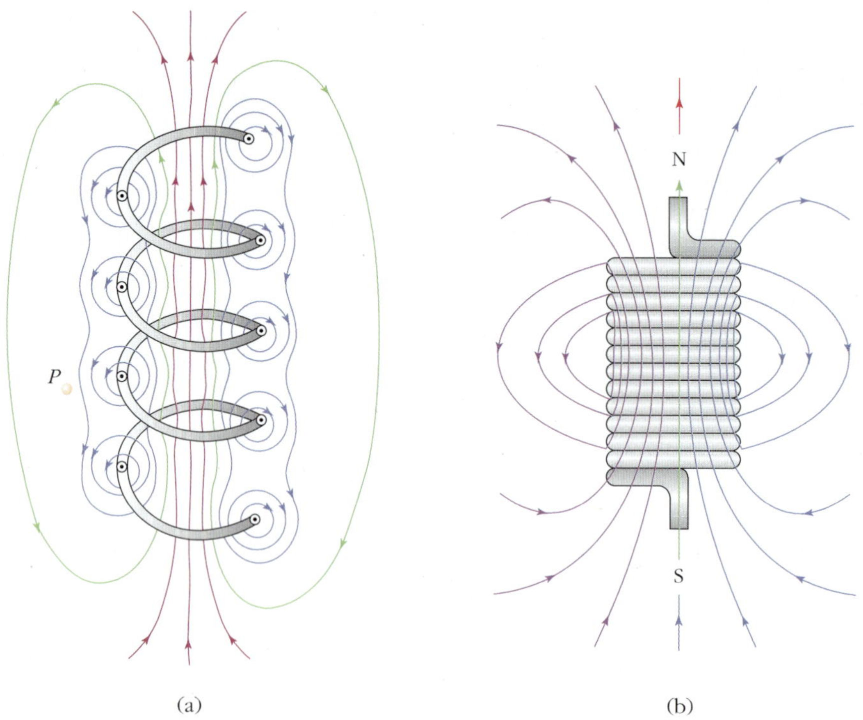

그림 20.21
(a) 코일이 성기게 감긴 솔레노이드의 자기력선
(b) 코일이 촘촘히 감긴 솔레노이드의 자기력선. 솔레노이드 내부에서의 자기장은 매우 균일하다. 이 자기력선의 형태는 막대자석의 자기력선과 매우 유사한 형태이다.

촘촘하게 감긴 긴 솔레노이드 내에 생긴 자기장을 구하기 위해 암페어의 법칙을 적용해 보자. 이상적인 솔레노이드로 전류 I가 흐른다고 하자. 이 경우 솔레노이드 내부에서의 자기장 **B**는 균일한 값을 가지며 축 방향을 향한다. 물론 솔레노이드 외부에서의 자기장은 영이다. 이제 그림 20.22에서와 같이 폭 w이고 길이 ℓ인 작은 직사각형 경로에 대해 암페어의 법칙을 적용해 보자. 암페어 법칙의 좌변을 계산하기 위해서는 직사각형 경로의 네 변에 대해 각각 $\mathbf{B}\cdot d\mathbf{s}$의 적분을 계산해야 한다. 변 3에 대한 적분은 이 영역에서 $B=0$이므로 영이 된다. 변 2와 4에 대한 적분의 경우, 자기장 **B**가 경로의 길이요소 $d\mathbf{s}$와 수직이기 때문에 모두 영이 된다. 결국 길이 ℓ인 변 1에 대한 적분만 존재하게 되는데, **B**값이 일정하고 $d\mathbf{s}$에 평행하므로 그 값은 $B\ell$이 된다. 따라서 닫힌 직사각형 경로에 대한 적분 결과는 다음과 같다.

$$\oint \mathbf{B}\cdot d\mathbf{s} = \int_{\text{경로1}} \mathbf{B}\cdot d\mathbf{s} = B\int_{\text{경로1}} ds = B\ell \qquad (20.36)$$

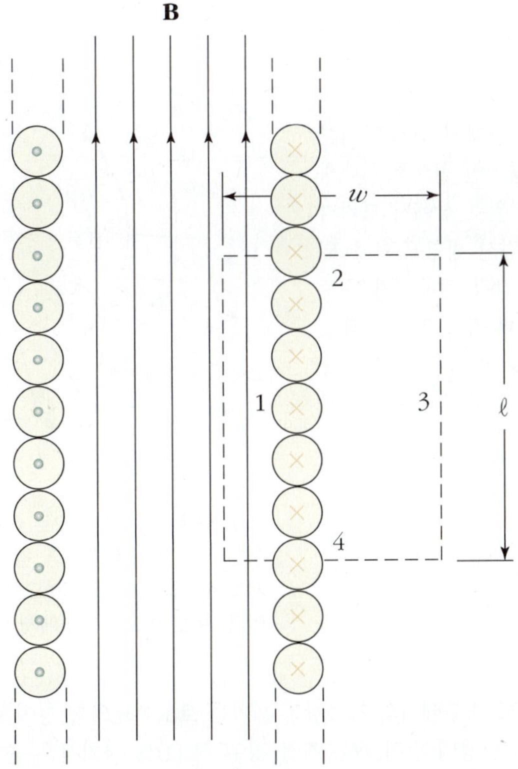

그림 20.22

코일이 촘촘히 감긴 솔레노이드의 단면. 점선으로 표시된 직사각형 경로에 대해 암페어의 법칙을 적용하여 솔레노이드에서의 자기장을 계산할 수 있다.

암페어의 법칙의 우변을 계산하려면 직사각형의 적분경로로 둘러싸인 면적을 통과하는 총 전류를 구해야 한다. 이 경우 직사각형의 경로를 통과하는 총 전류는 솔레노이드에 흐르는 전류 I와 솔레노이드 길이 ℓ 위에 감긴 수 N을 곱한 값이 된다. 따라서 이 경로에 대한 암페어의 법칙은

$$\oint \mathrm{B} \cdot d\mathrm{s} = B\ell = \mu_0 NI$$

$$B = \mu_0 \frac{N}{\ell} I = \mu_0 nI \qquad (20.37)$$

여기서 $n = N/\ell$은 단위 길이당 감긴 수이다.

예제

20.9 토로이드가 만드는 자기장

토로이드(toroid)는 그림 20.23과 같이 N회 감은 솔레노이드를 도넛 모양으로 구부린 것이다. 이 솔레노이드의 반경은 토로이드의 반경에 비해 매우작고 도선을 촘촘히 감아 내부에서는 자기장이 균일하다고 가정하고 중심에서 r만큼 떨어진 토로이드 내부에서의 자기장을 계산하라.

풀이 먼저 암페어의 법칙을 적용하기 위하여 적분경로를 그림과 같이 반경 r인 원으로 선택하자. 그러면 자기장은 이 원주 상에서 크기가 일정하고 방향은 원의 접선 방향으로 ds 의 방향과 같아진다. 또한 각각 전류 I가 흐르는 N개의 도체 고리가 이 경로 안쪽을 꿰뚫고 자나가므로 적분 경로 안쪽을 흐르는 총 전류는 NI이다. 여기에 암페어의 법칙을 사용하면

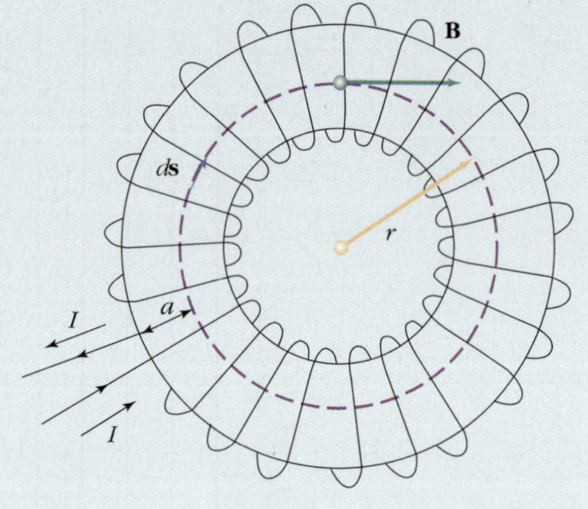

그림 20.23

토로이드는 도넛 모양으로 여러 번 감은 도선으로 구성된다. 코일이 촘촘하게 감겨있으면 토로이드 내에서의 자기장은 보라색선으로 표시된 선의 접선 방향이다. 토로이드의 외부에서의 자기장은 영이 된다.

$$\oint \mathrm{B} \cdot d\mathrm{s} = B\oint ds = B(2\pi r) = \mu_0 NI$$

$$B = \frac{\mu_0 NI}{2\pi r} \qquad (1)$$

이 된다. 따라서 토로이드 내부에서의 자기장의 세기는 토로이드의 반경에 반비례한다. 솔레노이드의 반경이 토로이드의 반경에 비해 매우 작을 경우 식 (1)의 자기장은 균일하다고 볼 수 있다.

홀 효과

전류가 흐르는 막대에 수직으로 작용하는 자기장은 이 막대가 한쪽 방향으로 힘을 받게 만드는데, 이 힘 때문에 한쪽은 양전하가 많아지고 반대쪽은 음전하가 많게 되어 이 전하분리에 의한 내부 전기장이 만들어지게 된다. 이 전기장이 만드는 전위차 즉 **홀전압**(Hall voltage)을 측정하여 전기장(홀 전기장)의 크기를 계산할 수 있다. 이 때 전하의 유동속도는 $v_D = E/B$로 구할 수 있다. 홀효과에 의해 유동속도를 측정할 수 있을 뿐 아니라 전하운반체의 부호가 무엇인지도 알 수 있게 된다. 일반적으로 도체는 전하운반체가 전자이지만 반도체의 경우에는 전자 혹은 양전자 또는 둘 다 함께 운반체가 될 수 있다. 측정한 운반체의 부호가 양이면 도체가 아니라는 사실을 알려주는 것이다.

홀효과는 자기장의 크기를 측정하는 장비인 **가우스미터**(gaussmeter)에도 사용된다. 예제 20.10의 그림 20.24에 보이듯이 얇은 도체막대에 걸리는 홀전압은 자기장의 세기에 비례한다. 이 막대에 일정한 전류 I를 흘려주면서 홀전압 V_H를 측정하면 자기장의 세기를 구할 수 있다.

외부 자기장 B에 의해 막대가 받는 힘은

$$F_m = qv_D B = F_e = qE = q\frac{\Delta V}{w} \qquad (20.38)$$

이다. 여기서 w는 전기장이 형성되는 길이인 막대의 폭이다. 여기서 전위차 ΔV가 홀전압이므로

$$\Delta V_H = wv_D B \qquad (20.39)$$

로 쓸 수 있다. 앞에서 배웠듯이 유동속도는 전류밀도와 $J = nqv_D$의 관계에 있으므로

$$v_D = \frac{J}{nq} = \frac{I/A}{nq} = \frac{I}{wtnq} \qquad (20.40)$$

로 되므로 따라서 홀 전압은

$$\Delta V_H = \frac{IB}{nqt} \qquad (20.41)$$

와 같이 구할 수 있게 된다.

예제 20.10 홀 전압 구하기

그림 20.24와 같이 홀센서의 크기가 두께 $t=0.50\text{mm}$, 폭 $w=1.0\text{cm}$, 그리고 길이 $L=30.0\text{cm}$라 하자. 전류 $I=2.0\text{A}$가 길이 방향으로 걸리고 자기장($B=0.25\text{T}$)이 종이면에 수직으로 들어가는 방향으로 형성된다. 전하운반체를 전자라 하고 여기에 7.0×10^{24} 전자/m^3의 자유전자가 있다고 하자.
(a) 표류속도 v_D와 (b) 홀전압의 크기 그리고 (c) 어느 쪽 (위 혹은 아래)이 더 높은 전위인지를 알아보아라.

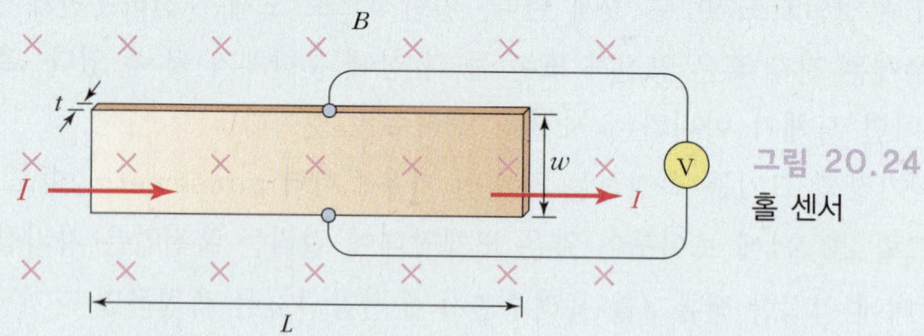

그림 20.24
홀 센서

풀이 (a) 식 (19.2)에 의해

$$I=nqAv_D=nqwtv_D$$

이므로

$$v_D=\frac{I}{nqwt}=\frac{2.0\text{ A}}{7.0\times10^{24}\text{ m}^{-3}\times1.6\times10^{-19}\text{ C}\times0.01\text{ m}\times0.5\times10^{-3}\text{ m}}$$

$$=0.36\text{ m/s}$$

이다.

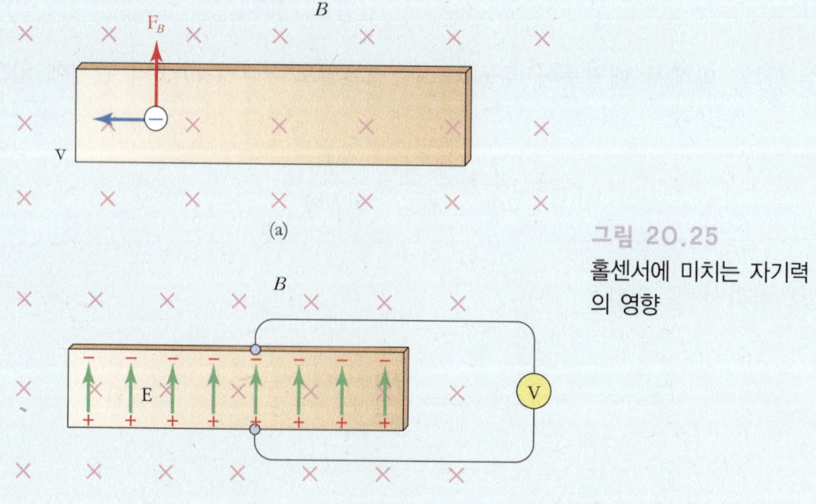

그림 20.25
홀센서에 미치는 자기력의 영향

(b) 식 (20.41)에 의해

$$\Delta V_H = \frac{IB}{nqt} = \frac{2.0\ \text{A} \times 0.25\ \text{T}}{7.0 \times 10^{24}\ \text{m}^{-3} \times 1.6 \times 10^{-19}\ \text{C} \times 0.5 \times 10^{-3}\ \text{m}} = 0.89\ \text{mV}$$

이다.

(c) 전류가 오른쪽으로 흐르고 있으므로 전자들은 왼쪽으로 움직인다. 그림 20.25 (a)에는 왼쪽으로 움직이는 전자에 작용하는 자기력의 방향이 위쪽임을 보여준다. 이 자기력에 의해 막대 위쪽은 음전하가 그리고 아래쪽은 양전하가 과잉인 상태로 분극이 일어나 그림 20.25 (b)와 같이 위쪽 방향으로 전기장이 만들어지게 된다. 그러므로 아래쪽이 더 높은 전위를 가진다.

20.11 물질 내부의 자성

어떤 원자가 왜 자성을 띠게 되는가를 이해하기 위하여 전자가 핵 주위에서 원운동을 하고 있는 고전적인 원자모형을 생각하자. 이 모형에서는 전하량 1.6×10^{-19}C을 갖는 전자가 약 10^{-16}초에 한 번씩 원자핵 주위를 회전한다. 전하량을 이 시간간격으로 나눠주면 궤도운동을 하는 전자는 1.6×10^{-3}A의 전류와 동등하다. 따라서 궤도운동을 하는 전자는 이에 상응하는 자기모우먼트를 갖는 작은 원형 전류로 생각할 수 있다. 이러한 원형 전류가 중심에 있는 핵의 위치에 만드는 자기장의 크기는 약 12.5T이다(연습문제 20.9).

그림 20.26과 같이 반경 r인 원자핵 주위에서 v의 속도로 등속 원운동을 하고 있는 전자를 생각하자. 이 전자가 원자핵 주위를 한 바퀴 회전하는 데 걸리는 주기는 $T = 2\pi r/v$이다. 이 궤도전자의 전류는 전하량을 1회전하는 데 소요되는 시간으로 나눈 값과 같다. 즉,

$$I = \frac{e}{T} = \frac{e}{2\pi r/v} = \frac{ev}{2\pi r} \tag{20.42}$$

이 원형 궤도전류에 의한 자기 모우먼트의 크기는 $\mu = IA$로 주어지며 여기서 $A = \pi r^2$은 전자 궤도의 면적이다. 따라서

$$\mu = IA = \left(\frac{ev}{2\pi r}\right)\pi r^2 = \frac{1}{2}evr \tag{20.43}$$

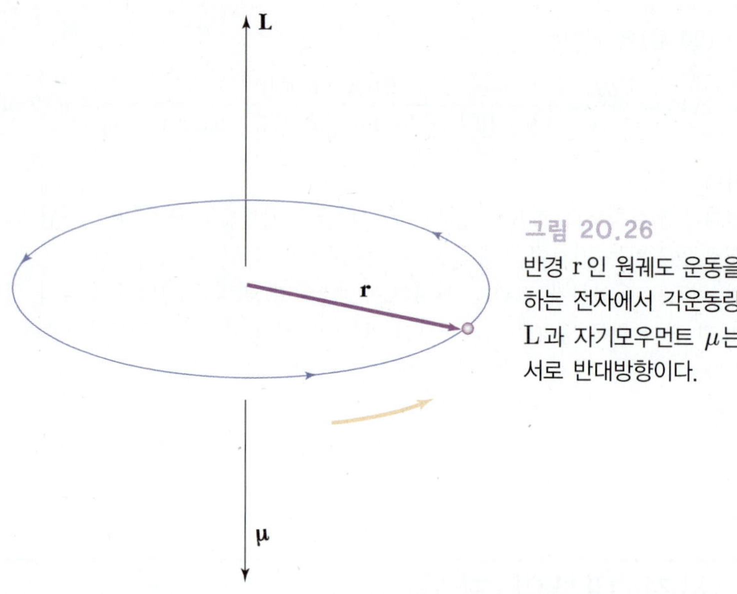

그림 20.26
반경 r인 원궤도 운동을 하는 전자에서 각운동량 L과 자기모우먼트 μ는 서로 반대방향이다.

이다. 전자의 궤도 각운동량은 $L = m_e vr$이므로 **자기 모우먼트**(magnetic moment)의 크기는

$$\mu = \left(\frac{e}{2m_e}\right)L \qquad (20.44)$$

로 표현된다. 원자핵 주변에서 원운동을 하고 있는 궤도전자에 의한 자기모우먼트는 그 전자의 궤도 각운동량에 비례함을 알 수 있다. 전자가 음으로 대전되어 있으므로 벡터 μ와 L은 서로 반대방향을 향한다. 그림 20.26에서처럼 이 두 벡터는 궤도면에 수직한 방향으로 존재한다.

하지만 대부분의 물질에서 원자내의 어느 한 전자가 만드는 자기모우먼트는 또 다른 전자의 자기모우먼트에 의해 상쇄되며, 전자의 궤도 운동에 의해 발생하는 원자의 자기적 효과는 매우 작다. 대부분의 원자에서 **스핀**(spin)이라고 하는 전자 고유의 각운동량에 의해 자기모우먼트가 만들어진다. 이 스핀이라는 물리량은 고전적으로는 설명하기 힘든 개념이며 보다 자세한 내용은 현대물리학 부분에서 다룰 것이다.

여러 개의 전자를 갖는 원자나 이온들에서 전자들은 보통 서로 반대방향의 스핀을 갖는 전자들끼리 쌍을 이뤄 스핀 자기모우먼트가 상쇄된다. 어떤 종류의 원자나 이온들은 쌍을 이루지 못한 전자를 갖고 있어 자기모우먼트를 갖게 된다. 이럴 경우 이 원자(또는 이온)는 영구적 자기모우먼트를 갖게 되며, 이런 물질을 **상자성**(paramagneticity) 물질이라 한다.

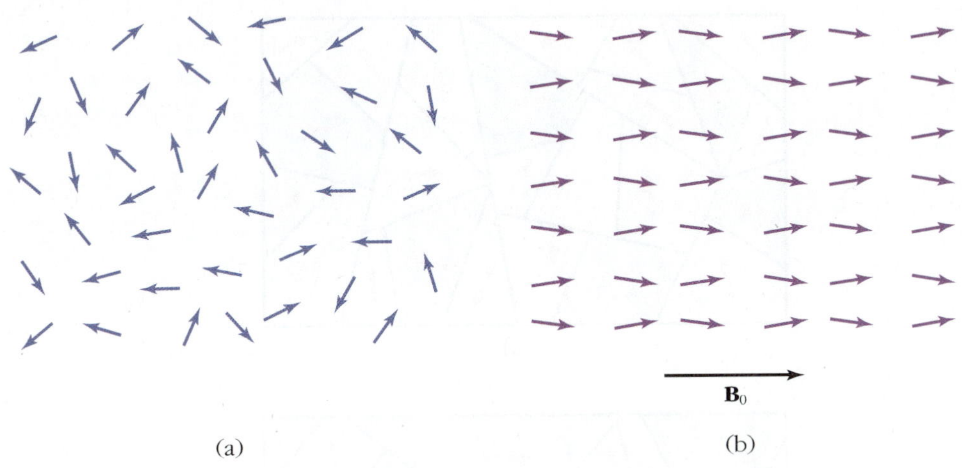

그림 20.27
(a) 자화되지 않은 강자성 물질의 자기구역들이 제멋대로 정렬한 모습
(b) 외부 자기장 B_0를 가하면 자기구역들은 자기장방향으로 정렬하려 한다.

철, 니켈, 코발트나 몇몇 희토류 물질은 약한 외부 자기장 속에서도 자기모우먼트들이 서로 평행하게 정렬하려는 성질을 갖고 있다. 이러한 물질들은 한번 자기모우먼트들이 정렬하면(이를 '**자화**(magnetization)'되었다고 말한다) 외부의 자기장을 없애더라도 정렬된 상태를 그대로 유지하게 된다. 이러한 물질을 **강자성**(ferromagneticity) 물질이라고 한다. 이러한 영구적인 정렬의 원인은 인접원자 사이의 교환상호작용에 의한 것으로서 이는 양자역학적으로만 설명이 가능하다. 일단 자화된 강자성체를 가열하면 온도가 올라감에 따라 열적인 요동이 증가한다. 그러면 정렬되었던 자기모우먼트가 무질서해지는데 어떤 온도 이상 가열하면 자석은 자성을 모두 잃고 상자성 상태가 된다. 이 온도를 **큐리온도**(Curie temperature)라 한다. 철의 경우 큐리온도는 1043K이다.

미시적인 연구에 의하면 강자성체들은 그림 20.27에서와 같이 작은 **자기구역**(magnetic domain)들로 나눠지는데, 이 영역 내에서 모든 자기모우먼트들은 한 방향으로 정렬된다. 이 자기구역 하나의 체적은 대략 $10^{-12} \sim 10^{-8}\ \mathrm{m}^3$ 정도이며, 각각의 자기구역들은 서로 다른 방향으로 자화되어 있다. 강자성체라 하더라도 자기구역들이 무질서하게 정렬되어 있을 경우, 거시적 자기모우먼트는 서로 상쇄되어 자석이 되지 못한다. 여기에 그림 (b)와 같이 외부 자기장을 가하면 자기구역들이 정렬된다(연구 결과에 의하면 이 때 외부 자기장 방향과 같은 방향의 자기모우먼트를 갖는 자기구역들이 점점 자라난다). 외부 자기장을 없애도 거시적인 자성은 거의 그대로 남아있게 되고 결국 자석이 되는 것이다. 보통 쇠못은 서로 붙지 않지만 일단 자석에 한번 붙었던 쇠못은 자석이 없어도 서로 잡아당긴다. 이 현상은 바로 이런 이유 때문이다.

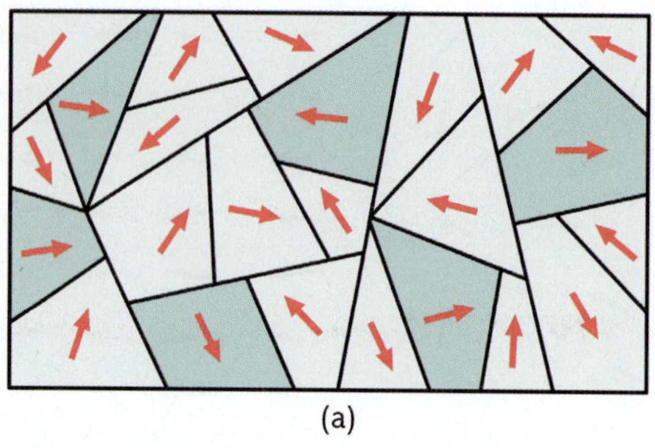

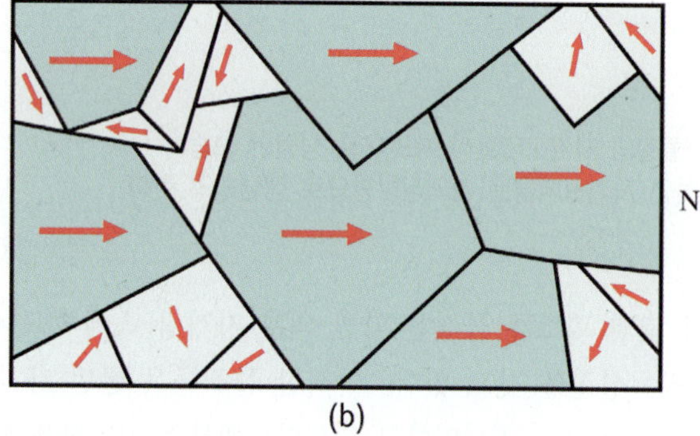

그림 20.28

(a) 철(Fe)이 자기장이 없을 때에는 자구(magnetic domain) 내부 자기장의 방향이 무작위(random) 배열을 이루고 있다가 (b)와 같이 외부 자기장이 걸리면 각 자구들의 자기장 방향은 외부 자기방 방향으로 재배열되면서 내부자기장과 외부 자기장의 차이인 알짜자기장(net magnetic field)이 만들어진다.

연습문제 EXERCISES

1 그림 20.29와 같이 두 개의 자석이 각각 놓여 있을 때 자기력선을 그려보아라.

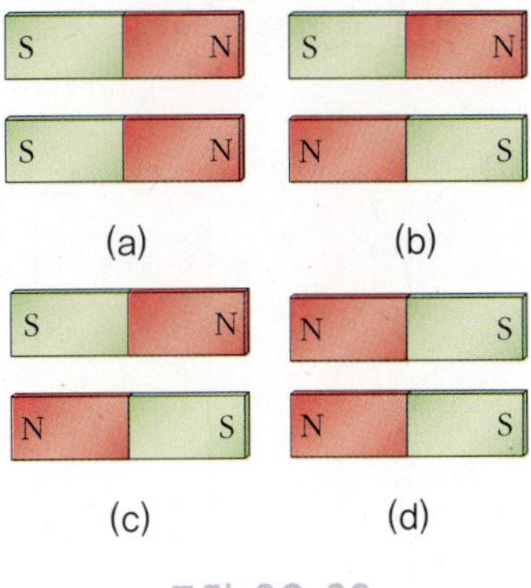

그림 20.29

2 그림 20.30에서 처럼 대전된 입자가 자기장 속으로 들어갈 때 편향되는 초기 방향을 결정하라.

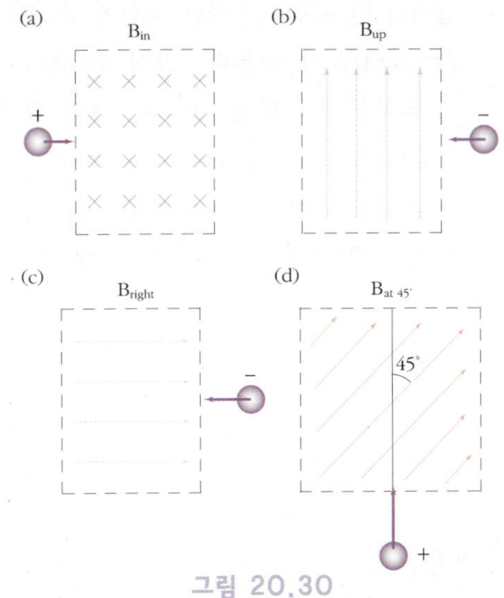

그림 20.30

3 한 양성자가 속도 1.00×10^{7}m/s로 균일한 자기장 B에 수직하게 운동하며, 속도가 $+z$ 방향을 향할 때 $+x$ 방향으로 2.00×10^{13}m/s^{2}의 가속도를 갖게 된다. 자기장의 크기와 방향을 결정하라.

4 수평방향으로 0.50T의 자기장이 걸려 있을 때 2.0×10^{7}m/s의 속력으로 수직 위쪽방향으로 운동하는 전자에 미치는 자기력의 크기를 구하여라.

5 0.5T의 자기장이 동쪽으로 걸려있다. 전하량 $q=-8.0\times10^{-18}$C을 갖는 입자가 0.30cm/s의 속력으로 아래로 떨어질 때 이 입자에 작용하는 자기력의 크기와 휘어지는 방향을 결정하라.

6 0.47T의 자기장 내에서 양성자가 5.0×10^{7}m/s의 속력으로 움직이고 있다. 이 양성자에 미치는 자기력의 크기는 2.3×10^{-12}N이다.

(a) 자기장에 수직방향의 양성자 속도 성분을 구하여라.

(b) 자기장에 수평방향의 양성자 속도 성분을 구하여라.

(c) 속도와 자기장 사이의 각도를 구하여라.

7 0.500g/cm의 단위 길이당의 질량을 가진 직선 도선에 2.00A의 전류가 남쪽 방향으로 흐른다. 이 도선을 수직하게 위로 들어올리는 데 필요한 최소 자기장의 크기와 방향을 구하라(그림 20.31 참조).

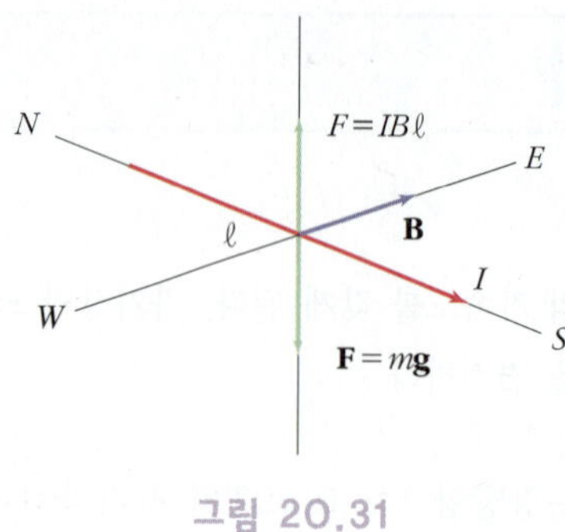

그림 20.31

8 그림 20.32에서와 같이 직사각형 회로가 N=100번의 횟수로 감겨있고 그 회로 각 변의 길이가 a=0.400m, b=0.300m이다. 이 회로는 y축을 축으로 회전할 수 있도록 y축에 부착되어 있고, 회로가 만드는 면과 x축과는 30°의 각도를 이룬다. 그림에 나타난 방향으로 I=1.20A의 전류가 흐를 때, x축 방향으로 향하는 B=0.800T의 균일한 자기장에 의해 회로에 작용하는 돌림힘의 크기는 얼마나 되는가?

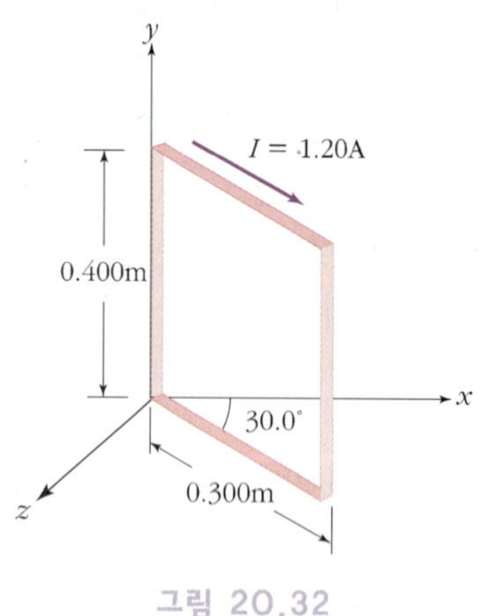

그림 20.32

9 1913년 제시된 보어의 수소원자 모형에 따르면, 전자는 양성자 주위에서 5.29×10^{-11}m의 반경을 2.19×10^{6}m/s의 속도로 돌고 있다. 양성자가 위치한 지점에서 이러한 원운동이 만드는 자기장의 세기를 구하라.

10 그림 20.33에서와 같이 긴 직선 도선에 전류 $I_1 = 5.00\,A$가 흐르고, 그 도선은 $I_2 =$ 10.0A 의 전류가 흐르는 직사각형 도선과 같은 평면상에 있다. 크기는 $c= 0.100$ m, $a= 0.150$ m, 그리고 $\ell = 0.450$ m이다. 직선 도선에 의해 직사각형 도선에 가해지는 알짜 힘의 크기를 구하라.

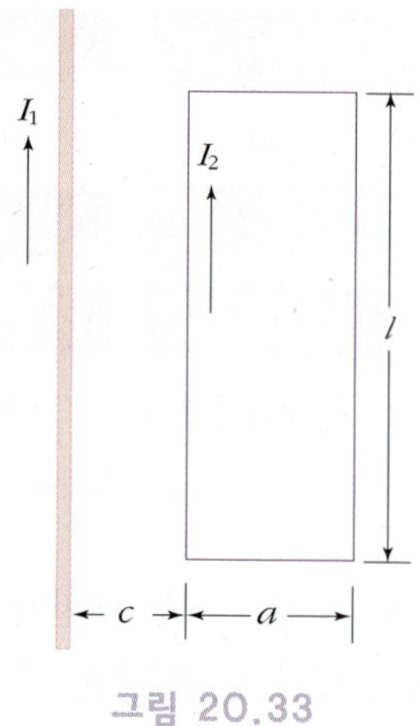

그림 20.33

11 길이가 긴 4개의 평행한 도선에 동일한 전류 $I= 5.00\,A$가 흐른다. 그림 20.34는 도선의 끝부분을 나타낸 것이다. A와 B에서의 전류의 방향은 지면 속으로 들어가고(X로 표시됨), C와 D는 지면에서 나오는 방향으로 흐른다(점으로 표시됨). 한 변의 길이가 0.200m인 정사각형의 중심에 위치한 P점에서의 자기장의 크기와 방향을 구하라.

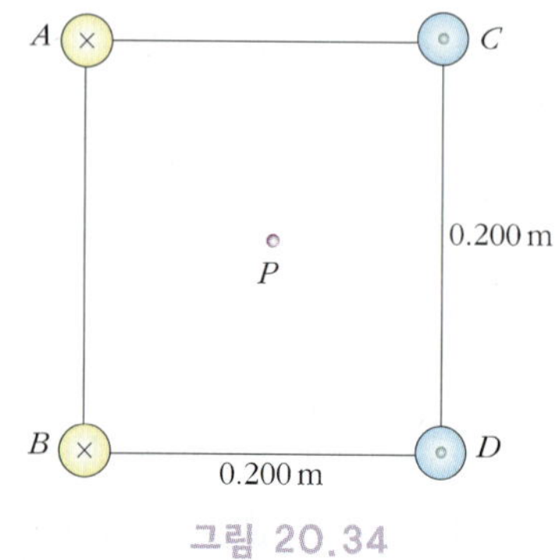

그림 20.34

12 곧고 긴 절연선 100개의 묶음이 반경 R =0.5cm의 원통을 이루고 있다.

(a) 만약 이 각각의 전선에 2.00A의 전류가 흐른다면 묶음의 중심에서 0.20cm 떨어진 도선에 작용하는 단위 길이당의 자기력의 크기와 방향은 어떻게 되는가?

(b) 묶음의 바깥 가장자리에 있는 도선은 (a)에서 계산된 것보다 더 큰 힘을 느끼겠는가? 아니면 더 작은 힘을 느끼겠는가?

13 솔레노이드 중심에서 1.00×10^{-4}T의 자기장을 만들기 위해서 길이 0.40m에 걸쳐 균일하게 1,000번 감은 긴 솔레노이드에 얼마의 전류를 흘려야 하는가?

14 1913년 제시된 보어의 수소원자 모형에 따르면, 전자의 회전반경이 5.29×10^{-11}m이고 속도는 2.19×10^{6}m/s이다.

(a) 전자의 원운동에 의한 자기모우먼트의 크기는 얼마인가?

(b) 만약 그 전자의 궤도가 수평한 원 위에서 반시계 방향이라면 이 자기모우먼트는 어느 방향을 향하는가?

15 사이클로트론의 자기장 크기가 0.5T이다. 이 자기장에 수직방향으로 1.0×10^{7} m/s로 움직이는 양성자에 미치는 자기력의 크기를 구하여라.

16 사이클로트론의 자기장이 0.5T일 때 양성자의 속도가 1.0×10^{7}m/s가 되기 위한 사이클로트론의 회전반경을 구하여라.

17 전류가 흐르는 전선에 작용하는 자기력의 크기와 이 전선에 작용하는 중력의 크기를 비교해 보아라.

18 양성자가 지구자기장 속을 1.0×10^{5}m/s의 속력으로 움직인다. 지구자기장이 균일하지는 않지만 55.0μT인 지역에서 양성자가 동쪽으로 움직일 때 자기장은 수직 위쪽방향으로, 그리고 북쪽으로 움직일 때에는 자기장의 영향이 없다고 한다면 (a) 자기장의 방향과 (b) 양성자가 동쪽으로 움직일 때 자기장의 크기와 (c) 양성자의 중력을 계산하여 이 자기력과 비교해 보아라.

19 그림 20.35와 같이 영구자석 두 개가 막대에 끼워져 있다. 자석 B는 바닥에 놓여있고 자석 A는 공중에 떠 있다.

(a) 이런 일이 일어나는 이유를 설명해 보아라.

(b) 기둥이 하는 역할은 무엇인가?

(c) 자석의 극에 대해 설명해 보아라.

(d) 자석 A의 위아래를 바꾼다면 어떤 일이 일어날지 설명해 보아라.

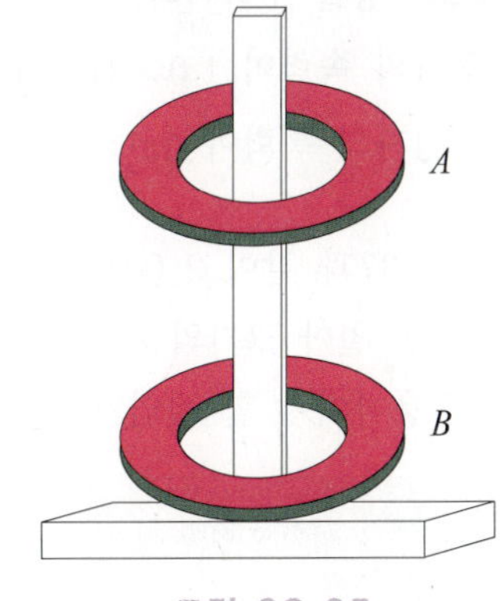

그림 20.35

20 지구자기장의 적도 위 1,000km에서 양성자가 원운동을 하려면 얼마의 속력을 가져야 하겠는가? 단, 지구자기장은 북쪽방향이며 그 크기는 4.00×10^{-8} T이라 한다.

21 도체에 전류 $I = 15\,\text{A}$가 양의 x축 방향으로 흐르고 단위길이당 0.12 N의 자기력이 $-y$축 방향으로 미친다고 하자. 전류가 지나가는 부분에서의 자기장의 방향과 크기를 구하여라.

22 그림 20.36과 같이 두 전선에 전류가 흐르고 있을 때 1, 2 그리고 3의 위치에서 자기장의 크기와 방향을 각각 구하여라.

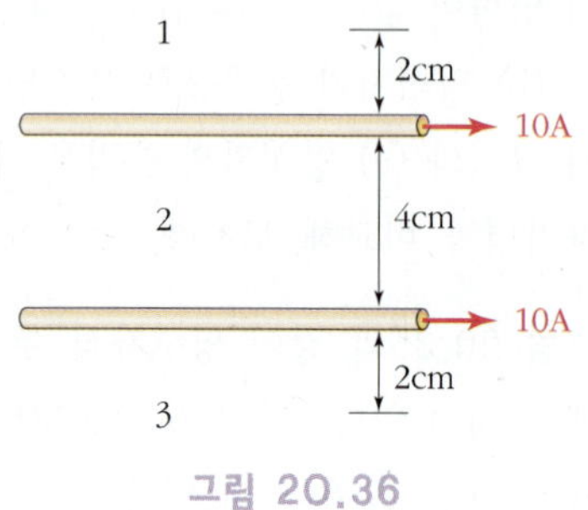

그림 20.36

23 극광(aurora)은 5×10^{-5} T의 지구자기장 내에서 전자와 양성자가 움직이다가 대기 중의 분자들과 충돌하여 불꽃방전을 일으키는 현상을 말한다. 다음 각 경우의 사이클로트론 궤도반경을 구하여라.

(a) 전자의 속력이 1.0×10^{6} m/s 일 때

(b) 양성자의 속력이 5.0×10^{4} m/s 일 때.

24 그림 20.37과 같이 2.0g의 전선이 떠오르게 하려면 얼마 크기의 자기장이 어느 방향으로 작용하여야 할 것인가?

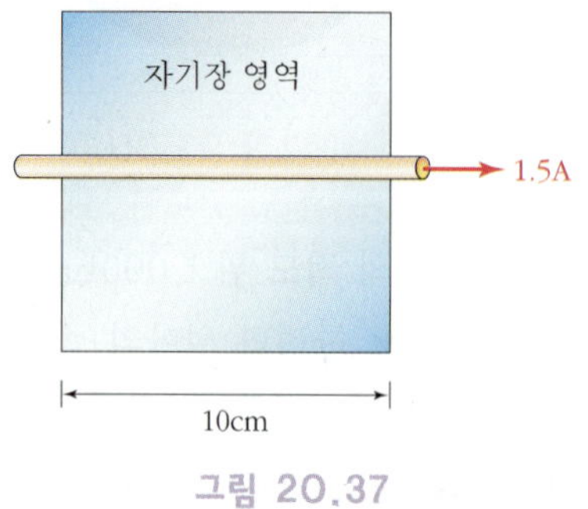

그림 20.37

25 자기 쌍극자로부터 10cm 축 상으로 떨어진 지점에서의 자기장 세기는 1.0×10^{-5} T이다. 이 쌍극자의 크기는 얼마일까?

26 500N/C의 전기장과 0.150T의 자기장이 존재하는 지역으로 전자가 등속도로 들어간다.

(a) 전기장과 자기장 사이의 각도를 구하여라.

(b) 전자의 최소속도는 얼마인가?

(c) 동일한 최소속도로 움직이는 양성자가 이 지역에 들어가도 등속도로 움직일 수 있을까?

27 그림 20.38과 같이 전하량이 q이고 질량이 m인 입자가 전기장과 α의 각도를 이루고 v의 속도로 이동한다. 이 입자의 운동궤적은 그 중심축을 B의 방향으로 둔 나선운동(helix)이다.

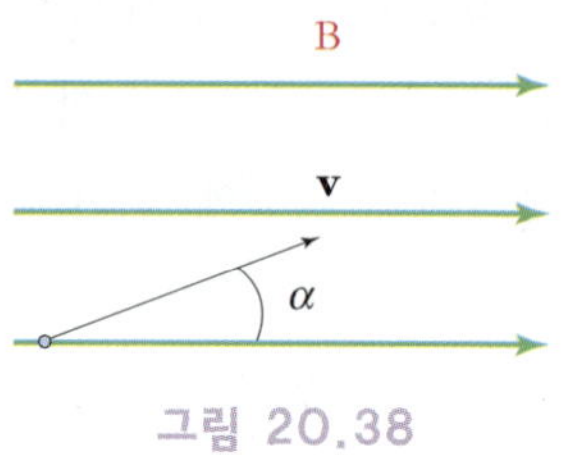

그림 20.38

(a) 이 나선운동의 반경 r은

$$r = \frac{mv\sin\alpha}{|q|B}$$

임을 보여라.

(b) 입자가 한 회전하는데 걸리는 시간은

$$t = \frac{2\pi m}{|q|B}$$

임을 보여라.

(c) 나선의 피치인 각 회전 사이의 간격은

$$d = \frac{2\pi mv\cos\alpha}{|q|B}$$

임을 보여라.

(d) 전하의 부호가 이 나선운동에 어떤 영향을 미치는가? 우주공간에서 대전입자(전자, 이온, 그리고 우주선 등)가 자기장과 만나게 되면 이런 나선운동을 하게 되는데 이 입자들이 지구의 대기와 충돌하면서 만드는 것이 극광(aurora)이다.

28 반경이 5.0cm인 원형 루프에 1.50A의 전류가 흐른다. 이 루프가 그림 20.39와 같이 0.60T의 자기장 속에 놓여있다.

(a) 이 루프의 자기쌍극자모우먼트는 얼마인가?

(b) 이 루프에 작용하는 회전력(torque)의 크기를 구하라.

(c) 이 루프가 회전하는 회전축을 그림 상에 표시해 보아라.

(d) 이 루프의 퍼텐셜에너지는 얼마인가?

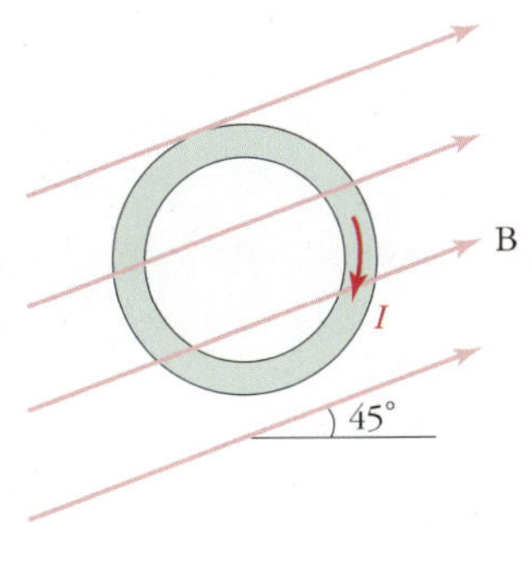

그림 20.39

29 두 개의 도체 막대가 그림 20.40과 같이 2.0cm 떨어져 놓여 있고 그기에 지면 바깥 방향으로 1.2T의 자기장이 걸려있다. 0.040kg의 원통형 금속막대를 도체 막대 위에 올려두고 두 도체 막대에 전원을 연결해 주면 이 도체 막대에 3.0A의 전류가 흐른다. 이 경우 금속막대에 작용하는 자기력의 크기와 방향을 구하여라.

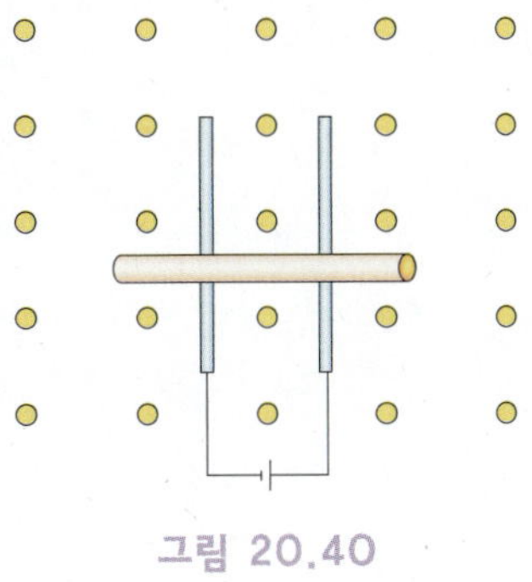

그림 20.40

30 그림 20.41과 같이 내경이 a이고 외경이 b인 무한히 긴 원통에 균일한 전류 I가 흐른다.

(a) 그림 (b)에 자기력선을 그려 보아라. 전류는 지면 바깥 방향으로 향한다고 하고 모든 지역($r \le a$, $a \le r \le b$, $b \le r$)을 고려하여 그려 보아라.

(b) $r > b$인 지역에서의 자기장을 구하여라.

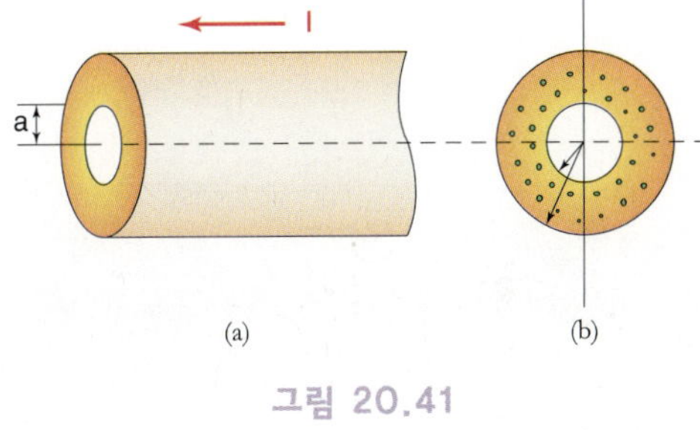

그림 20.41

21 패러데이 법칙과 자기유도

우리는 앞 장에서 도선에 전류가 흐르면 그 도선 주위에 자기장이 발생된다는 것을 배웠다. 이러한 사실은 19세기 초 덴마크의 물리학자 외르스테드(H. C. Oerstead)가 도선에 흐르는 전류가 그 근처에 있는 나침반의 바늘을 움직이게 하는 것을 보고 처음 발견하였다. 그렇다면, 자기장에 의해서도 전류가 발생될 수 있을까? 이러한 의문에 대한 답은 곧이어 영국의 물리학자 패러데이(M. Faraday)와 미국의 물리학자 헨리(J. Henry)의 서로 독립적인 연구에 의해 얻어지게 되었다. 그들은 고리 모양의 도선 근처에서 자석을 움직이거나, 또는 고리 모양의 도선 근처에 위치한 다른 도선에 흐르는 전류를 변화시키면, 고리 모양의 도선에 전류가 유도된다는 사실을 알아내었다. 즉, 변화하는 자기장 내에 놓여있는 고리 모양의 도선에는 기전력이 발생되어 전류가 흐르게 되는데, 이처럼 자기장의 변화에 의하여 생기는 기전력을 **유도기전력**이라고 하고, 이러한 현상을 일컬어 **자기유도 현상**이라고 한다. 현대 생활에서 필수불가결한 전기를 만드는 발전기는 이러한 자기유도 현상을 이용하는 기기중 하나이다. 발전기에서는 역학적 에너지로 자기유도 현상을 일으켜 전기적 에너지를 발생시킨다.

21.1 자기유도 현상

그림 21.1에서처럼 자석을 고정된 도선 고리에 가까이 접근시키면 이 도선에는 전류가 흐르게 되는데 이를 도선 고리에 검류계를 연결하여 확인할 수 있다. 자석을 도선 고리에서 멀어지게 할 때에도 도선 고리에 전류가 흐르는 것을 확인할 수 있는데 이 때에는 검류계의 바늘이 자석이 접근할 때의 방향과 반대방향으로 움직이는 것을 볼 수 있다. 이는 자기장의 세기가 증가할 때와 감소할 때는 도선에 유도되는 전류의 방향이 서로 반대가 됨을 보여준다.

도선에 유도되는 이러한 전류를 **유도전류**(induced current)라고 하며, 유도 전류를 일으키는 기전력을 **유도기전력**(induced emf)이라고 한다. 위와 같은 자기유도현상으로부터 우리는 자기장의 변화에 의하여 유도기전력이 생겨서 전류가 흐른다고 결론지을 수 있을 것이다. 이러한 현상을 보다 정확하게 기술하기 위해서는 도선 고리를 통과하는 자기장의 양을 정량화할 필요가 있다. 위의 도선 고리처럼 어떤 회로를 통과하는 자기장의 양을 우리는 **자기선속**(magnetic flux)으로 정의하는데, 이는 17.6절에서 정의된 전기선속(electric flux)과 같은 방법으로 정의된다. 즉, 어떤 면적 S를 통과하는 자기선속 Φ_M은 다음과 같이 정의된다(그림 21.2).

$$\Phi_M = \int_s \mathrm{B} \cdot d\mathrm{A} = \int_s \mathrm{B} \cdot \mathrm{n}\, dA \tag{21.1}$$

여기서, n은 면적소 dA에 수직한 단위벡터이다. 자기선속의 국제단위는 **웨버**(weber; Wb)이며, 이는 테슬라와 미터제곱의 곱이다. 즉, $1\,\mathrm{Wb} = 1\mathrm{T} \cdot \mathrm{m}^2$이다.

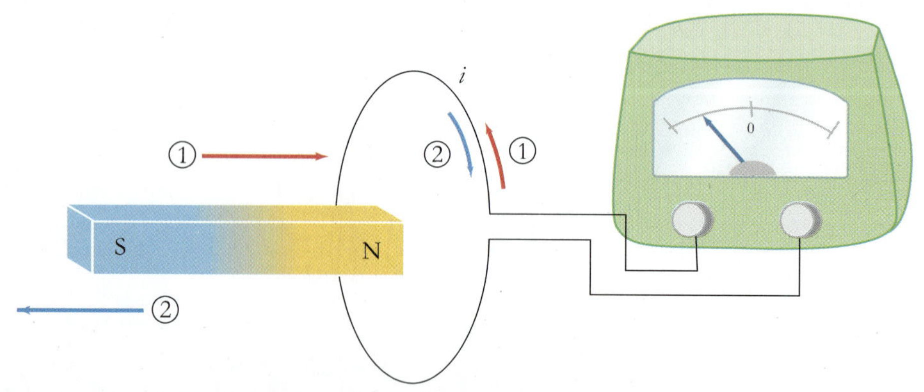

그림 21.1 도선 고리에 자석을 접근시키거나 (①) 멀어지게 할 때 (②) 도선 고리에 유도되는 유도전류

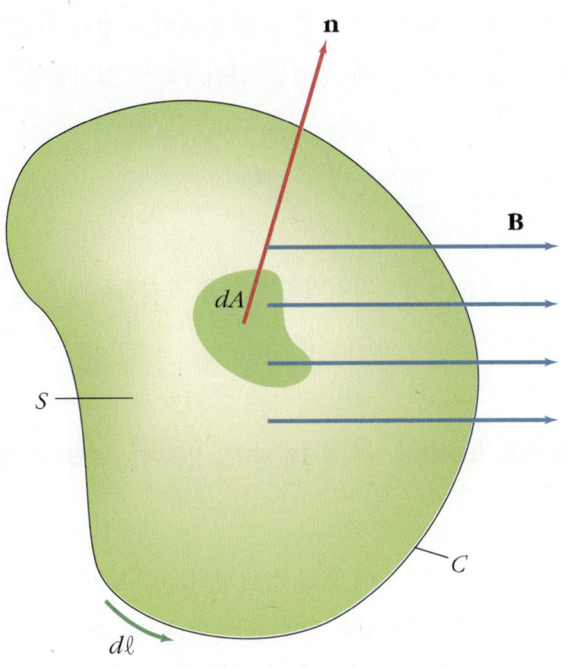

그림 21.2 자기선속(magnetic flux) : 주어진 면적(S)을 통과하는 자기장의 양

21.2 패러데이의 법칙과 렌츠의 법칙

자기유도 현상은 다음과 같은 패러데이의 법칙(Faraday's law of induction)으로 요약될 수 있다.

> 자기유도 현상에 의해 어떤 회로에 유도되는 기전력의 세기는 그 회로의 단면을 통과하는 자기선속의 시간 변화율에 비례한다.

패러데이의 자기유도 법칙은 자기선속을 써서 다음과 같이 수식으로 표현할 수 있다.

$$\varepsilon = -\frac{d\Phi_M}{dt} \tag{21.2}$$

여기서 기전력 ε은 그림 21.2에서처럼 면적 S를 둘러싸는 경로 C를 따라 전기장을 선적분한 양, 즉 경로 C를 일주하였을 때 생기는 전위차로서 정의된다.

$$\varepsilon = \oint_c \mathbf{E} \cdot d\ell \tag{21.3}$$

식 (21.2)에서 음의 부호는 유도기전력의 방향을 표시하는데 이는 다음과 같은 **렌츠의 법칙**(Lenz's law)을 따른다.

> 유도기전력이나 유도전류는 기존 상태의 변화를 상쇄시키는 방향으로 발생된다.

렌츠의 법칙에 따르면, 자기유도에 의하여 발생되는 유도전류는 항상 회로를 통과하는 자기선속의 변화를 상쇄시키는 방향으로 발생된다. 즉, 그림 21.3에서처럼 자석의 한쪽 끝(N 극)으로부터 도선 고리를 멀리 하면 도선 고리에 유도되는 유도 전류의 방향은 렌츠의 법칙에 의해서 결정되는데, 이 경우는 줄어드는 자기선속을 보충하기 위하여 통과하는 자기선속과 같은 방향으로 자기장을 발생시키는 시계방향으로 흐르는 전류가 유도되게 된다.

이상과 같이 패러데이의 법칙은 회로를 통과하는 자기선속의 변화에 의해서 유도기전력이 생기는 현상을 설명하고 있는데, 이러한 자기선속의 변화를 일으키는 요인으로 우리는 두 가지 요소를 들 수 있을 것이다. 첫 번째 요소는 회로 자체의 변화는 없지만 회로를 통과하는 자기장 자체가 변화하는 경우이고, 두 번째 요소는 자기장의 변화는 없지만, 회로 자체가 변화 혹은 이동하여 그 회로를 통과하는 자기선속에 변화가 생기는 경우이다. 자기장 자체의 변화에 의해서 생기는 자기유도에 해당되는 경우는 나중에 더 다루기로 하고, 다음 절에서는 먼저 회로 자체의 변화에 의해서 생기는 유도기전력, 그리고 물질(도체) 속의 전하들이 자기장 속에서 움직일 경우에 생기는 운동기전력에 대해 생각해 보기로 하자.

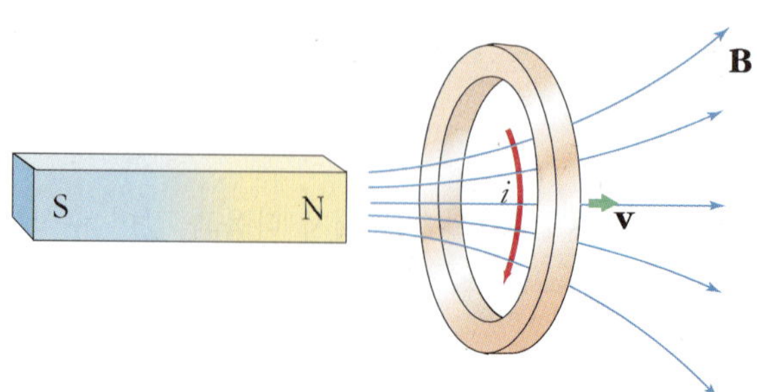

그림 21.3 도선 고리를 자석에서부터 멀어지게 할 때 렌츠의 법칙에 따라 자기선속을 보충하는 시계방향으로 유도전류가 생기게 된다.

예제

21.1 자기유도의 예

말굽자석 위로 원형코일을 아랫방향으로 이동시키면 이 코일에 연결된 꼬마전구에 불이 들어오는 것을 볼 수 있다. 이는 원형코일을 통과하는 말굽자석에 의한 자기장의 양, 즉 원형코일을 통과하는 자기선속이 달라져서 이러한 자기선속의 변화를 상쇄시키는 방향으로 유도전류가 발생되어 꼬마전구에 불이 들어오게 되는 것이다.

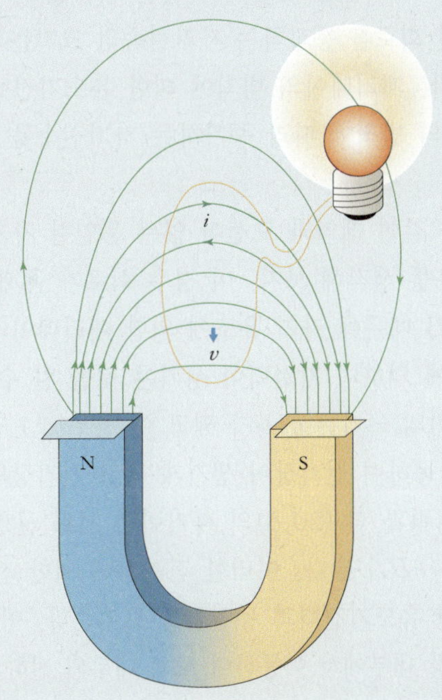

그림 21.4 꼬마전구에 유도된 유도전기

예제

21.2 발전기의 원리

두 개의 자석사이에 원형코일이 회전을 하고 있다. 이 두 자석 사이의 자기장의 세기가 0.5T이고 원형코일의 반경이 0.2m이고 코일의 감긴 수가 50번이고 초당 회전수가 10회/s이다. 코일의 회전축이 코일이 만드는 평면상에 있고 그 축이 자기장의 방향에 수직할 경우, 이때 발생되는 기전력을 구하라.

풀이 여기서, 코일을 통과하는 자기선속은 코일의 면적과 자기장의 세기 그리고 이에 면적 벡터와 자기장과의 사잇각의 코사인을 곱한 값에 코일의 감긴 수를 곱한 값으로 주어진다. 즉,

$\Phi_M = \pi(0.2\,\mathrm{m})^2 \times 0.5\ \mathrm{T} \times \cos\omega t \times 50$으로 주어지고, $\omega = 2\pi \times 10$회/s이다.

그러므로 기전력은

$\varepsilon = \pi(0.2\ \mathrm{m})^2 \times 0.5\ \mathrm{T} \times \omega \sin\omega t \times 50 = (197.4)\sin(20\pi t)(\mathrm{V})$이다.

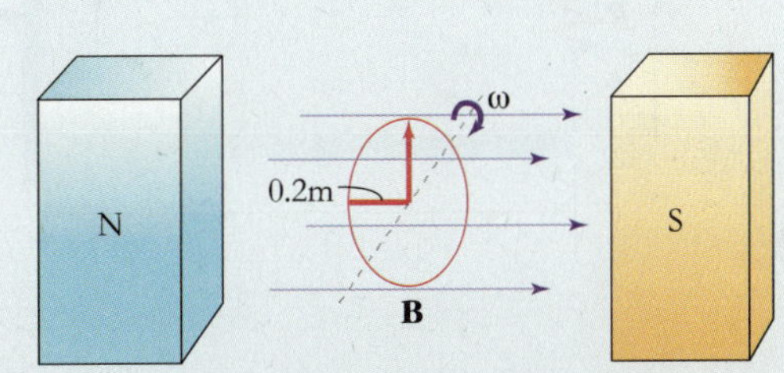

그림 21.5 발전기의 원리 모형도

21.3 운동기전력

그림 21.6에서처럼 지면을 향하는 균일한 자기장 B 속에 놓여있는 마찰이 없는 두개의 평행한 도체 레일 위를 도체로 된 막대가 오른쪽으로 v의 속력으로 미끄러져 가고 있다. 여기서 도체 막대의 한쪽 끝이 저항 R이 달린 도선으로 연결되어 있다. 이 경우, 레일과 도체 막대 그리고 도선으로 이루어진 회로를 통과하는 자기선속의 크기는 $B\ell x$가 되고, 자기선속의 시간 변화율은 $B\ell v$가 된다. 패러데이의 법칙에 의한 유도기전력의 크기는 $B\ell v$와 같다. 유도전류 I의 방향은 렌츠의 법칙에 따라 증가하는 자기선속을 줄이는 방향, 즉 시계 반대방향으로 흐르게 된다.

이와 관련하여 그림 21.7에서와 같이 레일과 도선이 없는 동일한 자기장 속에서 도체 막대가 동일한 속도로 움직이는 경우를 생각해 보자. 이 경우 회로가 존재하지 않고, 따라서 우리는 자기선속을 정의할 수 없기 때문에 자기 유도에 의한 패러데이의 법칙을 적용할 수 없다. 하지만, 여전히 로렌츠 힘에 의하여 기전력이 생기는 것을 알 수 있다. 즉, 도체 막대 안에 존재하는 전하 q가 받는 힘의 크기는 qvB가 되고 이 경우(+) 전하는 막대 위쪽으로 (−)전하는 막대 아래쪽으로 이동하여 전기장이 생기게 되고 전기장의 방향은 위에서 아래로 향하게 된다. 이로 인한 전기력과 식 (20.8)의 자기력은 서로 균형을 이루게 되는데, 균형을 이룰 때 전기장의 세기는 vB가 된다. 이러한 전기장에 의한 전위차는 $vB\ell$ 이 됨을 알 수 있는데, 이는 앞에서 구한 유도기전력과 동일함을 보여준다. 이처럼 닫힌회로를 구성하지 않더라도 어떤 도체가 자기장 내부에서 이동하여 도체 내부의 전하의 운동에 의하여 생기는 유도기전력을 우리는 **운동기전력**(motional electromotive force)이라고 부른다.

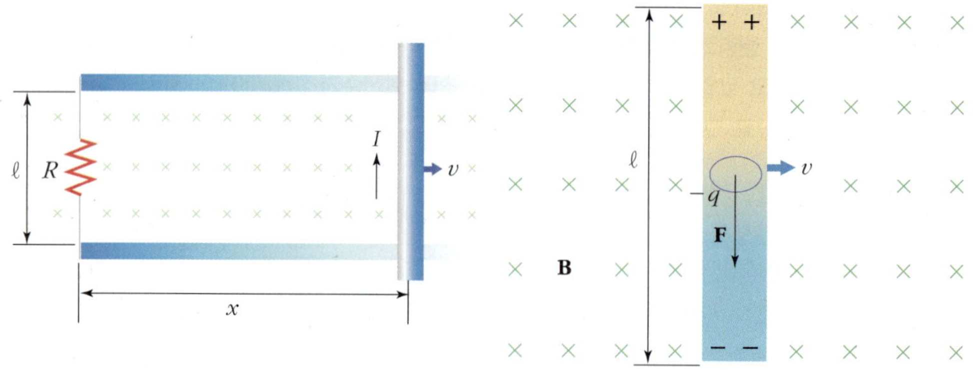

그림 21.6 유도기전력 : 자기선속의 변화

그림 21.7 운동기전력 : 로렌츠의 힘

21.4 자체 인덕턴스

어떤 회로에 전류가 흐르다가 끊어지게 되면 그에 따른 자기장의 변화가 생기게 되고 이는 곧 회로를 통과하는 자기선속에 변화를 주게 된다. 이러한 자기선속의 변화는 패러데이의 법칙에 따라 유도기전력을 발생시키는데 이것이 회로 자신의 전류 변화에 따라 생기는 자체적인 기전력이다. 이러한 기전력의 방향은 렌츠의 법칙에 따라 자기선속의 변화에 반대되는 방향으로 유도되므로, 전류가 증가하게 되면 감소시키는 방향으로, 감소하게 되면 증가시키는 방향으로 흐르게 된다. 즉, 새로이 전류가 흐를 때에는 흐르는 전류에 반대되는 방향으로, 전류가 끊어질 때에는 전류가 흐르던 방향과 같은 방향으로 유도전류가 흐르게 된다. 이러한 자체 유도기전력은 각 회로의 고유한 특성에 따르게 되며 다음과 같이 표시할 수 있다.

$$\varepsilon_s = -L\frac{dI}{dt} \tag{21.4}$$

여기서 음의 부호는 렌츠의 법칙을 표시하고, I는 회로에 흐르는 전류를 나타낸다. 이 식의 비례상수 L을 그 회로의 자체 **인덕턴스**(inductance)라고 부른다. 만약 회로가 N번 감긴 코일이라면, 자체 유도기전력을 패러데이의 법칙에 의해 다음과 같이 쓸 수 있을 것이다.

$$\varepsilon_s = -L\frac{dI}{dt} = -N\frac{d\Phi_M}{dt} \tag{21.5}$$

여기서 Φ_M은 코일의 단면을 통과하는 자기선속을 나타낸다. 즉, 코일의 경우에는 자체 인덕턴스가 다음과 같이 주어진다.

$$L = \frac{N\Phi_M}{I} \tag{21.6}$$

인덕턴스의 국제단위는 **헨리**(H)이다. 식 (21.4), (21.6), (21.1)로부터 1H는 다음과 같이 표현할 수 있음을 알 수 있다.

$$1\mathrm{H} = 1\frac{\mathrm{V\cdot s}}{\mathrm{A}} = 1\frac{\mathrm{Wb}}{\mathrm{A}} = 1\frac{\mathrm{T\cdot m^2}}{\mathrm{A}} \tag{21.7}$$

예제 **21.3** 솔레노이드의 인덕턴스

도선이 균일하게 촘촘히 감긴 직선의 긴 솔레노이드가 있다. 이 솔레노이드의 길이가 L, 단면적이 A이고 감긴 수가 N이라고 할 때, 이 솔레노이드의 자체 인덕턴스를 구하라.

풀이 코일이 촘촘히 감긴 솔레노이드 내부에서의 자기장은 대체로 균일하며, 전류 I가 흐를 때, 그 내부에서 자기장의 세기는 다음과 같이 주어짐을 20.10절에서 구하였다[식 (20.37) 참조].

$$B = \mu_0 \frac{N}{\ell} I$$

그러므로 솔레노이드의 단면적을 A라고 하면 코일이 한 번 감겨있을 때 이를 통과하는 자기선속은

$$\Phi_M = BA = \mu_0 \frac{NA}{\ell} I$$

가 되고, 전체 코일을 통과하는 자기선속은

$$N\Phi_M = \mu_0 \frac{N^2 A}{\ell} I$$

가 되어 자체 인덕턴스는 $L = \mu_0 \frac{N^2 A}{\ell}$이다.

예제 **21.4** 유도 기전력

인덕턴스가 10mH인 코일에 1.0A의 전류가 흐른다. 이 전류가 $5\mu s$ 만에 영으로 떨어진다면 코일 양단에 유도되는 전압은 얼마일까?(코일의 저항은 영이고 전류도 시간에 따라 균일하게 감소한다고 가정하자)

풀이 전류감소율은

$$\frac{dI}{dt} \approx \frac{\Delta I}{\Delta t} = \frac{-1.0\ \text{A}}{5.0 \times 10^{-6}\ \text{s}} = -2.0 \times 10^5\ \text{A/s}$$

이므로 이에 따른 유도전압은

$$\Delta V_L = -L\frac{dI}{dt} \approx -(0.010\ \text{H})(-2.0 \times 10^5\ \text{A/s})$$
$$= 2000\ \text{V}$$

로 된다.

21.5 RL 회로

그림 21.8과 같이 코일과 저항이 전지에 직렬로 연결된 회로를 생각하자. 여기서 코일과 같이 자체 인덕턴스를 가지는 회로의 요소를 **인덕터**(inductor)라고 부르며, 인덕터의 특성은 자체 인덕턴스 L로 표시한다.

이 그림에서 전지의 기전력이 ε, 저항값이 R, 인덕터의 자체 인덕턴스가 L이고, 전지의 내부 저항을 무시할 수 있다면, 우리는 이 회로에 키르히호프의 폐회로법칙을 적용하여 다음과 같은 관계식을 얻는다.

$$\varepsilon - IR - L\frac{dI}{dt} = 0 \tag{21.8}$$

이 방정식을 만족하는 특수해는 $I_s = \dfrac{\varepsilon}{R}$이고, $\varepsilon = 0$일 때의 일반해는 $I_h = I_0 e^{-Rt/L}$로 쓸 수 있다. 그러므로 위의 방정식을 만족하는 일반해는

$$I = I_h + I_s = \frac{\varepsilon}{R} + I_0 e^{-Rt/L} \tag{21.9}$$

로 쓸 수 있다. 여기서 시간 $t = 0$일 때 전류가 흐르기 시작하였다면, 이 해는 $I_{(t=0)} = 0$이라는 초기조건을 만족하여야 하므로, $I_0 = -\varepsilon/R$이 되어야 한다. 즉, 회로에 흐르는 전류 I는 다음과 같은 시간 t의 함수로 주어진다.

$$I = \frac{\varepsilon}{R}\left(1 - e^{-Rt/L}\right) \tag{21.10}$$

시간이 $t = L/R \equiv \tau$ 만큼 지나면 전류는 최종 전류값 ε/R의 $1 - 1/e \cong 0.63$배에 도달하게 된다.

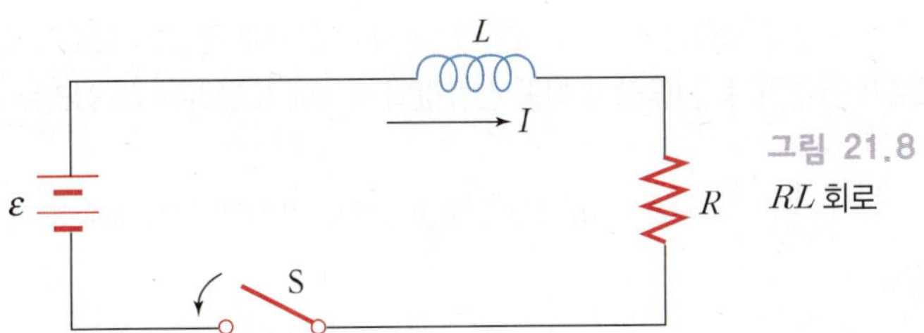

그림 21.8
RL 회로

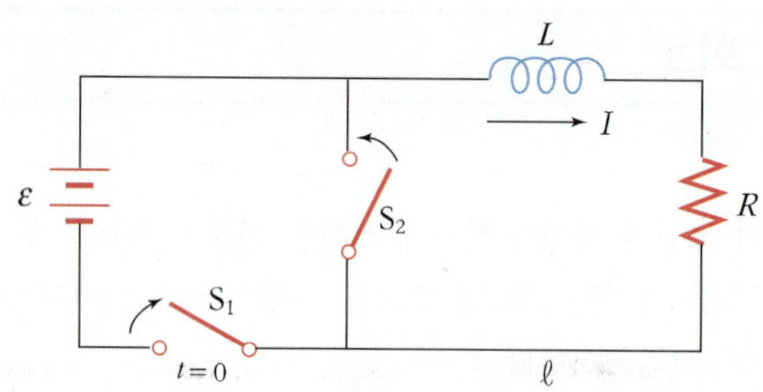

그림 21.9 $t = 0$일 때 스위치 S_1을 연결하여 인덕터에 기전력이 최대 ε만큼 모이면 스위치 S_1을 열고 스위치 S_2를 닫아주면 인덕터에 모인 기전력이 방전하게 된다.

즉 $I_{(t=\tau)} = (\varepsilon/R)(1 - 1/e) \cong 0.63\varepsilon/R$로 주어진다. 우리는 이 τ를 RL회로의 **유도형 시상수**(inductive time constant)라고 부른다.

시간이 충분히 흘러 전류가 최대값 ε/R이 되었을 때, 그림 21.9와 같이 전지를 연결하는 스위치 S_1을 끄고 스위치 S_2를 연결하면, 이 때 키르히호프 법칙에 의한 관계식은 다음과 같이 주어진다.

$$IR + L\frac{dI}{dt} = 0 \tag{21.11}$$

이 관계식은 앞서 언급한 $\varepsilon = 0$일 경우와 같으므로, 그 해는 $I = I = I_0 e^{-Rt/L}$로 쓸 수 있고, 초기 조건 $I_{(t=0)} = \frac{\varepsilon}{R}$을 적용하면,

$$I = \frac{\varepsilon}{R} e^{-Rt/L} \tag{21.12}$$

로 주어진다. 이 경우, 시간상수 $\tau = L/R$만큼 시간이 흐르면 전류는 $1/e \cong 0.37$배로 줄어든다.

예제 **21.5** RL 회로

자체 인덕턴스가 30mH인 코일과 저항값 15Ω의 저항이 9V의 건전지에 연결된 회로가 있다. 이 회로의 시간상수를 구하고, 회로가 연결된 후 전류값이 최종 전류값의 80%에 도달하는 데 걸리는 시간을 구하라.

풀이 시간상수는 $\frac{L}{R} = \frac{30 \times 10^{-3}\ \mathrm{H}}{15\ \Omega} = 2 \times 10^{-3}$ s가 되고, 최종 전류값의 80%에 도달하는 데 걸리는 시간은 다음 관계식

$$I(t) = \frac{\varepsilon}{R}(1 - e^{-Rt/L}) = 0.8\frac{\varepsilon}{R}$$

을 만족하여야 하므로, $1 - e^{-15\,\Omega t/(30\times 10^{-3}\,\mathrm{H})} = 0.8$ 에서 걸리는 시간은 $t \cong 3.2\times 10^{-3}$s가 된다.

21.6 LC 회로

라디오나 TV 또는 휴대폰 등과 같은 무선통신 기기는 특정 주파수에서 동작하는 전자기파를 이용한다. 이런 주파수는 인덕터와 축전기가 직렬로 연결된 아주 간단한 회로에 의해 만들어지고 감지도 할 수 있다. 이런 회로를 ***LC* 회로**(LC circuit)라 한다. 이 절에서는 우리는 왜 LC 회로가 진동주파수를 만들어내고 그 진동수를 어떻게 결정하는가에 대해 배울 것이다.

그림 21.10에 초기 전하량이 Q_0인 축전기와 인덕터가 직렬로 연결이 되어 있다. 스위치를 오랫동안 열어두면 회로 상에는 흐르는 전류가 없게 된다. 이제 $t = 0$일 때 스위치를 닫으면 회로가 어떤 반응을 보일까? 수치적 해석을 하기 전에 정성적 분석을 먼저 해보기로 하자.

그림 21.11에 보이듯이 인덕터가 축전기의 방전을 도와주는 통로역할을 하게 된다. 그러나 앞에서 살펴보았듯이 방전전류가 인덕터를 거쳐 갈 때 인덕터가 흐르는 전류에 저항하게 된다. 즉 전류는 축전기의 전하량이 영이 될 때까지 계속해서 흐르게 된다.

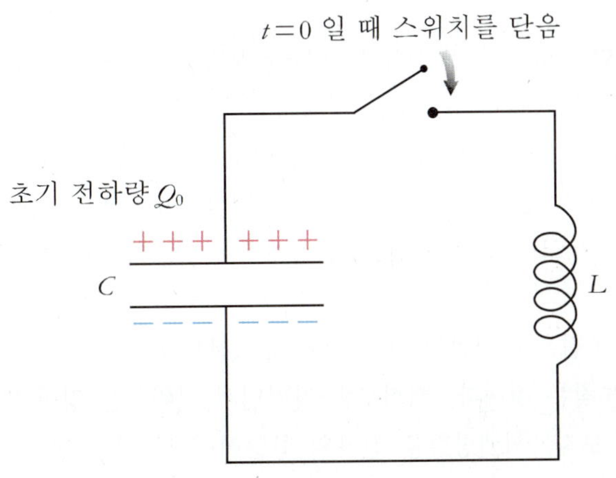

그림 21.10 기본 LC 회로

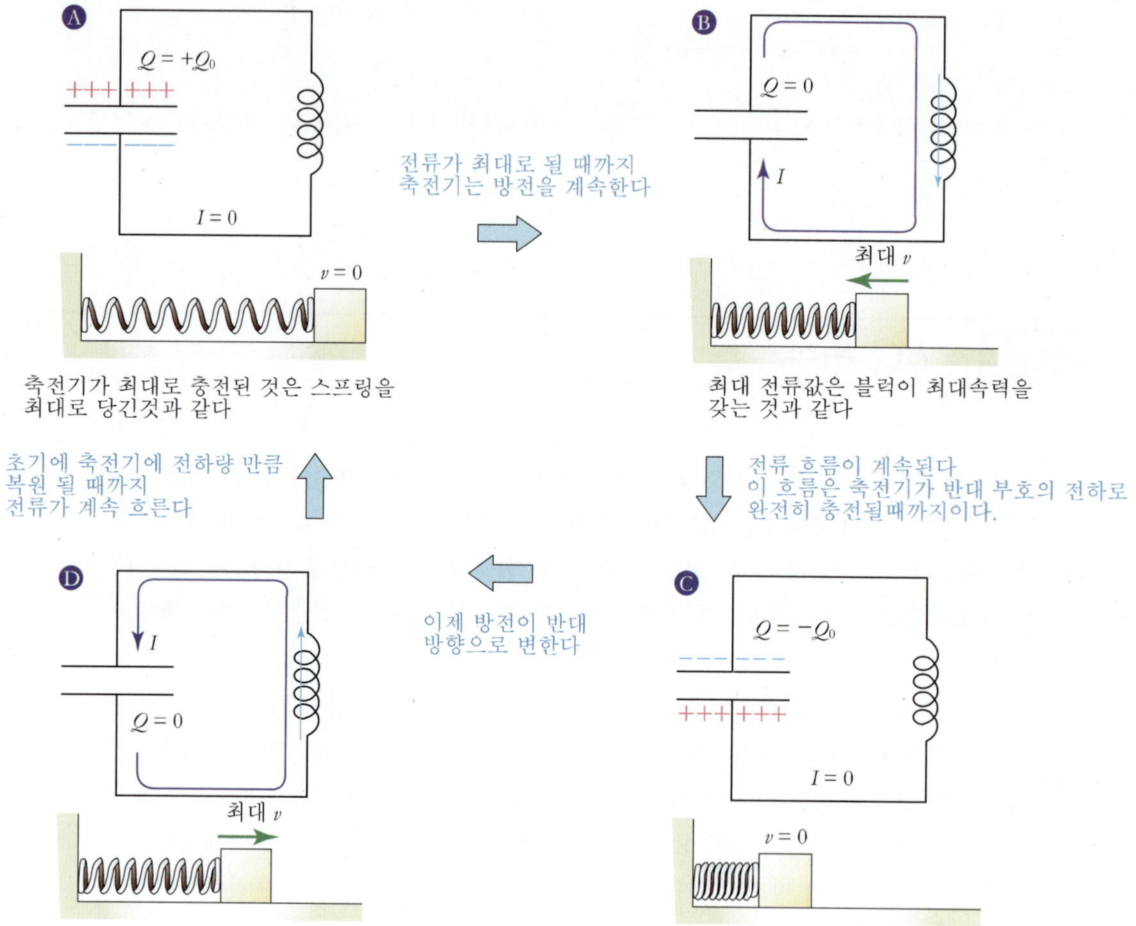

그림 21.11 LC회로의 진동과 스프링의 진동 비교

스프링에 매달린 블록으로 이 전류의 흐름을 설명할 수 있다. 축전기를 방전시키기 위해 스위치를 닫는 것은 블록을 놓아주는 것과 같다. 놓여진 블록은 원점에서 멈추지 않고 운동량 때문에 원점을 지나 완전히 수축될 때까지 운동하게 된다. 마찬가지로 전류의 흐름도 축전기를 반대부호의 전하로 채울 때까지 계속된다. 이 과정이 반복되면서 축전기의 한쪽 극을 처음엔 (+)로 그 다음엔(−)로 충전하게 만든다. 즉 전하와 전류는 **진동**(oscillation)을 하게 된다.

여기서 분석의 초점은 축전기의 전하 Q와 유도전류 I가 시간에 따라 어떻게 변화하는가에 대한 표현식을 찾는 것이다. 폐회로를 거치면서 전위차는 영이 된다는 키르히호프의 전압법칙을 이용해 보자. 시계방향을 전류의 방향이라고 잡는다면

$$\Delta V_C + \Delta V_L = 0 \tag{21.13}$$

로 된다. 축전기를 지날 때의 전위차는 $\Delta V_C = Q/C$ 이고 인덕터의 유도기전력은 식 (21.4)로 주어지므로 식 (21.13)은

$$\frac{Q}{C} - L\frac{dI}{dt} = 0 \tag{21.14}$$

로 바꾸어 쓸 수 있다. 이 식은 Q와 I라는 두 개의 미지수를 가지므로 하나의 미지수를 제거하기 위해 잘 알려진 관계식인

$$I = -\frac{dQ}{dt} \tag{21.15}$$

을 이용한다. 식 (21.15)를 시간에 대해 미분하면

$$\frac{dI}{dt} = \frac{d}{dt}\left(-\frac{dQ}{dt}\right) = -\frac{d^2Q}{dt^2} \tag{21.16}$$

이 되므로 이를 식 (21.14)에 대입한다. 그러면

$$\frac{Q}{C} + L\frac{d^2Q}{dt^2} = 0 \tag{21.17}$$

이 된다. 이제 이 식은 Q만으로 이루어진 방정식이 되었다. 이 식을 다음과 같이 바꾸어 쓰면

$$\frac{d^2Q}{dt^2} = -\frac{1}{LC}Q \tag{21.18}$$

이다. 이 식을 식 (10.10)과 비교해 보면

$$\omega = \frac{1}{\sqrt{LC}} \tag{21.19}$$

임을 알 수 있다. 그리고 Q는

$$Q(t) = Q_0 \cos \omega t \tag{21.20}$$

형태의 해를 갖는데 이는 진동하는 형태이다. 즉

$$I = -\frac{dQ}{dt} = \omega Q_0 \sin\omega t = I_{\max} \sin\omega t \qquad (21.21)$$

이다. 여기서

$$I_{\max} = \omega Q_0 \qquad (21.22)$$

는 최대 전류값이다.

즉 LC 회로는 진동수 $f = \omega/2\pi$를 갖는 전기진동자이다. 그림 21.12에 보이듯이 축전기의 전하 Q와 유도전류 I는 시간에 따라 변한다. Q와 I가 90° 만큼 위상이 차이 난다는 사실에 주목하기 바란다. 즉 축전기가 완전히 충전이 될 때 전류는 영이 되고, 전류가 최대일 때 전하량은 영이 된다.

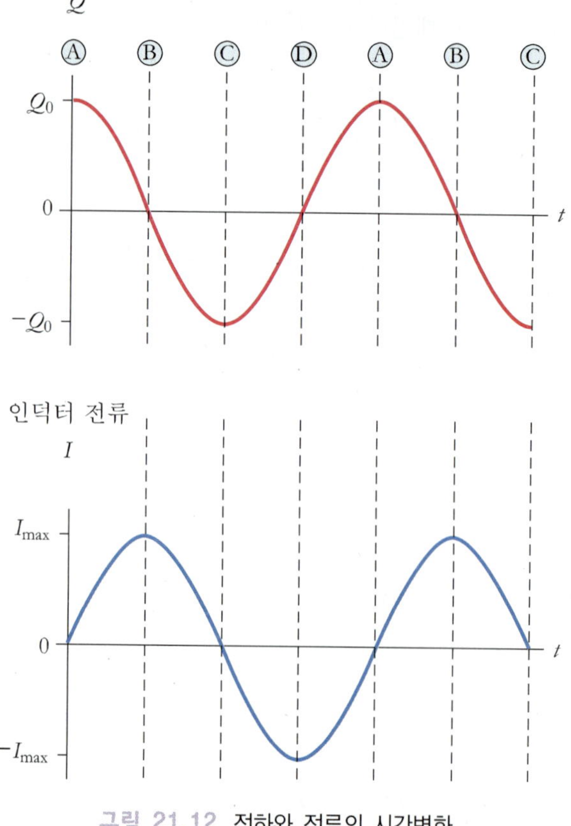

그림 21.12 전하와 전류의 시간변화

예제 **21.6** LC회로 축전기의 정전용량

1.0mH 용량의 인덕터가 있다. 이 인덕터와 축전기를 연결하여 LC 회로를 만들 때 920kHz의 주파수가 만들어지려면 축전기의 용량을 얼마로 해야 할까?

풀이 각진동수 $\omega = 2\pi f = 5.78 \times 10^6$ rad/s 이므로 축전기의 정전용량 C는 식 (21.19)에 의해

$$C = \frac{1}{\omega^2 L} = \frac{1}{(5.78 \times 10^6 \text{ rad/s})^2 (0.0010 \text{ H})}$$
$$= 3.0 \times 10^{-11} \text{ F}$$
$$= 30 \text{ pF}$$

로 구해진다.

21.7 상호 인덕턴스

어떤 회로를 통과하는 자기선속의 변화가 주변의 다른 회로들에 의해 영향을 받는 경우를 생각해 보자. 이 경우, 우리가 자기선속의 변화를 관찰하는 회로와 주변의 회로 하나를 짝으로 생각한 후, 조합 가능한 이러한 모든 짝들의 기여를 생각하고 이를 모두 합하면 이는 중첩의 원리에 의해 우리가 관찰하는 회로에서의 자기선속의 총 변화라고 할 수 있을 것이다. 그러므로 우리는 두 개의 회로가 있는 경우만 생각하고, 이들을 각각 회로 1과 회로 2로 표기하도록 한다(그림 21.13).

패러데이의 법칙에 의해 회로 1에 유도되는 기전력은 회로 1을 통과하는 자기선속 Φ_1의 시간변화율로 주어지는데, 회로 1을 통과하는 자기선속은 회로 2에 흐르는 전류 I_2에 의해서 생기는 자기장에 의한 자기선속 Φ_{21}과, 회로 1의 자체 전류 I_1에 의해서 생기는 자기장에 의한 자기선속 Φ_{11}의 합이다. 즉, 회로 1을 통과하는 전체 자기선속은 $\Phi_1 = \Phi_{21} + \Phi_{11}$이고,

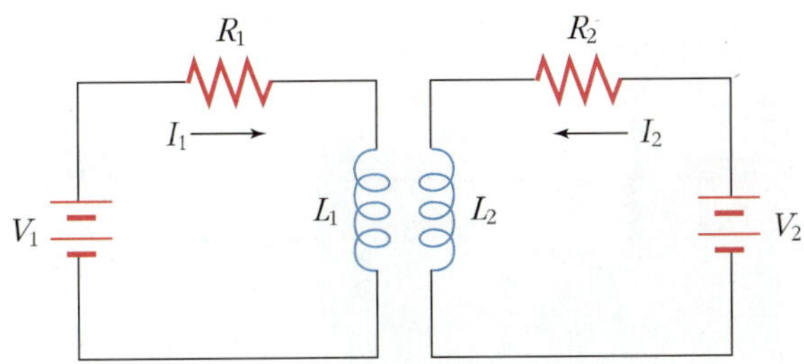

그림 21.13 두 개의 RL 회로로 만들어지는 상호인덕턴스(mutual inductance)

이는 다시 $\Phi_{21} = M_{21} I_2$, $\Phi_{11} = L_1 I_1$으로 쓸 수 있다. 그러므로 우리는 회로 1에 발생되는 유도기전력을 다음과 같이 쓸 수 있다.

$$\varepsilon_1 = -\frac{d\Phi_1}{dt} = -M_{21}\frac{dI_2}{dt} - L_1\frac{dI_1}{dt} \tag{21.23}$$

마찬가지로 회로 2에 발생되는 유도기전력도 같은 방식으로 쓸 수 있을 것이다.

$$\varepsilon_2 = -\frac{d\Phi_2}{dt} = -M_{12}\frac{dI_1}{dt} - L_2\frac{dI_2}{dt} \tag{21.24}$$

여기서 L_1과 L_2는 각각 앞에서 설명한 바와 같이 회로 1과 회로 2에서의 자체 전류들에 의한 자체 인덕턴스를 나타낸다. M_{12}와 M_{21}은 각각 상대방 회로에 의한 자기유도 비례상수를 나타내는데, 이 두 값은 서로 같고, 즉 $M_{12} = M_{21} = M$이고, 이 비례상수 값 M을 **상호 인덕턴스**(mutual inductance)라고 부른다. 상호 인덕턴스의 국제단위는 자체 인덕턴스의 단위와 같은 헨리(H)이다.

변압기

변압기(Transformer)는 우리가 일상생활에서 많이 접하는 장치중 하나로 전압을 올리거나 내리는 데 쓴다. 변압기는 위에서 설명한 상호 인덕턴스 현상을 이용한 장치인데, 그 원리를 이해하기 위하여 그림 21.14에서와 같이 공통의 철심에 감긴 두 개의 코일을 생각해 보자.

변압기에서는 입력 전원에 연결되어 있는 코일을 1차 코일이라고 하고, 출력 전원에 연결된 코일을 2차 코일이라고 한다. 1차 코일에 전류가 흐르면 이로 인하여 자기장이 발생

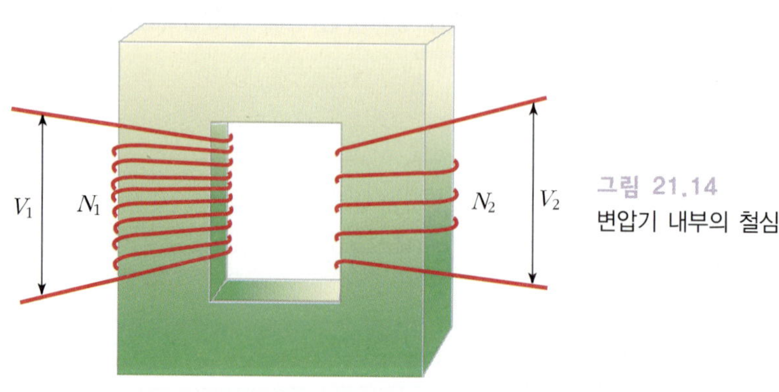

그림 21.14
변압기 내부의 철심

되고, 이렇게 1차 코일에서 발생된 자기장의 대부분은 철심 내부에서만 존재하게 된다. 즉, 1차 코일에 의하여 발생된 자기선속은 그대로 2차 코일을 통과하는 자기선속이 된다. 여기서 입력 전압이 교류 전압이면 철심을 통과하는 자기선속은 시간에 따라 변화하게 되고, 이는 페러데이의 법칙에 따라 2차 코일에 유도기전력을 발생시킨다. 이처럼 1, 2차 코일의 상호 유도에 의한 2차 코일에서의 유도기전력이 우리가 이용하는 출력 전압이 된다. 1차 코일의 감긴 수를 N_1, 2차 코일의 감긴 수를 N_2라고 하면, 1차 코일에 유도되는 역기전력은 입력 전압 V_1과 같게 되어, $V_1 = -N_1 d\Phi/dt$로 쓸 수 있다. 여기서 Φ는 1차 코일에 흐르는 전류에 의하여 발생한 철심을 통과하는 자기선속이다. 2차 코일에 유도되는 기전력은 출력 전압이 되는데 이는 $V_2 = -N_2 d\Phi/dt$로 주어진다. 그러므로 출력 전압은 입력 전압과 다음과 같은 관계에 있게 된다.

$$V_2 = \frac{N_2}{N_1} V_1 \tag{21.25}$$

1차 코일에 감긴 수가 2차 코일에 감긴 수보다 크면 출력 전압은 입력 전압보다 낮아지게 되어 이 변압기는 감압변압기가 되고, 반대로 2차 코일에 감긴 수를 1차 코일에 감긴 수보다 크게 하면 출력 전압이 입력 전압보다 높아지게 되어 승압변압기가 된다.

21.8 자기장 에너지

자기장이 존재하는 영역에 저장되는 에너지를 알아보기 위하여, 인덕터에 저장되는 에너지를 생각하여 보자. 인덕터에 전류가 흐르게 하려면 유도기전력을 상쇄시킬 수 있는 기전력이 전지로부터 공급되어야 한다. 이 때 전지가 인덕터에 대하여 하는 일률은 전류와 인덕터의 자체 유도기전력을 곱한 값으로 주어진다. 즉,

$$P = \varepsilon_s I = LI \frac{dI}{dt} \tag{21.26}$$

이러한 일률은 저장된 에너지의 시간 변화율과 같으므로, 즉 $\frac{dU_M}{dt} = LI\frac{dI}{dt}$이므로 **자기장 에너지**(energy in a magnetic field)는 다음과 같이 나타낼 수 있다.

$$U_M = \int dU_M = \int_0^I LIdI = \frac{1}{2}LI^2 \tag{21.27}$$

식 (21.27)은 인덕터에 전류 I가 흐를 때, 인덕터에 저장되는 에너지는 $\frac{1}{2}LI^2$임을 뜻한다. 이 에너지가 자기장과 관련된 에너지임을 보이기 위하여 인덕터가 직선의 긴 솔레노이드인 경우에 대해 살펴보자. 단위 길이당 감긴 횟수가 n인 아주 긴 솔레노이드의 경우, 그 솔레노이드의 양 끝에서 자기장의 변화를 무시한다면 솔레노이드 내부에서 자기장의 세기가 $B = \mu_0 nI$로 주어지고, 솔레노이드의 자체 인덕턴스는 솔레노이드의 길이를 ℓ, 단면적을 A라고 할 때, $L = \mu_0 n^2 \ell A$로 주어진다는 것을 예제 21.3에서 보았다. 이로부터 솔레노이드 내부에 저장된 자기장의 전체 에너지를 다음과 같이 표현할 수 있다.

$$U_M = \frac{1}{2}LI^2 = \frac{1}{2}\mu_0 n^2 \ell A\left(\frac{B}{\mu_0 n}\right)^2 = \frac{\ell A}{2\mu_0}B^2 \tag{21.28}$$

여기서 솔레노이드의 부피는 $A\ell$과 같으므로 즉, 단위 부피당 저장된 자기장의 에너지, 즉 자기장 에너지 밀도(u_M)는 자기장의 세기가 B일 때 다음과 같다.

$$u_M = \frac{1}{2\mu_0}B^2 \tag{21.29}$$

식 (21.29)는 솔레노이드의 경우뿐만 아니라 일반적인 경우에도 성립한다.

21.7 솔레노이드에 축적되는 에너지

길이가 12cm이고 반경이 2.0cm이며 감긴 회수가 9000.0회인 솔레노이드가 있다. 이 솔레노이드에 2.0A의 전류를 흘린다.

(a) 이 솔레노이드 내부의 자기장 세기를 구하여라.

(b) 얼마만큼의 에너지가 이 솔레노이드에 축적되겠는가?

풀이 (a) 이상적인 솔레노이드 내부의 자기장은

$$\begin{aligned} B &= \mu_0 nI = \frac{\mu_0 NI}{\ell} \\ &= \frac{4\pi \times 10^{-7}\ \mathrm{T \cdot m/A} \times 9000.0 \times 2.0\ \mathrm{A}}{0.12\ \mathrm{m}} \\ &= 0.19\ \mathrm{T} \end{aligned}$$

이다.

(b) 자기에너지밀도는

$$u_M = \frac{1}{2\mu_0} B^2$$

이므로 솔레노이드에 축적되는 총 에너지는

$$U_M = \frac{1}{2\mu_0} B^2 \times \pi r^2 \ell$$

이다. 여기서 $\pi r^2 \ell$은 솔레노이드 내부의 체적이다. (a)에서 보인 자기장 $B = \mu_0 NI/\ell$을 위 식에 대입하면

$$U_M = \frac{1}{2\mu_0}\left(\frac{\mu_0 NI}{\ell}\right)^2 \times \pi r^2 \ell = \frac{\mu_0 N^2 I^2 \pi r^2}{2\ell}$$

이다. 여기에 수치를 대입해 주면

$$U_M = \frac{4\pi \times 10^{-7}\ \text{H/m} \times 9000.0^2 \times (2.0\ \text{A})^2 \times \pi (0.020\ \text{m})^2}{2 \times 0.12\ \text{m}}$$

$$= 2.1\ \text{J}$$

가 된다.

연습문제 EXERCISES

1 자기장이 2×10^{-4} T이고, 자기장의 방향은 수평면에서부터 60°를 이룬다. 수평면에 놓여있는 반경이 0.5m 인 원형 고리를 통과하는 자기선속을 구하라.

2 그림 21.15에 보인 루프를 통과하는 자기선속을 구하여라.

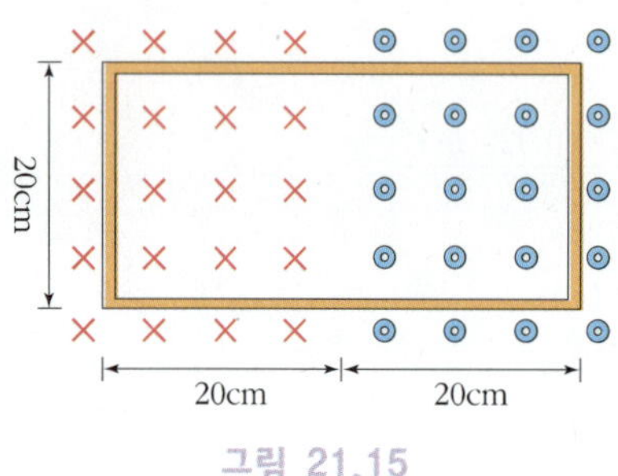

그림 21.15

3 지구 자기장의 크기는 5×10^{-5} T이다. 차에 달린 안테나에 1.00V의 운동기전력을 만들려면 얼마나 빨리 차를 몰아야 하는가? 안테나의 운동방향이 자기장에 수직이라 가정한다.

4 그림 21.16과 같이 10cm 길이의 전선에 0.050V의 전위차가 형성되어 있으며 이 전선이 자기장 내에서 5m/s의 속력으로 아랫방향으로 움직인다. 자기장은 전선의 길이 방향과 수직이라고 한다. 이 자기장의 세기와 방향을 결정하여라.

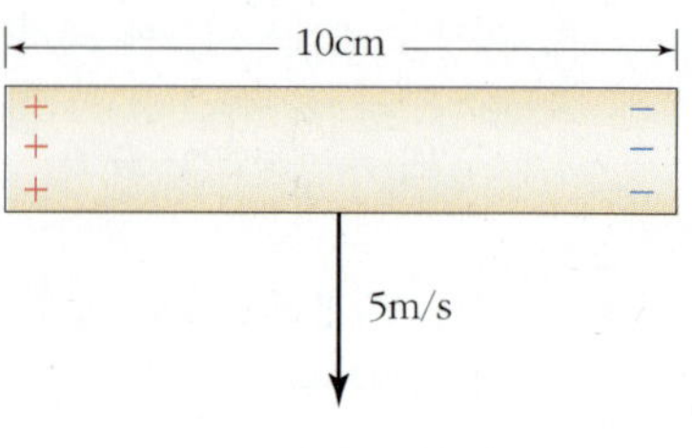

그림 21.16

5 패러데이의 법칙을 써서, 그림 21.17에서처럼 z축 방향의 균일한 자기장 B 안에서 면적이 A인 직사각형 모양의 도선이 z축에 수직한 축을 중심으로 각속도 ω로 회전할 때, 유도되는 기전력을 구하라.

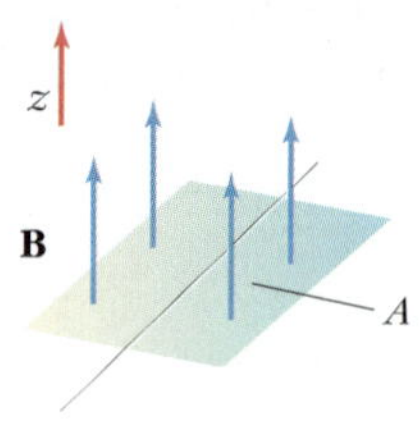

그림 21.17

6 2T의 자기장이 존재하는 영역에서 그림 21.18에서처럼 자기장의 방향에 수직한 방향으로 길이 0.5m의 금속 막대가 10m/s로 움직인다. 이 금속막대 내의 정전기장 E를 구하고, 이 막대의 양단에 걸리는 전위차 V를 구하라.

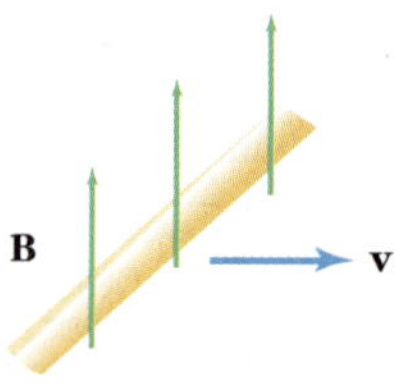

그림 21.18

7 균일한 전기장과 자기장이 존재하는 영역이 있다. 이 영역에서는 1m당 전위차가 1.5kV이고, 자기장의 세기는 0.6T라고 한다. 이 영역에서의 전기장과 자기장의 에너지 밀도를 구하라.

8 인덕턴스가 1H이고 자체 저항이 10Ω인 코일에 10V의 건전지와 100Ω의 저항이 연결된 회로가 있다. 이 RL회로의 시간상수를 구하고, 인덕터에 저장되는 최종 에너지를 구하라.

9 큰 반지름이 R이고 단면의 반지름이 r인 토로이드가 있다. 이 토로이드에 코일이 총 N번 균일하게 감겨있고 여기에 전류 I가 흐르고 있다. R이 r보다 매우 커서 토로이드 내부에서 자기장이 거의 균일하다고 할 때, 이 토로이드의 자체 인덕턴스는 얼마인가?

10 그림 21.19에서처럼 단면이 둥근 도체 막대가 평행한 두 개의 직선 도선들 위를 마찰이 없이 속력 $v = 2\,\mathrm{m/s}$로 움직이고 있다. 이 두 도선 사이의 거리는 $d = 20\,\mathrm{cm}$이고, 이 두 도선들의 한쪽 끝이 서로 연결되어 있으며, 저항이 $R = 10\,\Omega$인 단자가 연결되어있다고 한다. 도선과 막대가 놓여있는 면에 수직하게 자기장이 지면으로부터 나오는 방향으로 0.5T이다. 이 때 발생하는 유도전류의 방향과 크기를 구하라.

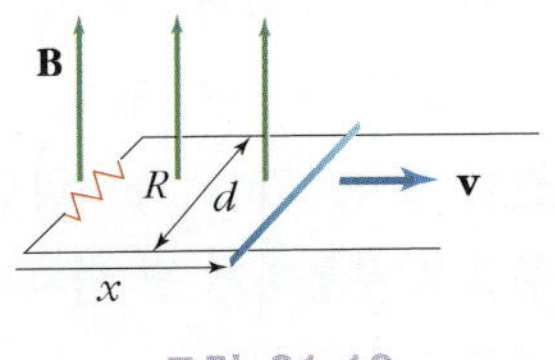

그림 21.19

11 그림 21.20과 같이 솔레노이드가 놓여 있다.

(a) 자석 M_1이 바깥쪽으로 움직인다면 유도전류가 생기는가? 그렇다면 저항 R을 통과하는 전류의 방향을 정하여라.

(b) 자석 M_2이 바깥쪽으로 움직인다면 유도전류가 생기는가? 그렇다면 저항 R을 통과하는 전류의 방향을 정하여라.

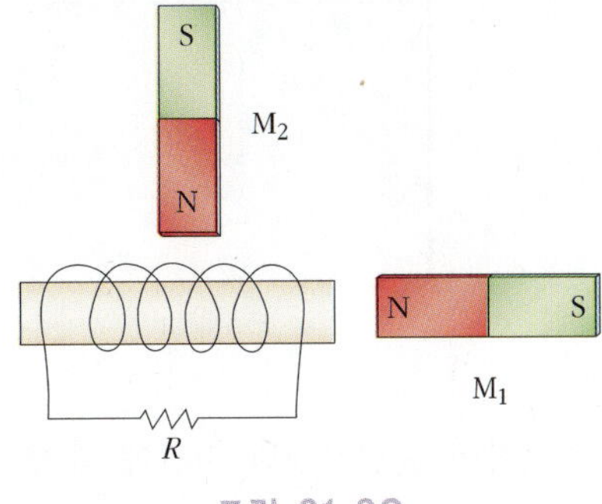

그림 21.20

12 그림 21.21은 각기 다른 형태의 자기장에 놓인 지름이 10cm인 루프들이다. 이 루프의 저항은 0.10Ω이다. 각 경우에 대해 유도기전력, 유도전류 그리고 전류의 방향을 결정하여라. (a) B가 0.50T/s로 증가할 경우 (b) B가 0.50T/s로 감소할 경우 (c) B가 0.50T/s로 증가할 경우

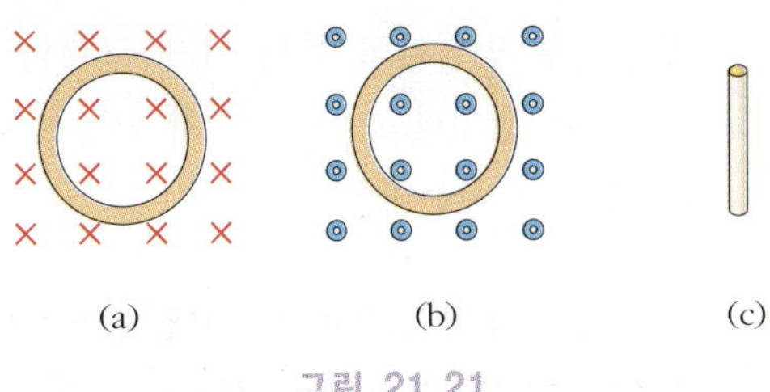

그림 21.21

13 긴 직선의 도선에 전류 $I = I_0 \cos \omega t$의 전류가 흐르고 있다. 이 도선으로부터 d 만큼 떨어져서 그림 21.22에서처럼 한 변이 a인 정사각형 모양의 도선 고리가 놓여 있다. 이 정사각형 도선 고리에 유도되는 기전력을 구하라.

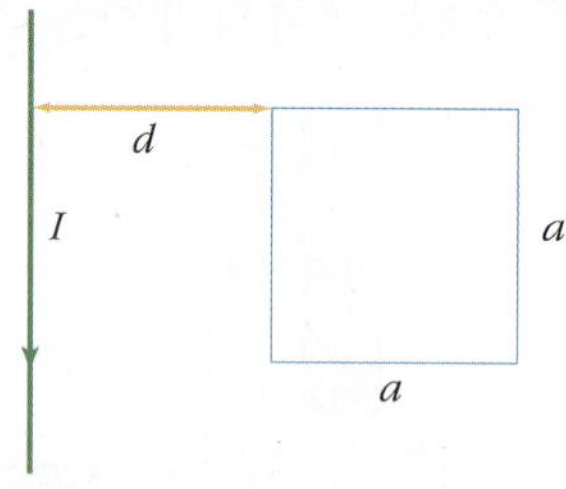

그림 21.22

14 자기장이 균일하지만 시간에 따라 전체적으로 변하는 영역이 있다. 이 때 자기장의 세기는 $B(t) = B_0 \cos wt$로 주어진다고 한다. 이 자기장의 방향과 수직한 평면에 반지름 r인 원형 도선 고리가 놓여 있다. 이 원형 도선 고리에 유도되는 기전력의 크기는 얼마인가? 그리고, 이 도선 고리가 위치하는 각 지점에서의 전기장의 세기를 구하라.

15 100V의 입력 전압을 5,000V로 승압시키는 변압기를 만들려고 한다. 1차 코일의 감긴 수가 100번이라고 할 때, 2차 코일은 몇 번을 감아야 하는가?

16 전하의 크기가 1.6×10^{-17}C인 입자가 700m/s의 속도로 2.5T(tesla: N/A · m)의 지면을 뚫고 나오는 방향의 자기장 속을 수직으로 움직이고 있다.

(a) 이 입자가 받는 힘의 방향과 크기는 얼마인가?

(b) 입자의 질량이 0.1×10^{-10}kg이라면 이 힘으로 인해 입자가 하는 운동의 성격을 정확히 나타내라.

17 전류가 흐르는 나란한 두 도선에 작용하는 힘의 방향을 (a) 같은 방향의 전류인 경우, (b) 반대 방향의 전류인 경우에 대하여 오른손 법칙을 이용하여 설명하라.

18 거리가 2cm 떨어져 있고 위와 아래의 각기 다른 방향으로 5A 및 10A의 전류가 흐르고 있는 두 개의 평행 도선이 있다. 만일 1m 떨어져 있는 두 도선에 1A 전류가 흐르는 경우 작용하는 힘의 크기가 2×10^{-7}N/m 라고 할 때, (a) 한 도선이 다른 도선에 작용하는 단위길이당 힘의 크기와 방향을 구하라. (b) 10A의 전류가 흐르는 도선의 길이가 30cm 라면 작용하는 총 힘은 얼마인가? (c) 이 힘으로부터 10A의 도선이 있는 위치에서의 5A의 도선에 의해 생성되는 자기장의 세기와 방향을 구하라($F = IlB$).

19 질량이 25g이고 +0.05C의 전하를 띠고 있는 작은 금속구가 지면을 뚫고 나오는 방향으로 형성되어 있는 0.5T의 자기장에서 지면을 200m/s의 속도로 움직이고 있다.

(a) 구에 작용하는 자기력의 크기를 구하라.

(b) 구에 미치는 자기력의 방향은?

(c) 이 힘이 구의 속도의 크기를 변화시킬까?

(d) 뉴턴의 제 2법칙으로 대전된 구의 가속도의 크기를 구하라.

(e) 원심 가속도가 v^2/r이라면 자기력의 영향으로 운동하게 될 입자의 원궤도의 반지름을 구하라.

22 전자기파

우리의 주변에는 전자기파로 둘러 싸여있다. 이러한 전자기파는 가시광선, 라디오, TV, 마이크로파, X-선, 자외선, 적외선 등이 있다. 이 파들은 마이크로 오븐기, 각종 레이더 통신기구, 질병의 진단 등 많은 분야에 응용되고 있다. 이러한 전자기파의 특성은 이 장에서 소개하는 **맥스웰 방정식**으로 잘 설명된다. 전기장과 자기장의 기본 법칙인 맥스웰 방정식은 모든 전자기적 현상의 기초가 된다. 일반적으로 시간에 따라 전기장이 변하면 자기장을 생성하고, 자기장이 시간에 따라 변하면 전기장이 생성된다. 시간에 따른 이러한 전자기적 현상을 확장하여 맥스웰은 전기장과 자기장 사이의 매우 중요한 관계식을 수립하였다. 특히 이 방정식은 전자기파가 매질이 없는 빈 공간을 빛의 속도로 전파한다는 것을 예측하고 있다. 이러한 전자기파의 특성은 라디오나 텔레비전 등의 실질적인 응용을 가능하게 했다. 이 장에서는 맥스웰 방정식으로부터 전자기파가 어떻게 발생하는지를 알아보고 기본적인 전자기파의 성질을 간단하게 다룰 것이다.

22.1 변위전류

암페어의 법칙은 임의의 폐곡선을 따라 자기장을 선적분한 값이 그 폐곡선으로 둘러싸인 임의의 열린 면을 통과하는 전류에 비례한다는 것으로 다음 식으로 표현된다.

$$\oint \mathrm{B} \cdot d\mathrm{s} = \mu_0 I \qquad (22.1)$$

이 방정식은 전류 I가 연속적으로 흐르는 정상전류에만 적용된다.

맥스웰은 이러한 제한의 문제점을 인식하고 시간에 따라 변하는 전기장을 포함시켜 암페어의 법칙을 수정하였다. 이 문제는 그림 22.1과 같이 대전된 축전기를 고려하여 이해할 수 있다. 전류가 흘러 평행판에 축적되는 전하량은 변하지만 두 평행판 사이에는 전류가 흐르지 않는다. 그림 22.1에 나타낸 동일한 폐곡선의 경로 P로 둘러싸인 두 면 S_1과 S_2를 생각하자. 암페어의 법칙에 의하면 폐곡선 주위의 자기장 B의 선적분이 $\mu_0 I$로 주어진다. 전류 I는 폐곡선 P로 둘러싸인 임의의 면을 통과하여 흐르는 모든 전류의 합이다. 여기서 면 S_1을 통과하는 전류는 I이지만, 면 S_2를 통과하는 전류는 전하가 축전기의 극판에서 멈추기 때문에 영이 된다. 따라서 폐곡선 P에 접하는 면 S_2에 대해서는 암페어의 법칙을 적용할 수 없다.

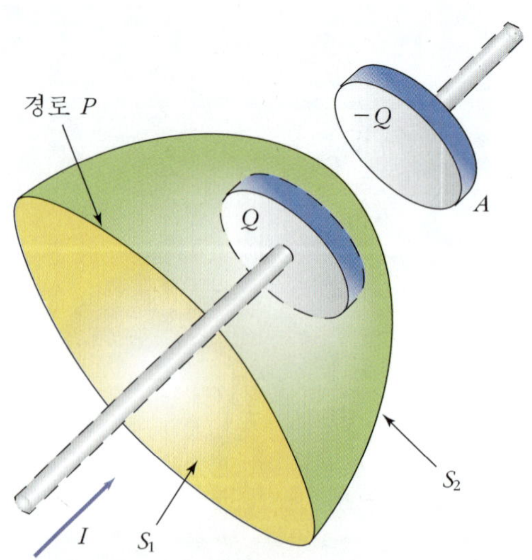

그림 22.1 암페어의 법칙은 폐곡선의 경로 P에 대한 선적분이 그 곡선으로 둘러싸인 임의의 열린면을 통과하는 전류와 관련된다. 도선 내의 전류는 면 S_1을 통하여 흐르지만 면 S_2를 통하여 흐르지 않는다. 따라서 기존의 암페어의 법칙은 모순되기 때문에 수정되어야 한다.

맥스웰은 이러한 전류의 불연속성으로 인한 모순된 점을 인식하고, 이 법칙이 일반화 될 수 있도록 **변위전류**(displacement current)라는 새로운 전류 I_d를 암페어의 법칙의 오른쪽 항에 더함으로써 문제를 해결하였다.

$$I_d = \varepsilon_0 \frac{d\Phi_E}{dt} \tag{22.2}$$

여기서 Φ_E는 임의의 곡면을 통과하는 전기선속 $\Phi_E = \int \mathrm{E} \cdot d\mathrm{A}$이다.

폐곡선 P에 의해 둘러싸인 면이 어떠한 형태를 갖던 상관없이 전체전류는 전도전류 (I)와 변위전류 (I_d)의 합으로 주어진다. 변위전류 I_d를 포함시킨 암페어의 법칙의 일반형은 다음과 같이 표현된다.

$$\oint \mathrm{B} \cdot d\mathrm{s} = \mu_0 (I + I_d) = \mu_0 I + \mu_0 \varepsilon_0 \frac{d\Phi_E}{dt} \tag{22.3}$$

암페어 법칙의 일반형을 때로는 **암페어-맥스웰 법칙**(Ampēre- Maxwell law)이라고 한다. 식 (22.3)의 의미는 그림 22.2를 보면 쉽게 이해할 수 있다. 면 S_2를 지나는 전기선속은 $\Phi_E = \int \mathrm{E} \cdot d\mathrm{A} = EA$이다. 여기서 A는 평행판의 면적이고 두 평행판 사이의 전기장 E는 균일하다. 전하량 Q가 임의 순간에 평행판에 충전되어 있으면 전기장 $E = Q/\varepsilon_0 A$이다. 따라서 면 S_2를 지나는 전기선속은

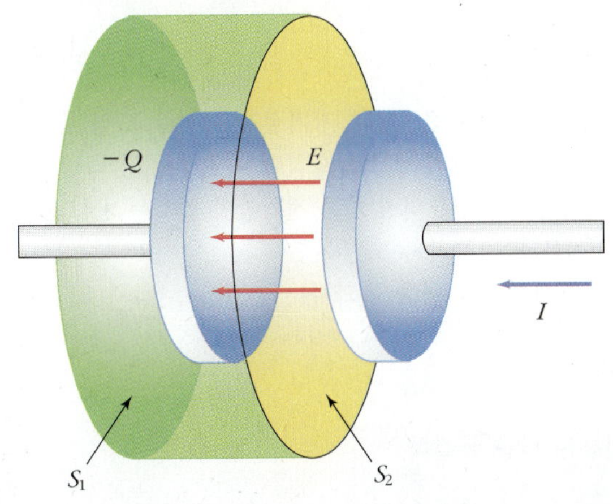

그림 22.2 전도전류는 면 S_1을 통과하고, 변위전류는 면 S_2를 통과한다. 전기선속의 시간변화율로 주어진 변위전류는 전도전류 I와 같다. 일반적으로 동일한 폐경로에 접한 임의의 폐곡면을 통과하는 전체전류는 전도전류 I와 변위전류 I_d의 합으로 주어진다.

$$\Phi_E = EA = \frac{Q}{\varepsilon_0} \tag{22.4}$$

이므로 이 때 면 S_2를 지나는 변위전류 I_d는 다음과 같이 쓸 수 있다.

$$I_d = \varepsilon_0 \frac{d\Phi_E}{dt} = \frac{dQ}{dt} \tag{22.5}$$

즉, 이 변위전류는 면 S_1을 지나는 전류 I와 정확히 같음을 알 수 있다. 암페어-맥스웰 법칙은 자기장이 전류에 의해 생성될 뿐 아니라 전기장의 변화에 의해서도 생성된다는 사실을 보여주는 것이다.

예제 22.1 그림 22.3은 반지름이 R인 원판형의 평행판 축전기이다. 간격이 d인 두 원판사이의 전위차가 dV/dt의 일정한 비율로 증가한다고 하자. 이것은 전하가 일정한 비율로 축전기의 극판에 공급되고, 이 전하를 공급하기 위하여 일정한 전류 I가 양극판에 들어가서 음극판으로 나오는 것을 의미한다. 자기력선은 원판의 중심축으로부터 반지름 거리(r)에 따라 변한다. 축전기 내부의 전기장은 균일하다고 가정한다. $r \le R$과 $r \ge R$인 두 영역에서

(a) 축전기 내부에 흐르는 변위전류(I_d)를 구하라.

(b) 변위전류로부터 유도된 자기장을 표현하라.

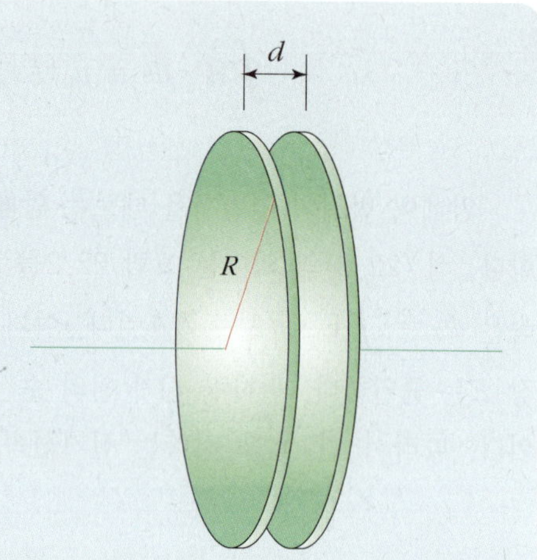

그림 22.3 반지름이 R인 평행원판 축전기

풀이 그림 22.4는 원형축전기 판 사이의 전기장과 자기장을 보여주고 있다. 전기장은 지면 안쪽으로 향하고, 오른쪽 엄지손가락을 전기장 방향으로 향하게 하면 자기장의 방향은 시계방향이 된다. 또한 전기장의 세기가 증가하면 변위전류의 방향은 전기장이 향하는 방향과 같다. 따라서 축전기 내에서는 변위전류를 둘러싸는 자기장이 유도된다.

(a) $r \le R$인 영역에서 반지름 r인 면을 통과하는 전기선속은

$$\Phi_E = \int \mathrm{E} \cdot d\mathrm{A} = \pi r^2 E = \pi r^2 \frac{V}{d}$$

이다. 또한 변위전류는 다음과 같다.

$$I_d = \varepsilon_0 \frac{d\Phi}{dt} = \varepsilon_0 \pi r^2 \frac{dE}{dt} = \frac{\varepsilon_0 \pi r^2}{d} \frac{dV}{dt}$$

$r \ge R$인 영역에서 반지름 r인 면을 통과하는 전기선속은

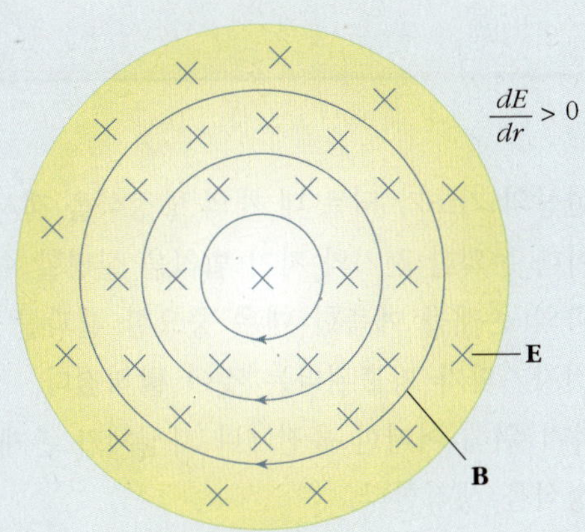

그림 22.4
축전기의 평행원판 사이의 전기장과 자기장. 전기장의 세기가 증가하면 변위전류의 방향은 전기장의 방향과 같다(지면 안쪽). 오른쪽 엄지손가락이 전기장 방향이기 때문에 자기장 방향은 시계방향이다.

$$\Phi_E = \int \mathrm{E} \cdot d\mathrm{A} = \pi R^2 E = \pi R^2 \frac{V}{d}$$

이다. 그리고 변위전류는 다음과 같다.

$$I_d = \varepsilon_0 \frac{d\Phi}{dt} = \varepsilon_0 \pi R^2 \frac{dE}{dt} = \frac{\varepsilon_0 \pi R^2}{d} \frac{dV}{dt}$$

(b) 암페어의 법칙으로부터 변위전류에 의한 자기장을 구할 수 있다.($r \leq R$인 영역에서 자기장)

$$\oint \mathrm{B} \cdot d\mathrm{s} = 2\pi r B = \mu_0 I_d$$

$$2\pi r B = \mu_0 \varepsilon_0 \pi r^2 \frac{dE}{dt} = \frac{\mu_0 \varepsilon_0 \pi r^2}{d} \frac{dV}{dt}$$

이 식에서 B에 대해서 풀면

$$B = \frac{\mu_0 \varepsilon_0 r}{2} \frac{dE}{dt} = \frac{\mu_0 \varepsilon_0 r}{2d} \frac{dV}{dt}$$

이 된다. B는 반경 r이 증가함에 따라 선형적으로 증가한다.($r \geq R$인 영역에서 자기장)

$$\oint \mathrm{B} \cdot d\mathrm{s} = 2\pi r B = \mu_0 I_d$$

$$2\pi r B = \mu_0 \varepsilon_0 \pi R^2 \frac{dE}{dt} = \frac{\mu_0 \varepsilon_0 \pi R^2}{d} \frac{dV}{dt}$$

이 식에서 B에 대해서 풀면

$$B = \frac{\mu_0 \varepsilon_0 R^2}{2r} \frac{dE}{dt} = \frac{\mu_0 \varepsilon_0 R^2}{2rd} \frac{dV}{dt}$$

이다. B는 반경 r에 반비례한다.

전기장의 세기가 증가하면 즉, dE/dt가 양의 값을 가질 때 변위전류의 방향은 전기장과 같다. 반면에 전기장의 세기가 감소하면 변위전류의 방향은 전기장과 반대이다. 유도된 자기장의 방향은 오른쪽 엄지손가락을 전류의 방향으로 할 때 감긴 오른쪽 손가락을 향한다.

22.2 맥스웰 방정식

맥스웰은 모든 전기 및 자기 현상의 기초가 되는 네 개의 방정식을 제시하였다. **맥스웰 방정식**(Maxwell's equation)은 이미 논의한 전기와 자기 법칙을 설명할 수 있고 추가적으로 빛의 속도로 이동하는 전자기파의 존재를 예측한 매우 중요한 결과를 도출해 내었다. 그리고 가속된 전하들에 의해서 전자기파가 방출된다는 것이 밝혀졌다.

이 장에서는 논의를 간단히 하기 위해 어떠한 유전체나 자성체가 존재하지 않는 자유공간 즉, 진공 중에서 맥스웰 방정식을 생각한다.

1. **가우스 법칙**: 임의의 폐곡면을 지나는 모든 전기선속은 그 폐곡면 내에 있는 알짜 전하를 ε_0로 나눈 값과 같다. 이 법칙은 전하들에 의해서 전기력선이 어떻게 양전하로부터 발산되어 음전하로 수렴되는가를 나타내고 있다. 이 법칙은 쿨롱의 법칙으로부터 유래되었다.

$$\oint \mathrm{E} \cdot d\mathrm{A} = \frac{Q}{\varepsilon_0} \tag{22.6}$$

2. **자기장에 대한 가우스 법칙**: 임의의 폐곡면을 통과하는 자기선속은 영이다. 즉, 폐곡면을 통하여 들어가는 자기력선들의 수는 그 면을 통과하여 나오는 자기력선의 수와 같아야 한다는 것이다. 이것은 자기 홀극이 존재하지 않기 때문에 자기력선들은 시작점과 끝점이 없다는 것을 뜻한다.

$$\oint \mathrm{B} \cdot d\mathrm{A} = 0 \tag{22.7}$$

3. **패러데이의 법칙**: 임의의 폐곡선을 따라 전기장을 선적분한 값(유도기전력)은 그 폐곡선을 경계로 하는 임의의 표면적을 지나는 자기선속의 시간변화율과 같다. 바꾸어 말하면 패러데이의 법칙은 시간에 따라 변화하는 자기장 내에 도선 고리가 놓여 있을 때 그 고리에 전류가 유도된다는 것이다.

$$\oint \mathrm{E} \cdot ds = -\frac{d\Phi_B}{dt} \tag{22.8}$$

4. **암페어-맥스웰의 법칙**: 전류와 변화하는 전기선속은 자기장을 만든다. 즉, 임의의 폐곡선을 따른 자기장의 선적분은 그 폐곡선으로 둘러 싸여진 임의의 곡면을 통과하는 전도전류와 전기선속의 변화율을 합한 것과 같다는 것이다.

$$\oint \mathrm{B} \cdot d\mathrm{s} = \mu_0 I + \varepsilon_0 \mu_0 \frac{d\Phi_E}{dt} \qquad (22.9)$$

전기장(E)과 자기장(B) 이 미치는 영역에서 속도 v로 움직이는 전하 q의 입자에 작용하는 힘을 **로렌츠의 힘**(F)이라 하며, 다음 식으로 표현된다.

$$\mathrm{F} = q\mathrm{E} + q\mathrm{v} \times \mathrm{B} \qquad (22.10)$$

전기력과 자기력이 동시에 작용하는 이 로렌츠의 힘과 함께 맥스웰 방정식은 모든 고전적인 전자기적 상호작용을 잘 설명한다. 맥스웰 방정식의 전기장과 자기장 사이에는 상호 대응성을 나타낸다. 특히 물질이 없는 진공에서는 전하와 전류가 존재하지 않으므로 식 (22.6)과 (22.7)에서 전기장 E와 자기장 B의 면적분은 상호 대응 관계가 있다. 그리고 방정식 (22.8)과 (22.9)에서는 임의의 폐곡선에 대한 E와 B의 선적분은 각각 전기선속과 자기선속의 시간에 따른 변화율로 주어지는 대응 관계를 나타낸다.

22.3 전자기파의 발생

변화하는 전기장과 자기장으로부터 진행하는 전자기파가 발생한다. 교류발생기에 의해 시간에 따라 변하는 전기장과 자기장을 생성시킬 수 있으므로, 이로부터 자유공간으로 전파되는 전자기파를 만들 수 있다. 안테나의 도선에 걸린 교류발생기는 안테나 내의 전하가 진동할 수 있도록 힘을 작용하며, 전하를 가속시킨다. 그리고 진동하는 전하는 그 진동의 주파수와 동일한 주파수의 전자기파를 방사한다.

그림 22.5는 두 개의 금속막대의 전하들을 진동시키기 위한 교류발생기(LC회로)이다. 그림 22.6은 막대 사이에 교류발생기를 설치하여 안테나로부터 전하를 어떻게 진동시켜 전자기파를 만들어 내는지를 보여주고 있다. 안테나 내의 전하는 LC회로에서 발생하는 교류전압에 의하여 가속되어 진동하게 된다. LC회로에서 출력된 교류전압은 사인파형을 갖는다. 그림 22.6 (a)에 나타낸 바와 같이 $t = 0$에서 위의 막대는 최대의 양전하로 대전되며, 아래 막대는 같은 크기의 음전하로 대전된다. 이때 막대 가까이에 아래 쪽 방향으로 전기장이 형성된다. 전하가 이동하면 도선에 전류가 생기므로 전류가 흐르는 막대의 주위에 자기장이 형성된다. 그 자기장의 방향은 지면에 수직이다(그림에 나타나 있지 않음). 이 전자기장은 빛의 속도로 막대로부터 방사된다. 전하들이 진동함에 따라 대전된 막대의 전하는 점점 줄어들어 막대 가까이의 전기장의 세기는 감소한다. 그림 22.6 (b)처럼 $t = T/4$

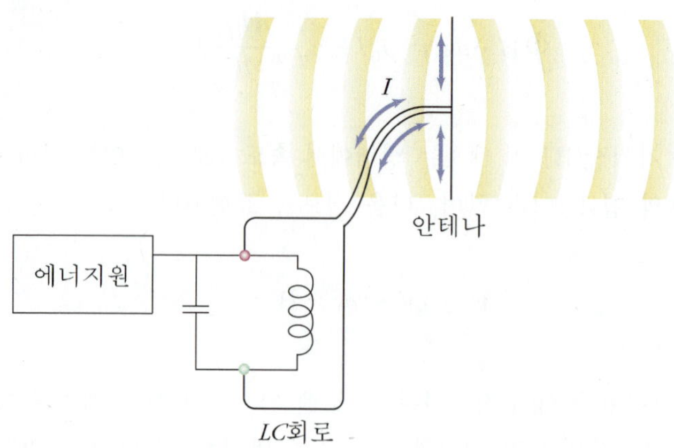

그림 22.5 LC 회로에서 발생하는 교류전압(에너지원)은 막대 내에 전하를 진동시켜 교류전류를 흐르게 한다. 전자기파의 방출에 의하여 소모된 에너지를 계속 공급해 준다.

일 때 막대의 전하는 없어지고 막대 근방의 전기장과 자기장은 0이 된다. 여기서 T는 전하가 진동하는 주기를 나타낸다. 위 쪽 막대는 곧 최대의 음전하로 대전되고 아래 쪽 막대는 같은 크기의 양전하로 대전된다. 그림 22.6 (c)에서처럼 $t = T/2$일 때 전기장과 자기장의 방향은 $t = 0$일 때의 반대방향이다. 이러한 진동은 그림 22.6 (d)에 나타낸 바와 같이 계속해서 진행되며 사인파형을 갖는다.

안테나 근처의 전기장은 LC회로의 교류전압(에너지원)과 같은 위상을 가지고 진동한다. 임의의 한 순간에서 전기장의 세기는 그 때 막대에 대전된 전하의 양에 의존한다. 교류전압에 의하여 막대 사이에서 전하가 계속 진동함에 따라 전하에 의하여 형성된 전기장은 빛의 속력으로 안테나로부터 방출된다. 그림 22.7에 나타낸 바와 같이 전하가 한 주기 동안 진동하면 전기장의 파형은 하나의 파장으로 만들어진다.

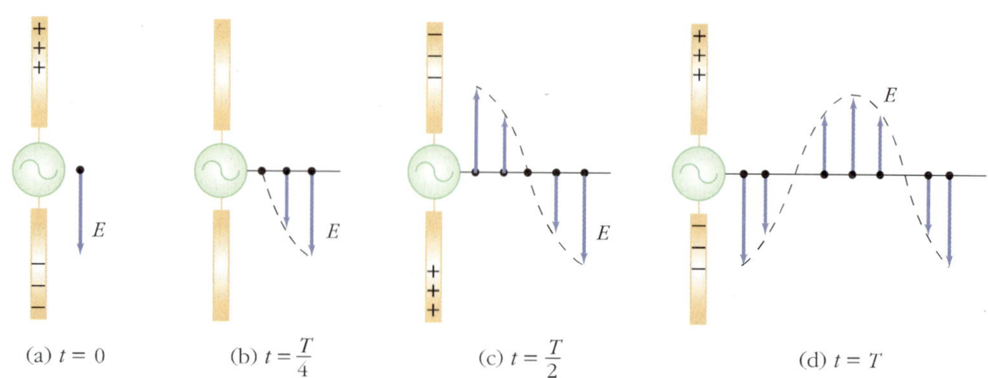

그림 22.6 전기장은 안테나 내에서 진동하는 전하에 의하여 나타난다. 변화하는 전기장은 변화하는 자기장을 유도하고, 전자기장은 안테나로부터 빛의 속력으로 전송된다.

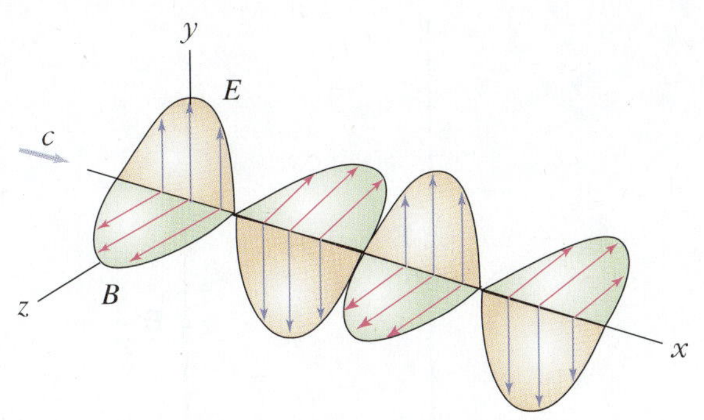

그림 22.7 임의의 순간에서 평면 전자기파. 전자기파는 안테나의 도선에서 진동하는 전하에 의하여 형성된다. 전기장과 자기장은 서로 수직하며. 또한 파의 진행방향에 수직하다.

전하들이 진동함에 따라 막대 내에 전류가 생기기 때문에 막대 주위에 자기장이 형성된다. 막대 내의 전류가 위로 향할 때 자기력선의 방향은 막대의 오른 쪽에서는 지면으로 들어가고 왼 쪽에서는 지면 밖으로 나온다. 자기력선의 방향은 모든 점에서 전기장에 수직이며, 또한 전자기파의 진행방향에 수직이다. 그리고 전기장과 자기장은 위상이 같은 단조화 진동을 한다. 전하의 진동에 의하여 전류가 변하면 전기력선과 마찬가지로 자기력선도 안테나로부터 밖으로 퍼져 나간다. 전기장과 자기장의 세기는 안테나로부터 멀어질수록 약해진다. 그러나 안테나로부터 멀리 떨어진 거리에서도 변하는 자기장은 전기장을 생성하고 변하는 전기장은 자기장을 생성하며, 그림 22.7에서처럼 유도된 전기장과 자기장의 세기의 비는 어떤 위치에서든 임의의 순간에 동일한 값을 갖는다.

22.4 전자기파의 속도

맥스웰 방정식은 시간의 함수인 전기장과 자기장이 임의의 파동 방정식을 만족함을 보인다. 여기서는 전자기파의 가장 단순한 형태인 진공 중에서의 **평면파**(plane wave)를 고려한다. 평면파의 특성을 가지고 있는 전자기파는 한쪽 방향으로만 진행한다. 전자기파의 전기장과 자기장은 파의 진행 방향에 대하여 수직이며, 또한 전기장과 자기장은 서로 수직이다. 그림 22.8과 같이 x축 방향을 파의 진행방향이라 할 때 전기장 E는 y축 상에, 자기장 B는 z축 상에 있을 수 있다. 즉, E는 xy 평면 내에 있고, B는 xz 평면 내에 위치한다. 임의의 한 점에서 E와 B는 위치 x와 시간 t의 함수이고 y와 z좌표와는 무관하다.

진공에서 x 축으로 진행하는 전자기파의 전기장과 자기장은 다음 파동방정식을 만족한다.

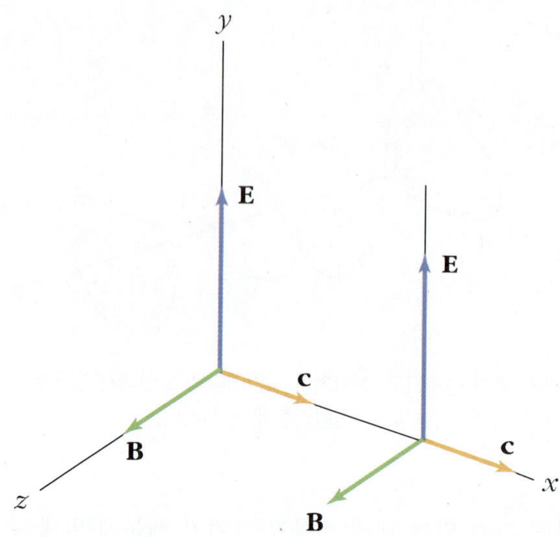

그림 22.8 양의 x축 방향으로 진행하는 전자기파. 전기장(E)과 자기장(B)는 각각 y축과 z축의 방향을 따른다. 전자기장은 x와 t의 함수이다.

$$\frac{\partial^2 \mathrm{E}}{\partial x^2} = \frac{1}{c^2}\frac{\partial^2 \mathrm{E}}{\partial t^2} \tag{22.11}$$

$$\frac{\partial^2 \mathrm{B}}{\partial x^2} = \frac{1}{c^2}\frac{\partial^2 \mathrm{B}}{\partial t^2} \tag{22.12}$$

여기서 전자기파의 속력 c는

$$c = \frac{1}{\sqrt{\mu_0 \varepsilon_0}} \tag{22.13}$$

이다. 식 (22.13)에 $\mu_0 = 4\pi \times 10^{-7}\,\mathrm{T\cdot m/A}$와 $\varepsilon_0 = 8.85418 \times 10^{-12}\,\mathrm{C^2/N\cdot m^2}$을 대입하면 속도 $c = 2.99792 \times 10^8\,\mathrm{m/s}$를 얻는다. 이 속력은 진공에서 빛의 속력과 정확히 같다. 따라서 빛은 전자기파라는 것을 확인할 수 있다.

전기장과 자기장의 방향을 각각 y 및 z축으로 가정하면 $\mathrm{E} = E\mathrm{j}$ 및 $\mathrm{B} = B\mathrm{k}$이고, 식 (22.11)과 (22.12)를 만족하는 가장 단순한 평면파의 해는 다음과 같이 주어진다.

$$E = E_{\max}\cos(kx - \omega t) \tag{22.14}$$

$$B = B_{\max}\cos(kx - \omega t) \tag{22.15}$$

여기서 전기장과 자기장의 최대 진폭 $E_{\max}$와 $B_{\max}$는 상수이다. $k\ (= 2\pi/\lambda)$는 파수이고, $\omega\ (= 2\pi f)$는 각진동수이다. 여기서 λ와 f는 각각 파장과 진동수이다. 전기장과 자기장은 같은 위상과 진동수를 가진다. 그림 22.7은 x축의 양(+)의 방향으로 진행하는 선형적으로 편극된 평면파로 한 순간에서 사인파형의 상태를 나타내고 있다. 평면 전자기파의 전기장과 자기장은 서로 수직하고, 파의 진행방향에 대하여 수직이다. 따라서 전자기파는 횡파의 일종이다. 일반적으로 전자기파의 진행방향은 전기장과 자기장의 벡터곱 $\mathrm{E}\times\mathrm{B}$의 방향이다. 맥스웰 방정식에 의하면 공간의 각 지점에서 임의의 순간에 전기장 및 자기장의 크기는 다음과 같은 중요한 관계식을 가진다.

$$\frac{E}{B} = c \tag{22.16}$$

식 (22.16)에 의하면 매순간 전자기파의 전기장과 자기장의 비는 빛의 속도와 같다. 진공 중에서 모든 전자기파는 진동수나 진폭에 관계없이 이 속력을 갖는다.

예제 22.2 전자기파가 x축 방향으로 진행하고 있다. 파장이 50.0m인 전기장이 xy평면상에 진동하며 그 진폭은 22.0V/m이다. 다음을 구하라. (a) 전자기파(조화파)의 진동수, (b) 전기장이 y축 방향으로 최대값을 가졌을 때 자기장의 최대값, (c) 자기장을 조화함수로 표시하라.

풀이 (a) $f\lambda = c$이므로

$$f(50\,\mathrm{m}) = 3\times 10^8\,\mathrm{m/s}$$

$$f = 6\times 10^6\,\mathrm{Hz} = 6.00\,\mathrm{MHz}$$

(b) $\dfrac{E}{B} = c$이므로

$$\frac{22\ \mathrm{V/m}}{B} = 3\times 10^8\ \mathrm{m/s}$$

$$B_{\max} = 73.3\,\mathrm{nT}$$

(c) $k = \dfrac{2\pi}{\lambda} = \dfrac{2\pi}{50\ \mathrm{m}} = 0.126\ \mathrm{m}^{-1}$

$$w = 2\pi f = 2\pi(6\times 10^6\mathrm{s}^{-1}) = 3.77\times 10^7\mathrm{rad/s}$$

$$B = B_{\max}\cos(kx - \omega t) = (73.3\ \mathrm{nT})\cos(0.126x - 3.77\times 10^7 t)$$

22.5 전자기파의 에너지

전기장과 자기장은 에너지를 포함하고 있다. 따라서 전자기파는 에너지를 운반하며, 파가 공간을 진행하는 중 물체를 만나면 에너지를 전달한다. 이 전자기파가 파의 진행방향에 수직인 단위면적을 지나 에너지를 전달하는 비율을 **포인팅 벡터**(Poynting vector)라 하며 S로 나타내며 다음과 같이 정의한다.

$$\mathbf{S} = \frac{1}{\mu_0}\mathbf{E} \times \mathbf{B} \tag{22.17}$$

포인팅 벡터의 크기는 단위 시간 당 전자기파의 진행 방향에 수직한 단위 면적을 투과하여 흐르는 에너지의 양이다(그림 22.9). 그러므로 포인팅 벡터의 크기는 단위 면적 당 일률을 나타내고 방향은 파의 진행 방향과 같다. 이 벡터의 국제단위는 $\mathrm{J/s \cdot m^2} = \mathrm{W/m^2}$이다.

전기장과 자기장은 서로 수직이므로 식 (22.17)에서 $|\mathbf{E} \times \mathbf{B}| = EB$이다. 그리고 $B = E/c$이기 때문에 임의의 순간에 평면 전자기파의 포인팅 벡터의 크기(S)는 다음과 같다.

$$S = \frac{EB}{\mu_0} = \frac{E^2}{\mu_0 c} = \frac{c}{\mu_0}B^2 \tag{22.18}$$

사인파형의 평면 전자기파의 세기 I는 시간에 대한 S의 평균값이다. $\cos^2(kx - \omega t)$의 시간 평균값이 1/2이므로 전자기파의 세기는 다음과 같다.

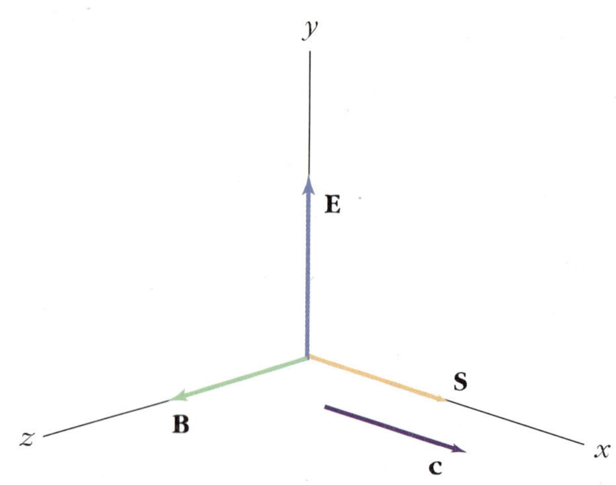

그림 22.9 평면 전자기파에 대한 포인팅 벡터(S). S는 파의 진행방향과 같다.

$$I = S_{\text{av}} = \frac{E_{\max} B_{\max}}{2\mu_0} = \frac{E_{\max}^2}{2\mu_0 c} = \frac{c}{2\mu_0} B_{\max}^2 \tag{22.19}$$

임의의 순간에 전기장의 단위 부피당의 에너지(에너지 밀도) u_E는 다음과 같이 주어진다.

$$u_E = \frac{1}{2}\varepsilon_0 E^2 \tag{22.20}$$

임의의 순간에 자기장의 에너지 밀도 u_B는

$$u_B = \frac{B^2}{2\mu_0} \tag{22.21}$$

으로 주어진다. 전자기파에서 E와 B가 시간에 따라 변하므로 전기장과 자기장의 에너지 밀도도 시간에 따라 변한다. 식 (22.21)에 $B = E/c$와 식 (22.13)을 적용하면 다음과 같이 된다.

$$u_B = \frac{(E/c)^2}{2\mu_0} = \frac{\varepsilon_0 \mu_0}{2\mu_0} E^2 = \frac{1}{2}\varepsilon_0 E^2 \tag{22.22}$$

이 결과를 u_E와 비교하면

$$u_B = u_E = \frac{1}{2}\varepsilon_0 E^2 = \frac{B^2}{2\mu_0} \tag{22.23}$$

이다. 즉, 임의의 순간에서 전자기파의 전기장과 자기장의 에너지 밀도는 같다. 이것은 주어진 체적 내에서 전기장과 자기장의 에너지는 같은 양으로 분포되어 있다는 것을 의미한다. 전체 에너지 밀도 u는 각각 전기장과 자기장의 에너지 밀도의 합으로 주어진다.

$$u = u_E + u_B = \varepsilon_0 E^2 = \frac{B^2}{\mu_0} \tag{22.24}$$

따라서 시간에 대하여 전자기파를 평균하면 1/2인수가 포함되므로 평균 에너지밀도는

$$u_{\text{av}} = \varepsilon_0 (E^2)_{\text{av}} = \frac{1}{2}\varepsilon_0 E_{\max}^2 = \frac{B_{\max}^2}{2\mu_0} \tag{22.25}$$

가 된다. 이 결과를 식 (22.19)에 나타낸 S의 평균값과 비교해보면

$$I = S_{av} = c u_{av} \tag{22.26}$$

가 되며, 전자기파의 세기는 평균 에너지 밀도에 빛의 속력을 곱한 값으로 주어진다.

예제 **22.3** 한 점의 파원으로부터의 전자기파의 평균 출력이 1,000W일 때, 파원으로부터 5.0m 떨어진 위치에서 전기장과 자기장의 최대값은 얼마인가?

풀이 별이나 전구처럼 한 점에 국한된 파원으로부터 구면파가 발생될 때 파의 에너지가 넓은 영역으로 퍼져서 파의 세기가 감소한다. 구면 파원으로부터 거리(r)의 제곱에 따라 면적($4\pi r^2$)이 증가하므로 구면파의 세기는 거리의 역제곱에 따라 감소하다. 전자기파의 세기(단위 면적당 일률)는 파원과 관측점 사이의 거리의 제곱에 반비례하여 감소하며 다음과 같이 표현된다.

$$I = \frac{S_{av}}{4\pi r^2}$$

여기서 S_{av}는 파원으로부터 방사된 평균 출력이고, $4\pi r^2$은 파원으로부터 반지름 r인 구의 표면적이다. 전자기파의 세기는 식 (22.19)로 주어지므로

$$I = \frac{S_{av}}{4\pi r^2} = \frac{E_{max}^2}{2\mu_0 c}$$

가 된다. E_{max}에 대하여 풀면

$$E_{max} = \sqrt{\frac{\mu_0 c S_{av}}{2\pi r^2}} = \sqrt{\frac{(4\pi \times 10^{-7}\ \mathrm{T\cdot m/A})(3.0 \times 10^8\ \mathrm{m/s})(1{,}000\ \mathrm{W})}{2\pi (5.0\ \mathrm{m})^2}} = 49\ \mathrm{V/m}$$

가 된다. 식 (22.16)으로부터 자기장의 최대값을 구할 수 있다.

$$B_{max} = \frac{E_{max}}{c} = \frac{(49\ \mathrm{V/m})}{(3.0 \times 10^8\ \mathrm{m/s})} = 1.63 \times 10^{-7}\ \mathrm{T}$$

22.6 전자기파의 운동량과 복사압

운동하는 물체가 에너지와 운동량을 운반하는 것과 같이, 전자기파도 에너지뿐만 아니라 운동량을 전달한다. 따라서 전자기파가 임의의 물체에 입사할 때 그 물체의 표면에 압력이 작용하게 된다. 에너지 U를 가진 전자기파가 t 시간 동안에 어느 물체표면에 입사하여

완전히 그 물체에 흡수되었다고 하자. 맥스웰에 의하면 물체에 전달된 운동량의 크기 p는 아래와 같이 주어진다.

$$p = \frac{U}{c} \tag{22.27}$$

표면에 작용하는 압력(P)은 단위 면적당 힘 F/A)으로 정의된다. 이를 뉴턴의 제 2 법칙과 결합하면

$$P = \frac{F}{A} = \frac{1}{A}\frac{dp}{dt}$$

이다. 복사에 의해 표면에 전달된 운동량을 식 (22.27)으로 대치하면 압력은 다음과 같다.

$$P = \frac{1}{A}\frac{d}{dt}\left(\frac{U}{c}\right) = \frac{1}{c}\frac{(dU/dt)}{A}$$

$(dU/dt)/A$가 단위 면적 당 표면에 에너지가 도달하는 비율, 즉 포인팅 벡터의 크기이다. 따라서 완전하게 흡수하는 표면에 작용하는 **복사압**(P_r)의 크기는 다음과 같다.

$$P_r = \frac{S}{c} \tag{22.28}$$

전자기파가 이렇게 반사되지 않고 입사에너지가 완전히 흡수되는 물체를 **흑체**라 한다. 만일 물체의 표면에서 전자기파가 완전히 반사된다면, t시간 동안 수직으로 입사된 전자기파에 의해 전달된 운동량은 식 (22.27)에 주어진 운동량의 2배 즉, $p = 2U/c$가 된다. 여기서 운동량 U/c는 입사할 때 물체에 전달된 것이고, U/c는 파가 반사될 때 물체에 도달된 운동량이다. 이것은 마치 벽에 부딪친 공이 탄성적으로 되튀는 것과 비슷하다. 즉, 파가 완전히 반사되는 경우에는 파동에 의하여 물체표면에 작용한 압력은 $P_r = \dfrac{2S}{c}$가 된다.

복사압이 매우 작지만 그림 22.10에서와 같은 비틀림 저울을 사용하여 측정할 수 있다. 비틀림 저울 내부에는 매우 가는 섬유에 매달려 있는 거울과 검정판이 있다. 그리고 저울 내부에는 외부의 효과가 차단될 수 있도록 진공상태로 유지되어야 한다. 빛이 검정판에 입사하면 완전흡수가 일어나고 빛의 모든 운동량은 판 내부로 전환된다. 그리고 빛이 거울면에 수직으로 입사하면 완전반사가 일어나며, 이 때 운동량의 변화는 검정판에서 변화된 것보다 2배 더 크다. 이 때 복사압은 검정판과 거울을 연결하는 막대가 회전할 때의 비틀림 각도를 측정하여 계산한다.

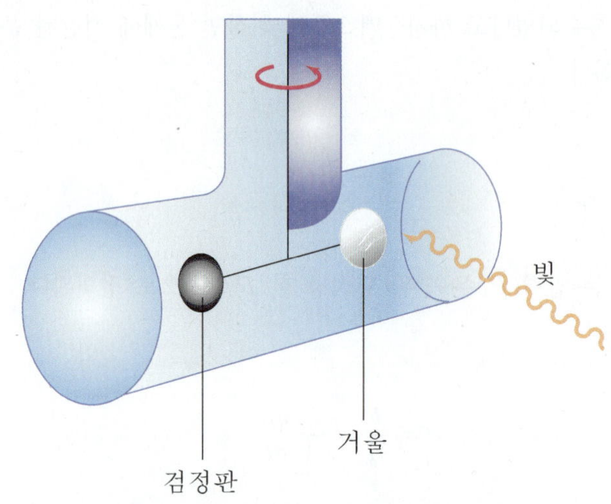

그림 22.10 빛이 물체에 입사할 때 복사압을 측정하는 비틀림 저울

예제 22.4 5 W/cm^{2}의 에너지속 S(포인팅 벡터)를 가진 레이저 광선이 1.0cm^2 면적의 완전반사 평면거울에 1시간 동안 비칠 때, (a) 1시간 동안 거울에 전달된 운동량은 얼마나 되는가? (b) 거울에 작용한 힘은 얼마인가?

풀이 (a) 거울에 반사된 에너지는

$$U = (5\ \mathrm{W/cm^2})(1.0\ \mathrm{cm^2})(3{,}600\ \mathrm{s}) = 1.8\times 10^4\ \mathrm{J}$$

이고, 레이저 광선이 1시간 동안 거울에 전달한 운동량은

$$p = \frac{2U}{c} = \frac{(2)(1.8\times 10^4\ \mathrm{J})}{3\times 10^8\ \mathrm{m/s}} = 1.2\times 10^{-4}\ \mathrm{kg\cdot m/s}$$

이다.

(b) 뉴턴의 제2법칙으로부터 물체에 작용한 힘은 운동량의 시간변화율이므로, 거울에 작용한 평균 힘(F)은 거울에 전달된 운동량의 평균 비율과 같다. 즉

$$F = \frac{p}{t} = \frac{1.2\times 10^{-4}(\mathrm{kg\cdot m/s})}{3{,}600\ \mathrm{s}} = 3.33\times 10^{-8}\ \mathrm{N}$$

22.7 전자기파 스펙트럼

앞에서 우리는 전하가 가속될 때 전자기파가 발생된다는 것을 알았다. 그리고 모든 전자기파들이 진공 속에서 빛의 속도(c)로 진행한다는 것을 알게 되었다. 이러한 전자기파들은 여러 가지 다양한 종류로 존재하며 진동수와 파장에 따라 그 종류와 특성이 달라진다. 전자기파의 파장 λ와 주파수(진동수) f사이의 관계는 다음과 같이 주어진다.

$$c = f\lambda \qquad (22.29)$$

파장과 주파수는 반비례하기 때문에 파장이 긴 영역은 주파수가 낮고 파장이 짧은 영역은 주파수가 높은 영역에 해당된다. 그림 22.11은 여러 가지 전자기파들을 주파수와 파장으로 나타낸 것이다. 넓은 영역에 걸쳐 많은 종류의 주파수와 파장이 있다는 사실을 알 수 있다. 파장이나 주파수가 다르면 파의 색깔이 다르다.

그림 22.11에 나타낸 전자기 스펙트럼으로부터 몇 가지 종류의 전자기파에 대하여 간단히 알아보자. **라디오파**(radio waves)는 파장이 10^4m 보다 큰 경우부터 0.1m 정도까지의 영역에 있는 것으로 LC진동자와 같은 전자 회로를 통하여 도선 내에서 전하들이 가속될 때 만들어지며 라디오와 TV 송수신에 사용된다. **마이크로파**(microwaves)는 파장이 약 1 mm에서 30 cm사이의 파로서 라디오파와 같이 전자회로를 이용하여 만들어진다. 마이크로파는 레이더 시스템이나 물질의 원자 및 분자적 특성을 연구하는 데 사용되며, 마이크로 오븐은 마이크로파를 이용한 기기이다. **적외선**(infrared waves)은 약 1mm부터 약 7×10^{-7}m 영역의 파장을 갖는다. 이 영역의 전자기파는 뜨거운 물체에서처럼 열이 존재할 때 방출된다. 적외선은 대부분의 물질들에 의해 잘 흡수되며, 물질에 흡수된 적외선 에너지는 열에너지로 나타난다. 이러한 이유로 적외선 복사열을 이용한 물리치료, 적외선 카메라와 진동 분광기등 많은 분야에 응용되고 있다. **가시광선**(visible light)은 스펙트럼 영역에서 눈으로 볼 수 있는 전자기파이다. 그 파장의 범위는 보라색($\lambda\simeq 4\times10^{-7}$m)에서 붉은색($\lambda\simeq 7\times10^{-7}$m)까지 걸쳐있다. 사람의 눈은 파장에 따라 반응감도가 다른데 노란색부터 녹색의 파장대에서 가장 민감하다. 백열전구에서 나오는 가시광선은 가열된 필라멘트 내에 있는 전자의 가속운동에 의하여 방출된다.

가시광선보다 더 짧은 파장영역에는 자외선, X-선과 감마선이 있다. **자외선**(ultraviolet light)은 파장이 약 3.8×10^{-7}(380nm)로부터 6×10^{-10}m(0.6nm)까지의 전자기파이다. 태양으로부터 쏟아지는 자외선은 성층권에 존재하는 오존(O_3) 분자들에 의해 대부분 흡수된다. 이 오존 장벽은 치명적인 고에너지 자외선을 적외선으로 변환시키고 이것은 다시 성층권을 데운다. 최근 스프레이 등에서 배출되고 냉각제로도 쓰이는 화학 약품들 때문에 자외선

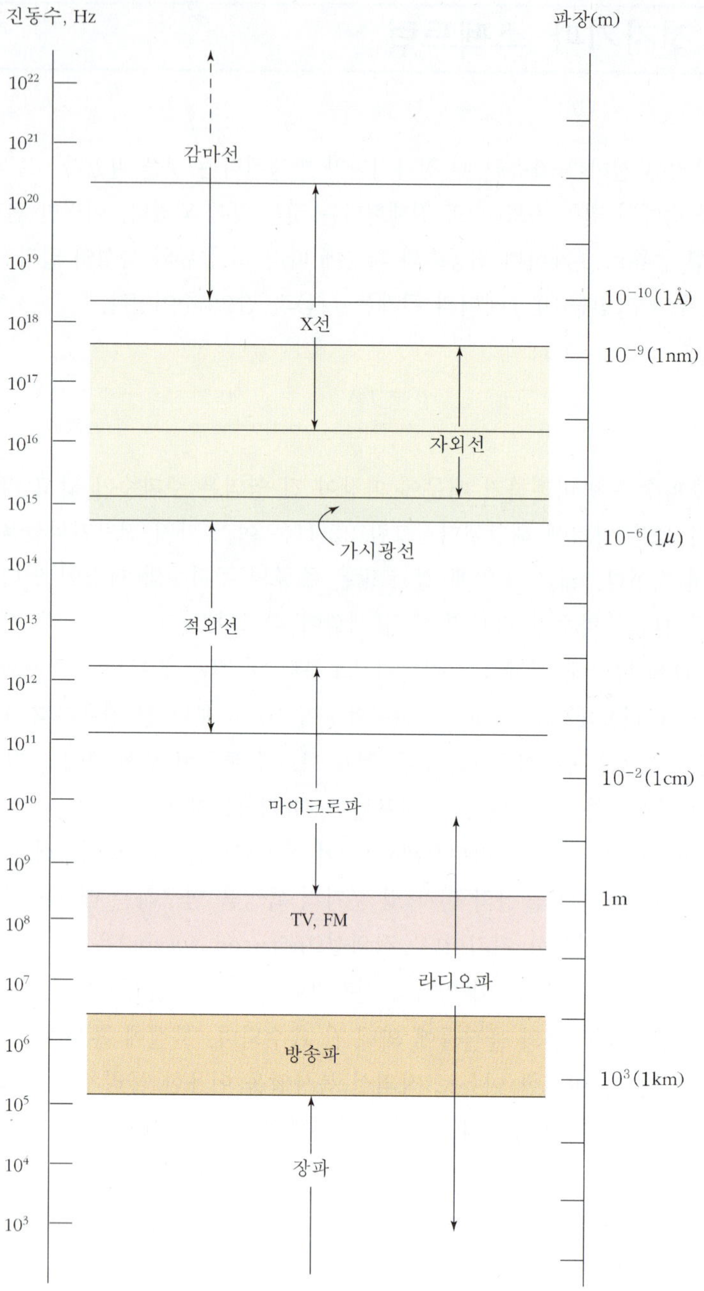

진동수, Hz
파장(m)
10^{22}
10^{21}
10^{20}
10^{19}
10^{18}
10^{17}
10^{16}
10^{15}
10^{14}
10^{13}
10^{12}
10^{11}
10^{10}
10^{9}
10^{8}
10^{7}
10^{6}
10^{5}
10^{4}
10^{3}
감마선
X선
자외선
가시광선
적외선
마이크로파
TV, FM
라디오파
방송파
장파
10^{-10}(1Å)
10^{-9}(1nm)
10^{-6}(1μ)
10^{-2}(1cm)
1m
10^{3}(1km)

그림 22.11 전자기파의 스펙트럼

방어막 역할을 하는 오존층이 고갈될 가능성에 대해 많은 논란이 있다. 피부가 그을리게 되는 것은 성층권을 통과한 햇빛에 포함된 자외선의 영향 때문이다. **X-선**(X-rays)은 파장의 범위가 10^{-8}m(10nm)에서 10^{-13}m(10^{-4}nm)인 전자기파이다. X-선은 높은 에너지로 가속된 전자를 금속막에 충돌시켰을 때 발생하며, 파장이 짧기 때문에 물질을 쉽게 투과한다.

따라서 의학에서 진단용 기구나 암을 치료하는 데 이용되며, 고체의 결정구조를 연구하는 데 사용된다. **감마선**(gamma rays)은 X-선 보다 파장이 더 짧은 영역의 전자기파이며, 파장범위는 대략 10^{-10}m에서 10^{-14}m까지 이다. 감마선은 투과력이 매우 크므로 이를 흡수할 경우에는 인체에 심각한 손상을 입힌다. 따라서 감마선을 사용할 때는 납과 같이 방사선을 잘 흡수하는 차폐막을 설치해야 한다.

모든 전자기파의 현상은 본질적으로 같으며, 단지 주파수와 파장이 다르다. 파장이나 주파수가 다른 전자기파들은 여러 가지 물질과 상호작용할 때 다른 특성을 나타낸다. 일반적으로 파장이 짧은 전자기파는 그 세기가 강하고 잘 흡수되는 경향이 있다.

예제 **22.5** (a) 전력선이 60Hz의 전자기 복사선을 방출한다. 이 복사선의 파장은 얼마인가?
(b) 대표적인 라디오파 3×10^5Hz의 파장은 얼마인가?

풀이 (a) $f\lambda = c$이므로

$$\lambda = \frac{c}{f} = \frac{(3\times 10^8\ \mathrm{m/s})}{(60\ \mathrm{s}^{-1})} = 5{,}000\ \mathrm{km}$$

(b) $$\lambda = \frac{(3\times 10^8\ \mathrm{m/s})}{3\times 10^5\ \mathrm{s}^{-1}} = 1\ \mathrm{km}$$

22.8 편광

진공 중에서 전자기파의 전기장과 자기장 벡터는 서로 직각을 이루며, 그림 22.7처럼 각각 파의 진행 방향에 수직이다. 이 절에서는 편광 현상이 전자기파의 전기장 및 자기장의 방향과 어떤 특별한 관계가 있는가를 살펴보기로 한다.

줄을 상하 혹은 좌우로 흔들 때 그 줄 위를 진행하는 파는 평면편광 되었다고 말한다. 즉 평면 편광된 파는 어떤 평면 내에서만 진동하고 있다는 것이다. 파의 진행경로에 수직슬릿을 놓으면 수직으로 편광된 파는 통과 하지만 수평으로 편광된 파는 통과하지 못한다. 또한 파의 진행경로에 수평슬릿을 놓으면 수직으로 편광된 파는 지나가지 못할 것이다. 따라서 수직슬릿과 수평슬릿 겹쳐놓으면 어떠한 파도 통과하지 못한다. 종파는 파의 진행방향으로 진동하므로 편광이 존재할 수 없다. 편광은 횡파에서만 일어난다.

태양이나 백열전구등과 같은 고온의 광원으로부터 방출되는 빛은 비편광파이다. 즉, 그림 22.12에서처럼 비편광파는 파의 진행방향에 수직인 평면에서 전기장은 모든 방향으

로 동일한 조건으로 진동한다. 평면 편광된 빛은 비편광파를 전기석과 같은 결정을 통과시키거나 **편광판**(polaroid sheet)을 사용하여 얻을 수 있다. 편광판의 편광축 방향으로 편광된 빛은 통과 시키고, 편광축에 수직으로 편광된 빛은 통과 시키지 않는다. 만일 평면 편광된 빛이 편광축에 대하여 θ의 각도로 입사하면 이 빛은 편광판의 편광축과 같은 방향으로 평면 편광되며, 편광된 빛의 진폭은 $\cos\theta$ 만큼 줄어든다(그림 22.14). 빛의 세기는 진폭의 제곱에 비례하므로 편광판을 통과한 평면 편광된 빛의 세기는

$$I = I_0 \cos^2\theta \tag{22.30}$$

로 주어지며, 이를 **말러스의 법칙**(Malus's law)이라 한다.

편광판은 비편광된 빛을 편광된 빛으로 만들 수 있는 편광자(polarizer)로 사용된다. 그리고 편광판은 빛의 편광유무와 편광방향을 알아볼 수 있는 분석자(analyzer)로 사용된다. 편광자는 편광축에 평행한 성분만 통과시킨다. 빛이 편광되어 있지 않을 경우에 분석자는 비편광된 빛의 방향에 무관하게 같은 양의 빛을 통과 시킨다. 그러나 빛이 편광되어 있을 때 분석자는 그 방향이 편광축과 나란할 때 통과하는 빛의 양이 최대가 되고, 수직일 때 최소가 된다. 식 (22.30)로부터 투과된 빛의 세기는 편광축이 평행(θ = 0 또는 180°)일 때 최대가 되며, 평광축이 서로 수직일 때 영(분석자에 완전 흡수)이 된다는 사실을 알 수 있다(그림 22.13). 그림 22.14에 두 장의 편광판으로 빛이 입사되었을 때의 투과된 빛의 세기의 변화를 보여 주고 있다.

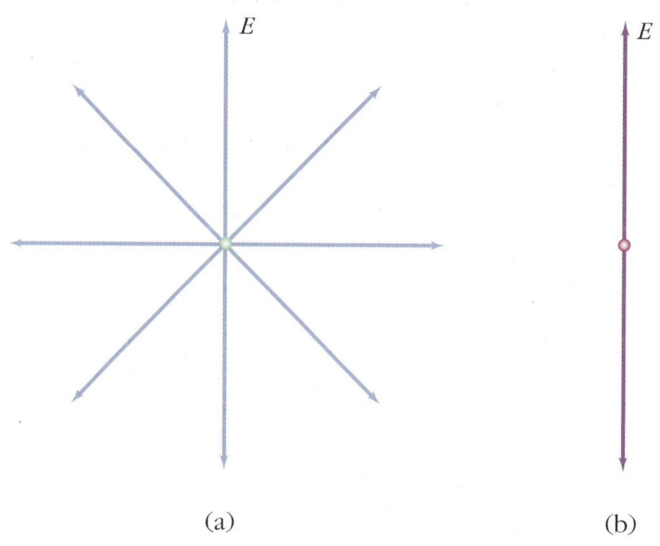

그림 22.12

(a) 파의 진행방향에 수직한 평면상에서 보았을 때 편광되지 않은 전기장벡터의 진동
(b) 평면 편광되어 수직한 방향으로 진동하는 전기장벡터.

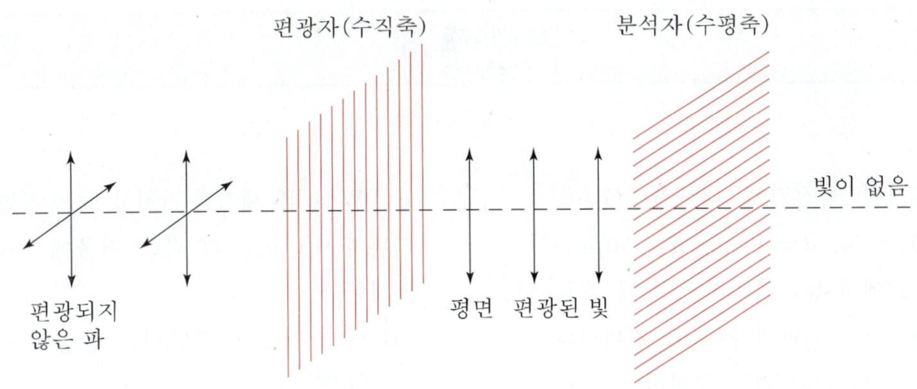

그림 22.13 두 개의 편광판으로 겹쳐진 편광자는 빛을 완전히 차단할 수 있다.

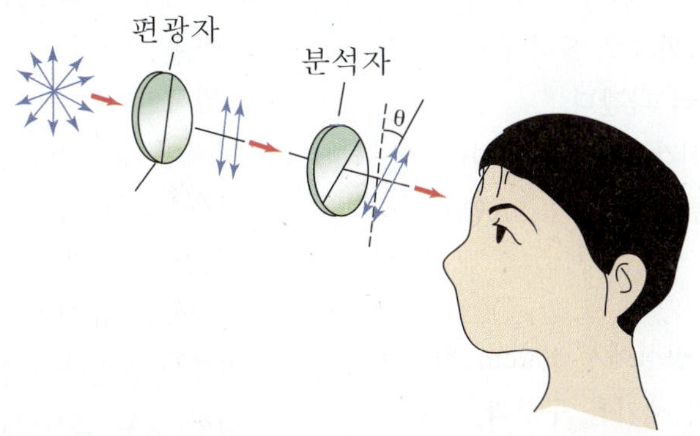

그림 22.14 편광자와 분석자가 서로 각 θ를 이룰 때 분석자로 입사한 편광된 빛의 일부분만이 투과한다.

예제 22.6 편광되지 않은 빛이 두 편광판을 지나간다. 첫 번째 편광축의 방향은 수직이고, 다른 편광축은 수직과 60°를 이루고 있다. 두 편광판을 통과한 빛의 편광방향과 세기는 얼마인가?

풀이 편광되지 않은 빛이 첫 번째 편광판에 입사하는 빛의 세기는 반으로 줄어든다. 따라서 입사파의 세기를 I_0라 할 때 첫 번째 편광판을 통과한 빛의 세기 $I_1 = I_0/2$이다. 두 번째 편광판을 통과하는 빛의 세기는

$$I_2 = I_1(\cos 60°)^2 = \frac{1}{4}I_1$$

으로 줄어든다. 따라서

$$I_2 = \frac{1}{8}I_0$$

가 된다. 두 편광판을 통과한 빛의 세기는 입사파의 세기의 1/8이 되고, 수직방향에 대하여 60°로 평면 편광된다.

연습문제

EXERCISES

1 예제 22.1의 축전기에 대하여 $dV/dt = 1.0 \times 10^{15}\,\text{V/s}$, $d = 1\,\text{cm}$, $R = 50\,\text{mm}$이다. $r = R$에서 (a) 축전기 내부에 흐르는 변위전류(I_d)는 얼마인가? (b) 변위전류에 의하여 유도된 B의 값을 구하라.

2 원판의 반지름이 2.0cm이고 극판 사이의 간격이 1.0mm인 평행판 축전기가 있다. 전하가 5A 비율로 위쪽 극판으로 흘러 들어와서 아래쪽 극판으로 흘러 나간다.
(a) 판 사이에서 전기장 시간 변화율을 구하라.
(b) 판 사이의 변위전류의 크기가 5A임을 보여라.

3 문제 22.2에서 원판의 중심에서 1.0cm 떨어진 위치에서 자기장의 세기를 구하라.

4 SI 단위로 전자기파의 전기장을 $E_y = 100 \sin(10^7 x - \omega t)$로 쓸 수 있다. (a) 짝이 되는 자기장의 진폭, (b) 파장 (c) 그리고 진동수를 구하라.

5 태양 빛이 지구표면에 도달할 때 포인팅벡터의 크기는 $1{,}200\,\text{W/m}^2$이다. 태양빛의 전기장과 자기장의 최대값을 계산하라.

6 한 점의 파원으로부터 평균일률 300kW의 전파가 방출되고 있다. 파원으로부터 4.0km 떨어진 위치에서 포인팅벡터의 크기는 얼마인가?

7 $10.0\,\text{W/m}^2$의 세기를 가지고 있는 평면 전자기파가 $60.0\,\text{cm}^2$의 작은 거울에 수직하게 입사한다.
(a) 매초 거울에 전달되는 운동량은 얼마인가?
(b) 1초 동안 거울에 미치는 힘은 얼마인가?

8 태양은 지구의 표면에 $1{,}000\,\text{W/m}^2$의 전자기 선속을 보내준다. 햇빛이 지붕위에 수직하게 입사한다고 가정한다.
(a) 면적이 $200.0\,\text{m}^2$인 지붕위에 입사된 일률을 계산하라.
(b) 1시간 동안 지붕위에 입사된 태양에너지는 몇 joule인가?
(c) 지붕이 완전한 흡수체로 되어 있다고 가정할 경우 복사압과 복사력을 구하라.

9 전자기파의 전기장이 y축 방향으로 진동하며, SI 단위로 나타낸 포인팅 벡터는 다음과 같다.
$S(x,t) = 100\cos^2(10x - 3 \times 10^9 t)\mathrm{i}$ 이 전자기파의 (a) 진행 방향 (b) 파장과 진동수, 및 (c) 전기장과 자기장을 구하라.

10 (a) 550nm의 가시광선과 (b) 1km의 라디오파의 주파수는 각각 얼마인가?

11 중요한 뉴스 발표가 방송국에서 100km 떨어진 곳에서 라디오 옆에 앉아 있는 사람에게는 라디오파로 방송실 맞은편 뉴스 진행자로부터 3.0m 떨어진 곳에 앉아 있는 사람에게는 음파로 각각 전달된다. 누가 뉴스를 먼저 듣겠는가? 공기 중 음파의 속력은 343 m/s로 하라.

12 (a) 송신기의 주파수가 5×10^7Hz이다. 송신기로부터 300m 떨어진 곳까지 몇 개의 파장이 존재하는가?
(b) 만일 송신기의 주파수가 1.25×10^6Hz이면 파장이 몇 개인가?

13 먼 곳에서 오는 라디오 신호를 지름 20.0m인 접시안테나로 수신한다. 라디오 신호는 진폭이 $E_{\max}=0.200\,\mu\text{V/m}$인 연속적인 사인파이다. 안테나가 접시로 들어오는 모든 복사를 흡수한다고 가정하자.
(a) 이 파의 자기장의 진폭은 얼마인가?
(b) 이 안테나가 수신하는 복사파의 세기는 얼마인가?
(c) 안테나가 받는 일률은 얼마인가?
(d) 라디오파가 이 안테나에 가하는 힘은 얼마인가?

14 편광되지 않은 빛이 두 편광판을 지나고 있다. 첫 번째 편광판의 편광축은 수직이고 두 번째 편광축은 수직과 30°를 이루고 있다. 두 편광판을 통과한 빛의 편광방향과 세기는 얼마인가?

15 편광되지 않은 빛이 세 개의 편광판을 지나간다. 첫 번째 편광판의 편광축은 수직이고, 두 번째 편광축은 수직과 30°를 이루고 있으며, 세 번째 편광축은 수직에서 75°를 이루고 있다. 세 편광판을 통과한 빛의 세기는 얼마인가?

16 전자기 유도와 관련된 다음의 용어 및 원리들을 설명하라.
(a) Faraday's Law of Induction
(b) 발전기(Electric Generator)의 원리
(c) 역기전력(Back emf)

17 감은 횟수가 50회인 3cm×6cm의 직사각형 코일이 있다. 이 코일이 0.4T의 거의 균일한 자기장을 발생시키는 말굽자석의 양극 사이에서 회전하고 있다. 따라서 이 코일의 면은 자기장에 수직할 때도 있고 평행할 때도 있다.
(a) 직사각형 코일의 면적을 구하라.
(b) 코일이 회전할 때 코일을 통과하는 총 자기선속의 최대값을 구하라.
(c) 코일이 회전할 때 코일을 통과하는 총 자기선속의 최소값을 구하라.
(d) 코일이 매초 1회전의 일정하게 회전한다면 최대의 선속에서 최소의 선속으로 변하는 데 몇 초 걸리겠는가?
(e) 최대의 선속에서 최소의 선속으로 될 때 코일에서 유도되는 전압의 평균값은 얼마인가?

Fundamentals of Physics

23 빛의 반사와 굴절

파동은 전파되기 위해서 매질을 필요로 하지만 빛은 매질이 없어도 전파된다. 빛은 동일 매질인 경우에는 굴절되지 않고 직진한다. 공기 중을 직진해 온 빛이 유리병 속에 담긴 물을 통과하면서 그 경로가 휘어지게 된다. 이를 **굴절 현상**이라 하며 유리병 표면에서 다시 반사되는 현상도 함께 일어난다.

23.1 빛의 반사와 굴절

지난 수백 년 동안 빛이 입자라고 하는 주장과 파동이라고 하는 주장이 대립되어 왔으며, 서로의 증거를 보완하는 과정에서 많은 과학적 지식이 발전하였다. 아이작 뉴턴은 그의 저서 '광학'에서 빛은 입자라고 주장하였다. 그러나 호이겐스 등은 빛을 파동이라고 생각하였다. 그는 입자로 설명되었던 빛의 반사와 굴절도 파동으로 설명하였다. 현상에 따라 전부 혹은 부분적으로 서로의 주장이 올바르다고 이해되어 왔다. 20세기에 들어서 양자역학의 발전으로 인하여 비로소 빛의 본질에 대한 올바른 이해가 이루어졌다. 지금은 빛이 입자와 파동의 이중성을 갖고 있는 것으로 이해되고 있다. 빛의 파장이 짧아지면 입자적인 성질이 강해지고, 파장이 길어지면 파동적 특성이 강해진다. 외관상으로도 명백히 물질로 이루어진 입자도 파동적 특성을 가지고 있다. 물질의 경우 크기가 작아지고 운동량이 작으면 파동적 성질이 두드러진다.

- **빛의 파동적 특성 – 회절성**

  파동적 특성을 지지하는 실험적 현상: 회절, 영의 실험(이중슬릿 간섭 실험), X선 회절, 스펙클(specle), Rayleigh 산란, Mie 산란, 달무리

- **빛의 입자적 특성 – 직진성**

  입자적 특성을 지지하는 실험적 현상: 광전효과, 복사압, X선 영상 촬영

- **빛의 양면적 특성을 지지하는 실험적 현상: 콤프턴 효과**

  빛의 반사와 굴절 현상은 입자적 측면과 파동적 측면 모두에서도 해석이 가능하다. 그러나 반사와 굴절은 빛의 진행 경로에 밀접하게 연관된 현상이므로 빛의 진행 방향을 신속하게 시각적으로 표현하면 편리하다. 그래서 입자적 측면의 해석이라고 볼 수 있는 '**광선**(ray)'이라고 하는 직진하는 빛의 궤적을 사용한다. 빛의 반사와 굴절은 주변에서 자주 볼 수 있는 여러 현상들에 밀접히 관련되어 있어 조금만 주의해서 보면 쉽게 관측이 가능하다.

예제 23.1 그림 23.1과 같이 반지름이 R인 태양에서 거리 L만큼 떨어진 위치에 반경이 r인 지구가 있다. 그림에서 태양을 볼 수 없는 영역을 본 그림자라고 하고 태양의 일부가 관측되는 영역은 반그림자라고 한다. 본 그림자의 길이 ℓ 을 구하라.

풀이 태양과 점 A가 이루는 삼각형과 지구와 점 A가 이루는 삼각형이 서로 닮은꼴이므로

$R : r = L+\ell : \ell$ 이므로, $\ell = \dfrac{r}{R-r}L$이 된다.

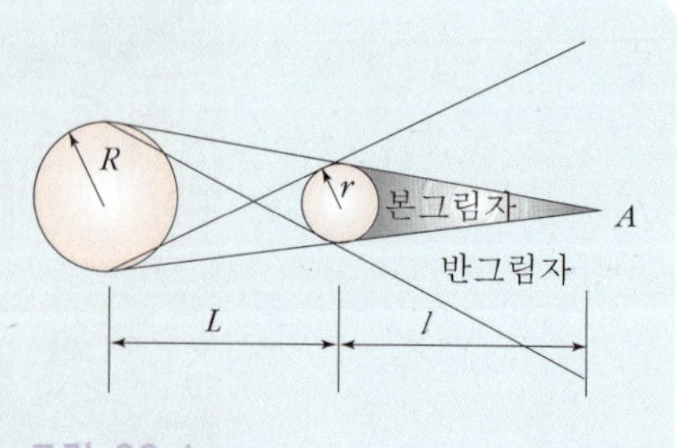

그림 23.1
지구에 의한 태양 그림자의 형성 모습

23.2 빛의 반사

거울은 청동기시대부터 사용된 인류와 친근한 생활용품이다. 창문의 좁은 틈 사이로 들어온 광선을 거울에 비추면 반사된 빛은 직진하여 건너편 벽을 비춘다. 이 거울면에 수직으로 올린 직선(법선)과 입사광선 사이의 각 θ_i를 **입사각**이라 하고 반사된 광선과 법선이 이루는 각 θ_r을 **반사각**이라고 한다. 빛의 반사에 대한 법칙은 '입사각과 반사각은 크기가 같으며 동일 **입사면** 위에 있다'는 것이다. 입사광선과 반사광선, 법선이 만드는 면을 입사면이라고 하며 이것은 접히지 않은 평면이다. 그림 23.3에서 보듯이 광선이 A점으로 들어와 거울면상의 O점을 거쳐 B에 도달하는 거리가 최단거리이다. 이렇듯 '빛은 두 점 사이에서 시간이 가장 적게 걸리는 경로를 따라서 진행한다'는 것을 '**페르마의 원리**'라 한다.

그림 23.2
빛의 반사에 의해 수면이 마치 거울 같은 역할을 한다.

예제 23.2 페르마의 원리로부터 입사각 $\theta_i = \theta_r$이 됨을 보여라.

풀이 A에서 출발하여 표면의 한 점 O를 지나 B로 향하는 광선의 거리 $\overline{AOB}$는

$$\sqrt{h^2+x^2} + \sqrt{h^2+(a-x)^2}$$

이다. 최단거리는 이것을 x에 대하여 미분한 값이 0이어야 하므로

$$\frac{x}{\sqrt{h^2+x^2}} + \frac{-(a-x)}{\sqrt{h^2+(a-x)^2}} = 0$$

이 된다.

$$\frac{x}{\sqrt{h^2+x^2}} = \sin\theta_i$$

이고,

$$\frac{(a-x)}{\sqrt{h^2+(a-x)^2}} = \sin\theta_r$$

이므로 $\theta_i = \theta_r$이 된다.

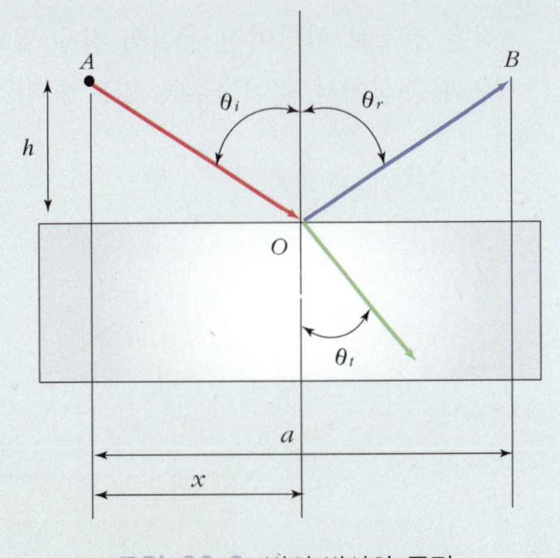

그림 23.3 빛의 반사와 굴절

23.3 빛의 굴절

그림 23.4
공기와 물의 경계면에서 만들어지는 빛의 굴절 현상

그림 23.4와 같이 꽃을 물이 담긴 어항에 꽂아두고 측면에서 바라보면 물속에 잠긴 부분과 물 바깥 부분은 서로 굽어져 보인다. 이것은 빛의 굴절현상 때문에 생긴 것이다. **굴절**(refraction)이란 빛이 **굴절률**이 서로 다른 영역을 지나갈 때, 경계면에서 광선의 방향이 굽어지는 현상이다. 굴절각은 경계면의 법선과 굴절된 광선이 이루는 각으로 정의되며, 그림 23.5에서 매질 1에서 매질 2로 빛이 진행할 때 입사각과 굴절각은 굴절률과 다음의 관계가 있다.

$$\frac{\sin\theta_1}{\sin\theta_2} = \frac{n_2}{n_1} \tag{23.1}$$

이 법칙은 스넬(Snell, 1591~1627)에 의하여 실험적으로 발견되었으므로 **스넬의 굴절법칙**이라고 한다. 위의 법칙에서 보듯이, 굴절률이 큰 곳에서 작은 곳으로 빛이 진행하면 굴절각은 입사각에 비하여 작아진다. 또한, 빛의 진행은 가역적이므로 굴절률이 작은 매질에서 굴절률이 큰 매질로 진행하는 경우에는 경계를 지난 빛의 진행 방향이 법선에서 멀어지는 방향으로 굽어진다. 같은 원소로 이루어진 물질의 경우 밀도가 증가하면 굴절률은 증가한다. 지구의 대기는 지구의 중심에서 멀어질수록 밀도가 감소한다. 따라서 석양 무렵이나 해 뜰 무렵 태양에서

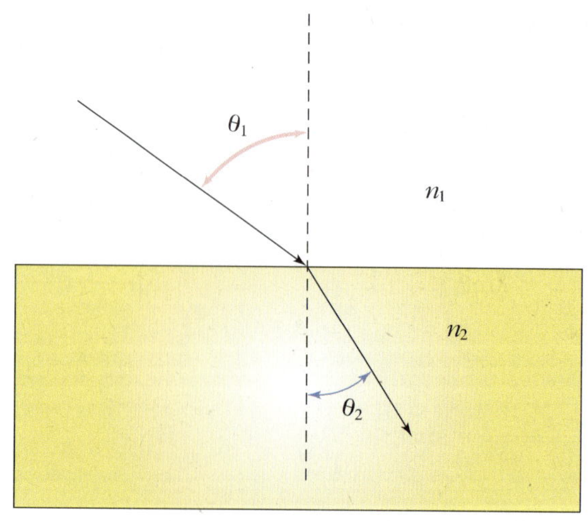

그림 23.5 빛의 굴절. 빛이 직진하다가 밀도가 다른 경계면을 만나면 그 경로가 휘어지게 된다.

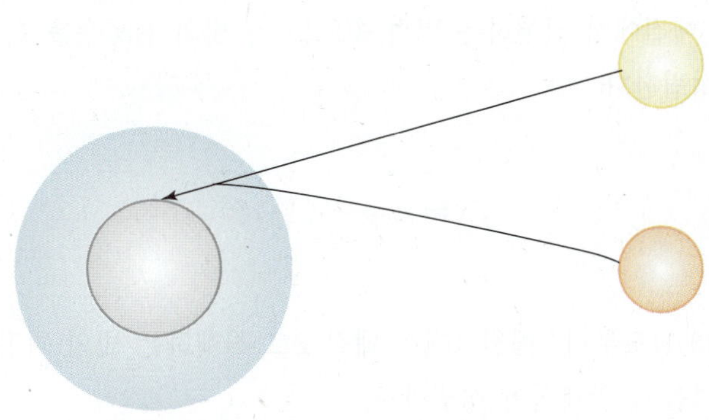

그림 23.6 빛의 굴절로 인해 일몰시간이 원래 시간 보다 더 늦게 느껴진다.

지구로 향하는 빛은 그림 23.6에 보이듯이 지면으로 굽어진다. 이로 인하여 '기하학적인 하루의 길이'는 실제 관측되는 '광학적인 하루의 길이'보다도 짧다. 다른 예로 사막에서는 한낮의 뜨거운 열로 인하여 지표면 근처의 공기 밀도가 고도가 증가할수록 증가한다. 이로 인하여 파란 하늘의 모습이 굽어서 우리 눈에 들어오고, 마치 땅위에 호수가 있는 듯 느껴지는 신기루 현상이 발생한다. 봄날의 들판에서 아지랑이로 인하여 물체가 일그러져 보인다거나, 화로 뒤편의 물체를 볼 때 물체가 어른거리는 모습을 보게 되는 이유도 뜨거운 공기의 밀도가 낮아서 차가운 공기와의 밀도차이로 광선이 굽어져서 빛이 움직이는 경로가 흔들리기 때문이다.

굴절률이 다른 매질로 진행하면 빛이 진행하는 속력도 달라진다. 굴절률이 서로 다른 매질을 통과할 때, 광선의 진행방향이 변하는 것은 광선의 진행속도가 매질에 따라 변하기 때문이다. 진공 속에서 빛의 속력은 c로 표현하며, 3×10^8 m/s 의 값을 가진다. 이 속력은 굴절률이 n인 매질을 진행할 때면 c/n으로 감소한다. 즉, **굴절률**은 다음과 같이 정의할 수 있다.

$$n = \frac{c}{v} = \frac{\text{진공에서 빛의 속력}}{\text{매질에서 빛의 속력}} \tag{23.2}$$

표 23.1에 여러 가지 매질의 굴절률을 나타내었다. 공기의 굴절률은 진공과 거의 같다.

표 23.1 여러 물질들의 굴절률(측정 파장은 589nm이다.)

물질(액체)	굴절률	물질	굴절률
물	1.33	얼음	1.31
에틸알코올	1.36	유리	1.52
벤젠	1.50	형석	1.43
이황화탄소	1.63	다이아몬드	2.42

굴절률이 n인 매질에서 진행하는 빛의 속도를 v, 빛의 진동수를 f, 파장을 λ라 하면 다음의 관계식이 성립한다.

$$f\lambda = v = \frac{c}{n} \tag{23.3}$$

이 식과 식 (23.1)로부터, 매질 1에서 매질 2로 진행하는 빛의 파장과 속도, 굴절률, 굴절각 사이에는 다음의 관계식이 성립한다.

$$\frac{v_1}{v_2} = \frac{\sin\theta_1}{\sin\theta_2} = \frac{\lambda_1}{\lambda_2} = \frac{n_2}{n_1} \tag{23.4}$$

빛의 진동수(주파수)는 매질에 무관하게 동일한 값을 가진다. n_1, v_1, θ_1은 각각 매질 1에서의 굴절률, 속도, 입사각이다.

예제 **23.3** 굴절률이 1인 매질에서 굴절률이 1.5인 매질로 전파하는 광선이 있다. 진공에서 광선의 파장이 600 nm이면 각 매질에서의 파장과 진동수를 구하여라.

풀이 빛의 속도가 $3\times 10^8\,\mathrm{m/s}$이므로 굴절률인 1인 곳에서는 파장은 600nm, 진동수는

$$3\times 10^8\,\mathrm{m/s}/(600\times 10^{-9}\,\mathrm{m/s}) = 5\times 10^{14}\,\mathrm{s}^{-1}$$

이다. 굴절률이 1.5로 바뀌면 파장은 $600\,\mathrm{nm}/1.5 = 400\,\mathrm{nm}$가 되고, 진동수는 변함이 없다.

23.4 빛의 전반사

굴절율(n_1)이 큰 매질 1에서 굴절율(n_2)이 작은 매질 2로 빛이 진행하는 과정을 생각해보자. 식 (23.4)의 관계식에서 입사각 θ_2는 굴절각 θ_1보다 항상 커야 한다. 그러나 θ_2의 최대각은 90°을 넘을 수 없으므로 위의 식을 만족하는 입사각의 한계가 있게 된다.

$$\frac{\sin\theta_1}{\sin 90^\circ} = \frac{n_2}{n_1} \tag{23.5}$$

이 한계 입사각을 **임계각**(critical angle)이라고 하며, 임계각에서 빛은 경계면을 따라서 진행한다. 입사각이 임계각보다 조금이라도 더 크면 **전반사**가 되어서 거울에서의 반사와 동일해진다. 전반사는 프리즘과 같은 광학부품의 원리이며, 광섬유에서 빛이 손실 없이 전파할 수 있는 근거가 된다.

예제 23.4 다음과 같이 공기($n=1$) 중에 굴절률이 n_2인 유리판 사이에 굴절률이 n_1인 유리판이 샌드위치처럼 겹쳐져 있다. 가운데 있는 판으로 입사된 빛이 반대편으로 나올 수 있게 하기 위한 입사각과 굴절률 사이의 관계식을 구하라.

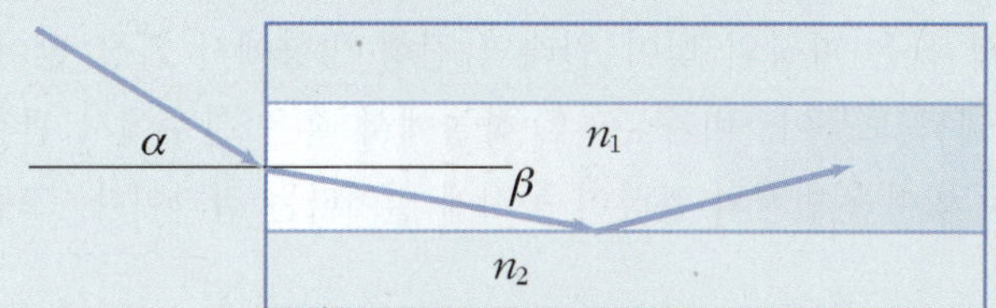

그림 23.7 굴절율 n_2인 매질 내부에 끼인 굴절율이 n_1인 매질을 통과하는 빛의 경로. 전반사가 일어나기 위한 조건은 $n_1 > n_2$이다.

풀이 그림 23.7의 입사면에 스넬의 법칙을 적용하면,

$$\frac{\sin\alpha}{\sin\beta} = \frac{n_1}{1}$$

이다.

두 유리판내부에서 일어나는 전반사에 대한 임계각은 스넬의 법칙에 의하면, $\frac{\sin(90° - \beta)}{1} = \frac{n_2}{n_1}$ 이므로 $\cos\beta = n_2/n_1$이다. 따라서

$$\sin\alpha = n_1 \sin\beta = n_1\sqrt{1-\cos^2\beta}$$

$$= n_1\sqrt{1-(n_2/n_1)^2} = \sqrt{n_1^2 - n_2^2}$$

얇은 유리판의 건너편에 도달하기 위해서는 $\alpha = \sin^{-1}\sqrt{n_1^2 - n_2^2}$ 보다 작은 각으로 입사되어야 한다. 광섬유에서 진행하는 빛은 이러한 법칙을 응용한 것이다.

23.5 빛의 분산

매질의 굴절률은 입사하는 빛의 파장에 따라서 다르다. 이것을 **분산**(dispersion)이라고 한다. 굴절률이 파장의 함수이므로 백색광이 입사하면 파장에 따라서 굴절각이 달라진다. 이 같은 빛의 분산은 어항이나 유리창 모서리에서 투과한 햇빛이 무지개처럼 여러 색으로 나누어지는 현상에서 볼 수 있다. 일반적으로 매질의 굴절률은 파장이 감소하면 증가한다. 따라서 굴절된 빛을 보면 파장이 짧은 파란색이 법선에 가까운 방향으로 굽어져 있다.

프리즘은 물질의 분산 특성을 이용하여 빛의 파장을 분석하는 데 사용된다. 그림 23.8과 같이 세 각이 60°인 프리즘을 분산프리즘이라고 한다. 그림에서 보듯이 빛은 두 번의 분산을 거치면서 짧은 파장의 빛이 원래의 진행 방향에서 가장 많이 휘어진다.

그림 23.9에서 보듯이, 비가 온 후 하늘에서 혹은 분수에서 관찰되는 무지개는 공기 중의 물방울에서 빛이 전반사와 분산이 동시에 일어나는 결과이다. 그림과 같이 반사를 거친

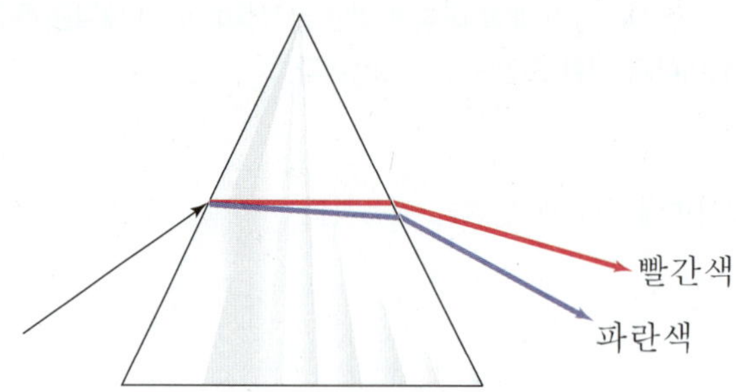

그림 23.8 프리즘에 의한 빛의 파장별 분산 과정

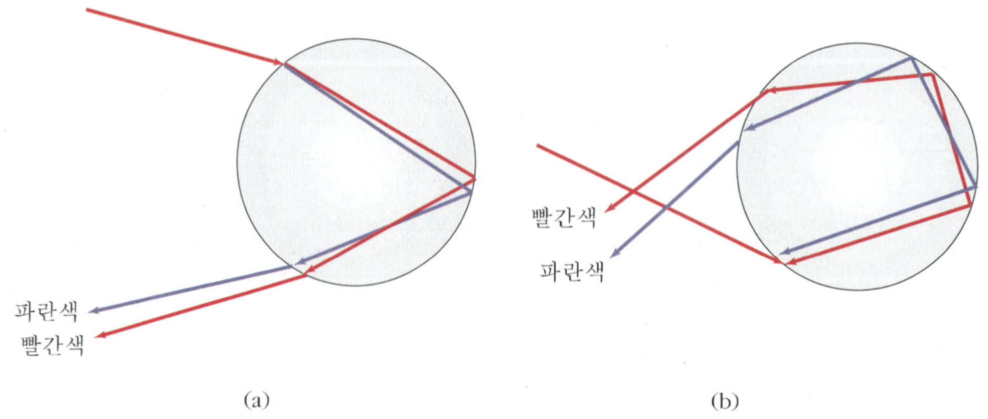

그림 23.9 굴절 및 반사에 의해 물방울이 만드는 무지개 현상

그림 23.10 비온 뒤에 빛의 분산현상(굴절과 반사가 혼합하여 만들어 짐)으로 만들어진 무지개

빛은 진행방향과 거의 반대로 향하게 되므로 무지개는 등 뒤에서 태양이 비추고 있을 때 관찰된다. 굴절과 반사는 관찰자가 바라보는 원추형 입체각 주변으로 발생하며 빨간색의 각반지름은 42도이고 파란색은 40도이어서 빨간색 고리 안에 파란색 고리가 보인다. 지평면에서는 반이 가려져 반원형이 되나, 비행기에서 보면 원형으로 관측된다. 무지개는 물방울에서 반사가 2번 일어나는 경로로도 발생하는데 이를 2차 무지개라고 한다. 그림 23.9 (b)에 그 경로를 표시하였다. 색의 배열이 일차무지개에 비하여 반대로 되어있다.

예제

23.5 그림 23.11과 같이 광축에 평행하게 진행하는 광선이 양 볼록 렌즈에 의하여 굴절된다. 입사광에 파란색과 빨간색이 섞여있다면 그림에서의 A와 B중에서 파란색에 해당되는 것은 어느 것인가?

풀이 굴절률이 파장의 함수이며, 일반적으로 파장이 짧을수록 굴절률이 크다. 파란색이 더 큰 각으로 굴절되므로 A가 파란색에 해당 된다. 광축에 평행한 광선이 광축과 만나는 점에서 렌즈까지의 거리가 초점거리이다. 이와 같이 파장에 따라서 초점거리가 달라지는 현상을 색수차라고 한다.

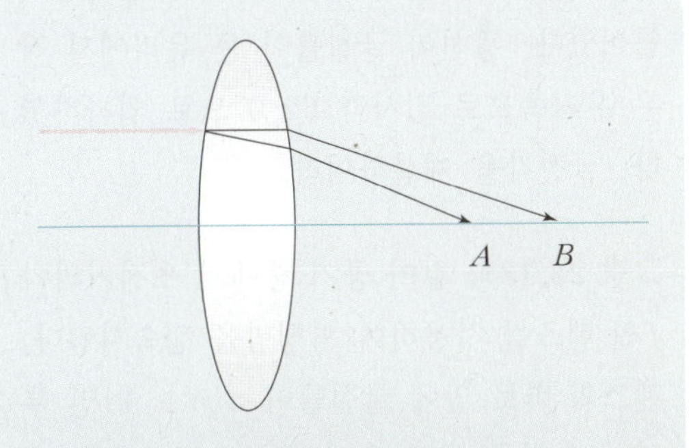

그림 23.11 볼록렌즈에 의한 빛의 굴절. 파장이 길수록 굴절이 더 작게 된다.

연습문제

EXERCISES

1 그림 23.12와 같은 쇄기 모양의 얇은 유리판(굴절률 = n)을 지날 때, 빛의 진행 각도 ϕ가 어느 정도 변하는가? 굴절되는 각 θ는 아주 작아서 $\sin\theta \simeq \theta$로 근사할 수 있다고 가정하라.

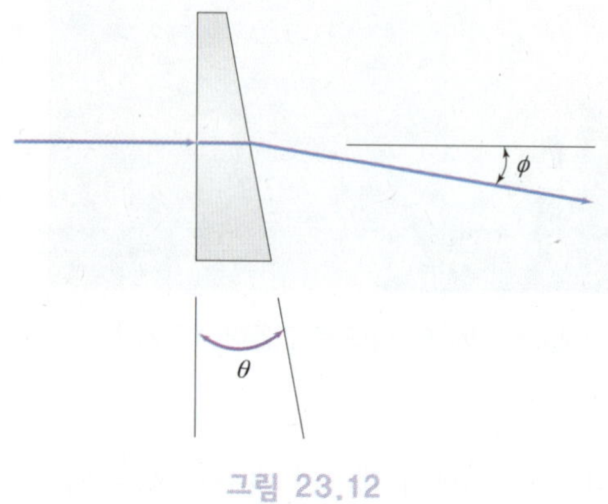

그림 23.12

2 어떤 빛의 파장이 진공에서 650nm이다.

(a) 굴절률이 1.47인 액체에서 이 빛의 속도는 얼마인가?

(b) 이 액체 속에서 빛의 파장은 얼마인가?

3 굴절률이 1.70과 1.58인 두 개의 유리판이 붙어있다. 광선이 굴절률이 큰 유리에서 작은 유리쪽으로 입사각 62.0°으로 입사하였다. 굴절각을 계산하여라.

4 그림 23.13과 같이 공기 중에서 초점거리가 f인 렌즈를 사용하여 평행광을 집속시킨다. 렌즈의 바로 앞에 굴절률이 $n(n \geq 1)$인 투명한 유리를 두면 초점거리는 공기($n = 1$) 중에서 집속시킬 때에 비하여 어느 방향으로 어느 정도 이동하는가? 렌즈의 중심에서 유리 표면까지의 거리는 무시한다. 또한, 초점거리가 충분히 길고 굴절되는 각 θ는 아주 작아서 $\sin\theta \simeq \theta$로 근사할 수 있다고 가정하라.

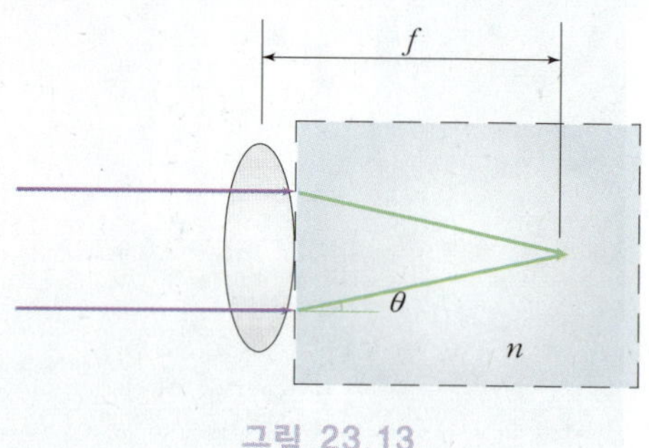

그림 23.13

5 그림 23.14와 같이 공기 중에서 초점거리가 f인 렌즈를 사용하여 평행광을 집속시킨다. 렌즈의 바로 앞에 두께가 $t(t < f)$이고 굴절률이 $n(n > 1)$인 투명한 유리를 두면 초점거리는 공기($n = 1$) 중에서의 초점거리 f'에서 얼마나 이동하는가? 렌즈의 중심에서 유리 표면까지의 거리는 무시한다. 또한, 초점거리가 충분히 길고 굴절되는 각 θ는 아주 작아서 $\sin\theta \simeq \theta$로 근사할 수 있다고 가정하라.

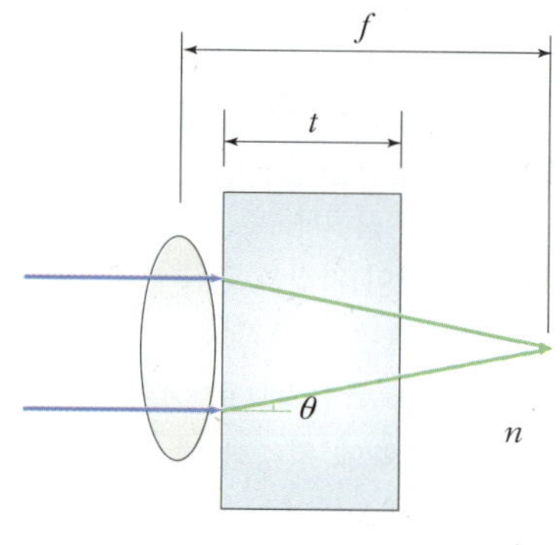

그림 23.14

6 그림 23.15와 같이 높이가 a이고 반지름이 b인 속이 빈 원기둥 모양의 통이 있다. 통의 바닥 중심에는 작은 동전이 있다. 통의 바닥에서 높이가 $2b$인 곳에 크기가 아주 작은 구멍이 있어(단, 구멍의 두께 = 구멍의 폭) 구멍 속을 들여다 볼 수 있으나 볼 수 있는 최대각은 45도이어서 동전이 보이지 않는다. 굴절의 법칙을 활용하여 동전을 보기 위해서 통속에 물(굴절률 = 1.5)을 붓는다. 어느 정도의 높이까지 물을 부으면 동전이 보이기 시작하겠는가?

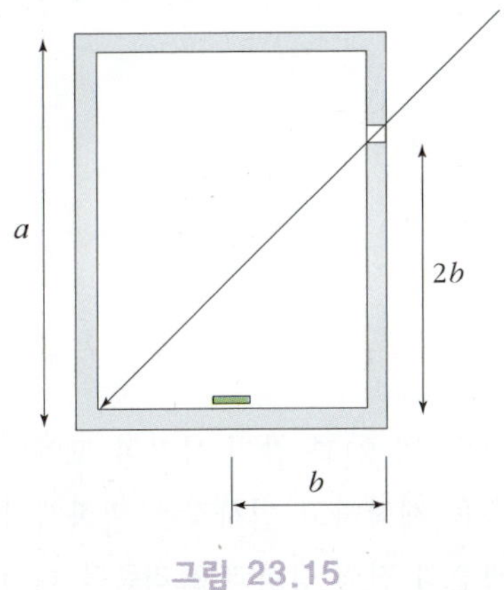

그림 23.15

7 물속에서 잠수부가 수직과 45.0°의 겉보기 각으로 태양을 보고 있다. 실제로 태양은 어디에 있는가?

8 그림 23.16과 같이 평행한 2개의 광선이 굴절률이 n_i인 매질 내부를 진행하고 있다. 광선 사이의 최단 거리는 d_i이다. 이 광선이 굴절률이 n_r인 매질로 굴절되어 진행할 때 광선 사이의 최단거리의 비 $\frac{d_i}{d_r}$를 n_i, n_r, $\sin\theta_i$로 표현하라.

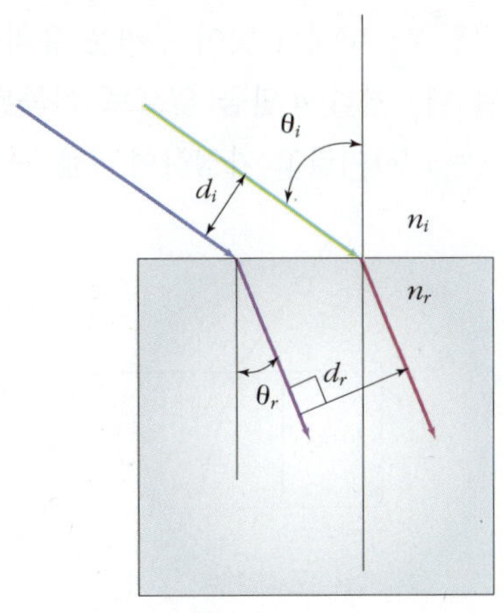

그림 23.16

9 그림 23.17과 같이 광선이 공기속($n =$ 1)에서 굴절률이 n인 투명한 평행판을 지나고 있다. 평행한 판은 빛의 진행 방향에 대하여 기울어져 있고, 판의 법선과 입사광선이 이루는 입사각은 θ_i이다. 평행판을 지난 다음에 빛의 경로는 원래의 경로에 대하여 거리가 d만큼 이동한다. 이동 거리 d를 판의 두께 t, 입사각 θ_i, 굴절각 θ_r, 굴절률 n으로 표현하라. 입사각과 굴절각이 매우 작은 경우의 근사식도 구하라. 공기의 굴절률은 1이다.

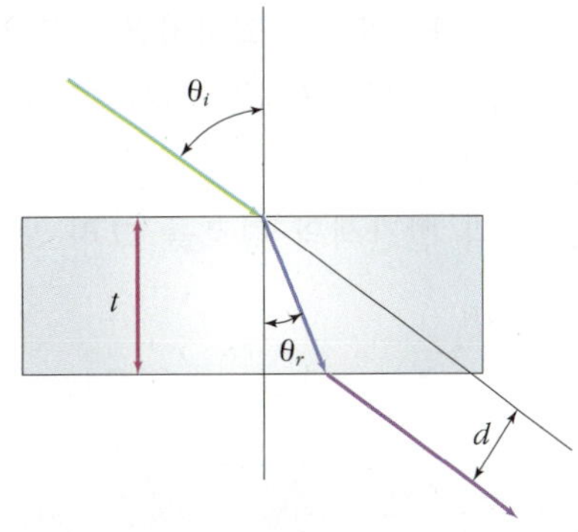

그림 23.17

10 그림 23.18처럼 빛이 두꺼운 유리블록을 지날 때, 거리 d만큼 옆으로 이동된다. $n=1.50$이라고 가정하여 d를 구하라.

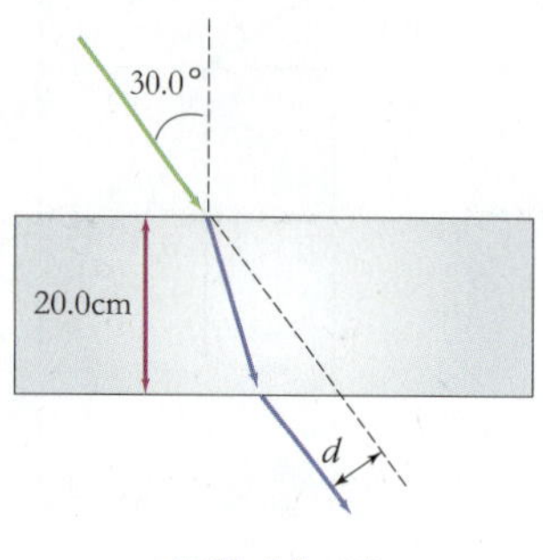

그림 23.18

11 위 문제에서 빛이 유리블록을 통과할 때 걸리는 시간을 구하라.

12 빛에 반사와 굴절에 대한 법칙은 소리에 대해서도 성립한다. 공기 속에서 음속은 340m/s이고, 물속에서는 1510m/s이다. 음파가 물의 평면에 입사각 12.0°로 다가간다면 굴절각은 얼마인가?

13 그림 23.19와 같이 폭을 무시할 수 있는 백색광 빛이 평면 평행 유리판에 입사각 θ_i로 입사된다. 유리판의 바닥에는 거울이 코팅되어있다. 파장이 짧아지면 유리의 굴절률이 증가한다는 사실을 고려하여 유리판 내부와 유리판을 나갈 때의 백색광에 포함된 파란색과 빨간색의 경로를 그려 보아라.

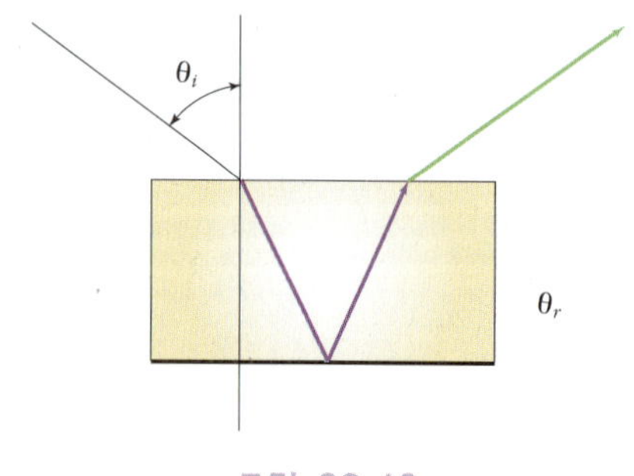

그림 23.19

14 펠린-브로카(Pellin-Broca) 프리즘은 그림 23.20과 같이 사각형의 모양을 갖고 있으며, 입구와 출구에서 굴절을 하고, 내부에서 두 번 전반사를 한다. 파장이 짧아지면 유리의 굴절률이 증가한다는 사실을 고려하여 프리즘의 한 변에 입사된 백색광에 포함된 파란색과 빨간색의 경로를 프리즘을 빠져나간 후까지 그려 보아라. 입사하는 빛의 진행 방향에 대하여 프리즘을 나가는 빛의 진행 방향이 90° 근처로 꺾였음을 보여라.

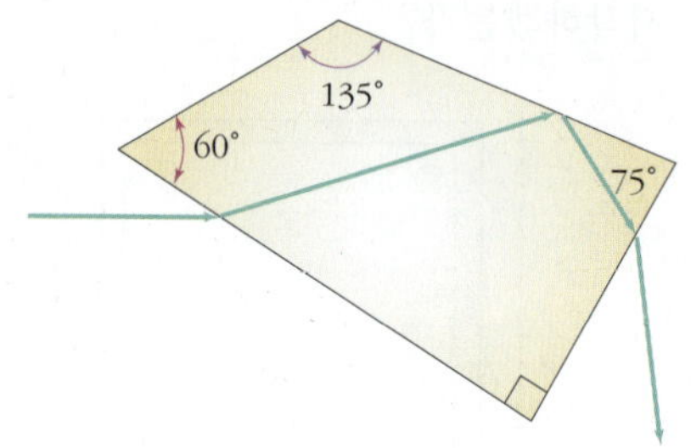

그림 23.20

15 그림 23.21과 같이 삼각형 모양의 등각프리즘을 제작하고 입사각을 변화시키면서 원래 광선의 진행 방향과 프리즘을 나가는 광선의 편의각 δ를 측정한다. 이 편의각이 최소가 되는 최소 편의각에서는 프리즘에 입사되는 빛과 굴절되어 나가는 빛은 서로 대칭적 구조를 가지며 최소 편의각을 측정하면 재질의 굴절률을 구할 수 있다. 프리즘의 굴절률 n을 프리즘 정점의 각 ϕ와 최소 편의각 δ를 사용하여 표현하라.

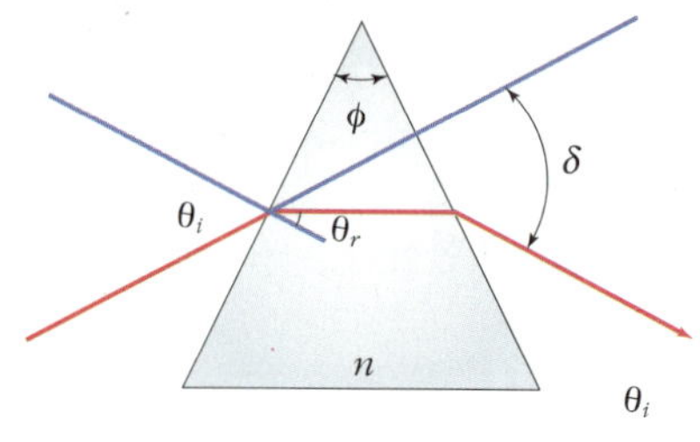

그림 23.21

16 금속에 그림 23.22와 같은 입구의 직경이 5cm이고, 길이가 20cm인 속이 빈 꼭지점이 잘린 원추 형태의 구멍을 표면이 매끈하게 가공하였다. 구멍의 내부에서는 모든 입사각에 대하여 전반사가 생긴다. 입구의 상단에서 구멍의 대칭축에 대하여 10° 기울어진 광선이 입사할 때, 이 광선은 구멍을 빠져나가기 전에 몇 번 구멍의 벽면과 충돌하겠는지 빛의 진행 경로를 그려보면서 확인하라.

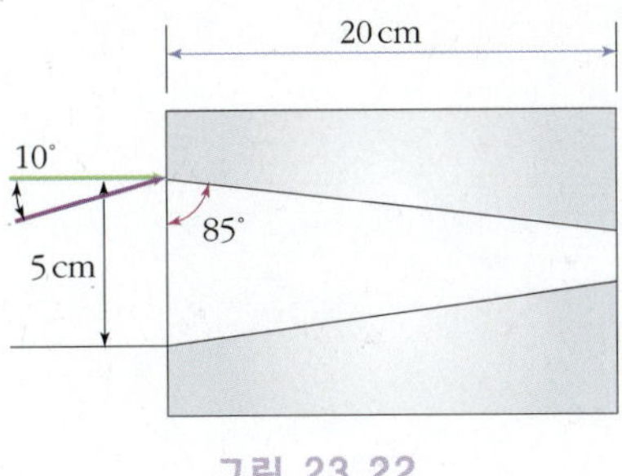

그림 23.22

24 거울과 렌즈

빛은 일종의 전자기파이다. 이러한 전자기파를 비롯한 음파, 물결파 등 다양한 종류의 파 앞에 장애물이 놓여 있다면 모든 파가 반드시 직진만 하는 것은 아니다. 그러나 거울이나 렌즈, 슬릿 등과 같이 장애물의 크기가 가시광선의 파장에 비해 크면 빛은 직진한다. 이렇게 직진하는 빛이 거울과 렌즈를 통과할 때 일어나는 현상을 취급하는 것을 기하광학이라 하고 파동광학과 구분하여 다룬다. 이 장에서는 임의의 투명한 매질을 통과할 때 반사(reflection)와 굴절(refraction)의 기본현상을 토대로, 파가 평면거울과 구면거울(오목거울, 볼록거울)을 직진할 때 일어나는 현상과, 망원경과 광학현미경 등의 광학기기에 주로 사용되는 수렴렌즈와 발산렌즈 등의 얇은 렌즈를 통과할 때 일어나는 현상을 공부한다.

24.1 평면거울

그림 24.1은 평면거울로 거울 앞에 거리 p에 위치한 점 O(Object)에 점광원이 놓여있다. 거리 p는 물체거리(object distance)로 물체에 대응된 거리이다. 빛은 광원을 출발하여 거울에서 반사되고 반사 후에 빛은 퍼지지만 퍼진 빛의 경로(광선)들을 연장하면 그림에서의 점선들과 같이 한 점 I에서 만난다.

점 I는 O에 대응한 물체의 **상**(image)으로 광선들이 교차하는 위치에 형성되고 광선은 마치 거울의 뒤에 위치한 I에서 발사되는 것처럼 보인다. 여기에서 거리 q는 **상거리**(image distance)이다.

상은 실상과 허상이 있다. **실상**이란 광선이 실제로 **상점**(image point)과 교차하면서 상점을 통과하는 곳에 형성되는 상을 말하며 **허상**은 광선이 실제로 상점을 지나가지는 않지만 마치 그 점을 지나면서 빛을 발하는 것 같이 상이 형성되는 경우이다. 그림 24.2는 간단한 기하학적인 방법으로 평면거울에 형성된 상을 그린 것이다. 상이 어떻게 형성되는지를 알기 위해서는 빛이 거울에서 반사될 때 적어도 두 개 광선의 경로를 추적해야 한다. 이 중에 하나는 P로부터 거울까지 수평 경로 PQ를 지나 다시 같은 경로로 반사된다. 두번째 광선은 비스듬한 경로 PR을 따라 반사된다. 거울 왼쪽의 관측자는 두 반사광선이 마치 점 P'

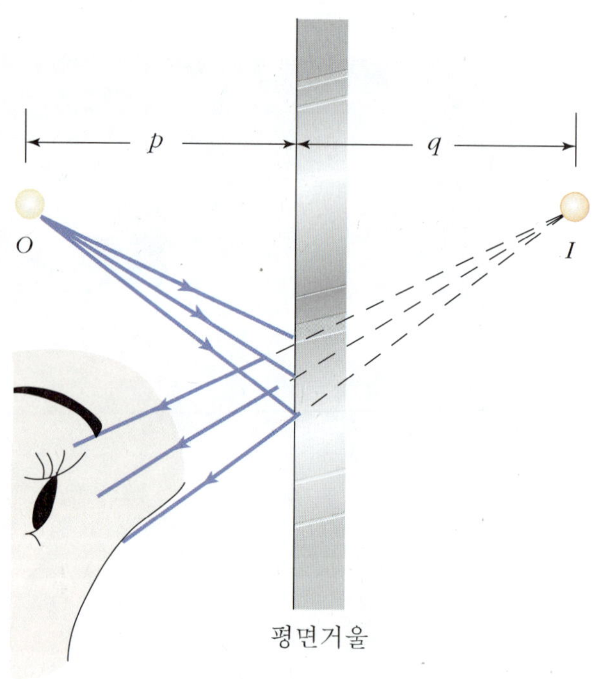

그림 24.1 평면거울로의 반사에 의한 상. 상점 I는 물체거리 p와 동일한 거리의 거울 뒤 쪽 q에 위치한다.

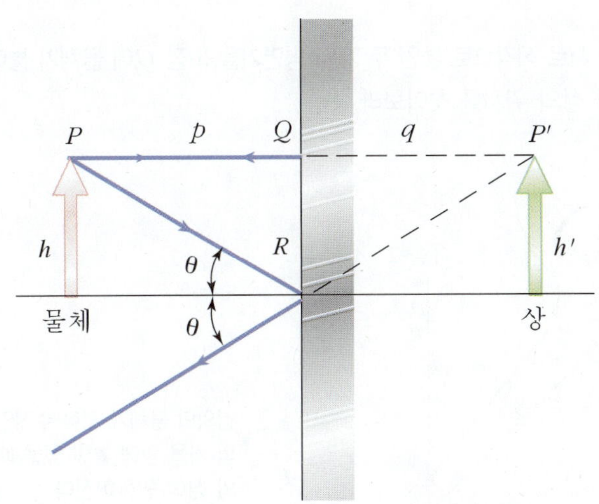

그림 24.2 평면거울 앞에 위치한 물체의 상에 대한 기하학. 삼각형 PQR과 $P'QR$은 일치하므로 $p=|q|$, $h=h'$이 된다.

에서 발사하는 것처럼 여긴다. 물체의 P점 외에 다른 위치들도 이러한 과정을 통해 결국 거울 오른쪽의 기다란 화살표의 허상을 만들게 된다. 삼각형 PQR과 $P'QR$은 합동이므로 $PQ = P'Q$가 된다. 결국 평면거울 앞에 위치한 물체의 상은 거울 앞에서 물체까지의 거리와 동일한 거리만큼의 거울 뒤쪽에 위치한다.

또한 기하학적으로 물체 높이 h와 상 높이 h'은 같다. 이 때 **배율**(magnification) M은 아래와 같이 정의한다.

$$M \equiv \frac{\text{상높이}}{\text{물체높이}} = \frac{h'}{h} \tag{24.1}$$

이것은 모든 형태의 거울에 적용되는 배율의 일반적인 정의이다. 평면거울에서는 $h' = h$이므로 배율은 $M = 1$이다.

평면거울에 의해 형성된 상은 다음과 같은 성질들을 갖는다.

1. 상은 거울 앞에 있는 물체까지 거리와 동일한 거리로 거울 뒤쪽에 위치한다.
2. 상은 허상이며, 확대되지 않고, 똑바로 서 있다(물체의 화살표 방향이 위쪽일 때 상의 화살표 방향도 위쪽이다).

또한, 평면거울은 외견상 상하의 위치는 동일하지만 좌우의 상은 서로 뒤바뀐다. 이러한 뒤바뀜은 거울 앞에 서서 오른손을 올리면 보이는 상은 왼손을 올린 것이 되고 마찬가지로 오른쪽 볼에 검은 점이 있다면 왼쪽 볼에 있는 것으로 보인다.

예제 **24.1** 그림 24.3과 같이 서로 직각으로 놓인 두 개의 평면거울의 점 O에 물체가 놓여있다. 이 때 여러 개의 상이 생기는데 이들 상의 위치를 찾아보라.

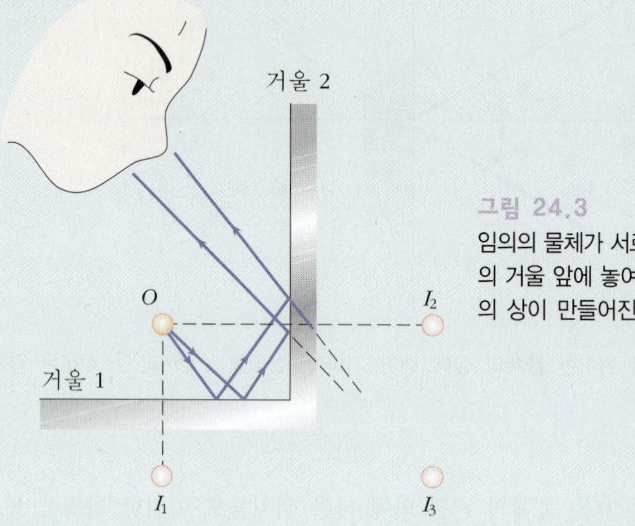

그림 24.3
임의의 물체가 서로 수직인 두 개의 거울 앞에 놓여 있을 때 세 개의 상이 만들어진다.

풀이 물체의 상은 거울 1의 I_1과 거울 2의 I_2에 있다. 또한, 상대거울에서 반사된 상이 세번째 상 I_3을 만든다. 즉, 거울 2에는 I_1의 상이 반사되어 I_3상을 만들고 같은 방법으로 거울 1에는 I_2의 상이 반사되어 I_3상이 만들어진다. 즉, I_1(또는 I_2)에 있는 상은 I_3에 대해 실물과 같은 역할을 한다. 이 상이 I_3에서 형성되기 위해서는 광선이 O에 있는 물체를 떠난 후 두 번 반사한 것이다.

24.2 구면거울

구면거울은 말 그대로 구의 일부분을 잘라내어 이루어진 곡면 모양을 하고 있다. 빛이 반사되는 면의 모양에 따라 **오목거울**(concave mirror)과 **볼록거울**(convex mirror)이 있다. 거울은 빛이 오목 또는 볼록 면으로부터 반사되도록 은으로 도금되어 있다.

오목거울

그림 24.4는 곡률반지름이 R인 표면에 빛이 반사되는 오목거울의 단면이다. C는 곡률 중심이고, 점 V는 구면부분의 중심이다. C에서 V까지 연장선을 거울의 **주축**(principal axis)이라 한다.

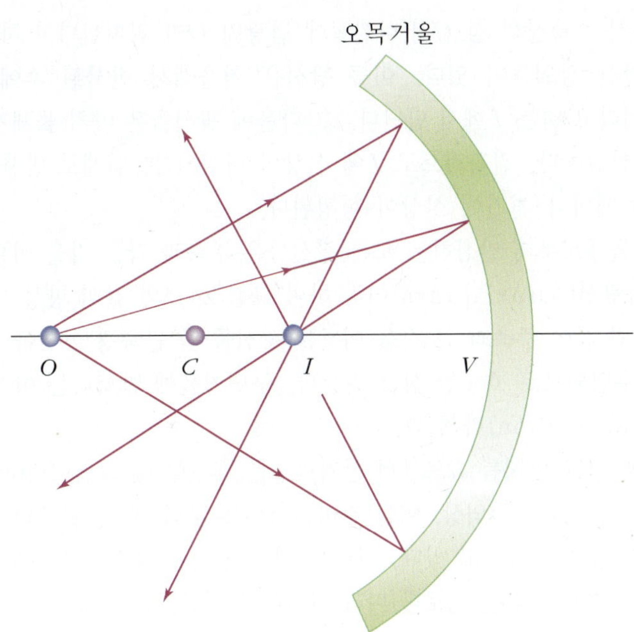

그림 24.4
오목 구면거울의 곡률 중심 밖의 O에 있는 점 물체는 I에 실상을 만든다. 만약 광선이 O로부터 작은 각으로 발산하면 그들 모두는 같은 상점을 통과하여 반사된다.

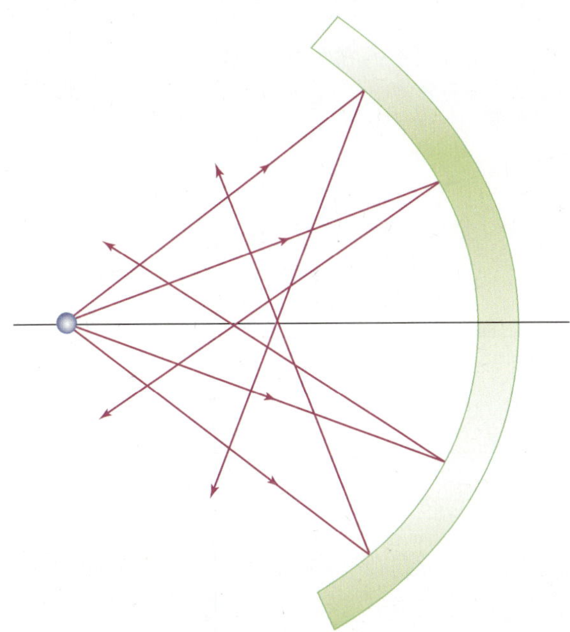

그림 24.5
주축과 큰 각으로 오목거울로부터 반사된 경우는 주축 위의 서로 다른 점에서 교차하게 되고 결과적으로 희미한 상이 형성된다. 이것을 구면수차라 한다.

이제 그림에서 주축상의 점 C의 바깥쪽에 점광원 O가 위치한다고 하자. O에서 출발하는 몇 개의 발산 광원들이 있다. 이들 광선은 거울에서 반사된 후에 수렴되어 **상점**(image point)이라고 하는 I에서 만난다. 그 다음에 광선들은 마치 물체가 거기에 있었던 것처럼 I로부터 발산한다. 결과적으로 I에 실상이 형성된다. 실제로 반사된 빛이 한 점을 통과하여 지나갈 때마다 거기에 실상이 형성된다.

지금부터는 물체로부터 발산하는 모든 광선들은 주축과 작은 각을 이룬다고 가정한다. 이런 광선을 **근축광선**(paraxial rays)이라 하며 그림 24.4와 같이 항상 상점을 지나 반사한다. 그림 24.5와 같이 주축과 큰 각을 이루는 광선들 즉 근축광선이 아닌 광선들은 주축상의 다른 점에 수렴되므로 흐릿한 상을 만든다. 구면거울에 발생하는 이러한 효과를 **구면수차**(spherical aberration)라 한다.

물체거리 p와 곡률 반지름 R로부터 상거리 q를 계산할 때 그림 24.6에 보인 기하학적인 방법을 사용할 수 있다. 편의상, 이들 거리는 점 V로부터 잰다. 물체의 끝으로부터 출발하는 두 광선을 그림에 나타내고 있다. 하나는 거울의 곡률 중심 C를 지나가서 거울 표면과 수직으로 부딪친 다음, 같은 경로를 따라 반사하고 있다. 두 번째 광선은 점 V에 부딪치며, 그림에서와 같이 반사법칙을 만족하면서 반사된다. 화살 모양의 상의 끝부분을 두 광선이 서로 교차하면서 지나가고 있다. 그림에서 가장 큰 직각삼각형(밑변 OV, 높이 h)으로부터 $\tan\theta = h/p$임을 알 수 있다. 그리고 작은 직각삼각형(밑변 IV, 높이 h')에서 $\tan\theta = -h'/q$를 얻을 수 있다. 음의 부호는 상이 거꾸로 되었다는 것을 의미하므로 h'는 음이다. 따라서 식 (24.1)과 이들 결과로부터 오목거울의 배율은

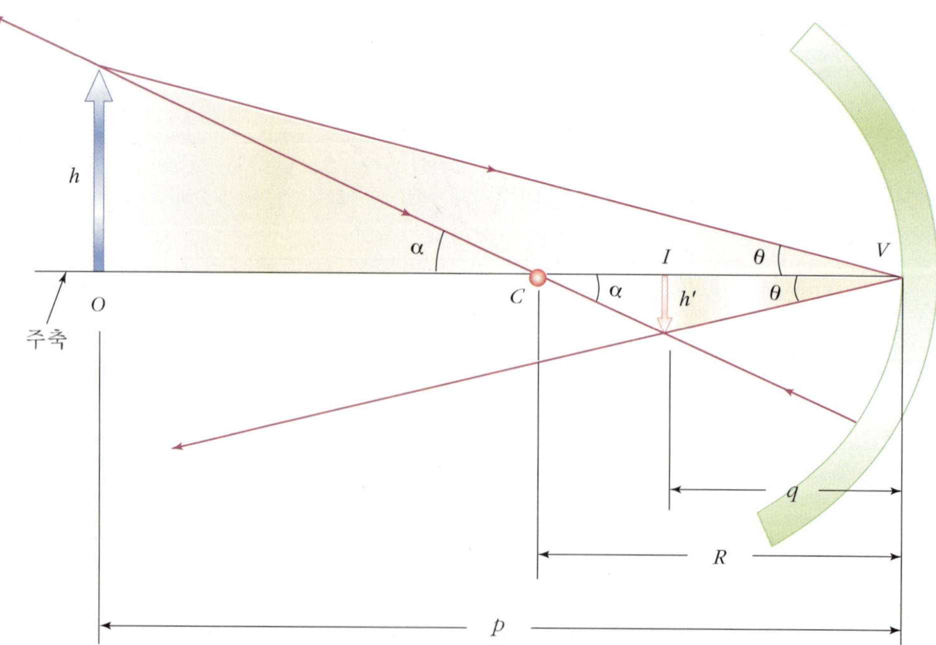

그림 24.6 물체 O가 곡률 중심 C의 바깥쪽에 놓여 있을 때 구면 오목거울에 의해 형성된 상

$$M = \frac{h'}{h} = -\frac{q}{p} \tag{24.2}$$

이다. 또한 그림에서 두 개의 다른 직각삼각형으로부터

$$\tan\alpha = \frac{h}{p-R} \text{와 } \tan\alpha = -\frac{h'}{R-q}$$

이 됨을 알 수 있고, 두 식으로 부터

$$\frac{h'}{h} = -\frac{R-q}{p-R} \tag{24.3}$$

이다. 식 (24.2)와 (24.3)을 비교하면

$$\frac{R-q}{p-R} = \frac{q}{p}$$

임을 알 수 있다. 간단한 계산을 하면

$$\frac{1}{p} + \frac{1}{q} = \frac{2}{R} \tag{24.4}$$

가 된다. 이 식을 **거울공식**(mirror equation)이라 한다. 이것은 근축광선에만 적용된다. 만약 물체가 거울로부터 아주 멀리 있으면, 즉, 물체거리 p가 무한대에 접근할 정도로 R에 비해 충분히 크다면 $1/p \cong 0$이 되고, 식 (24.4)로부터 $q \cong R/2$임을 알 수 있다. 다시 말하면, 물체가 거울로부터 아주 멀리 떨어져 있을 때, 그림 24.7과 같이 상점은 곡률 중심과 거울 중심의 중간에 있다. 광선의 광원인 물체가 거울로부터 멀리 떨어져 있다고 가정하고 있으므로 이 그림에서 광선들은 평행하다. 이런 평행광선들은 거울의 **초점**(focal point)이라는 점에 모이고, 점 V으로부터 이점까지의 거리를 **초점거리**(focal length)라 한다.

입사하는 광선들이 평행하면 상은 초점에만 형성된다. 초점거리는 거울과 관련된 변수이고

$$f = \frac{R}{2} \tag{24.5}$$

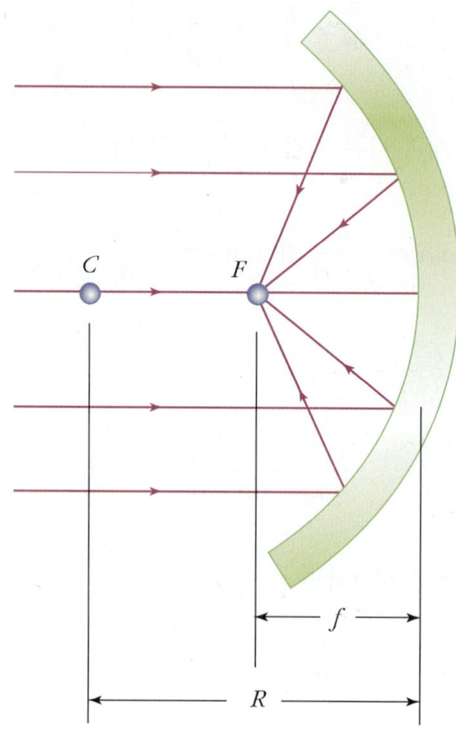

그림 24.7
먼 거리($p \approx \infty$)로부터 입사하는 광선들이 오목거울로부터 반사되어 초점 F를 통과하여 지나간다. 이 경우에, 상거리 $q = R/2 = f$이고, 여기서 f는 거울의 초점거리이다.

로 주어진다. 따라서 초점거리를 써서 거울공식을 다음과 같이 표현할 수 있다.

$$\frac{1}{p} + \frac{1}{q} = \frac{1}{f} \tag{24.6}$$

예제 **24.2** 오목거울의 상

어느 오목거울의 초점거리가 10.0cm일 때, 물체로부터 거울까지의 거리가 각각 (a) 25.0cm, (b) 10.0cm, 그리고 (c) 5.00cm인 경우에 상의 위치를 각각 구하고 각 경우에 대한 상을 설명하라.

풀이 (a) 물체거리가 25.0cm일 때 식 (24.6)의 거울공식을 사용하여 상거리를 구한다.

$p = 25.0\ \text{cm}$, $f = 10.0\ \text{cm}$를 거울공식에 대입하면

$$\frac{1}{25.0\ \text{cm}} + \frac{1}{q} = \frac{1}{10.0\ \text{cm}}$$

이므로

$$q = 16.7\ \text{cm}$$

를 얻는다. 배율은 식 (24.2)로 주어진다.

$$M = -\frac{q}{p} = -\frac{16.7\text{ cm}}{25.0\text{ cm}} = -0.668$$

M의 절대값이 1보다 작다는 것은 상의 크기가 물체크기보다 더 작다는 것을 의미한다. 그리고 M에 대한 음의 부호는 상이 거꾸로 서 있음을 말한다. 마지막으로 q가 양이므로 상은 거울 앞 쪽에 위치하며 실상이다. 이 상황은 그림 24.9 (a)에 그려졌다.

(b) 물체거리가 10.0 cm일 때 물체는 거울의 초점에 위치한다. $p = 10.0\text{ cm}$와 $f = 10.0\text{ cm}$를 거울공식에 대입하면

$$\frac{1}{10.0\text{ cm}} + \frac{1}{q} = \frac{1}{10.0\text{ cm}}$$

이므로

$$q = \infty$$

임을 알 수 있다. 따라서 거울의 초점에 위치한 물체로부터 오는 광선은 상이 거울로부터 무한대 거리에 형성됨을 알 수 있다. 즉, 광선은 반사 후에 중심축과 서로 평행하게 진행한다.

(c) 물체가 $p = 5.00\text{ cm}$에 있을 때 상은 거울의 초점과 거울면 사이에 놓인다. 거울공식으로부터

$$\frac{1}{5.00\text{ cm}} + \frac{1}{q} = \frac{1}{10.0\text{ cm}}$$

이므로

$$q = -10.0\text{ cm}$$

를 얻는다. 즉, 상이 거울 뒤에 위치하므로 허상이다. 배율은

$$M = -\frac{q}{p} = -\left(\frac{-10.0\text{ cm}}{5.00}\right) = 2.00$$

이므로 상은 두 배로 커짐을 알 수 있고, M의 값이 양수이면 상이 똑바로 서 있다는 의미이다 (그림 24.9 (b)). 오목 구면거울에 의해 형성된 상의 특징은 초점이 물체와 거울면 사이에 놓이면 상은 거꾸로 선 실상이며, 초점에 있는 물체에 대해서는 상이 무한대에 형성되고, 초점과 거울면 사이에 있는 물체의 경우에는 상이 똑바로 선 허상이다.

볼록거울

그림 24.8은 볼록거울에 형성된 상을 나타내고 있다. 볼록거울은 실물체의 모든 점으로부터 거울에 반사되어 되돌아오는 광선들이 마치 거울 뒤쪽 어떤 점으로부터 방사되는 것처럼 반사되어 발산하기 때문에 **발산거울**(diverging mirror)이라고도 한다.

그림 24.8에서 상은 반사광선이 시작되는 것처럼 보이는 점이 거울 뒤에 있기 때문에 실상이 아니고 허상이다. 그림에서 본 것처럼 일반적으로 볼록거울에 의한 상은 항상 똑바로 서있고, 허상이며, 실제 물체보다 더 작다.

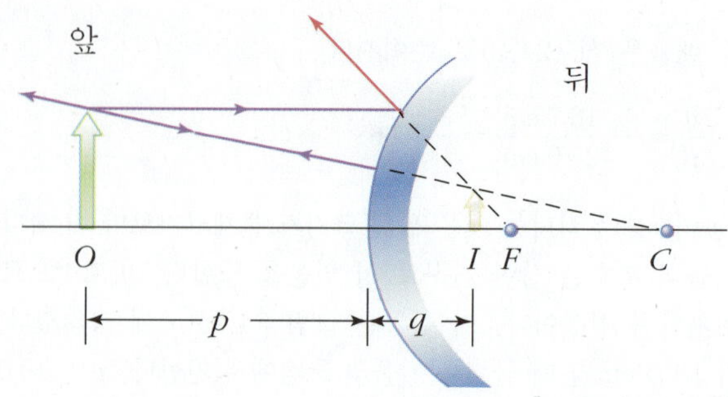

그림 24.8 구면 볼록거울에 의한 상. 반사된 상은 허상이며, 똑바로 서 있다.

우리는 볼록 구면거울에 대한 공식은 유도하지 않을 것이다. 만약 유도하더라도 오목거울용으로 얻어진 공식에 특별한 부호규칙만 지키면 볼록 거울에도 그대로 사용될 수 있기 때문이다. 실제 광선이 이동하는 영역을 거울의 앞쪽(front side)이라 하고, 허상이 형성되는 다른 영역을 거울 뒤쪽(back side)이라 하자. 예를 들어 그림 24.6과 24.8에서 거울 왼쪽에 있는 영역이 앞쪽이고, 오른쪽에 있는 영역은 뒤쪽이다. 표 24.1은 모든 필요한 값들에 대한 부호 규칙을 요약한 것이다.

표 24.1 거울에 대한 부호규칙

만약 물체가 거울 앞에 있으면 p는 양이다(실물체).
만약 물체가 거울 뒤에 있으면 p는 음이다(허물체).
만약 상이 거울 앞에 있으면 q는 양이다(실상).
만약 상이 거울 뒤에 있으면 q는 음이다(허상).
만약 곡률 중심이 거울 앞에 있으면 f와 R은 양이다(오목거울).
만약 곡률 중심이 거울 뒤에 있으면 f와 R은 음이다(볼록거울).
만약 M이 양이면 상은 똑바로 서 있다.
만약 M이 음이면 상은 거꾸로 서 있다.

기호설명 : p=물체거리, q=상거리, R=곡률 반지름, f=초점거리, M=배율

예제 **24.3** 볼록거울의 상

높이가 3.0cm인 물체가 초점거리가 8.0cm인 볼록거울로부터 20.0cm 위치에 놓여 있다. (a) 상의 위치와 (b) 배율을 구하라.

풀이 (a) 거울이 볼록하므로 초점 거리는 음이다. 상의 위치를 구하기 위해 거울공식을 사용한다.

$$\frac{1}{p}+\frac{1}{q}=\frac{1}{f}=-\frac{1}{8.0\text{ cm}}$$

에서

$$\frac{1}{q} = -\frac{1}{8.0\text{ cm}} - \frac{1}{20.0\text{ cm}}$$

이므로

$$q = -5.71\text{ cm}$$

이다. 음의 q값은 그림 24.9 (c)와 같이 상이 허상, 또는 거울 뒤쪽에 있음을 의미한다.

(b) 배율은

$$M = -\frac{q}{p} = -\left(\frac{-5.71\text{ cm}}{20.0\text{ cm}}\right) = 0.286$$

이다. 상은 물체 크기의 약 30%이고, M이 양수이므로 바로 서있다.

구면거울의 광선경로

거울에 의해 형성된 상의 위치와 크기는 편의상 광선 도표를 만듦으로써 결정할 수 있다. 이러한 도표식의 해석은 상의 전체적인 성질을 알 수 있게 하고, 거울공식과 배율공식으로부터 계산된 변수들을 확인하는 데 사용될 수 있다. **광선경로**(ray diagrams)를 그리기 위해서는 물체의 위치와 곡률 중심의 위치를 알 필요가 있다. 그림 24.9에서 예로 보인 것처럼 세 개의 광선이 그려져 있다. 세 개의 모든 광선은 같은 물체 점으로부터 출발한다. 이들 예에서 화살의 끝이 선택되었다. 그림 24.9 (a)와 24.9 (b)의 오목거울에 대해서 광선은 다음과 같이 그려진다.

1. 광선 1은 주축에 평행하며 초점 F를 통하여 반사된다.
2. 광선 2는 초점을 지난다. 따라서 광선은 주축에 평행하게 반사된다.
3. 광선 3은 곡률 중심 C를 지나며, 같은 경로로 반사된다.

상의 위치를 찾기 위해서는 최소한 두 개의 광선이 교차할 필요가 있음에 유의하라. 세번째 광선은 앞의 과정을 확인하기 위한 것이다. 이런 식으로 얻어진 상점은 항상 거울공식으로부터 계산된 q의 값과 일치해야 한다.

오목거울 앞에서 물체를 거울에 더 가까이 이동시키면 어떤 일이 일어날까? 그림 24.9 (a)에서 물체를 초점으로 접근시키면 거꾸로 된 실상이 왼쪽으로 움직이게 된다. 물체가 초점에 위치하게 되면 상은 왼쪽으로 무한히 먼 곳에 있게 된다. 그러나 물체가 그림 24.9 (b)와 같이 초점과 거울 면 사이에 놓이게 되면 상은 허상으로서 똑바로 서게 된다.

그림 24.9 (c)에 나타낸 것처럼 볼록거울일 경우 실물의 상은 항상 허상이며 똑바로 선다. 거울로부터 물체가 위치해 있는 거리가 멀어질수록 허상은 점점 작아지며, 물체거리가 무한대가 되면 그 상은 초점에 접근한다. 상 위치가 물체 위치에 따라 어떻게 변하는지를 입증하기 위해서는 다른 도표를 만들어야 한다.

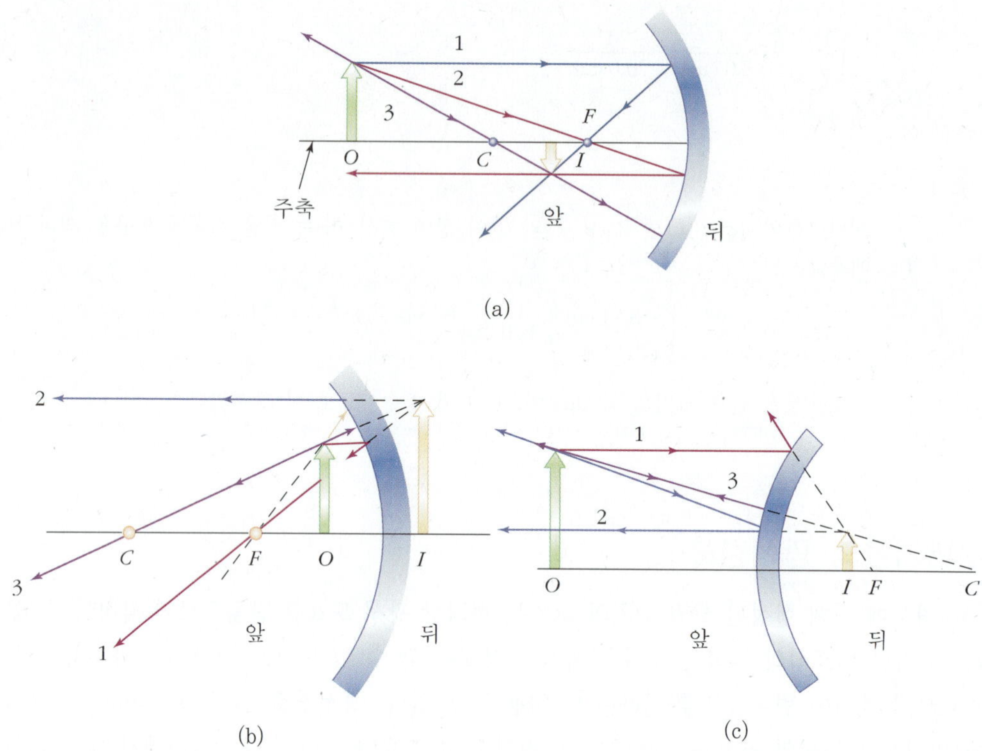

그림 24.9

구면거울에 대한 광선그림. 세 개의 광선 경로를 쉽게 따라 가기 위해 서로 다른 색깔이 사용되었다. (a) 구면 오목거울의 곡률 중심 바깥에 있는 물체. (b) 구면 오목거울과 초점 F 사이에 있는 물체는 똑바로 선 허상을 만든다. (c) 구면 볼록거울 앞의 어떤 곳에 위치한 물체는 똑바로 선 허상을 만든다.

24.3 얇은 렌즈

대부분의 얇은 렌즈는 유리나 플라스틱으로 만들어지고, 양면은 구면이나 평면이 되게 연마한 것이다. 렌즈는 보통 굴절에 의해 상을 형성시키므로 카메라, 망원경, 그리고 현미경과 같은 광학 기구에 사용된다. 렌즈에 대해 물체거리와 상거리를 연결시키는 공식은 사실상 이미 유도했던 거울공식과 같고 그것을 유도하기 위해 사용된 방법 또한 유사하다.

그림 24.10은 몇 가지 종류의 일반적인 렌즈이다. 이들 렌즈를 두 종류로 분류해 보자. 그림 24.10 (a)에 보인 것들은 중심이 테두리보다 더 두껍고, 그림 24.10 (b)는 중심이 테두리보다 더 얇다. 첫 번째 종류의 렌즈는 **수렴렌즈**(converging lens)이고, 두 번째 종류의 렌즈는 **발산렌즈**(diverging lens)이다.

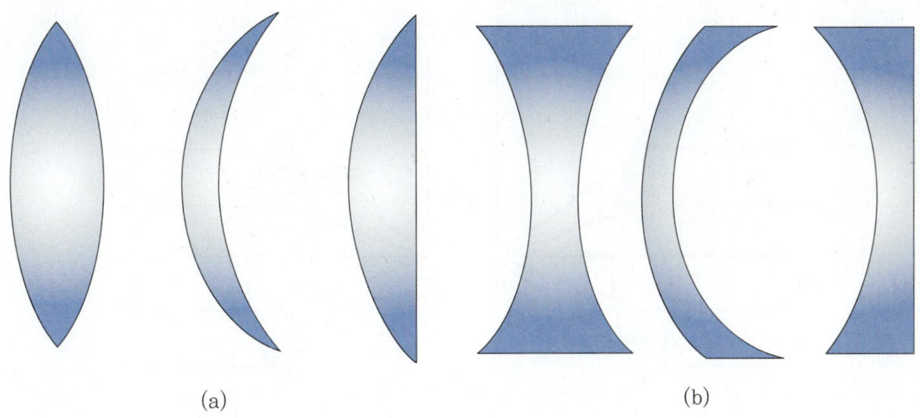

그림 24.10 여러 가지 렌즈 모양
(a) 수렴렌즈로 양의 초점 거리를 가지며, 가운데가 두껍다. 왼쪽에서 오른쪽 순으로 양 쪽이 볼록, 볼록-오목, 그리고 평-볼록 렌즈들이다.
(b) 발산렌즈는 음의 초점거리를 가지며, 모서리가 두껍다. 왼쪽에서 오른쪽 순으로 양 쪽이 오목, 볼록-오목, 그리고 평-오목 렌즈들이다.

얇은 렌즈의 공식

거울에서처럼, 렌즈에서도 초점(focal point)이라는 한 점을 정의하는 것이 편리하다. 예를 들어, 그림 24.11 (a)에서 주축에 평행한 광선들은 렌즈에 의해 수렴된 후에 초점 F를 통과하여 지나간다. 초점에서 렌즈중심까지의 거리를 초점거리(focal length)라 한다. 초점거리는 무한대로 멀리 떨어진 물체로부터 렌즈에 도달한 빛이 상을 만들도록 하는 거리이다. 렌즈가 매우 얇으면, 초점거리는 초점에서 렌즈 표면까지로 하든지 아니면 초점에서 렌즈 중심까지로 하든지 무관하다. 얇은 렌즈는 그림 24.11과 같이 한 개의 초점거리를 갖거나, 왼쪽 또는 오른쪽에서 진행하는 평행 광선에 대해 두 개의 초점을 갖는다.

축에 평행한 광선은 그림 24.11 (a)에 나타낸 모양의 수렴렌즈를 통과하여 초점을 지난 후에 발산한다. 이 경우에, 초점은 발산 광선이 시작되는 점으로 정의하며, 그림에서 F로 표시된 점이다. 그림 24.11 (a)와 (b)는 수렴과 발산이라는 명칭을 이들 렌즈에 사용한 이유를 보여주고 있다.

그림 24.12의 광선 1과 같이 한 광선이 렌즈 중심을 지나가고 있다고 생각하자. 양면에 스넬의 법칙을 적용하면, 이 광선은 그림 24.13에 보인 원래의 진행 방향에서 거리 δ만큼 벗어나 있다. 여기서, 이런 벗어남으로 야기되는 복잡함을 피하기 위해 소위 **얇은 렌즈 근사**(thin-lens approximation)를 적용한다. 렌즈의 두께는 무시할 수 있다고 가정한다. 결과적으로, δ는 무시할 수 있을 정도로 작아지며 광선은 벗어나지 않은 채로 렌즈를 통과할 것이다. 그림 24.12의 광선 2는 렌즈의 주축에 평행하고, 굴절한 후에 초점 F를 지나간다. 이들 두 광선이 교차하는 점이 바로 상이 형성되는 점이다.

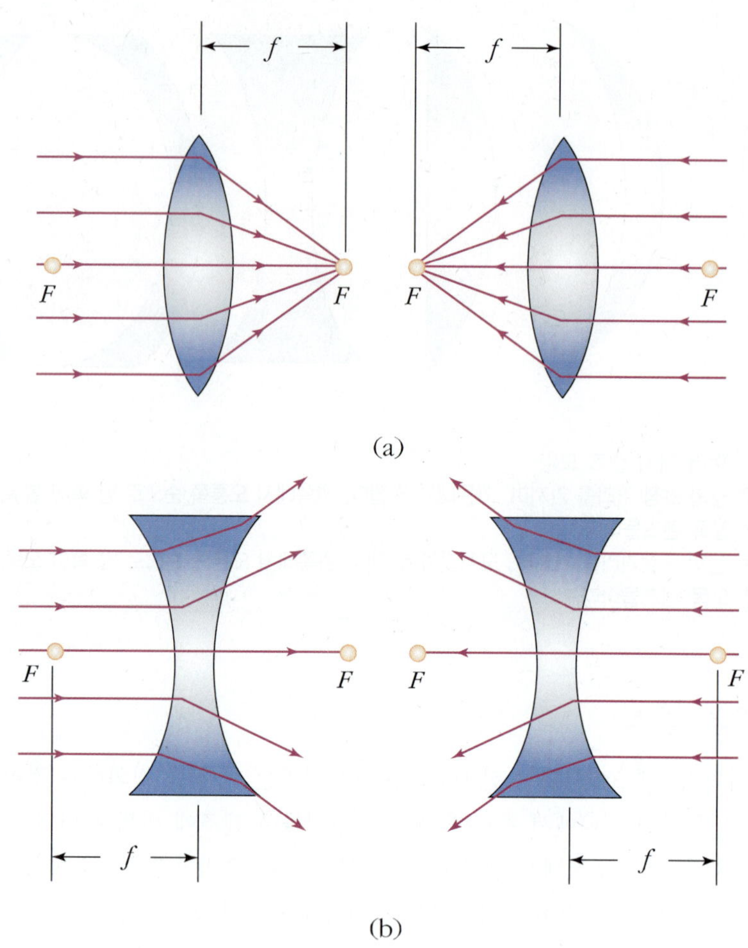

그림 24.11 평행 광선에 대해 수렴렌즈와 발산렌즈의 역할
(a) 양 쪽이 볼록한 렌즈와 (b) 오목한 렌즈에 대한 물체와 상 초점

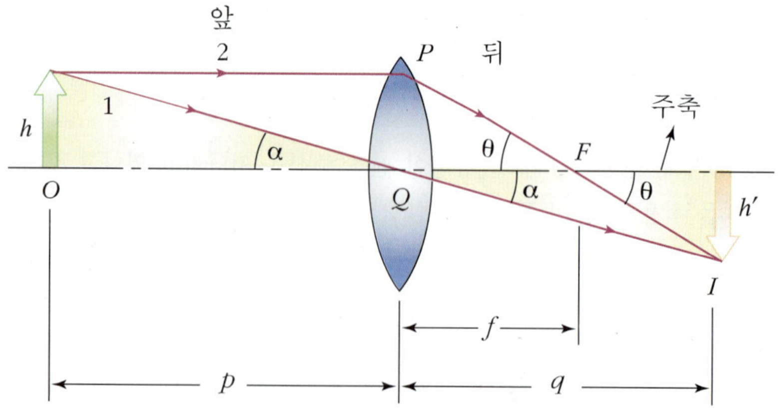

그림 24.12 얇은 렌즈 공식의 기하학적인 작도법

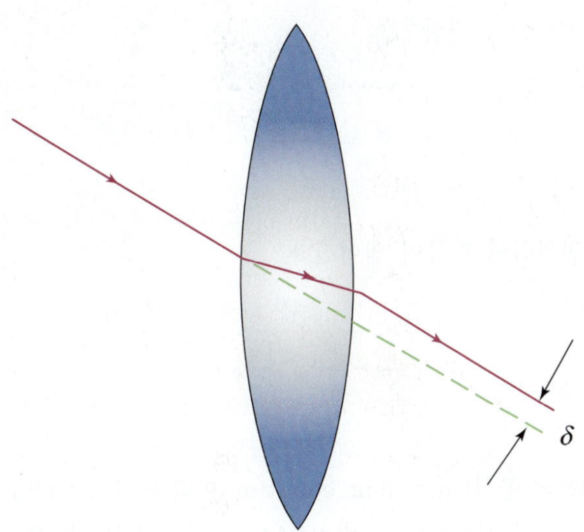

그림 24.13
렌즈 중심을 지나는 광선이 거리 δ만큼 경로가 차이난다. 얇은 렌즈 근사에서는 이러한 이동을 무시한다.

먼저 $\tan\alpha$는 그림 24.12에서 두 삼각형으로부터 구할 수 있다. 즉,

$$\tan\alpha = \frac{h}{p} \text{ 또는 } \tan\alpha = \frac{-h'}{q}$$

으로부터

$$M = \frac{h'}{h} = -\frac{q}{p} \tag{24.7}$$

가 된다. 이러한 렌즈의 배율공식은 거울에 대한 배율공식과 같다 (식 24.2). 또한 그림 24.12로부터 $\tan\theta$는

$$\tan\theta = \frac{PQ}{f} \text{ 또는 } \tan\theta = -\frac{h'}{q-f}$$

이다. 여기서 높이 PQ는 h와 같으므로

$$\frac{h}{f} = -\frac{h'}{q-f}$$

$$\frac{h'}{h} = -\frac{q-f}{f}$$

이다. 이 식을 식 (24.7)과 결합하면

$$\frac{q}{p}=\frac{q-f}{f}$$

가 된다. 이 식을 변형하면 다음이 얻어진다.

$$\frac{1}{p}+\frac{1}{q}=\frac{1}{f} \tag{24.8}$$

이것을 **얇은 렌즈의 공식**(thin-lens equation)이라 한다. 이 식에 부호 규칙을 적용하여 수렴렌즈나 발산렌즈에 사용한다. 그림 24.14는 p와 q의 부호를 얻는 데 유용하고, 렌즈에 대한 완전한 부호 규칙은 표 24.2에 있다.

표 24.2 얇은 렌즈에 대한 부호규칙

만약 물체가 렌즈의 앞에 있으면 p는 양이다.
만약 물체가 렌즈의 뒤에 있으면 p는 음이다.
만약 상이 렌즈의 뒤에 있으면 q는 양이다.
만약 상이 렌즈의 앞에 있으면 q는 음이다.
만약 곡률 중심이 렌즈의 뒤에 있으면 R_1과 R_2는 양이다
만약 곡률 중심이 렌즈의 앞에 있으면 R_1과 R_2는 음이다
수렴렌즈에 대해 f는 양이다.
발산렌즈에 대해 f는 음이다.

기호설명 : p=물체거리, q=상거리, R_1=앞면의 곡률 반지름, R_2=뒷면의 곡률 반지름, f=초점거리, M=배율

이 규칙에 따라 수렴렌즈는 양의 초점 거리를 가지고, 발산렌즈는 음의 초점거리를 가지며 양과 음이라는 명칭이 종종 이들 렌즈에 사용된다. 공기 속에서 렌즈의 초점 거리는 렌즈 표면의 곡률과 렌즈 물질의 굴절률 n에 의해 달라진다.

$$\frac{1}{f}=(n-1)\left(\frac{1}{R_1}-\frac{1}{R_2}\right) \tag{24.9}$$

여기서 R_1은 앞면의 곡률 반지름이고 R_2는 뒷면의 곡률 반지름이다.(거울과 같이 빛이 접근하는 쪽을 렌즈의 앞쪽이라 한다).

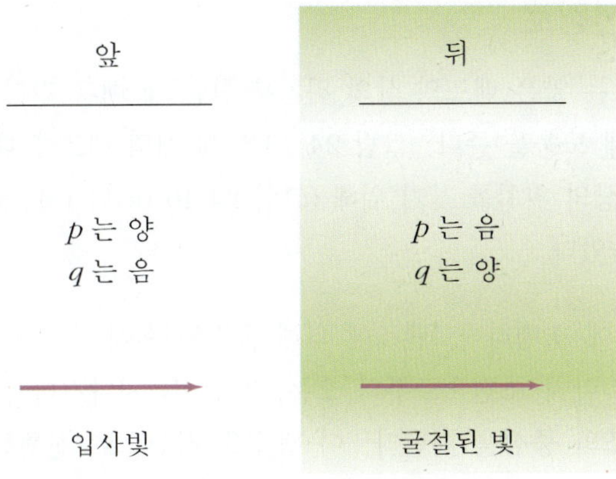

그림 24.14
얇은 렌즈 또는 굴절면에 대해 p와 q의 부호를 구하기 위한 그림. 여기서 두 매질 사이의 경계면이 평평하게 보이지만 이 그림은 볼록 표면과 오목한 표면에도 적용될 수 있다.

식 (24.9)은 알려진 렌즈의 성질로부터 초점 거리를 계산할 수 있다. 이를 **렌즈제작자의 공식**(lens makers' equation)이라 한다.

예제 **24.4** 렌즈 제작자의 공식

그림 24.15처럼 양볼록렌즈를 만든 재료의 굴절률은 1.50이다. 앞면의 곡률이 10.0cm이고 뒷면의 곡률이 15.0cm이다. 렌즈의 초점 거리를 구하라.

풀이 표 24.2의 부호 규칙으로부터 $R_1 = +10.0\,\text{cm}$와 $R_2 = -15.0\,\text{cm}$ 임을 알 수 있다. 렌즈 제작자의 공식을 사용하면 다음 식을 얻는다.

$$\frac{1}{f} = (n-1)\left(\frac{1}{R_1} - \frac{1}{R_2}\right)$$
$$= (1.5-1)\left(\frac{1}{10.0\,\text{cm}} - \frac{1}{-15.0\,\text{cm}}\right)$$

이므로 $f = 12.0\,\text{cm}$ 이다.

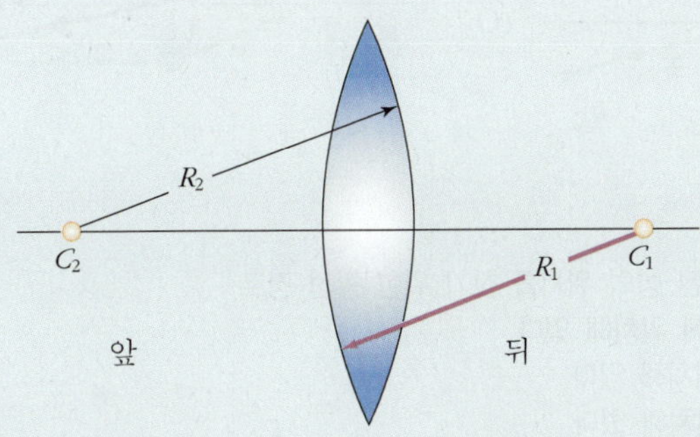

그림 24.15
렌즈는 곡률 반지름이 R_1과 R_2인 두 개의 곡면으로 되어있다.

얇은 렌즈의 광선경로

광선에 대한 경로는 얇은 렌즈의 상의 위치를 찾는 데 매우 편리하다. 이것은 부호 규칙을 명확하게 하는 데 도움을 준다. 그림 24.16은 세 개의 렌즈에 대해 이 방법을 설명하고 있다. 수렴렌즈의 상의 위치를 찾기 위해 (그림 24.16 (a)와 (c)) 물체 끝을 지나는 다음의 세 광선을 그려 놓았다.

1. 광선 1은 주축에 평행하다. 렌즈에 의해 굴절된 후에 이 광선은 초점 중에 하나를 통과하여(또는 마치 초점으로부터 오는 것 같이) 지나간다.
2. 광선 2는 렌즈의 중심을 지난다. 이 광선은 직선으로 진행한다.
3. 광선 3은 초점 F를 지나고, 렌즈로부터 주축에 평행하게 나온다.

유사한 방법이 그림 24.16 (b)에 보인 것처럼 발산렌즈의 상의 위치를 찾는 데 이용된다. 이들 그림에서 어떤 두 광선의 교차점은 상의 위치를 찾는 데 이용될 수 있다. 나머지 한 광선은 그 방법에 대한 확인 과정에 사용된다.

그림 24.16 (a)의 수렴렌즈($p < f$)에서 물체가 앞 초점의 내부에 있는 경우에 상은 허상이고 바로 선다. 그림 24.16 (b)와 같이 물체가 앞 초점의 바깥에 있을 때($p > f$), 상은 허상이고 바로 선다. 그림 24.16 (c)의 수렴렌즈의 경우에는 상은 실상이고 거꾸로 선다.

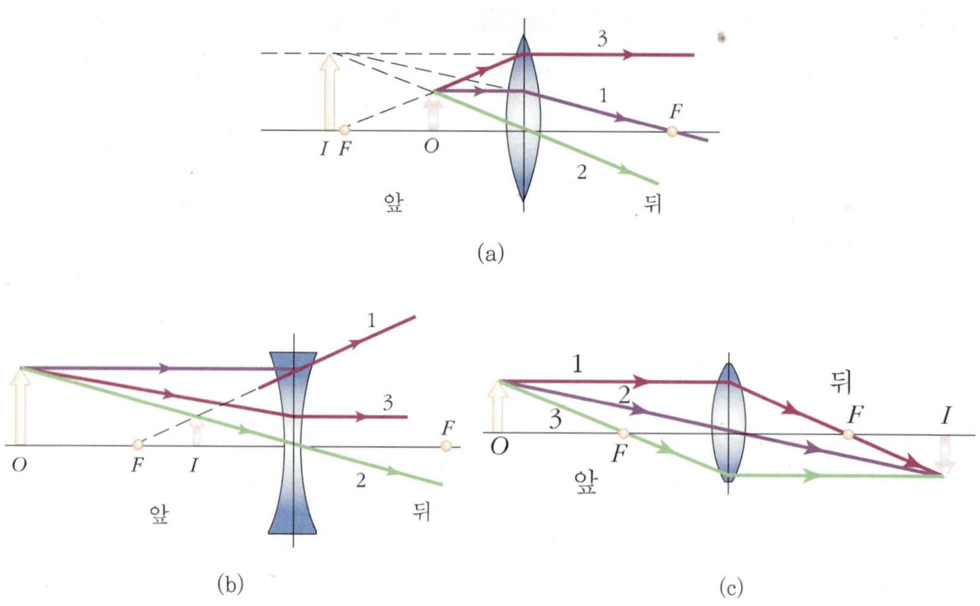

그림 24.16 얇은 렌즈에 의해 형성된 상의 위치를 찾기 위한 광선 경로
(a) 물체는 수렴렌즈의 초점의 오른쪽에 위치해 있다.
(b) 물체는 발산렌즈 초점의 왼쪽에 위치해 있다.
(c) 물체는 수렴렌즈 초점의 왼쪽에 위치해 있다.

예제 **24.5** 수렴렌즈에 의한 상

초점거리가 10.0cm인 수렴렌즈가 렌즈로부터 (a) 30.0cm, (b) 10.0cm 그리고 (c) 5.0 m에 위치한 물체의 상을 형성한다. 각 경우에 상거리를 구하고 상을 설명하라.

풀이 (a) 식 (24.8)의 얇은 렌즈의 공식에 $p = 30.0\,\text{cm}$와 $f = 10.0\,\text{cm}$를 대입하면

$$\frac{1}{30.0\,\text{cm}} + \frac{1}{q} = \frac{1}{10.0\,\text{cm}}$$

이다. 따라서 $q = 15.0\,\text{cm}$이다. 양의 부호는 상이 실상임을 의미한다. 배율은

$$M = -\frac{q}{p} = -\frac{15.0\,\text{cm}}{30.0\,\text{cm}} = -0.50$$

이다. 이 때 상은 크기가 반으로 줄고, M에 대한 음의 부호는 상이 거꾸로 서 있음을 의미하고 이는 그림 24.16 (c)와 같다.

(b) 이 경우 물체가 초점에 놓이면 상은 무한대에서 형성되기 때문에 계산이 필요 없다. 이것은 렌즈의 공식에 $p = 10.0\,\text{cm}$를 대입함으로써 쉽게 증명된다.

(c) 이제, 물체를 렌즈로부터 초점 안 쪽 5.0 cm위치로 이동시킨다. 이 경우에 렌즈공식은

$$\frac{1}{5.0\,\text{cm}} + \frac{1}{q} = \frac{1}{10.0\,\text{cm}}$$

로 되며 $q = -10.0\,\text{cm}$가 얻어진다. 배율은

$$M = -\frac{q}{p} = -\frac{-10.0\,\text{cm}}{5.00\,\text{cm}} = 2.0$$

이다. 음의 상거리는 상이 허상임을 의미한다. 상은 확대되고, M에 대한 양의 부호는 그림 24.16 (a)와 같이 상이 바로 서 있음을 의미한다. 수렴렌즈에 대해서는 두 가지 일반적인 경우가 있다. 물체거리가 초점거리보다 더 크면 $(p > f)$, 상은 실상이며 거꾸로 선다. 물체가 초점과 렌즈 사이에 놓이면 $(p < f)$ 상은 허상이며, 바로 서고, 확대된다.

얇은 렌즈의 결합

만약 두 개의 얇은 렌즈를 결합하여 상을 만들었다면 다음과 같은 방식으로 진행될 것이다. 첫 번째 렌즈의 상의 위치는 마치 두 번째 렌즈가 없는 것처럼 계산한다. 그러면 두 번째 렌즈에 도달하는 빛은 마치 첫 번째 렌즈에 의해 형성된 상으로부터 오는 것처럼 두 번째 렌즈에 접근한다. 여기서 첫 번째 렌즈의 상은 두 번째 렌즈 앞에 놓인 물체로 간주된다. 두 번째 렌즈의 상이 계의 최종적인 상이다. 만약 첫 번째 렌즈의 상이 두 번째 렌즈의 뒤 쪽에 놓이면, 그 상은 두 번째 렌즈에 대한 허물체로 취급된다(즉, p가 음이다). 같은 절차를 세 개 또는 더 많은 렌즈의 계로 확장시킬 수 있다. 얇은 렌즈계의 전체 배율은 각 렌즈의 배율의 곱과 같다.

예제 **24.6** 최종 상은 어디에 있는가?

초점 거리가 10.0cm와 20.0cm인 두 개의 얇은 수렴렌즈가 그림 24.17과 같이 20.0cm의 거리로 서로 떨어져 있다. 물체는 첫 번째 렌즈의 왼쪽으로 15.0cm에 위치해 있다. 최종적인 상의 위치와 계의 배율을 구하라.

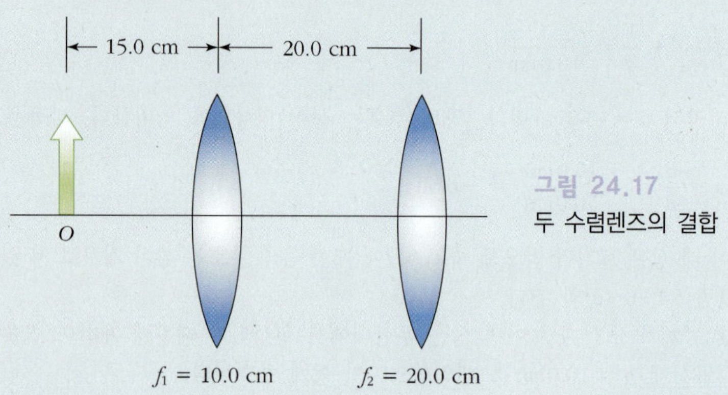

그림 24.17
두 수렴렌즈의 결합

풀이 먼저, 두 번째 렌즈를 무시하고 첫 번째 렌즈에 대한 상의 위치를 구한다.

$$\frac{1}{p_1}+\frac{1}{q_1}=\frac{1}{15.0\,\text{cm}}+\frac{1}{q_1}=\frac{1}{10.0\,\text{cm}}$$

$$q_1 = 30.0\,\text{cm}$$

여기서 q_1은 첫 번째 렌즈로부터의 거리이다. q_1은 두 렌즈 사이의 거리보다 더 크므로 첫 번째 렌즈의 상은 두 번째 렌즈의 오른쪽으로 10.0cm에 놓인다. 이것을 첫 번째 렌즈에 대한 물체거리로 간주한다. 즉, $p_2 = -10.0\,\text{cm}$로 두고 두 번째 렌즈에 대해 얇은 렌즈의 공식을 적용한다. 여기서 p_2는 초점거리가 20.0cm인 두 번째 렌즈로부터 잰 거리이다.

$$\frac{1}{p_2}+\frac{1}{q_2}=\frac{1}{f_2}$$

$$q_2 = 6.67\,\text{cm}$$

즉, 최종 상은 두 번째 렌즈의 오른쪽으로 6.67 cm에 위치한다. 각 렌즈의 배율은

$$M_1 = -\frac{q_1}{p_1} = -\frac{30.0\,\text{cm}}{15.0\,\text{cm}} = -2.0$$

$$M_2 = -\frac{q_2}{p_2} = -\frac{6.67\,\text{cm}}{-10.0\,\text{cm}} = 0.667$$

로 주어지므로 두 렌즈의 전체 배율 M은 $M_1M_2 = (-2.0)(0.667) = -1.33$이다. 따라서 최종 상은 실상이고 거꾸로 서고, 확대된다.

연습문제 EXERCISES

1 키가 170cm인 사람이 자신의 몸 전체를 볼 수 있는 평면거울의 높이는 얼마인가?

2 진흙 반점이 굴절률이 1.31인 얼음 속 깊이 3.50cm 아래에 들어 있다. 수직으로 내려다 볼 때 겉보기 깊이는 얼마인가?

3 곡률 반지름이 30.0cm인 볼록거울이 있다. 물체거리가 (a) 24.0cm, (b) 50.0cm일 때, 허상의 위치와 배율을 구하라. (c) 상들은 똑바로 서 있는가? 거꾸로 서 있는가?

4 구면거울을 사용하여 물체로부터 5.0m 떨어진 스크린에 물체 크기의 5배 되는 상을 맺고자 한다.

(a) 필요한 거울의 종류는?

(b) 물체를 거울의 어디에 놓아야 하는가?

5 한 변의 길이가 50.0cm인 정육면체 얼음 블록이 평평한 마루 위에 놓여 있는데 그 밑에는 작은 먼지 알갱이가 하나 깔려있다. 만약 얼음의 굴절률이 1.309라면 이 알갱이의 상의 위치를 구하라.

6 유리 반구의 평평한 면을 종이 위에 놓아 문진으로 사용한다. 반구 부분의 반경은 4.0cm이고, 유리의 굴절률은 1.55이다. 이 반구의 중심이 반지름 2.50mm인 글자 "O" 위에 놓여 있다. 유리 바로 위에서 보았을 때의 글자가 만든 상의 반지름은 얼마인가?

7 양쪽이 볼록한 렌즈의 왼쪽 면은 곡률 반지름이 12.0cm이고, 오른쪽은 18.0cm이다. 렌즈를 이루고 있는 유리의 굴절률은 1.44이다.

(a) 이 렌즈의 초점 거리를 구하여라.

(b) 만약 두 면의 곡률 반지름이 서로 바뀐다면 초점거리는 어떻게 되는가?

8 그림 24.18의 동전의 렌즈에 의한 상은 실제 동전의 2배의 직경으로 보인다. 렌즈의 초점 거리를 구하라.

그림 24.18

9 그림 24.19와 같이 평행한 광선이 유리 반구의 평탄한 면에 수직으로 입사한다. 유리 반구의 반지름은 $R=6.0\text{cm}$이고, 굴절률은 $n=1.560$이다. 빔이 집속되는 점을 구하라.(근축광선으로 가정)

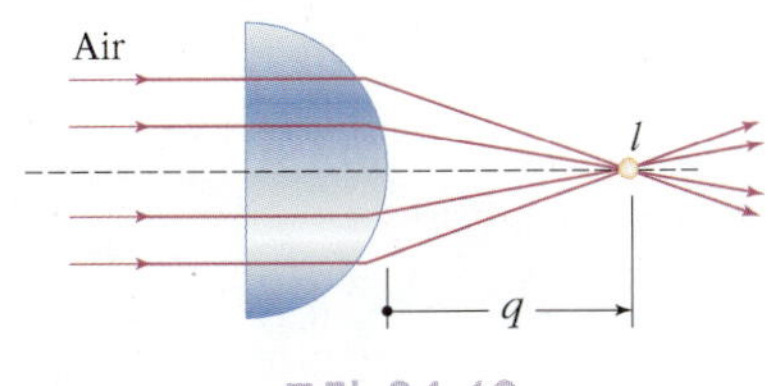

그림 24.19

10 초점거리가 15cm인 확대경으로 우표를 관찰한다. 우표에서 얼마 떨어진 곳에 렌즈를 두어야 +2.00배의 배율을 얻을 수 있는가?

11 초점거리가 −6.0cm인 발산렌즈의 왼쪽 12.0cm에 물체가 놓여 있다. 초점거리가 12.0cm인 수렴렌즈가 발산렌즈의 오른쪽 거리 d에 놓여 있다. 상이 무한대에 위치하도록 거리 d를 정하라. 이 경우 광선의 경로를 그려라.

12 양면이 모두 볼록한 렌즈를 굴절률 1.5인 유리로 만들었다. 한쪽 곡률이 다른쪽 보다 2배 크다. 이 렌즈의 초점거리가 60mm라면 곡률반경은 얼마인가?

13 초점거리가 각각 f_1과 f_2인 두 얇은 렌즈가 붙어있다.

이것은 초점거리가 $f = \dfrac{f_1 f_2}{f_1 + f_2}$로서 주어지는 단일한 렌즈와 같음을 보여라.

14 물체와 바로 선 상과의 거리가 20.0cm이다. 배율이 0.50이라면 상을 맺는데 사용된 렌즈의 초점거리는 얼마인가?

15 초점거리가 20cm인 볼록렌즈가 초점거리 −15cm인 오목렌즈의 왼쪽 10cm 가 되는 곳에 있다. 물체가 볼록렌즈의 왼쪽 40cm에 있다면 상의 위치와 배율을 결정하라.

16 지구에서 태양을 바라볼 때 태양의 원반이 만드는 각도는 0.533°이다. 반지름이 3.00m인 오목 구면 거울로 만든 태양의 상의 위치와 지름은 얼마인가?

25 파동광학

이 장에서는 빛의 간섭, 회절과 같이 기하광학으로는 설명되지 않는 현상을 다룰 것이다. 우리가 CD에 백색광을 비출 때 무지개 색이 보이는 것은 어떻게 설명할 수 있을까? 왓슨과 크릭이 DNA의 이중 나선 구조를 발견하였는데 그들은 어떻게 이러한 모습을 알게 되었을까? 공작새 꼬리 깃털은 영롱한 색깔들을 가지고 있는데, 새가 움직일 때 어떻게 색깔이 바뀌는 것일까? 만약 이러한 질문에 관심이 있다면, 이 장은 매우 흥미로운 답을 제공할 것이다.

25.1 빛의 간섭

광학기기, 렌즈, 거울 등은 기하광학의 개념으로 잘 설명할 수 있었다. 즉 빛은 직진한다든지, 매질이 달라지는 면에서 굴절한다는 사실만을 이용해서 설명할 수 있다. 그러나 비누방울 위에 영롱한 빛이 생기고, 나비의 날개 색깔이 아름다운 것 등은 기하광학으로서는 이해할 수 없는 것들이다. 이러한 것들을 쉽게 설명하기 위해서 빛의 파동적 개념을 사용하고 있다. 빛의 파동적 성질을 가장 잘 보여주는 것이 빛의 간섭 현상이다. 두 파동을 합할 때 보강간섭 또는 소멸간섭을 하게 된다. 물결파에서 이러한 간섭을 쉽게 볼 수 있지만 가시광선의 간섭현상을 관찰하기는 쉽지 않다. 실제로 두 광파의 간섭을 보기 위해서는 두 광파의 광원이 **결맞은 빛**(coherent light)을 내야 한다.

여기서 **결맞음성**(coherence)이 무엇인지 살펴보고 지나가자. 파동은 진폭, 진동수 그리고 위상으로 이루어져 있음을 이미 배웠다. 두 개의 파가 서로 지속적으로 일정한 **위상관계**를 유지하고 있다면 이 파를 **결맞음 파**라고 한다. 결맞은 광원을 만드는 가장 쉬운 방법은 **단일 파장**의 한 개의 광원을 작은 이중 슬릿이 있는 면에 비추는 것이다. 다음 절에서 소개될 **영**(Young)의 이중 슬릿(slit) 실험은 이 방법을 사용하였다.

두 개 이상의 파동이 한 점에서 동일한 위상으로 만나면 진폭이 더해지고 **보강간섭**이 일어난다. 반면 두 파의 위상차가 180°이면 **소멸간섭**이 일어나고, 소멸간섭이 생길 때 두 파동의 진폭이 같으면 합성 진폭은 영이 된다. 시끄러운 비행기 여행을 할 때 소음을 줄여주는 헤드 스피커가 있다. 헤드셋 밖에 달려 있는 작은 마이크로 외부의 소리의 신호와 180° 위상차가 있는 다른 소리를 만들어 내면 소리가 소멸 간섭하는 원리를 이용한 것이다.

25.2 영의 이중 슬릿 실험

영국의 영(Thomas Young, 1773-1829)은 1801년 빛의 파동설을 입증하는 직접적인 실험을 하였다. 그는 여러 파장의 빛이 혼합된 햇빛을 광원으로 사용하였으나 선명한 간섭무늬를 얻기 위해서는 단색광원을 사용하는 것이 좋다. 손쉽게 얻을 수 있는 단색광원으로는 레이저와 네온등이 있다.

그림 25.1과 같이 단색파장의 빛이 슬릿 S_0가 있는 스크린 A에 입사하고, 이 슬릿에서 나온 빛은 두개의 평행한 슬릿 S_1과 S_2가 있는 두 번째 스크린 B에 도달한다. 스크린 B는 폭이 1μm 정도의 얇은 슬릿 두 개가 수 십 μm 정도 떨어져 있게 만든 것이다. 이것을

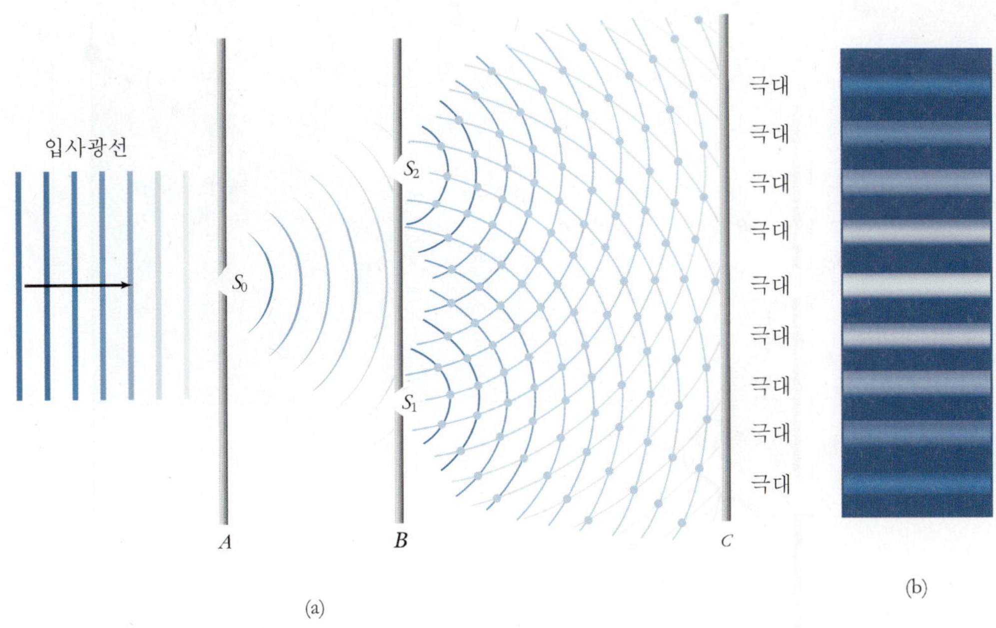

그림 25.1 영의 이중 슬릿 실험

가장 쉽게 만드는 방법은 숯검정이 칠해진 유리판 위에 면도날 두 개를 겹쳐서 그으면 된다. 이중 슬릿에서 나온 빛은 세 번째 스크린 C위에 간섭무늬를 만든다. 띠 모양의 밝고 어두운 평행한 무늬가 만들어지는데, 밝은 곳은 보강간섭이, 어두운 곳은 소멸간섭이 일어나는 곳이다. S_1과 S_2를 떠난 광파가 C의 각 위치에 도달하는 경로의 차이가 있어 다른 위상을 가지기 때문이다.

그림 25.2에서 볼 수 있듯이 스크린 B의 두 슬릿은 거리 d만큼 떨어져 있고, 스크린 C의 중심에서부터 y만큼 떨어진 곳 P에 도달하는 빛의 경로를 계산하자. B와 C는 거리 L만큼 떨어져 있다고 하자.

그림 25.2로부터 보조선 S_1Q를 S_2P에 수직으로 그리면, L이 d보다 훨씬 큰 경우에 $S_1P \cong QP$이고 $S_2Q = d\sin\theta$이다. 그러므로 $S_2P - S_1P = S_2Q = d\sin\theta$이다. 따라서 두 빛의 경로차는 $\Delta r = d\sin\theta$이다.

밝은 무늬가 되려면 보강간섭이 일어나야 하고 경로차가 파장의 정수배가 되어야 한다. 따라서 **보강간섭**(constructive interference)이 일어날 조건은 다음과 같다.

$$\Delta r = d\sin\theta = m\lambda : m = 0,\ 1,\ 2, \cdots \tag{25.1}$$

소멸간섭(destructive interference)이 일어날 조건은 경로차가 반파장의 홀수배가 되어야 한다. 즉, 경로차가 다음의 조건을 만족해야 한다.

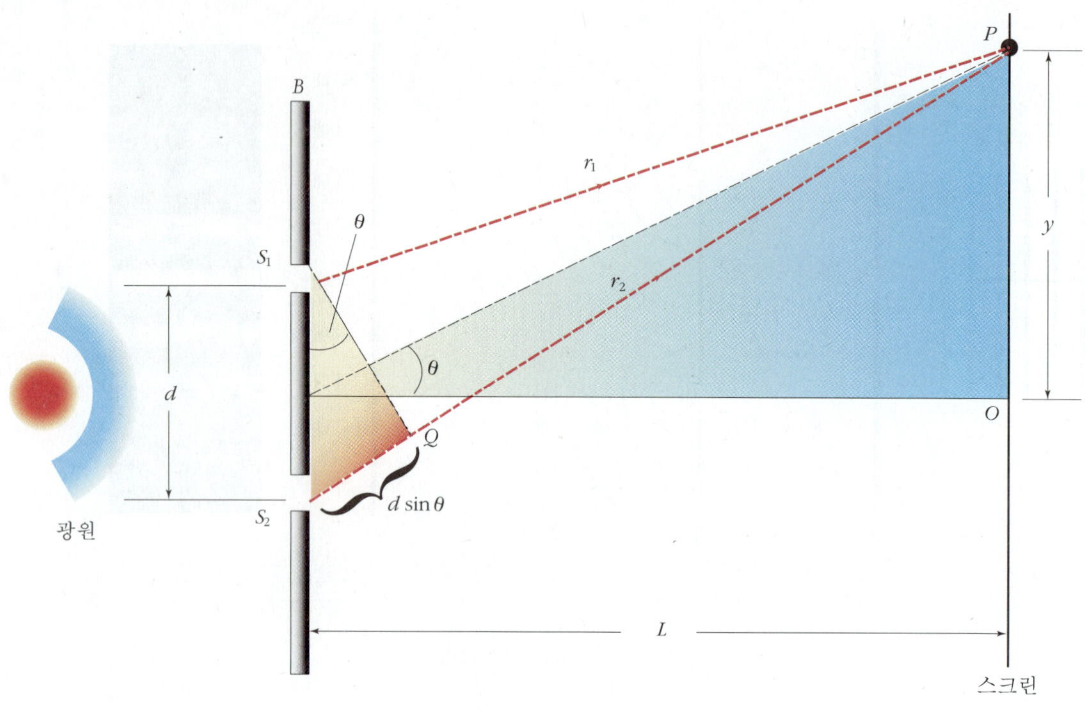

그림 25.2 영의 이중 슬릿 실험

$$\Delta r = d\sin\theta = \left(m + \frac{1}{2}\right)\lambda : m = 0,\ 1,\ 2, \cdots \qquad (25.2)$$

실제 우리가 보게 되는 무늬와 비교하기 위해서는 중앙점에서 P까지 사이의 어두운 무늬와 밝은 무늬의 위치 y에 대한 식을 구해보면 편리하다.

이중 슬릿의 간격 d가 슬릿과 스크린 간의 거리 L에 비해 매우 작고, 사용되고 있는 단색광원의 파장 λ가 슬릿 간격 d보다 훨씬 작을 경우가 보통이다. 보통 L은 1 m 정도의 거리이고 d는 수 십 μm, λ는 0.5 μm 정도이다. 이 경우 $L \gg d$ 이고 $d \gg \lambda$이므로 각 θ는 매우 작은 값이므로 다음을 얻는다.

$$\sin\theta \approx \tan\theta = \frac{y}{L} \qquad (25.3)$$

이와 같이 물리학 계산에서는 필요 이상으로 정확한 식을 끝까지 복잡하게 끌고 가기보다는 근사 공식을 사용하는 경우가 많이 있다. 이렇게 함으로써, 그 식들이 주는 물리적인 의미가 더욱 잘 드러나게 되는 경우가 종종 있다.

식 (25.3)을 식 (25.1)에 대입하면 밝은 무늬의 위치 y_b가 다음과 같다.

$$y_b = \frac{\lambda L}{d} m : m = 0, \ \pm 1, \ \pm 2, \cdots \tag{25.4}$$

또한 어두운 무늬의 위치 y_d는 다음과 같다.

$$y_d = \frac{\lambda L}{d}\left(m + \frac{1}{2}\right) : m = 0, \ \pm 1, \ \pm 2, \cdots \tag{25.5}$$

무늬의 간격을 측정하면, 광원의 파장을 잴 수 있다.

예제 **25.1** 이중 슬릿으로부터 스크린이 1.5m 떨어져 있는 영의 실험을 생각해보자. 슬릿의 간격을 0.05mm로 만들었다고 하자. 확인할 수 있는 밝은 무늬가 10개 정도 만들어 지는데, 인접한 두 밝은 무늬의 평균 간격이 1.7cm이었다. 이 실험에서 사용한 빛의 파장을 추정하라.

풀이 식 (25.4)에 의하면 인접한 밝은 무늬 간의 간격은 $\Delta y = \frac{\lambda L}{d}$ 이다. 따라서 파장은

$$\lambda = \frac{\Delta y \cdot d}{L} = \frac{(1.7 \times 10^{-2}\,\text{m}) \times (0.05 \times 10^{-3}\,\text{m})}{1.5\ \text{m}} = 5.7 \times 10^{-7}\text{m} = 570\,\text{nm}$$

이다.

25.3 이중 슬릿의 간섭무늬와 세기 분포

앞 절에서 간섭무늬의 밝기의 최대 및 최소점의 위치를 구하였다. 이보다 더 자세하게 임의의 지점에서 무늬의 밝기를 계산하여 보자. 이 문제를 풀기 위해서는 일단 두 광파를 합성하고 그 합성파의 진폭을 계산해야 한다. 그 다음 일반적인 전자기파의 세기는 진폭의 **제곱에 비례**함을 이용하여 무늬의 밝기를 계산하면 된다.

이중 슬릿을 지나서 나오는 빛이 진동수가 ω로 같고 사인 모양의 결맞은 빛이라 가정하자. 또한 두 파동의 진폭도 같다고 하자. 이러할 경우 P점에서의 두 광파의 전기장의 값은 각각

$$E_1 = E_0 \sin(\omega t), \qquad E_2 = E_0 \sin(\omega t + \phi) \tag{25.6}$$

이다(사실상 전기장은 벡터량이다. 따라서 여기서 우리는 같은 방향의 전기장 벡터 둘을 더하는 것을 생각하고 있으므로 그 크기를 직접 더해도 된다).

여기서 두 파동의 위상차 ϕ는 두 빛의 경로차($\Delta r = d\sin\theta$) 때문에 생긴다. 앞에서도 보았듯이 보강간섭을 할 조건은 경로차가 파장의 정수배 또는 두 파의 위상차가 2π의 정수배이면 된다. 따라서 위상차는 각 θ가 작을 경우 다음과 같이 주어지게 된다.

$$\phi = \frac{2\pi}{\lambda} d\sin\theta \approx \frac{2\pi d}{\lambda L} y \tag{25.7}$$

이 두 파동이 중첩하므로 고등학교에서 배운 삼각함수의 합의 공식을 이용하면

$$E_p = E_1 + E_2 = 2E_0 \cos\left(\frac{\phi}{2}\right) \sin\left(\omega t + \frac{\phi}{2}\right) \tag{25.8}$$

가 된다. 실제로 우리가 보게 되는 빛의 세기는 전기장의 제곱에 비례한다. (정확히 말하면 빛 에너지는 22.5절에서 배웠듯이 전기장 세기의 제곱 더하기 자기장의 세기의 제곱에 비례한다. 그러나 자기장의 세기는 전기장 세기[(22.19) 식]에 비례하므로 전기장의 크기의 제곱에 빛의 세기가 비례한다고 이야기해도 무방하다.) 따라서 **빛의 세기**(intensity) I는 다음과 같이 주어진다.

$$I \sim 4E_0^2 \cos^2\left(\frac{\phi}{2}\right) \sin^2\left(\omega t + \frac{\phi}{2}\right) \tag{25.9}$$

여기서 볼 수 있듯이 시간에 따라 빛의 세기가 바뀐다. 그러나 매우 빠르게 바뀌는 빛의 세기는 우리의 눈 또는 측정 장치가 구분할 수 없을 정도이므로, 실제로 세기의 평균값을 측정하게 된다. 한 주기 $T = 2\pi/\omega$에 대해 평균값을 구해 보려면 다음의 적분이 필요하다.

$$\frac{1}{T}\int_0^T \sin^2\left(\omega t + \frac{\phi}{2}\right) dt = \frac{1}{2} \tag{25.10}$$

이를 간단히 계산하기 위해서는 코사인 함수의 배각 공식을 사용하고 한 주기에서의 삼각함수의 적분은 영이 됨을 이용하면 된다(그러나 삼각함수의 제곱의 적분은 영이 아니었음을 명심하기 바란다).

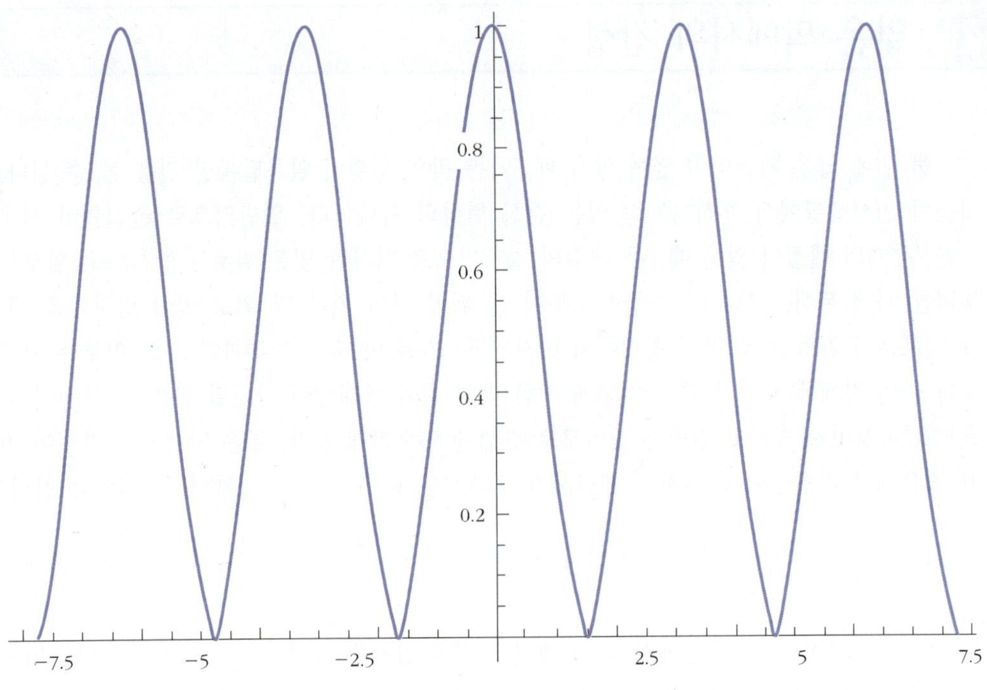

그림 25.3 이중 슬릿의 간섭 무늬의 세기 분포

각각의 광원에서 나오는 빛의 평균값이 I_0라면 $I_0 \sim E_0^2$이다. 따라서 $I = 4I_0\cos^2\left(\frac{\phi}{2}\right)$로 주어진다. 이를 그림 25.3과 같이 스크린에 나타나는 무늬로 표현해 보면, 스크린의 중심점으로부터의 거리 y로 표시하는 것이 편리하다. 이 때에는 빛의 세기의 평균값은 다음과 같이 주어진다.

$$I_{\text{ave}} = I_0\cos^2\left(\frac{\pi d}{\lambda L}y\right) \tag{25.11}$$

여기서 코사인 함수가 최대가 되는 점들은 앞에서 구한 $y = y_b$가 되는 점임을 바로 확인할 수 있다. 물론 위 식은 각이 작을 경우에만 적용되는 식임을 잊어서는 안 된다.

여기서 두 광원에서 방출된 총 에너지 출력은 간섭효과에 의해서 변하지 않고 에너지가 재분배됨을 알 수 있다. 어떤 위상각에 대하여 합성파의 세기가 각파원의 세기의 네 배가 되지만 어떤 경우에는 0이 되므로 평균하면 각 진동파 세기의 합과 같다.

위상차와 경로차

위상차 ϕ는 경로차를 radian 단위를 가지는 위상각으로 바꿔준 값이다. 한 파장만큼의 경로차는 위상차 2π에 해당하므로 (위상차) $= \frac{2\pi}{\lambda}\times$(경로차) 라는 공식을 얻을 수 있다.

25.4 얇은 막에서의 간섭

물 위에 얇은 기름막이 덮여 있을 때, 기름 막의 색깔이 알록달록한 것을 볼 수 있다. 이것이 일상생활에서 흔히 볼 수 있는 간섭 현상의 하나이다. 일반적으로 굴절률이 서로 다른 두 개의 매질이 있을 때, 두 매질의 경계면으로 입사한 빛은 일부는 반사하고 일부는 투과를 하게 된다. 그림 25.4에서 보듯이 물 위에 덮인 기름 막 위로 빛이 입사했을 때, 그 일부는 공기와 기름 막의 경계에서 반사되고, 기름 막 속으로 투과한 빛의 일부는 기름 막과 물의 경계에서 반사된다. 이렇게 기름 막의 위와 아래에서 반사된 빛은 그 근원이 같으므로 파장이 동일하고 결맞은 빛이므로 간섭을 일으키게 된다. 얇은 막에서의 간섭이 어떤 경우에 보강간섭이 되는지를 계산하기 위해서는 다음 두 가지 사항을 고려해야 한다.

1. 굴절률이 n인 매질 속에서 빛의 파장은 $\lambda = \lambda_0/n$이 된다. 여기서 λ_0는 진공중에서 빛의 파장이다.
2. 굴절률이 n_1인 매질에서 n_2인 매질로 빛이 입사했을 때, $n_1 > n_2$이면 경계면에서의 반사파와 입사파의 위상이 같고, $n_1 < n_2$이면 반사파와 입사파의 위상은 180° 만큼 달라진다.

빛의 파장은 매질에 따라 달라지며, 어떤 매질 속에서 파장이 공기 중에서의 파장의 $1/n$일 때, 그 매질의 굴절률은 n이다. 2항은 전자기파를 기술하는 맥스웰 방정식을 풀면 얻을 수 있지만 이 책의 수준을 넘어가므로, 일상생활에서 쉽게 볼 수 있는 줄의 반사로 유추해 설명하기로 한다. 그림 25.5에서처럼 선밀도, 즉 단위길이당 질량이 서로 다른 줄이 연결되어 있을 때 한쪽 줄을 흔들어 펄스를 만들어 보자. 이 펄스는 두 줄의 경계에서 일부 반사하고 일부 투과하게 된다. 이 때 처음 펄스가 입사한 줄의 밀도 ρ_1이 다른 줄의

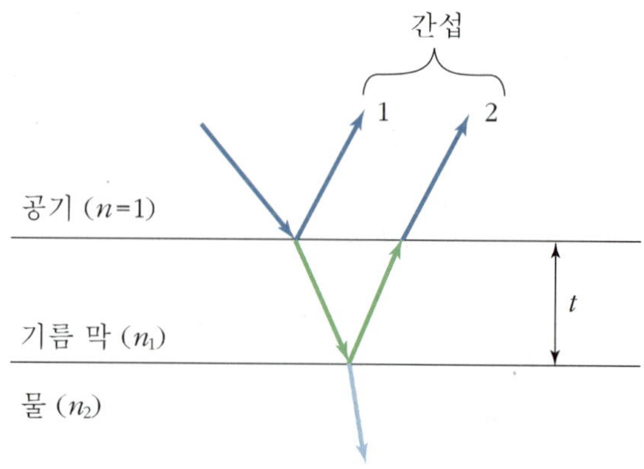

그림 25.4 물 위에 덮인 얇은 기름 막으로부터의 간섭

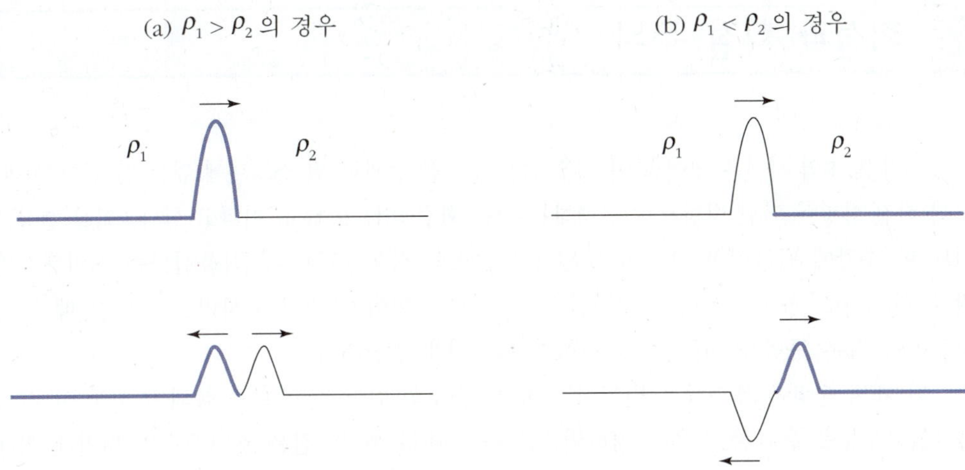

그림 25.5 선밀도가 다른 줄이 연결되어 있을 때 펄스의 반사와 투과

밀도 ρ_2보다 크면 반사된 펄스는 입사된 펄스와 같은 위상을 갖고, $\rho_1 < \rho_2$이면 180° 다른 위상을 갖게 된다. 두 번째 경우의 극단적인 예는 움직이지 않는 고정된 물체에 줄을 메어 달고 흔든 경우이다. 이때는 투과 펄스는 생기지 않고, 입사 펄스와 진폭이 같고 위상이 180° 다른 반사 펄스가 생기게 된다.

이제 다시 그림 25.4로 돌아가 물 위에 떠 있는 기름 막에 수직으로 파장 λ_0의 빛이 입사했을 때 생기는 간섭을 정량적으로 살펴보기로 하자. 기름 막의 두께가 t이고, 기름의 굴절률 n_1 (> 1)이 물의 굴절률 n_2보다 크다고 가정한다. 공기와 기름 막의 경계에서 반사한 1번 광선은 굴절률이 작은 매질에서 진행하다 굴절률이 큰 매질과의 경계면에서 반사했으므로 180°의 위상변화를 겪는데, 이 위상 차이는 반 파장의 경로에 해당한다. 한편 기름 막을 투과해 물과의 경계면에서 반사한 2번 광선과 1번 광선의 광로차는 $2t \times n_1$이므로 보강간섭을 일으킬 조건은

$$2n_1 t = (m + 1/2) \times \lambda \ (m = 0,\ 1,\ 2,\ \cdots) \tag{25.12}$$

이 된다. 또한 소멸간섭이 일어날 조건은

$$2n_1 t = m\lambda \ (m = 0,\ 1,\ 2, \cdots) \tag{25.13}$$

이다. 일상생활에서 볼 수 있는 기름 막은 그 두께가 위치에 따라 조금씩 다르므로 보강간섭을 일으키는 파장도 위치에 따라 달라지기 때문에 알록달록한 간섭무늬를 보인다.

25.5 회절과 회절 무늬

그림 25.6의 사진은 빛이 폭이 매우 좁은 슬릿을 통과한 뒤 스크린에 만든 간섭무늬이다. 빛이 직진 방향이 아닌 방향으로 진행하는 것을 **회절**(diffraction)이라고 한다. 회절 현상은 어느 한 순간에 만들어진 파면의 모든 점은 제2의 작은 파원으로 작용한다는 **호이겐스의 원리**(Huygens' principle)로 설명을 할 수 있다. 빛이 물체의 모서리를 지나갈 때 또는 슬릿이나 작은 구멍을 지나갈 때 회절현상은 쉽게 관찰된다.

한 개의 슬릿을 통과하는 빛을 생각하자. 슬릿의 어느 한 부분을 통과한 빛과 그 시각에 다른 부분을 통과한 빛을 고려하면, 한 슬릿 내의 이 두 점은 호이겐스의 원리에 의해 각각 점광원으로 생각할 수 있다. 이 두 점광원은 간섭을 일으켜 회절 무늬를 만들게 된다. 이제 그림 25.7을 사용하여 단일 슬릿에서 생기는 회절 무늬를 정량적으로 이해해 보도록 하자.

먼저 그림 25.7과 같이 이 슬릿을 아래 위 두 부분으로 나누어 생각하자. 이 슬릿의 여러 부분에서 출발하여 회절하는 광선을 1, 2, … 및 1′, 2′, … 등으로 나타내었다. 이 광선들이 슬릿에서 L만큼 떨어진 곳에 있는 스크린에서 슬릿의 중앙으로부터 각 θ 만큼 떨어진 점 A에 도달하여 간섭을 일으키는 경우를 생각하자. 수평선에 대하여 광선 1이 만드는 각은 θ보다 좀 크겠지만, $L \gg a$의 조건에서는 θ로 근사할 수 있다. 이와 같이 $L \gg a$의 조건을 만족시키는 회절을 **프라운호퍼**(Fraunhofer)**회절**이라 한다. 슬릿 상에서 광선 1과 광선 1′의 거리는 $a/2$이고 이들이 A점에 도달할 때 경로차는 $L \gg a$일 때 $(a/2)\sin\theta$로 쓸 수 있다. 이들 두 광선의 경로차가 파장의 반이 될 때, 즉

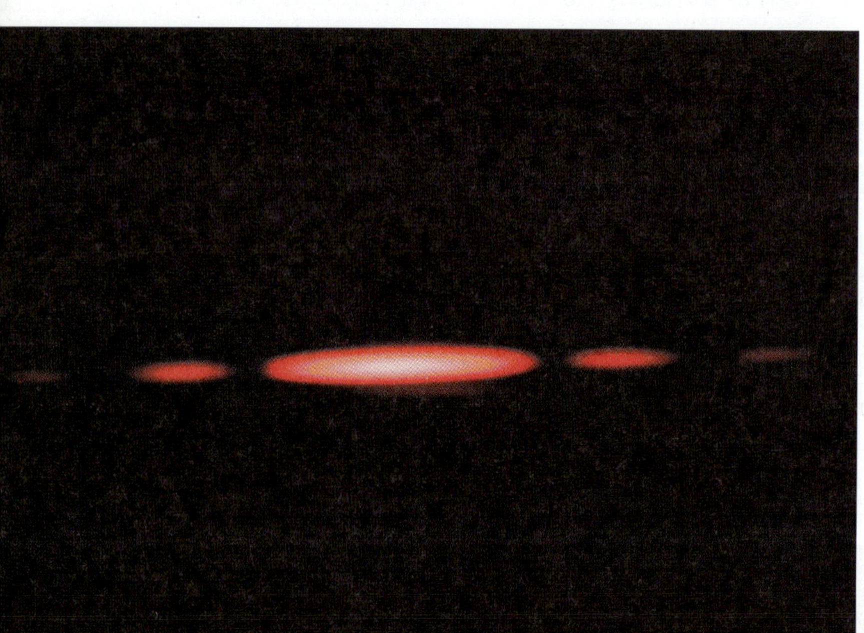

그림 25.6
좁은 슬릿에서 만들어지는 회절무늬

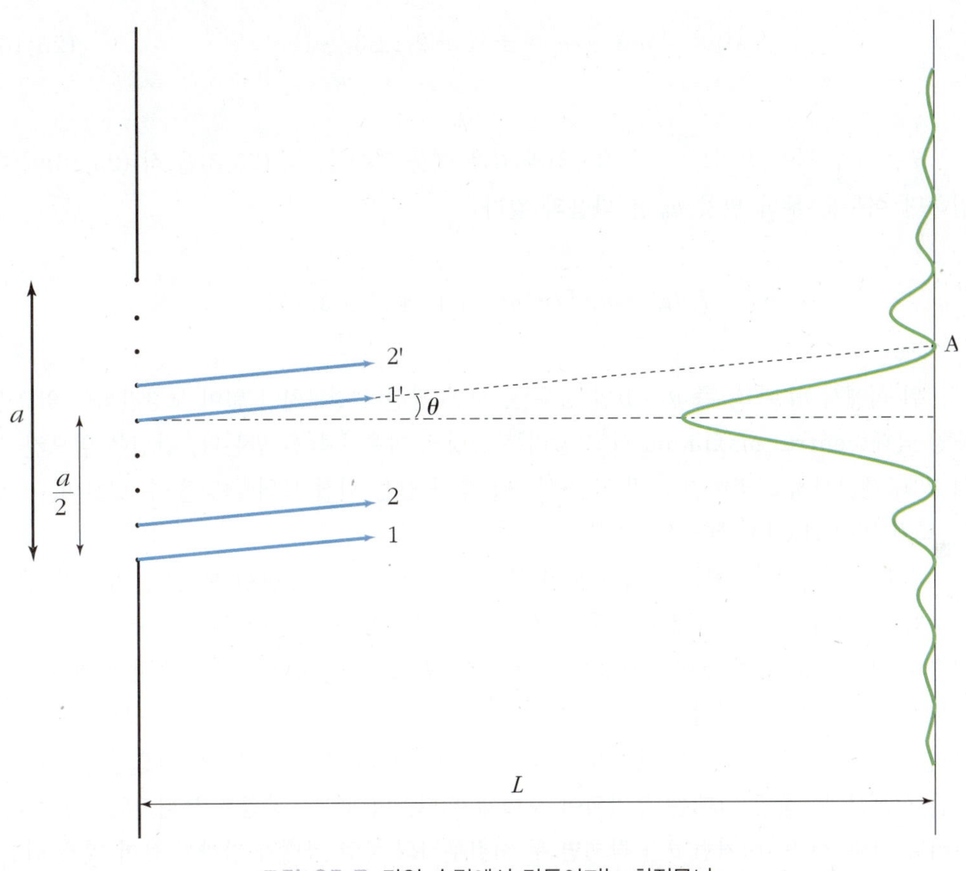

그림 25.7 단일 슬릿에서 만들어지는 회절무늬

$$\frac{a}{2}sin\theta = \lambda/2 \qquad (25.14)$$

일 때 소멸간섭을 일으킨다. 각 θ가 위 식을 만족하면, 광선 1과 $1'$ 뿐만 아니라 2와 $2'$ 등등 슬릿의 위 부분과 아래 부분에서 대응하는 위치에 있는 모든 광선이 소멸간섭을 일으킨다. 따라서 슬릿을 통과한 모든 광선을 고려해도 소멸간섭이 되므로 스크린의 A점은 어두운 위치가 된다. 결국 슬릿 전체로서 소멸간섭을 일으킬 조건은

$$a\sin\theta = \lambda \qquad (25.15)$$

가 된다. 이제 슬릿을 두 부분으로 나누는 대신, 네 부분, 여섯 부분 등으로 나누어 이웃하는 부분끼리 소멸간섭을 일으킬 조건을 생각하면 식 (25.15)는 다음과 같이 일반화할 수 있다.

$$a\sin\theta = m\lambda \quad (m = \pm 1,\ \pm 2,\ \pm 3,\ \cdots) \tag{25.16}$$

θ는 매우 작은 값이므로 식 (25.3)과 같은 식을 얻는다. 식 (25.3)을 식 (25.16)에 대입하면 어두운 무늬 위치 y_m은 다음과 같다.

$$y_m = L\,\theta_m = m\lambda L/a\,(m = \pm 1,\ \pm 2,\ \pm 3,\ \cdots)$$

위 식에서 $m = 0$, 즉 $\theta = 0$인 경우는, 모든 광선이 경로차가 없이 보강간섭을 일으켜 **중앙 극대**(central maximum)라고 불리는 중앙의 밝은 무늬를 만든다. 간섭을 일으킨 후의 빛의 세기까지 고려하면 그림 25.7의 오른쪽과 같은 회절 무늬를 얻을 수 있으며, 이것은 그림 25.6과 일치한다.

가까이 있는 두 물체를 멀리서 보면 분리되어 보이지 않고 붙어 보인다. 이는 두 물체로부터 온 빛이 눈의 조리개를 통과한 후 망막에 상을 만들 때 회절무늬를 만들게 되고 이 회절 무늬가 서로 겹쳐 보이기 때문이다. 이제 그림 25.8을 보면서 단일 슬릿에 의한 상이 언제 분리되어 보이는지 살펴보기로 하자. 그림 25.8 (a)처럼 슬릿에서 두 광원을 바라본 사이각 θ가 커서 두 광원에 의한 회절무늬의 중앙 극대가 충분히 떨어져 있으면 두 회절무늬를 합해도 두 중앙 극대는 분리되어 보이게 된다. 이 때 두 광원은 분해되었다고 한다. 그러나 그림 25.8 (b)처럼 θ가 작으면 두 회절무늬의 중앙 극대가 가까이 붙어 있게 되고, 두 회절 무늬를 합하면 굵은 초록색 실선으로 표시한 하나의 극대만 생겨 두 광원은 분해되지 않게 된다. 두 광원이 분해되느냐를 정량적으로 나타낼 때 흔히 **레일레이의 조건**(Rayleigh's criterion)을 사용한다.

"한 광원에 의한 회절 무늬의 중앙 극대가 다른 광원에 의한 회절 무늬의 첫 번째 극소 위치에 놓이면 이 두 상은 겨우 분해될 수 있다고 한다."

식 (25.15)를 사용하면, 레일레이의 조건에 의해 겨우 분해될 수 있는 분해능 한계각은

$$\sin\theta_{\min} = \frac{\lambda}{a} \tag{25.17}$$

로 주어진다. 대부분의 경우 $\lambda \ll a$이고, 이 때 $\sin\theta \approx \theta$이므로, 이 식은

$$\theta_{\min} = \frac{\lambda}{a} \tag{25.18}$$

로 쓸 수 있다.

많은 광학기계들은 1차원의 슬릿보다는 2차원의 원형 구멍 또는 원형 렌즈를 사용한다. 원형 구멍의 회절무늬와 분해능을 계산하는 것은 슬릿의 경우보다 더 복잡하지만, 원형 구멍에 의한 분해능 한계각은 식 (25.18)과 유사한 형태로 주어진다.

$$\theta_{\min} = 1.22\frac{\lambda}{D} \tag{25.19}$$

여기서 D는 원형 구멍의 직경이다. 이 식에 의하면 사용하는 빛의 파장이 짧을수록, 또 원형 구멍의 직경이 클수록 두 광원을 분해하는 능력이 커지게 된다. 따라서 망원경으로 별을 관측할 때 잘 분해해서 보려면 직경이 큰 렌즈를 사용하고 파장이 짧은 파란색 필터를 사용하는 것이 유리하다.

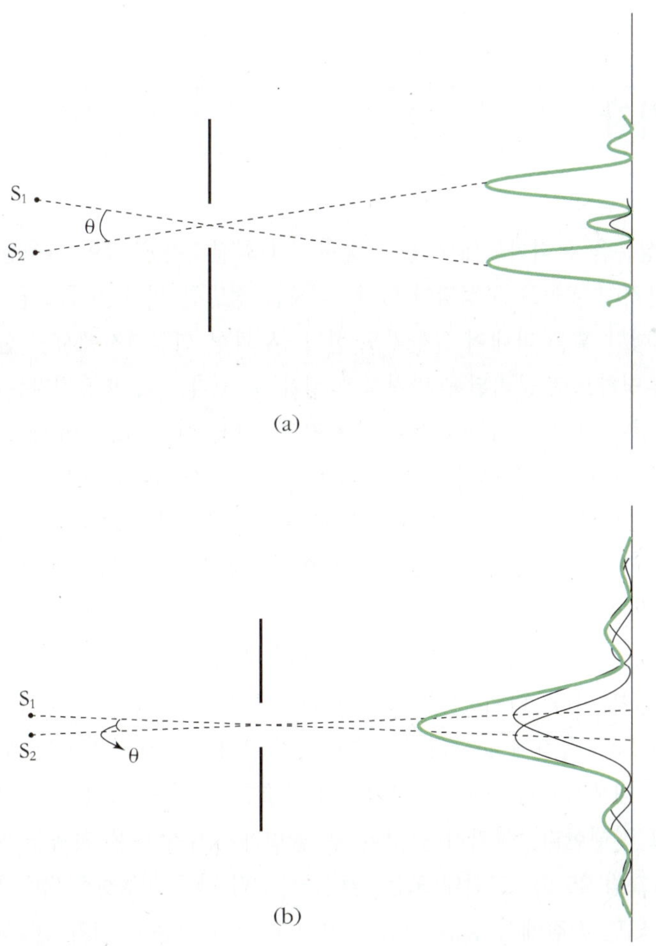

그림 25.8

가까운 두 광원의 상의 분해 (a) 두 광원의 사잇각이 큰 경우 (b) 두 광원의 사잇각이 작은 경우

예제 **25.2** 캘리포니아 팔로마 산에 있는 직경 200in 망원경으로 550nm의 가시광선을 사용하여 이중성을 관측할 때와 푸에르토리코의 아레시보에 있는 직경 305m의 전파 망원경으로 75cm의 전파를 사용할 때, 어느 쪽이 이중성을 잘 분리해 볼 수 있는지 비교하라.

풀이 직경과 파장의 단위를 m로 바꾸어 팔로마 망원경의 분해능의 한계각을 계산하면

$$\theta_{\min} = 1.22\frac{\lambda}{D} = 1.22\times\frac{550\times 10^{-9}}{200\times 0.0254} = 1.32\times 10^{-7}\text{rad}$$

이 된다. 마찬가지로 전파 망원경의 분해능 한계각은

$$\theta_{\min} = 1.22\frac{\lambda}{D} = 1.22\times\frac{75\times 10^{-2}}{305} = 3.00\times 10^{-3}\text{rad}$$

이다. 따라서 팔로마 망원경이 2만 배 이상 이중성을 더 잘 분리해 볼 수 있다.

25.6 회절격자

빛의 파장성분을 분리하는데 유용한 장치로서 회절격자를 많이 사용한다. 회절격자는 많은 수의 등 간격 슬릿들로 구성되어 있다. 격자는 정밀한 세공 기계로 금속판이나 유리면에 등간격의 평행한 홈을 파내어 만들기도 한다. 투과형 회절격자에서는 선분들 사이 간격이 빛에 대해 투명하므로 분리된 슬릿처럼 이해할 수 있다. 즉, 회절격자는 서로 아주 작은 슬릿 간격들을 갖는 매우 근접한 선분들을 가지고 있다. 한 예로, 1cm에 2,000 선의 슬릿을 가지고 있는 격자의 슬릿사이의 간격은 $d = (1/2,000)\text{cm} = 5\times 10^{-4}\text{cm}$이다.

그림 25.9는 평면파가 격자 면에 수직으로 왼쪽으로부터 입사되는 경우 평면 회절격자에서 회절이 일어나는 원리를 보여주는 개략도이다. 광선들을 P점에 모으는 데에 볼록렌즈가 사용된 경우이며 스크린상에서 나타난 무늬는 파동들의 공간적인 회절과 간섭 효과에 의해 생긴 것이다. 각각의 슬릿은 회절 무늬를 만들게 되고 회절된 광속들은 서로 간섭하여 최종 무늬를 만들게 된다. 다시 말하자면, 각각의 슬릿들은 새로운 파동의 광원으로 작용하며 그 모든 파동들은 슬릿에서 같은 위상으로 출발한다. 그러나 수평으로부터 측정된 어떤 임의의 θ방향에 대해서, 파동들은 스크린상의 특별한 점 P에 도달하기까지 서로 다른 경로 길이를 갖고 진행한다. 여기서 인접한 두 슬릿에서에서 나온 파동들 사이의 경로차가 $d\sin\theta$가 된다(그림 25.9). 그런데 모든 슬릿들로부터 나온 파동들의 경로차가 0이거나 파장의 정수배가 되면 P점에서 동일 위상을 가지게 되어 밝은 무늬가 관찰되게 될 것이다. 그러므로 빛이 격자 면에 수직으로 입사될 때 θ각 위치에서 간섭무늬가 최대가 되려면 다음과 같은 식이 성립해야 한다.

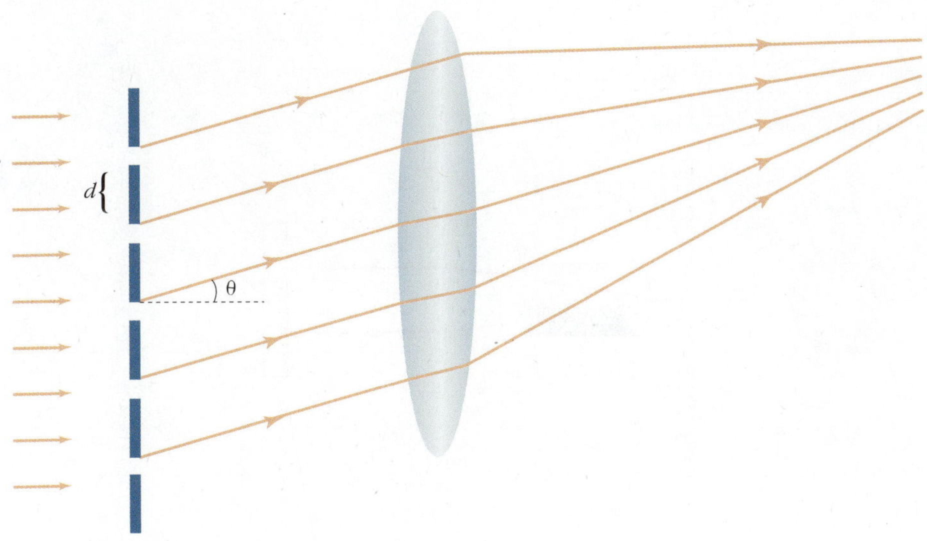

그림 25.9 격자 단면도. 슬릿 간격이 d일 때, 인접한 슬릿들 사이의 경로차는 $d\sin\theta$가 된다.

$$d\sin\theta = m\lambda \,(m = 0,1,2,3\cdots) \quad (25.20)$$

만일 입사 광선 속에 여러 파장들이 포함되었다면, 특별한 각에서 각각의 다른 파장에 대한 m차 최대값이 발생될 것이므로 이 표현식은 편이각 θ와 격자 간격을 사용하여 회절된 빛의 파장을 계산하는 데 사용될 수 있다. $\theta = 0$에서는 모든 파장들이 보이게 되며 이것은 차수 $m = 0$에 대응된다.

그림 25.10은 회절격자에 대한 세기분포를 보여준다. 광원에 여러 파장들이 포함되어 있는 경우, 각각 다른 위치에서 다른 차수의 스펙트럼선들을 관찰하게 될 것이다. 어두운

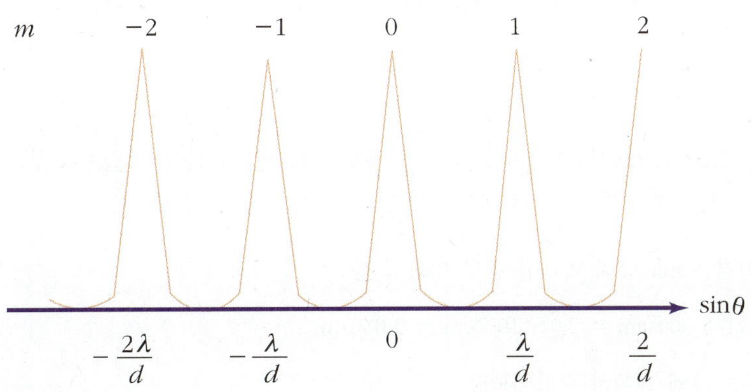

그림 25.10
그림 25.9에서의 $\sin\theta$값(가로축)과 회절격자를 통과한 빛의 세기와의 관계. m값은 차수를 나타낸다.

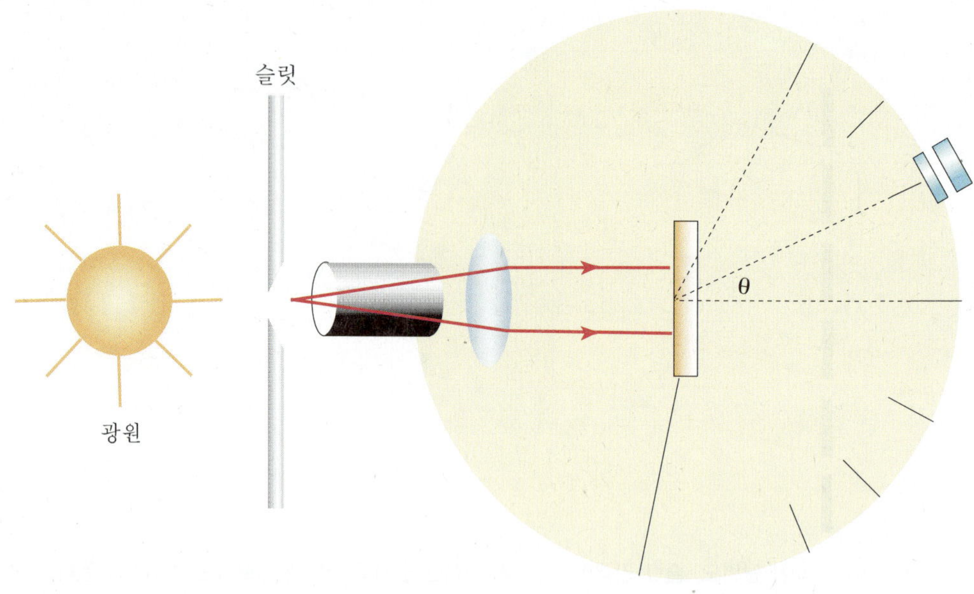

그림 25.11
회절격자 분광기의 기본 구조. 격자에 입사된 빛은 $d\sin\theta = mA$ 식의 조건을 만족하는 여러 차수들로 θ각으로 회절된다.

영역의 넓이와 주 극대의 날카로움을 유의해보라. 이것은 이중 슬릿 간섭무늬의 넓고 밝은 무늬들과 뚜렷이 대비되며, 차수에 관계없이 같은 크기의 빛의 세기를 갖는다는 데 주의해야 한다.

회절 무늬의 각 측정을 위한 간단한 배치를 그림 25.11에 보였다. 이것은 회절 격자 분광기의 한 형태이다. 슬릿을 통과한 광선은 집광되고 평행 광선으로 격자에 수직 입사된다. 회절 광들은 식 (25.20)을 만족하는 각으로 격자를 떠난다. 슬릿의 상을 각도를 조절하면서 망원경으로 관찰하게 되면, 여러 차수들에서 나타나는 슬릿 상들의 회절 위치각을 정밀하게 측정할 수 있고, 이로써 광원의 파장을 결정할 수 있게 된다.

예제 **25.3** 회절격자의 차수

빨간색의 단색광인 He–Ne 레이저($\lambda = 632.8\,\text{nm}$)의 빛이 5,000선/cm을 갖고 있는 회절격자에 수직으로 입사되었다고 하자. 1차, 2차, 3차 최대가 관찰될 수 있는 각들을 구하시오.

풀이 먼저 슬릿 간격은 cm 당의 격자선 수의 역과 같다.

$$d = (1/5{,}000)\text{cm} = 2.0 \times 10^{-4}\text{cm} = 2{,}000\,\text{nm}$$

1차 최대($m = 1$)에 대해서 계산해보면

$$\sin\theta = \frac{\lambda}{d} = \frac{632.8\,\text{nm}}{2{,}000\,\text{nm}} = 0.3164$$

이다. 따라서, $\theta_1 = 18.44°$이다.

$m = 2$에 대해서는

$$\sin\theta_2 = \frac{2\lambda}{d} = \frac{2(632.8)\,\mathrm{nm}}{2{,}000\,\mathrm{nm}} = 0.6328$$

이므로 $\theta_2 = 39.26°$이다.

$m = 3$에 대해서는 $\sin\theta_3 = 0.9492$가 구해지고 θ_3 값은 71.66°이다. 그런데 $m = 4$에 대해선 $\sin\theta_4 = 1.2656$이 되고, $\sin\theta$ 값은 1을 초과할 수 없으므로, 이 값은 무의미하다. 그러므로 0차, 1차, 2차, 3차 극대까지만 관찰하게 된다.

회절격자의 분해능

빛의 파장을 정밀하게 측정하는 데 있어 회절격자는 유용한 장치이다. 회절격자는 프리즘과 같이 빛을 그 구성 성분들로 분산시키는 데에도 사용된다. 이들 두 가지 장치들 중에서 인접한 두 개의 파장들을 구분해 내는 데는 회절격자가 더 정밀한 편이다.

만일 분광기가 거의 동일한 파장들 λ_1과 λ_2를, 겨우 구분해 냈다면, **분해능**(resolving power) R은

$$R \equiv \frac{\lambda}{\lambda_1 - \lambda_2} = \frac{\lambda}{\Delta\lambda} \tag{25.21}$$

이 된다. 여기서 $\lambda = (\lambda_1 + \lambda_2)/2$이고 $\Delta\lambda = \lambda_1 - \lambda_2$이다. 만일 격자가 N개의 격자 선을 갖고 있었다면 m차 회절에서의 분해능은 Nm의 곱과 같다. 즉,

$$R = Nm \tag{25.22}$$

따라서 차수가 증가함에 따라 분해능이 증가된다. 덧붙이자면, 격자선 (슬릿)을 많이 갖는 격자들일수록 분해능(R)이 커지고, 분해능이 클수록 파장 차이가 작은 두 색의 스펙트럼선을 분해할 수 있다. 또한 $m = 0$이면 $R = 0$으로서 모든 파장들을 구분할 수 없는 0차 극대를 의미한다. 그러나 3,000개의 격자선을 갖고 있는 격자를 광원으로 조명한 경우의 2차 회절무늬($m = 2$)를 생각해 보자. 그러한 격자에서 2차에 대한 분해능은 $R = 3{,}000 \times 2 = 6{,}000$이 된다. 평균 파장을 900 nm라 하면, 분해될 수 있는 두 스펙트럼선들 사이의 최소 파장 간격은 $\Delta\lambda = \lambda/R = 1.5 \times 10^{-1}\,\mathrm{nm}$가 된다. 3차 주 극대에 대해서는 $R = 9{,}000$이고, 최소파장간격은 $\Delta\lambda = 1.0 \times 10^{-1}\,\mathrm{nm}$이 된다.

25.7 결정에 의한 X-선 회절

1895년에 뢴트겐(W. Roentgen, 1845~1923)은 파장이 10^{-10}m = 0.1nm 정도로 매우 짧은 빛인 X-선을 발견했다. 이론상으로는, 적당한 간격(파장 λ정도의 크기인 0.1nm)의 회절격자만 있다면 어떤 전자기파든지 간에 그 파장을 결정할 수 있을 것이지만, 실제로 X-선의 파장 정도로 작은 간격을 갖는 격자를 인위적으로 만드는 것은 불가능하였다. 1913년에 폰 라우에(Max von Laue, 1879-1960)는 고체 내에 있는 원자들의 간격은 약 10^{-10}m 정도라는 사실로부터 결정 안에 규칙적으로 배열된 원자들이 X-선에 대해 3차원 회절격자 역할을 할 수 있음을 착안하였으며, 실험 결과들은 그의 예언을 확증하였다. 관찰된 회절 무늬들은 격자의 3차원적 구조성으로 인해 다양한 회절현상을 포함하므로 매우 복잡한 형태를 나타내지만 X-선 회절무늬는 물질의 결정 구조를 설명하는 데 있어서 대단히 가치 있고 중요한 기술이다.

그림 25.12는 X-선 회절실험의 간단한 개념도이다. 연속 파장을 갖는 정렬된 X-선 광속이 결정에 입사되고, 회절 된 광속들은 특별한 방향들에서 매우 강하게 나타내는 회절무늬를 만든다, 이는 결정 내에 있는 원자들의 규칙적으로 배열된 층으로부터 반사된 파동들의

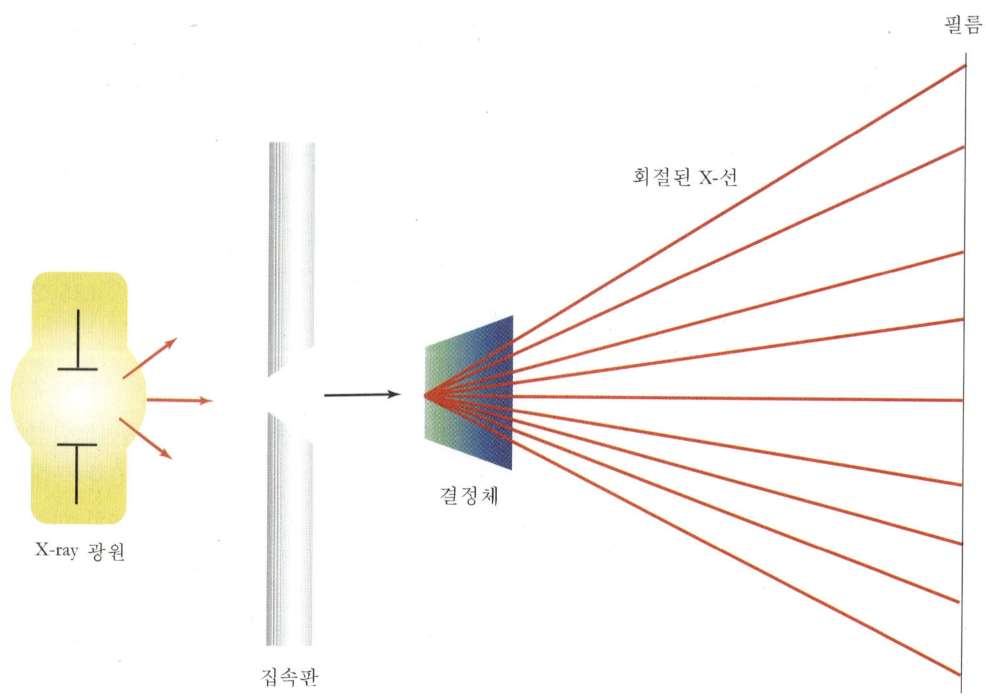

그림 25.12 결정에 의해 회절된 X-선을 관찰하는 방법의 개념도. 필름 상에 형성된 반점들의 규칙적 배열을 라우에(Laue) 무늬라고 부른다.

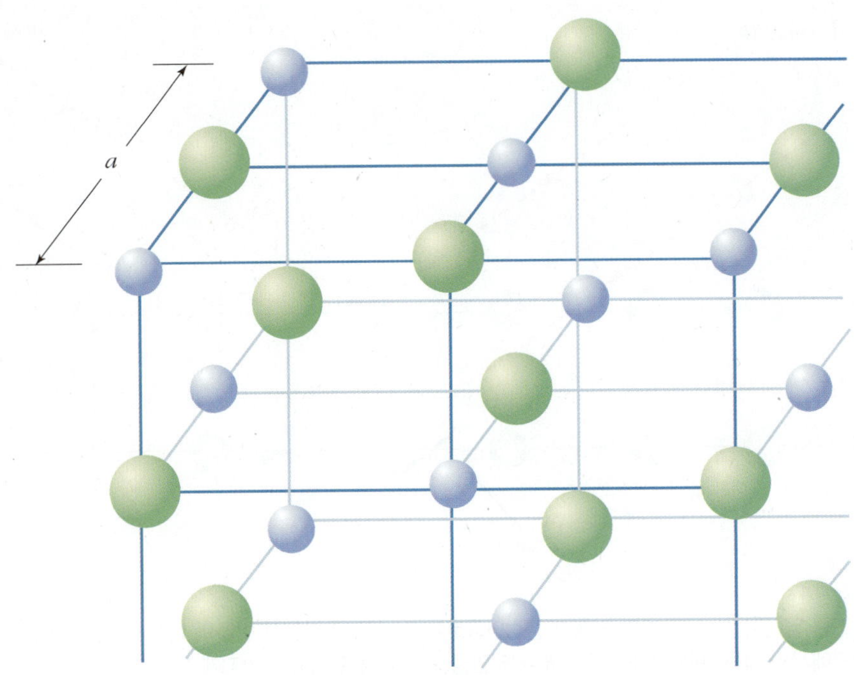

그림 25.13 소금의 결정 구조 모델. 입방체 모서리 변들의 길이는 a = 0.562737 nm이며 큰 구들은 Cl^- 이온들을 나타내고, 작은 구들은 Na^+ 이온들을 나타낸다.

보강간섭이 만든 무늬이다. 이렇게 회절된 광속들은 사진 필름이나 X-선 검출기 등으로 검출할 수 있으며, 이들 반점들은 규칙적인 배열 집단을 이루는데, 이를 **라우에 무늬**라고 부른다. 결정의 구조는 무늬에 있는 다양한 반점들의 위치와 세기들을 해석함으로써 추론할 수 있다.

그림 25.13은 NaCl 결정에 있는 원자들의 배열 상태를 보여준다. 작은 구들은 Na^+이온들을 나타내고, 큰 구들은 Cl^- 이온들을 나타낸다. 각각의 단위세포들은(결정 전체에 걸쳐 반복적으로 나타나는 원자들의 가장 작은 집합체) 4개의 Na^+와 4개의 Cl^- 이온들로 구성되어 있다. 단위세포들은 모서리 변들의 길이가 a인 입방체 구조이다.

그림 25.14에서와 같이 결정 내의 이온들은 여러 평면들에 놓여 있게 된다. 만일 입사 X-선 빛이 그림 25.14에서처럼 이들 면 중의 한 면에 대해 θ 각으로 입사되었다고 생각해 보자. X-선은 윗면과 아랫면 모두에서 반사하게 된다. 그러나 그림 25.14와 같은 기하학적 구성에 의해 아랫면에서 반사된 빛은 윗면에서 반사된 빛보다 더 먼 거리를 진행하게 되므로 두 빛들 사이의 경로차는 $2d\sin\theta$가 될 것이다. 두 빛들은 이 경로차가 파장 λ의 정수배가 될 때 보강간섭을 하게 된다. 평행한 두 면들 전체로부터의 반사에 대해서도 이 관계는 성립되므로, 보강 간섭의 조건(반사된 파들이 최대인)은

$$2d\sin\theta = m\lambda(m = 1,\ 2,\ 3, \cdots) \tag{25.23}$$

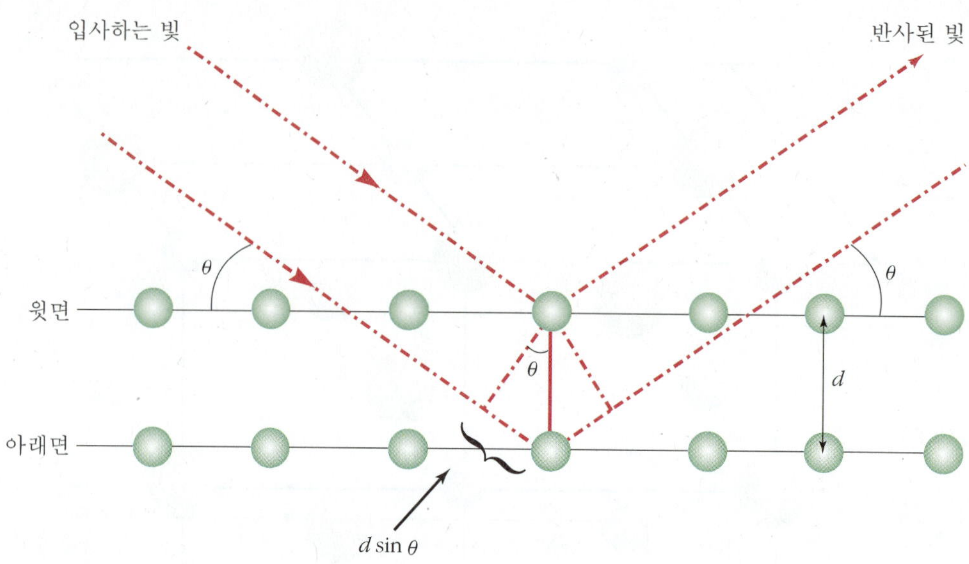

그림 25.14
거리 d 만큼 떨어져 있는 두 개의 평행한 결정면들로부터 반사되는 X-선 빛들의 회절도. 아랫면에서 반사된 빛은 윗면에서 반사된 빛에 비해 $2d\sin\theta$ 거리만큼 더 긴 광로 길이를 가지게 된다.

가 될 것이다. 이 조건은 브라그(1890~1971)에 의해 처음 유도되었고 **브라그 법칙**(Bragg's law)이라고 한다. 이 법칙은 X-선의 파장과 측정된 회절각을 이용하여 원자적 평면들 사이의 간격을 계산하는 데 사용된다.

연습문제 EXERCISES

1 영의 이중 슬릿 실험
초기의 영의 이중 슬릿 실험에서는 가시광선을 사용하였으므로 간섭무늬가 매우 작게 나타났다. 이러한 영의 간섭실험을 보다 파장이 긴 전자기파에 한번 적용해 보자. 이렇게 하기 위해서 결맞은 파동이 나오는 두개의 안테나가 같은 파장의 동일한 신호를 보내고 있다고 생각하자(우리가 좋아하는 음악방송이라 해두자). 두 안테나는 500m 간격으로 서 있다. 두개의 안테나를 잇는 선에 2km 떨어진 평행한 고속도로 위를 진행하고 있는 자동차에서 이 방송을 들을 때 2차 극대 신호가 중앙 점에서 300m 떨어진 곳에서 나타났다. 이러할 때 1차와 3차 극대의 신호가 나오는 곳의 위치를 찾아라.(각이 작을 때의 근사공식을 사용한 것과 정확한 공식을 사용한 것을 비교해 보아라.)

2 이중 슬릿 실험에서 한쪽 슬릿을 굴절률 $n = 1.58$인 얇은 운모조각으로 가렸더니, 가리기 전에는 7번째 차수의 밝은 무늬였던 것이 가린 후에는 스크린의 중앙 위치로 자리를 옮겼다. 사용된 빛의 파장이 $\lambda = 550$nm 라면 운모의 두께는 얼마인가?

3 이중 슬릿 장치에서 슬릿 간의 간격은 슬릿을 지나는 광선 파장의 100배이다. 1차 극대와 2차 극대 사이 각도차이는 얼마인가?

4 나트륨 광(589nm)에 대해서, 어떤 이중 슬릿 장치가 0.20° 간격의 간섭 무늬줄을 만들게 하였다. 각도 간격을 20% 만큼 더 크게 하려면 어떤 파장의 빛을 사용해야 하는가?

5 간섭무늬의 세기 분포
슬릿 사이의 간격이 0.25mm인 이중 슬릿에 파장이 660nm인 결맞은 빛을 조사한 후 슬릿으로부터 0.700m 떨어진 스크린 상에서 무늬를 관찰하였다. 중앙 극대의 중심에서의 세기를 I_{00}라 할 때 (a) 세기가 최소인 첫 번째 점의 위치는 중심으로부터 얼마나 떨어져 있는가? (b) 세기가 $I_{00}/2$인 지점은 중앙 극대의 중심으로부터 얼마나 떨어져 있는가?

6 태양 전지는 태양 광선을 흡수해 기전력을 만드는 장치인데, 태양 빛을 최대한 흡수하기 위해 무반사 코팅을 한다. 굴절률 3.5인 규소로 만든 태양전지에 굴절률이 1.45인 일산화규소 막을 입혀 가시광선의 중간 파장인 550nm 광선에 대한 무반사 코팅을 하고자 하면, 일산화규소 막의 최소 두께는 얼마나 되어야 하는가?

7 굴절률 1.40인 유리판에 굴절률 1.55인 물질의 박막을 입혀서 600nm의 빛만 통과 시키고자 한다. 막의 두께는 최소한 얼마라야 하나?

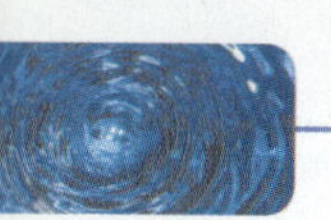

8 한쪽 면은 평면이고 다른 쪽 면은 반지름이 R인 구면의 일부로 되어 있는 볼록렌즈가 있다. 이 렌즈가 구면인 쪽이 아래쪽으로 평면 유리 위에 놓여 있고, 평면 유리와 렌즈의 사이에는 공기가 있다. 파장 λ인 빛이 수직 입사하여 공기층의 아래 면과 윗면에서 반사되어 만든 간섭무늬를 위에서 내려다보면 여러 개의 동심원이 보이는데 이를 뉴턴의 고리(Newton's ring)이라고 부른다. 중앙에서부터 m번째 밝은 고리의 반지름을 r이라고 하면, $r << R$일 때, r의 값이 $r^2 = \left(m + \frac{1}{2}\right)\lambda R$로 주어짐을 보여라.

9 헬륨-네온 레이저의 633nm 파장의 빛이 폭 0.5mm인 단일 슬릿을 지나 슬릿으로부터 5m 떨어진 스크린에 회절무늬를 만들고 있다. 중앙 극대의 양쪽 경계에서 소멸간섭을 일으키는 점들 사이의 거리를 구하라.

10 두 파장(λ_a, λ_b)의 빛이 단일 슬릿을 통과한다. 한 파장의 첫 번째 극소점과 다른 파장의 두 번째 극소와 일치하였다. 두 파장 사이의 관계를 구하라.

11 두 헤드라이트 사이의 거리가 1.5m인 자동차가 멀리서 다가오고 있다. 사람의 눈조리개의 직경이 5.0mm, 자동차 불빛의 파장이 550nm라고 하자. 사람의 망막에 시세포가 연속적으로 분포되어 있다고 하면, 자동차가 얼마의 거리에 도달했을 때부터 두 헤드라이트가 분리되어 보이겠는가? (실제로는 사람의 시세포 사이의 분리각이 5×10^{-4} 정도여서, 회절 효과만을 고려해서 계산했을 때보다 더 가까이 와야 헤드라이트가 분리돼 보인다.)

12 헬륨-네온 레이저에서 빛이 나와 1cm당 5,000개의 선을 갖는 회절격자에 부딪쳐 격자로부터 1.5m 떨어져 있는 벽에 중앙극대와 1차 주 극대가 0.474m 간격을 두고 나타난다. 레이저광의 파장을 구하라.

13 격자 분광기의 1차 스펙트럼에서 세 개의 불연속 스펙트럼선이 10.1°, 13.7°, 14.8°에 나타났다.

(a) 3,500선/cm를 가진 격자라면, 빛의 파장은 각각 얼마인가?

(b) 이 선들이 2차 스펙트럼에서는 몇 도에서 발견되겠는가?

14 폭이 20mm인 회절격자가 6,000줄을 갖고 있다. 입사광선의 파장은 589nm이다. 어떤 각도에서 극대 강도의 선속이 생기겠는가?

15 폭이 30mm인 회절격자가 있다. 600nm 파장의 빛에 대해서 30°에서 2차 최대가 관측되었다면, 이 격자에 그어진 줄의 수는 얼마인가?

16 실리콘(Si)의 결정구조에서 평면간 거리가 0.543nm이다. 단색광 X-선에 대해 측정각이 4.96°일 때 최대회절이 나타난다. X-선의 파장을 구하라.

17 X-선이 결정에 입사한다. 브래그 각 3.4°에서 1차 반사가 관측되었다면 2차 반사가 일어나는 각을 구하라.

26 상대성 이론

1905년 젊은 물리학자 아인슈타인은 20세기 물리학에 지대하게 공헌한 논문 세 편을 발표하였는데 그 중 한 편이 **특수 상대성 원리**에 관한 논문이었다. 그 논문 제목은 "움직이는 물체의 전기동역학에 관하여"이었는데, 제목에서 말해주듯이 특수 상대성 원리는 전자기학과 깊은 연관이 있다. 특수 상대성 원리는 그 당시 물리학자들을 괴롭혔던 에테르라고 불리는 전자기파의 매질 문제를 깨끗하게 해결했을 뿐만 아니라 전기력과 자기력이 근본적으로 같은 힘이라는 것을 보였다. 특수 상대성 원리는 전자기학 뿐만 아니라 고전역학부터 미시세계를 다루는 양자역학에 이르기까지 물리학의 전반적인 분야에서 중요한 역할을 한다. 아인슈타인은 1915년에 **일반 상대성 원리**를 발표하였다. 일반 상대성 원리에서 예측한 가장 극적인 것은 빛이 중력장에 의해 휘어진다는 사실이었고, 1919년 개기일식 때 천문학자들이 수행한 관측은 아인슈타인의 이론 예측을 증명하였다. 타임지에서 이 이론을 인류가 이룩한 가장 위대한 업적이라고 평가하였다. 본 장에서는 아인슈타인의 특수 상대성 원리에 대해 공부한다.

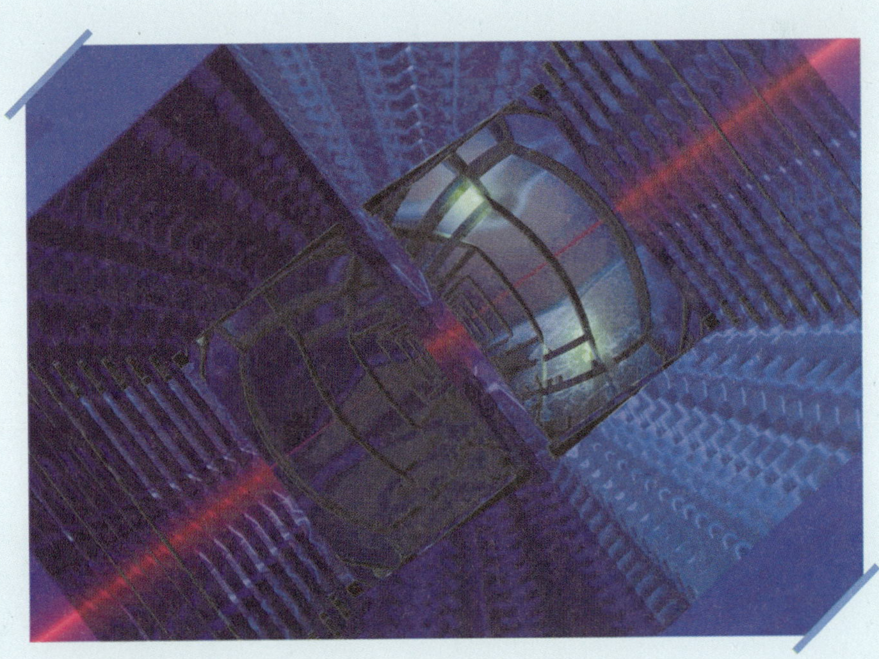

26.1 뉴턴의 상대성 원리와 그 한계

제 3장에서 배운 뉴턴의 운동법칙은 모든 관성기준틀에서 성립한다. 관성의 법칙이 성립하는 기준계를 **관성기준계**로 정의하므로 관성계에서 힘을 받지 않는 물체는 가속되지 않는다. 관성계에 대해 일정한 속도로 움직이는 좌표계 역시 관성계이다.

다른 좌표계에 비해 더 특별하게 취급되는 좌표계는 없다. 이는 특정한 물리량(예를 들면 속도, 운동량, 운동에너지 등)은 관성계마다 다른 값을 가질 수 있지만 물리 법칙(뉴턴의 운동법칙, 운동량과 에너지 보존법칙 등)이 동일하다는 것을 의미한다. 이를 뉴턴 혹은 갈릴레이의 상대성 이론이라고 한다. 뉴턴의 상대성 원리를 공식적으로 표현하면 "모든 관성계에서 물리 법칙은 동일하다"는 것이다.

그림 26.1에서와 같이 두 관성기준계 S와 S'을 생각하자. 좌표계 S'는 S에 대해 x축을 따라 속도 u로 움직이고, S와 S'에서의 시간을 각각 t와 t'이라고 한다. $t=t'=0$일 때 S와 S'의 원점이 일치한다고 가정하면, 움직이는 한 입자의 위치와 시간의 좌표변환은 다음 관계식이 성립한다.

$$
\begin{aligned}
x' &= x - ut \\
y' &= y \\
z' &= z \\
t' &= t
\end{aligned}
\qquad (26.1)
$$

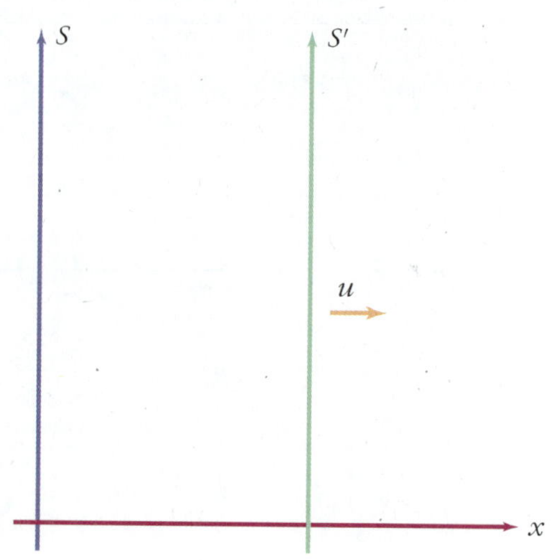

그림 26.1 정지한 관성좌표계에 대해 상대적으로 움직이는 두 관성좌표계

이 변환을 **갈릴레이 변환**(Galilean transformation)이라고 부른다. 여기서는 두 관성계에서 시간을 똑같이 취급한다. 고전역학 체계에서 시간은 좌표계의 운동에 상관없이 같이 흐른다.

움직이고 있는 한 입자의 속도의 x성분을 S에서 관측한 값을 v_x 라고 하면, S'에서 이 입자의 속도의 x성분 v'_x 은 식 (26.1)의 첫째 식을 미분하여 구한다.

$$v'_x = v_x - u \tag{26.2}$$

두 관성계에서 이 입자의 가속도는 동일하므로 뉴턴의 운동 방정식 $F = ma$ 는 갈릴레이 변환에 대해 불변임을 쉽게 확인된다. 즉, 두 관성계에서 뉴턴의 역학법칙은 동일하게 성립한다. 뉴턴의 상대성 이론은 **절대적인 기준계는 존재하지 않는다**는 말로 요약된다.

식 (26.2)에서 설명한 갈릴레이 변환에 의한 상대속도는 일상생활의 관측 경험, 시간과 공간에 대한 우리의 직관과 일치한다. 그러나 이 결과를 전자기파의 운동에 적용하면 심각한 모순에 직면한다. 고전 전자기학의 기본 방정식인 맥스웰 방정식은 관측자나 광원의 움직임에 상관없이 전자기파가 모든 관성계에서 같은 속력으로 진행함을 보여준다. 빛의 속력이 모든 관성계에서 동일하다는 이 결론은 식 (26.2)로 주어지는 갈릴레이 변환에 모순된다. 그렇다면 도대체 무엇이 잘못된 것일까? 아인슈타인은 특수상대성 이론을 도입해서 위의 문제들을 모두 해결하였다.

아인슈타인의 특수 상대성 이론을 다루기 전에 먼저 특수 상대성 이론과 깊은 연관이 있는 마이켈슨-몰리 실험을 살펴본다.

26.2 마이켈슨-몰리 실험

맥스웰이 빛은 전자기파의 일종이라는 것을 밝힌 후, 많은 물리학자들은 이 전자기파를 전달하기 위한 매질이 존재하여야 한다고 생각하였다. 이 발견되지 않은 매질을 **에테르**(ether)라고 불렀는데 우주 전체에 이 매질이 가득 차 있다고 믿었다. 만약 이 에테르가 존재하면 에테르 기준계를 정의할 수 있을 것이다.

1887년에 두 물리학자 마이켈슨과 몰리는 간섭계를 이용하여 에테르 기준계에 대한 지구의 상대 속력을 측정하려고 시도하였다. 그림 26.2는 마이켈슨-몰리 실험(Michelson-Morley experiment) 개략도이다. 광원 S에서 지구가 진행하는 방향과 나란한 방향으로 나온 빛의 일부는 투과시키고 일부는 반사시키는 거울 P가 45° 각도로 놓여 있다. 그 거울

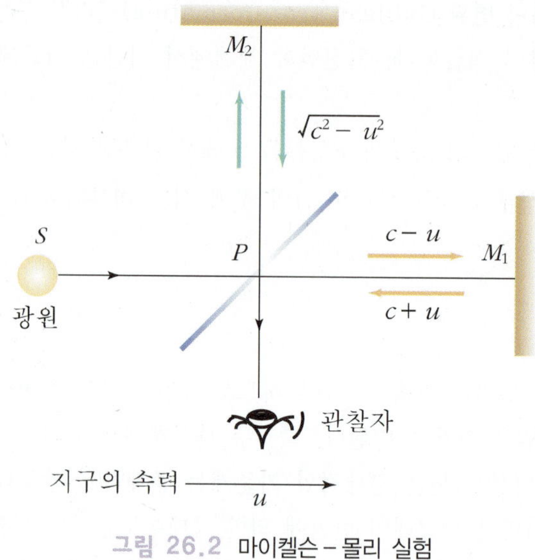

그림 26.2 마이켈슨-몰리 실험

로부터 광원에서 처음 나온 빛과 나란한 방향으로 L만큼 떨어진 거리에 전반사하는 거울 M_1과 거울 P에서 직각 방향으로 같은 거리 L만큼 떨어진 곳에 전반사 거울 M_2가 있다. 그러면 광원 S에서 나온 빛이 거울 P를 투과하여 거울 M_1에서 반사된 후 다시 거울 P로 돌아와 반사되어서 관찰자 O에 도달한다. 같은 방식으로 거울 P에서 반사된 빛은 거울 M_2에서 다시 반사되어 거울 P를 투과한 후 관찰자 O에 도달한다.

에테르 기준계에 대한 지구의 속력이 u, 빛의 속력이 c이면, 선분 PM_1은 지구의 운동에 대해 나란하므로 P에서 M_1까지 도달하는 데 걸리는 시간은

$$t_1 = \frac{L}{c+u} \tag{26.3}$$

이다. 반대로 거울 M_1에서 반사된 후 다시 거울 P로 돌아오는 데 걸린 시간은

$$t_2 = \frac{L}{c-u} \tag{26.4}$$

이다. 따라서 빛이 광원을 떠나서 거울 M_1에 반사된 후 거울 P에 도달하는 데 걸린 총 시간은

$$t = t_1 + t_2 = \frac{2L/c}{1-u^2/c^2} \tag{26.5}$$

이다. 이제 거울 P에 반사된 후 거울 M_2로 가는 빛을 생각한다. 빛이 거울 P에 반사된 후 거울 M_2로 가는 동안에도 지구는 계속 등속도 u로 움직이고 있으므로 거울 P에서 M_2까지 가는 데 걸린 시간은

$$t_3 = \frac{L/c}{\sqrt{1-u^2/c^2}} \tag{26.6}$$

으로 주어진다. 거울 P에서 M_2까지 빛이 왕복하는 데 걸린 시간은

$$t = 2t_3 = \frac{2L/c}{\sqrt{1-u^2/c^2}} \tag{26.7}$$

이다. 식 (26.5)와 식 (26.7)을 비교하면 광원에서 빛이 나온 뒤 거울 P를 지나 거울 M_1에 반사된 후 거울 P까지 되돌아오는 데 걸린 시간과 거울 P에 반사된 후 거울 M_2에 다시 반사되어서 거울 P까지 되돌아오는 데 걸린 시간과 차이가 난다는 것을 알 수 있다. 위의 식대로 두 다른 경로를 통하여 관찰자에게 도달하는 두 빛 사이에 경로 차이가 있다면 O에 놓인 간섭계를 이용하여 간섭무늬를 발견할 수 있을 것이다. 그러나 마이켈슨과 몰리는 어떤 간섭무늬의 변화도 관측하지 못했다. 즉 마이켈슨-몰리 실험은 에테르에 대한 지구의 상대운동으로 인한 빛의 속력의 어떤 변화도 없다는 것을 보였다. 이로부터 전자기파가 진행하는 매질로 가정한 에테르는 필요 없는 개념이 되었다. 빛은 전파되는 매질이 필요 없는 전자기파이다.

26.3 아인슈타인의 특수 상대성 원리

1905년에 아인슈타인이 쓴 "움직이는 물체의 전기동역학에 관하여"라는 논문에서 아인슈타인은 절대적인 운동은 실험적으로 측정할 수 없다고 가정하고 고전역학의 모순을 해결하였다. 아인슈타인은 아래의 두 가지 가정 아래 특수 상대성 원리를 세웠다.

1. **물리법칙은 모든 관성기준틀에서 동일하다.**
2. **진공에서의 빛의 속력은 모든 관성계에서 광원이나 관측자의 움직임에 상관없이 항상 일정하다.**

첫 번째 가정은 갈릴레이의 상대성 원리와 동일한 것으로 역학 법칙뿐만 아니라 모든 물리 법칙은 어떤 관성기준틀을 선택하든지 동일하다는 것을 의미한다. 또한 물리법칙을 기술하는 데 어느 특정한 관성기준틀이 다른 관성기준틀보다 더 낫다거나 더 선호할만하다고 할 수 없다. 두 번째 가정은 자연에서 가장 빠른 속력은 바로 빛의 속력이라는 것이다. 빛의 속력은

$$c = 299,792,458\,\mathrm{m/s} \tag{26.8}$$

와 같이 정확하게 정의되어있다. 1m는 바로 빛이 1/299,792,458초 동안 이동한 거리로 정의된다.

26.4 로렌츠 변환

식 (26.1)에 주어진 갈릴레이 변환은 상대속력이 빛의 속력에 가까울 경우 성립하지 않는다. 이 경우에 두 관성 기준틀 사이의 관계를 정확하게 해주는 변환이 바로 로렌츠 변환이다. 공간상의 한 점 P에서 사건이 일어날 때, 관성계 S에 있는 관측자와 S에 대해 x 축 방향으로 속력u로 움직이는 기준계 S'에 있는 관측자의 공간-시간 좌표는 로렌츠 변환으로 관계된다.

$$\begin{aligned} x' &= \gamma(x - ut) \\ y' &= y \\ z' &= z \\ t' &= \gamma(t - ux/c^2) \end{aligned} \tag{26.9}$$

여기서 γ는

$$\gamma = \frac{1}{\sqrt{1 - u^2/c^2}} \tag{26.10}$$

이다. S'에서 S로의 역 로렌츠 변환은 식 (26.9)의 상대속력 u의 방향을 반대로 바꾸어준다.

$$x = \gamma(x' + ut')$$
$$y = y' \tag{26.11}$$
$$z = z'$$
$$t = \gamma(t' + ux'/c^2)$$

이 두 변환에서 중요한 사실은 두 좌표계의 상대속력이 u라는 사실이다. 즉, S에 있는 관찰자가 아는 것은 좌표계 S'이 자신에 대해 x축 방향으로 상대속력 u로 진행하고 있다는 사실이고 좌표계 S'에 있는 관찰자는 자신에 대해 좌표계 S가 x방향으로 상대속력 $-u$로 진행하고 있다는 것만을 알 뿐이다. 즉, 절대좌표계는 존재하지 않는다. 빛의 속력과 비교해서 상대속력 u가 작을 경우, $u^2/c^2 \to 0$으로 놓으면 $\gamma = 1$이 되므로 로렌츠 변환은 갈릴레이 변환과 같아진다.

시간팽창

정지해있는 관성 기준틀 S에 있는 관찰자가 S에 대하여 x축 방향으로 상대속력 u로 움직이고 있는 관성 기준틀 S'에 놓여 있는 시계를 보고 있다고 하자. 시간 $t_1 = t_1{}' = 0$에서 좌표계 S'이 원점을 통과한 후, 일정한 시간이 지났을 때 S에서 관찰한 시간과 S'에서 관찰한 시간은 다르다는 사실을 식 (26.11)의 역 로렌츠 변환에서 알 수 있다. 좌표계 S'에 있는 관찰자가 시계를 보았을 때 $\Delta t'$ 만큼의 시간이 지났다. 하지만 좌표계 S에 있는 관찰자가 그 시계를 보았을 때 경과한 시간은 식 (26.11)로부터

$$\Delta t = \gamma \Delta t' \tag{26.12}$$

으로 관찰된다. 즉, 좌표계 S에서 좌표계 S'의 시계를 관측하였을 때 좌표계 S'에서 관측한 시간보다 더 길게 관측된다. 이 결과는 앞에서 배운 마이켈슨-몰리 실험으로부터도 쉽게 확인할 수 있다. 만약에 좌표계 S'에서 마이켈슨-몰리 실험을 수행했다면 거울 P에서 거울 M_1까지 왕복하는 데 걸린 시간은

$$\Delta t' = 2L/c \tag{26.13}$$

이었을 것이다. 하지만 좌표계 S에서 측정한 시간 Δt는 P에서 거울 M_1까지 가는데 걸린 시간 Δt_1과 M_1에서 P까지 오는데 걸린 시간 Δt_2를 합하면 된다. 좌표계 S에서 P와 M_1 사이의 길이는 L/γ이고 빛의 속도는 c이므로

$$c\Delta t_1 = L/\gamma + u\Delta t_1 \tag{26.14}$$
$$c\Delta t_2 = L/\gamma - u\Delta t_2$$

가 성립한다. 식 (26.14)로부터 $\Delta t = (\Delta t_1 + \Delta t_2)$의 값을 구하면 다음과 같다.

$$\Delta t = \frac{2L/c}{\sqrt{1-u^2/c^2}} = \gamma \Delta t' \tag{26.15}$$

이것은 역 로렌츠 변환에서 구한 식 (26.12)와 같은 식이다. 즉, 좌표계 S에서 상대속력 u로 움직이고 있는 좌표계 S'에 놓여있는 시계의 흐른 시간을 측정하였을 때 좌표계 S'에서 측정한 시간보다 더 길게 측정될 것이다. 실제로 정지해 있는 좌표계 S에서 상대속력 u로 움직이고 있는 좌표계 S'에서 일어나는 일을 관찰하였을 때 마치 영화 필름을 천천히 돌리는 듯 느껴질 것이다. 좌표계 S'에 있는 시계도 천천히 가고 거기에 있는 사람들도 천천히 움직일 것이다. 하지만 좌표계 S'에 있는 사람들에게는 모든 것이 정상적이다.

실험에서 관측하고 있는 좌표계가 그 실험에 대해 정지되어있는 경우, 그 좌표계를 **정지 좌표계**(rest frame of reference)라 부르고 이 정지 좌표계에서의 시간 차이를 **고유시간**(proper time)라고 부른다. 고유시간의 표기는 보통 τ로 나타낸다. 즉, 식 (26.13)에 주어진 시간이 바로 고유시간에 해당된다. 시간팽창은 실제로 입자 가속기에서 빛의 속도에 가깝게 움직이고 있는 입자나 지구 대기로 쏟아져 들어오는 우주선(cosmic ray)을 관측해보면 쉽게 확인할 수 있다.

26.1 정지해 있는 파이 중간자(π^+)의 평균수명은 2.6×10^{-8}s이다. π^+가 빛의 속력의 0.9999배로 진행할 때 정지 좌표계에서 측정한 평균수명은 얼마인가? 또한 π^+ 입자가 실제로 진행한 거리는 얼마일까?

풀이 식 (26.15)를 이용하면 이 예제를 쉽게 계산할 수 있다. $0.9999c$로 진행하고 있는 π^+ 입자의 평균수명을 정지 좌표계에서 측정하면

$$t = \gamma\tau = \frac{\tau}{\sqrt{1-u^2/c^2}} = \frac{2.6\times 10^{-8}}{\sqrt{1-0.9999^2}} = 1.84\times 10^{-6}\,\text{s}$$

이다. 진행 거리를 ℓ이라 하면

$$\ell = \frac{u\tau}{\sqrt{1-u^2/c^2}} = ut = 0.9999\times 3\times 10^8 \times 1.84\times 10^{-6} = 551.5\,\text{m}$$

가 된다. 이 거리는 상대론적 효과를 고려하지 않았을 때의 진행 거리 $3\times 10^8\text{m/s}\times 2.6\times 10^{-8}\text{s} = 7.80\text{m}$의 약 80배에 해당한다. 즉, 속력이 빛의 속력에 가까워지면 가까워질수록 상대론적인 효과가 대단히 중요해진다.

길이수축

로렌츠 변환은 여러 가지 중요한 사실을 내포하고 있다. 좌표계 S의 x축에 나란한 방향으로 고유길이 L_0인 막대자가 놓여 있다고 하자. 물체의 고유길이는 그 물체에 대해 정지하고 있는 관측자가 측정한 길이로 정의한다. 좌표계 S'과 함께 움직이고 있는 고유길이 L_0인 막대자의 길이를 좌표계 S에서 측정하면 어떻게 될까? 좌표계 S에서 움직이는 막대자의 좌표 x_1과 x_2를 같은 시간, 즉 $t_1 = t_2$에서 읽었을 때 $\Delta x = x_2 - x_1$이 움직이는 막대자의 길이 L임을 유의해야 한다. 좌표계 S'에서 정지해 있는 막대자의 길이는 $L_0 = \Delta x' = x_2' - x_1'$과 같이 측정될 것이다. 식 (26.9)에 주어진 로렌츠 변환을 이용하면

$$L_0 = \Delta x' = x_2' - x_1' = \gamma(x_2 - x_1) = \gamma \Delta x = \gamma L \tag{26.16}$$

이므로 좌표계 S에서 측정한 막대자의 길이는

$$L = \frac{L_0}{\gamma} = L_0\sqrt{1 - u^2/c^2} \tag{26.17}$$

이다. 따라서 좌표계 S에서 측정한 움직이고 있는 막대자의 길이는 정지하고 있을 때의 고유길이 L_0보다 짧은 L이 된다. 이것을 막대자의 **길이수축**이라고 부른다.

예제 26.2 정지해 있는 좌표계 S에 대해 상대속력 $0.9c$로 움직이고 있는 좌표계 S'에 1.00m 막대자가 x축으로부터 60° 각도로 기울어져 있다. 좌표계 S에서 측정한 막대자의 길이는 얼마인가?

풀이 막대자가 축으로부터 기울어져 있으므로 좌표계에서 막대자의 진행 방향의 길이는

$$L_{0x} = L_0 \cos 60° = 0.50\,\text{m}$$

이다. 식 (26.17)을 이용하면 좌표계 S에서 측정한 x 축 방향의 막대자의 길이는

$$L_x = L_{0x}\sqrt{1-(0.9)^2} = 0.5\sqrt{1.00 - 0.8} \simeq 0.22\,\text{m}$$

$$L_y = L_0 \sin 60° = \frac{\sqrt{3}}{2} L_0$$

가 된다. 따라서 좌표계 S에서 측정한 막대자의 길이는

$$L = \sqrt{L_x^2 + L_y^2} = \sqrt{0.80} \simeq 0.89\,\text{m}$$

가 된다. 따라서 좌표계 S에서 측정된 막대자의 길이는 좌표계 S'에서 측정한 길이보다 약 0.11m 정도 짧다. 또한 좌표계 S에서 막대자는 x축으로부터 약

$$\theta = \tan^{-1}\frac{L_y}{L_x} = 75.7°$$

정도 기울어져 있다.

26.5 쌍둥이 역설

앞 절에서 언급했듯이 상대성 이론은 정지 좌표계와 상대속력 u로 움직이고 있는 좌표계 사이의 관계를 이어준다. 그렇다면 어느 좌표계가 정지해있고 어느 좌표계가 움직이고 있는지 어떻게 알 수 있을까? 식 (26.9)와 (26.11)에서 보여주고 있는 로렌츠 변환과 역로렌츠 변환은 상대속력이 u인 두 좌표계 사이의 관계만을 보여줄 뿐이지 어느 좌표계가 정지해 있고 어느 좌표계가 움직이고 있는지 아무런 정보를 주지 않는다.

만약에 이름이 한별, 두별이라는 나이가 열 살인 두 쌍둥이가 있는데 한별은 지구에 머물고 두별은 빛의 속력의 $0.99c$의 속력을 내는 우주선을 타고 지구에서 25광년 떨어진 행성까지 여행을 떠났다고 가정하자. 위에서 배운 시간팽창을 적용하면 한별이가 보기에 쌍둥이 동생인 두별이가 여행에 돌아왔을 때 두별이의 나이가 약 17살 쯤 되었다는 것을 알 수 있을 것이다. 하지만 두별이가 보기에는 한별이가 반대방향으로 $0.99c$의 속력으로 멀어지므로 형인 한별이의 나이 또한 17살 쯤 되었을 거라고 생각할 것이다. 하지만 정작 두별이가 한별이를 보았을 때 한별이가 환갑이 다 된 노인이 된 것을 보고 대단히 놀랄 것이다. 그러면 두별이가 실제로 지구에 대해 상대속력 $0.99c$로 운동했다는 것을 어떻게 알 수 있을까? 이 질문이 바로 유명한 **쌍둥이 역설**(twin's paradox)이다.

이 문제를 해결하려면 두 사람의 상황이 대칭적이지 않다는 사실에 주목해야한다. 두별이는 지구상에서 50광년 떨어진 행성으로 여행하기 위해 우주선을 타고 가속하였을 것이다. 그리고 행성에 도착한 후 다시 지구로 돌아오기 위하여 감속 후 다시 가속하였을 것이다. 그러므로 실제로 여행을 한 두별이는 가속과 감속을 통하여 자신이 여행을 하고 있다는 것을 알 것이다. 따라서 지구상에 있는 한별이는 두별이에 대해 정지해 있었다고 말할 수 있다. 즉, 자신이 여행을 하고 있다는 것은 가속과 감속을 통하여 알 수 있다. 따라서 두별이가 지구에 도착했을 때 형인 한별이는 나이 60의 노인이 되어있고 자신은 시간팽창의 영향으로 여전히 17살의 소년일 것이다.

26.6 속력의 상대성

정지 좌표계에 대해 상대속력 u로 움직이고 있는 좌표계에서 진행방향으로 속력 v'로 움직이고 있는 입자가 있다고 하자. 뉴턴 역학에서는 정지 좌표계에서 이 입자의 속력을 측정하였을 때

$$v = u + v' \tag{26.18}$$

이 될 것이다. 상대속력 u나 입자의 속력 v'이 작을 때는 유효하지만 u나 v가 빛의 속력에 가까울 경우에는 식 (26.18)은 맞지 않는다. 예를 들어 그 입자가 빛이라고 하면 정지 좌표계에서 측정한 그 빛의 속력은

$$v = u + c \tag{26.19}$$

와 같이 실제 빛의 속력보다 더 빠르게 측정되었을 것이다. 이것은 상대성 이론의 두번째 가정에 위배된다.

역 로렌츠 변환을 이용하여 속력의 합산 법칙을 정확하게 구하도록 하자. 정지 좌표계 S에 대해 관성 기준틀 S'이 x축 방향으로 상대속력 u로 진행하고 있다고 하자. 좌표계 S'에서 입자 하나가 속력 v'으로 x축 방향으로 움직이고 있다. 식 (26.11)을 이용하면

$$\Delta x = \gamma(\Delta x' + u\Delta t') \tag{26.20}$$

$$\Delta t = \gamma\left(\Delta t' + \frac{u\Delta x'}{c^2}\right)$$

이 된다. 따라서 정지 좌표계에서 측정한 입자의 속력은

$$\frac{\Delta x}{\Delta t} = \frac{\Delta x' + u\Delta t'}{\Delta t' + u\Delta x'/c^2} = \frac{\Delta x'/\Delta t' + u}{1 + u(\Delta x'/\Delta t')/c^2} \tag{26.21}$$

이므로

$$v = \frac{v' + u}{1 + uv'/c^2} \tag{26.22}$$

이다. 좌표계 S에서 움직이고 있는 빛의 경우 식 (26.22)를 이용하면 정지 좌표계 S'에서 측정하는 속력 v는

$$v = \frac{c' + u}{1 + uc'/c^2} = c \tag{26.23}$$

와 같이 좌표계 S'에서 측정한 속력과 동일하다. 즉, 상대성 이론의 두번째 가정을 만족한다.

26.7 상대론적 운동학

상대론적 운동량

제7장에서 속도 v로 운동하고 질량이 m인 입자의 운동량은

$$\mathrm{p} = m\mathrm{v} \tag{26.24}$$

와 같이 정의된다는 것을 배웠다. 하지만 상대론에서는 식 (26.10)과 같이 입자의 질량 m은 입자와 관찰자 사이의 상대속력 v에 의존하는 γ인자와 결합된 형태로 자주 등장한다. 입자의 질량을 m이라 하면 그 입자의 상대론적 운동량은

$$\mathrm{p} = \frac{m\mathrm{v}}{\sqrt{1 - v^2/\mathrm{c}^2}} = m\gamma\mathrm{v} \tag{26.25}$$

와 같이 된다. γ의 이항전개

$$\gamma = \frac{1}{\sqrt{1 - v^2/c^2}} = 1 + \frac{1}{2}\frac{v^2}{c^2} + \frac{3}{8}\frac{v^4}{c^4} + \cdots \tag{26.26}$$

에서 $v \ll c$일 경우, γ를 1로 두어도 무방하므로 식 (26.25)는 7.3절에서 정의한 고전적인 표현 $\mathrm{p} = m\mathrm{v}$가 된다. 즉, $v \ll c$일 경우, 뉴턴의 역학에서 얻은 결과와 같은 결과를 얻는다.

속력 v가 증가함에 따라 γ가 점점 커진다. 따라서 입자의 운동량 p의 크기도 속력이 증가함에 따라 점점 더 커진다. 실제로 입자 가속기에서 빛의 속력에 거의 가깝게 가속되는 전자나 양성자의 운동량을 측정하여 보면 식 (26.25)와 거의 같다는 것을 알 수 있다.

운동량 p인 물체에 작용하는 힘을 상대론적으로 표현하면

$$\mathrm{F} = \frac{d\mathrm{p}}{dt} = m\frac{d}{dt}\left(\frac{\mathrm{v}}{\sqrt{1 - v^2/c^2}}\right) \tag{26.27}$$

물체의 속력이 매우 작을 때 고전역학으로 환원된다.

상대론적 에너지

상대론적 역학에서 운동에너지는 어떻게 표현될까? 앞에서 배운 운동량에서처럼 단순히 m를 $m\gamma$로 치환해서는 올바른 운동 에너지를 구할 수 없다. 상대론적 운동에너지를 정확하게 구하기 위해서 앞에서 배운 일-에너지 정리를 다시 생각해보자. 힘과 운동이 모두 x 방향으로 이루어진다면 x_1 에서 x_2 로 질량 m인 입자를 움직이는 데 필요한 일은

$$W = \int_{x_1}^{x_2} F\,dx = \int_{x_1}^{x_2} \frac{dp}{dt}\,dx \tag{26.28}$$

과 같이 정의된다. 여기서

$$\frac{dp}{dt} = \frac{d}{dt}\frac{mv}{\sqrt{1-v^2/c^2}} = \frac{m}{(1-v^2/c^2)^{3/2}}\frac{dv}{dt}$$

와 $dx = vdt$ 을 대입하고, 시간 $t = 0$(위치 x_1)에서 속도는 0이고 시간 t (위치 x_2)에서 속도가 v 임을 고려하면 식 (26.28)은

$$W = \int_0^t \frac{m}{(1-v^2/c^2)^{3/2}}\frac{dv}{dt}\,vdt = m\int_0^v \frac{vdv}{(1-v^2/c^2)^{3/2}} \tag{26.29}$$

가 된다. 위 적분을 계산하면 다음과 같다.

$$W = \frac{mc^2}{\sqrt{1-v^2/c^2}} - mc^2 \tag{26.30}$$

어떤 힘에 의해 입자에 가해진 일은 그 입자의 운동에너지 증가와 같다. 초기 운동에너지가 0이므로 식 (26.30)으로 주어진 일 W는 상대론적 운동에너지 K와 동일한 값이 된다. 상대론적 운동에너지는

$$K = \frac{mc^2}{\sqrt{1-v^2/c^2}} - mc^2 = m\gamma c^2 - mc^2 \tag{26.31}$$

이다. 식 (26.31)에서 속도와 상관없이 나타나는 mc^2을 **정지에너지**(rest energy)라고 부른다.

상대론적 역학에서 질량은 에너지와 동등하게 취급된다. 질량이 m인 입자가 정지해 있을 때 그 입자의 에너지는

$$E = mc^2 \tag{26.32}$$

이다. 운동에너지와 이 정지에너지를 합한 양은

$$E = \frac{mc^2}{\sqrt{1 - v^2/c^2}} = m\gamma c^2 \tag{26.33}$$

이 되고 이 양을 **상대론적 총에너지**(relative total energy)라고 부른다. 식 (26.33)은 현대 물리학에서 가장 영향력이 컸던 식이라고 불러도 과언이 아닐 것이다. 식 (26.33)이 의미하는 바는 다음과 같다. **상대론적으로 에너지와 질량은 서로 변환이 가능하다.** 원자폭탄의 가공할 파괴력이나 원자력 발전소에서 얻는 전기에너지는 모두 식 (26.33)을 이용한 것이다. 뿐만 아니라 입자가속기에서 생성되는 많은 종류의 입자들 또한 식 (26.33)에 따라 생성된다. 1g의 질량이 전부 에너지로 바뀔 경우 약 26.98×10^{13}J의 에너지가 된다. 이 양은 약 TNT 20kton에 해당되는 에너지이고, 보통 크기의 원자력 발전소 약 30기 이상이 한 시간 동안 생산해내는 전기 에너지의 양과 같다. 실제로 원자폭탄이 터졌을 때 터지기 전의 질량과 터지고 난 후의 질량을 비교하면 약 1g 정도 차이가 난다. 따라서 1g의 질량이 지니고 있는 에너지는 실로 엄청난 것이다.

입자의 속력 v가 빛의 속력 c에 비해 훨씬 작을 경우($v \ll c$), 식 (26.31)이 뉴턴 역학에서의 운동에너지 $mv^2/2$가 되는지 확인하도록 하자. 식 (26.26)에서의 이항전개를 이용하여 식 (26.31)을 다시 쓰면

$$K \simeq mc^2\left(1 + \frac{1}{2}\frac{v^2}{c^2}\right) - mc^2 = \frac{1}{2}mv^2 \tag{26.34}$$

을 얻는다. 아인슈타인의 상대성 이론은 관찰자에 대해 입자의 속력이 작을 경우, 뉴턴의 역학에서 구한 결과들을 모두 포함하고 있다는 점에서 뉴턴의 역학보다 더 일반적인 이론이다.

일상생활에서는 빛의 속력에 가깝게 움직이는 물체를 찾아보기 힘들지만 입자 가속기에서 수행하고 있는 실험에서는 빛의 속력에 거의 가깝게 진행하는 입자들이 항상 발견된다. 전자나 양성자와 같이 원자보다 작은 입자들의 질량이나 에너지를 국제단위계로 나타내면 그 값이 너무 작다. 따라서 전자나 양성자를 다루는 미시적인 계에서는 국제단위 대신에 아래와 같은 단위를 쓴다. 질량은 주로 원자질량 단위 u를 사용하는데

$$1\,\mathrm{u} = 1.660566 \times 10^{-27}\,\mathrm{kg} \tag{26.35}$$

으로 정의되고 에너지를 나타내는 데는 전자볼트 단위 eV를 사용한다.

전자볼트와 주울의 환산관계는

$$1\,\mathrm{eV} = 1.602189 \times 10^{-19}\,\mathrm{J} \tag{26.36}$$

로 주어진다. 전자와 양성자와 같은 미시적인 입자들을 질량을 나타내는 데는 $\mathrm{MeV/c^2}$, 또는 $\mathrm{GeV/c^2}$을 단위로 쓰기도 한다.

연습문제

EXERCISES

1 1m의 자가 움직이고 있다. 정지 좌표계에서 측정하였을 때 이 자의 길이가 50cm라면 이 자의 속력은 얼마인가?

2 지구로부터 0.8c의 속력으로 멀어지는 우주선이 있다. 우주선의 안테나가 한 번 회전하는데 우주선의 시간으로 3.0초 걸린다. 지구에서는 한 번 회전하는데 얼마로 관측되는가?

3 지구 대기권 상층에서 생성된 뮤온은 붕괴되기 전에 4.6km의 거리를 0.99c의 속력으로 이동한다.

(a) 뮤온의 고유수명은 얼마인가?

(b) 뮤온의 기준계에서 얼마의 거리를 이동하는가?

4 π 중간자(파이온)는 입자가속기 실험에서 가장 많이 생성되는 입자다. π 중간자의 반감기는 $T = 2\times 10^{-8}$s이다. 정지 좌표계에서 시간 $t = 0$에서 N_0개의 π 중간자가 시간 t 만큼 지난 후 붕괴하고 남은 입자의 개수는 $N(t) = N_0 e^{-t/T}$가 된다. π 중간자가 입자가속기에서 생성된 후 50m 떨어진 표적에 와서 부딪힐 때 표적 앞에서 측정된 π 중간자의 개수가 입자 가속기에서 생성될 때의 개수의 절반이었다면 입자가속기에서 나올 때의 π 중간자의 속력은 얼마인가?

5 지구에서 1만광년 떨어진 별을 10년 만에 가기 위해서는 우주선의 속력이 얼마이어야 하는가?

6 정지 좌표계에서 우라늄의 밀도는 19.05g/cm^{3}이다. 상대속력이 $0.9c$인 좌표계에 있는 우라늄을 정지 좌표계에서 관찰했을 때 밀도는 얼마이겠는가?

7 지구에서 1,200m/s의 속력으로 쏘아올린 인공위성 속에 놓여있는 시계와 지구상에 있는 시계가 1초 차이가 나기 위해서는 얼마만큼의 시간이 지나야 하는가? (힌트: 인공위성의 속력이 빛의 속력과 비교해 무척 작으므로 γ를 이항 전개해서 앞의 두 항만 고려하라.)

8 길이 100m의 우주선이 속력 $v_s = 0.5c$로 여행하고 있다. 이 우주선 옆으로 크기를 무시할 만큼 작은 총알이 속력 $v_b = 0.9c$로 나란히 지나가고 있다. 우주선에 타고 있는 사람이 관찰했을 때 총알이 우주선 옆을 통과하는 데 걸린 시간은 얼마인가?

9 양성자가 0.9c의 속력으로 운동한다. 양성자의 운동량은 얼마인가? SI 단위로 나타내어라.

10 0.7c로 움직이는 양성자가 정지해있는 질소원자와 정면으로 충돌하여 0.63c로 되튀어나온다면 충돌 후 질소원자의 속력은 얼마인가? (질소원자의 질량은 대략 양성자 질량의 14배이다.)

11 만약 연료의 질량이 총 1g 감소했을 때, 원자로로부터 얼마나 많은 에너지가 방출되겠는가?

12 0.8c로 움직이는 전자의 전체 에너지는 MeV 단위로 얼마인가?

13 정지 에너지와 같은 운동 에너지를 가지는 입자의 속력을 구하라?

14 전자의 정지에너지는 0.511MeV이다. 전체 에너지가 정지질량 에너지의 3 배가 되기 위해서 전자가 가져야 하는 운동량(MeV/c)은 얼마인가?

15 운동에너지가 100MeV인 전자와 양성자가 있다. 전자와 양성자의 총 에너지와 속력을 구하라.

16 특수 상대성 이론에서 총에너지의 제곱은 $E^2 = p^2c^2 + m^2c^4$과 같이 나타낼 수 있음을 증명하라.

17 운동 에너지가 350MeV, 운동량이 882.78 MeV/c인 입자의 질량을 구하고 무슨 입자인지 확인하라. (힌트: 연습문제 26장 11의 결과를 이용하면 쉽게 풀 수 있다.)

Fundamentals of Physics

27 양자물리학

19세기 말에서 20세기 초에는 정치, 사회, 경제 등 모든 분야에서 급격한 변화가 일어났다. 과학기술의 발달에 의해 경제력과 군사력이 강화되었고 또한 이들을 강화시키기 위해 과학기술에 대한 관심이 증대되었다. 물리학에서도 이 시기에 많은 진보가 있었고 또한 새로운 변화가 일어났다.

18세기 이후 지속적으로 발전해 오던 고전역학이 완성되었고, 전자기학, 열역학에서도 많은 업적들이 이루어졌다. 관심 영역의 확대, 측정 장비의 발달 등에 힘입어 새로운 사실들도 발견되었다. 기존의 이론으로 설명하기 힘든 실험결과들도 나타나기 시작하였다. 이들을 설명하기 위한 다양한 시도가 수행되었으나 그 결과는 만족스럽지 못하였다. 기존이론으로 설명이 불가능한 새로운 사실들의 발견은 당대의 물리학자들의 관심을 증대시켜, 20세기에 접어들면서 물리학은 한 단계 도약을 하게 되었다. 상대성이론의 출현과 **양자물리학**의 탄생이 그것이다. 상대성이론은 A. Einstein에 의해 거의 독자적으로 창안되었으나 양자물리학은 당대의 많은 물리학자들의 노력에 의해 정립되었다.

이 장에서는 양자물리학의 시발점이 되는 플랑크의 광자가설로 시작하여 양자물리학의 탄생에 대해 다룬다.

27.1 흑체복사

모든 물체는 전자기파를 복사한다. 복사 전자기파의 특성은 물체의 온도와 고유의 특성에 의존한다. 물체는 온도가 증가함에 따라 높은 진동수를 갖는 전자기파를 방출하고 방출되는 복사에너지의 양도 증가한다. 예를 들면 500K에서는 주로 적외선 영역의 전자기파를 방출하므로 눈에 보이지는 않으나 따뜻함을 느낄 수 있다. 백열전구의 필라멘트 온도에 해당하는 2,000K에서는 보다 높은 진동수를 갖는 가시광선도 방출되므로 눈으로 느낄 수 있다. 탄소아크등의 온도에 해당하는 4,000K에서는 자외선도 많이 방출되므로 안전에 주의하여야 한다.

입사하는 모든 전자기파를 흡수하는 이상적인 물체를 **흑체**(blackbody)라 한다. 즉, 흑체는 입사된 모든 빛을 전부 흡수하는 표면이나 물체를 의미한다. 물체가 빛을 복사하는 능력은 빛을 흡수하는 능력과 밀접한 관련을 갖고 있다. 일정한 온도를 유지하고 있는 물체는 주위와 열적평형 상태에 있으므로 복사하는 에너지양과 흡수하는 에너지양은 동일하여야 한다. 따라서 가장 좋은 흡수체는 가장 좋은 방사체가 되므로 흑체는 완전한 방사체이기도 하다. 그림 27.1은 흑체에 대한 하나의 예를 보여준다. 구의 내부는 울퉁불퉁하게 되어 있고 구의 입구는 매우 좁아 구멍을 통해 입사한 빛은 구의 내부에 갇히게 된다. 빛의 에너지가 모두 흡수될 때까지 빛은 구의 내부에서 그림과 같이 다중 반사를 겪게 된다. 또한 구멍을 통해 나온 빛은 완전히 방출된다. 모든 흑체들은 동일한 행동을 하므로 복사하는 물체의 고유 성질을 고려하지 않아도 된다. 따라서 열복사를 논의하는 데 매우 유용하다.

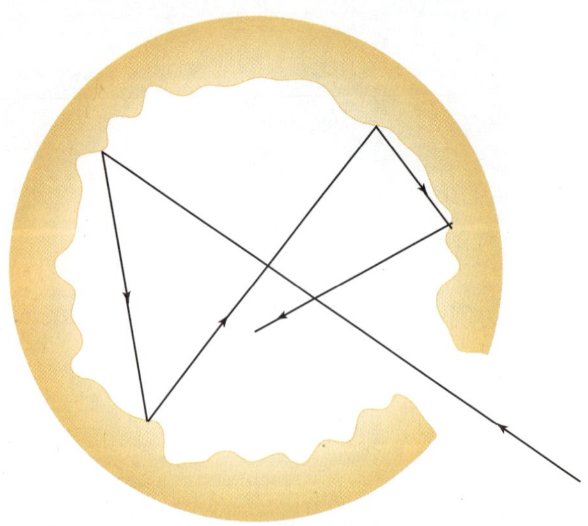

그림 27.1 흑체의 예. 구 내부의 표면이 거칠고 입구가 작아 구멍으로 입사한 빛은 외부로 빠져나오지 못하고 전부 흡수된다. 또한 작은 구멍을 통해 방출된 빛은 전부 방출된다. 따라서 이러한 작은 구멍은 흑체에 대한 좋은 근사가 된다.

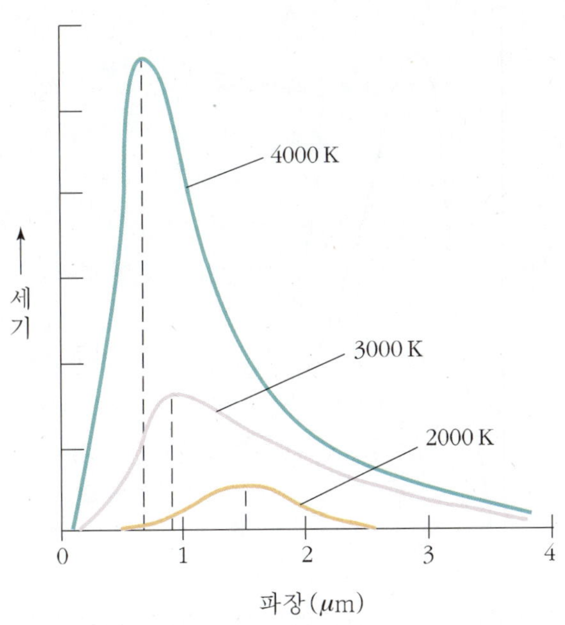

그림 27.2
흑체복사에서 복사 스펙트럼. 온도가 증가함에 따라 정점 파장의 크기가 감소하고 복사량이 증가한다.

그림 27.2는 온도변화에 따른 흑체복사 스펙트럼을 보여준다. 온도가 증가함에 따라 복사광의 세기가 증가하고 복사량도 많아진다. 또한 복사량의 세기가 최대가 되는 파장, 즉 정점 파장의 크기가 감소함을 알 수 있다. 온도가 증가함에 따라 정점 파장이 적외선 영역에서 가시광선 영역으로 옮겨진다. 이러한 결과는 파랗게 달구어진 물체가 붉게 달구어진 물체 보다 온도가 높다는 경험적 사실과 일치한다. 정점 파장과 온도는 다음과 같은 관계식을 만족한다.

$$\lambda_m T = 2.898 \times 10^{-3}\ \mathrm{m \cdot K} \tag{27.1}$$

식 (27.1)에서 λ_m은 정점 파장의 크기를 나타내고 T는 물체의 절대온도를 나타낸다. 이 식은 **빈의 변위법칙**(Wien's displacement law)으로 알려져 있다.

고전적 관점에서 보면, 복사광의 방출은 물체의 표면 근처에 존재하는 하전된 입자, 즉 전하의 가속 운동에 의해 발생한다. 안테나의 원리와 같다. 따라서 그림 27.2에 나타난 복사 스펙트럼을 설명하기 위해서는 어떠한 전하들의 진동에 의해 이러한 전자기파를 방출할 수 있는가에 대해 먼저 고찰하여야 한다. 진동수를 계산해 보면 10^{14}Hz 정도로 매우 높다. 이러한 진동수를 갖는 전자기파는 원자나 분자 내에 존재하는 전자들의 진동에 의해 발생할 수 있다.

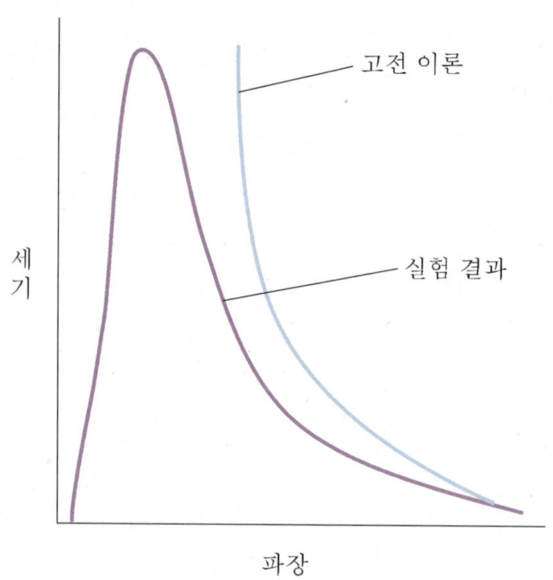

그림 27.3 실험에 의해 관측된 흑체 복사 스펙트럼과 고전이론에 의해 예측한 결과. 파장이 긴 영역에서는 고전이론에 의해 예측한 결과가 실험결과에 접근하나 파장이 짧은 영역에서는 매우 다르다. 반면 Plank의 법칙은 실험결과를 매우 잘 설명한다.

레일리-진스는 고전물리학을 사용하여 흑체복사의 설명을 시도했다. 정상파 개념을 도입하여 흑체 내에서의 정상파의 밀도를 진동수의 함수로 구하였다. 에너지 등분배법칙에 따라 정상파의 평균에너지를 구한 후, 이를 밀도와 곱하여 나온 것이 **레일리-진스**(Rayleigh-Jeans)**공식**이다. 그림 27.3에 나타난 바와 같이 파장이 긴 영역에서는 실험결과와 일치하나 자외선 영역에 다가감에 따라 실험결과와 일치하지 않는다. 이를 **자외선 파국**(ultraviolet catastrophe)이라 한다. 실험결과에서는 진동수가 무한히 크면 그 진동수에 해당하는 복사에너지는 영으로 수렴하지만, 고전이론에 의하면 복사에너지는 진동수의 제곱에 비례하여 증가한다.

1900년 플랑크(M. Planck)는 이 흑체복사 스펙트럼을 설명할 수 있는 수학적 해결책을 제시하였다. 그는 진동하는 전하가 흡수하거나 발산하는 에너지는 불연속적인 값을 갖는 양자(quantum)의 형태로만 가능하다는 혁명적인 제안을 하였다. 그는 각각의 진동자에는 E_0라는 최소에너지가 존재하고 이 진동자의 에너지는 E_0, $2E_0$ 등과 같이 E_0의 정수 배의 에너지만 가능하고 그 중간값은 불가능하다는 것이다. 플랑크는 E_0가 진동자의 진동수에 비례한다면 에너지가 양자화되었다는 가정 하에 얻은 스펙트럼과 일치한다는 것을 발견하였다.

$$E_0 = hf \tag{27.2}$$

여기서 상수 h 는 **플랑크상수**(Plank's constant) 또는 양자상수로 불리는 것으로 그 값은 다음과 같다.

$$h = 6.626 \times 10^{-34}\,\mathrm{J \cdot s}$$

플랑크가 이론값과 실험값을 일치시키기 위해 선택했던 플랑크 상수는 빛의 속력 c, 전하량 e 와 마찬가지로 물리학의 가장 기본적인 상수 중의 하나로 취급되고 있다.

플랑크의 가정은 당시에 매우 놀라운 것이었다. 이 가정은 진동이 특정한 진폭만을 가질 수 있다는 것을 의미한다. 실제 용수철이나 진자운동에서도 이러한 현상이 생기지만, 우리가 느끼지 못하는 것은 허용된 연속적인 진폭 사이의 간격이 측정하기에는 너무 좁기 때문이다.

플랑크 가설의 핵심은 에너지의 양자화에 있다. 당시까지 연속적이라고 받아들이고 있던 전자기파의 에너지가 불연속적이라고 가정하였다. 당시에는 양자에 대한 개념이 현실화되어 있지 않아 이러한 가정은 받아들이기 어려운 것이었다. 그 당시에는 아무도 예상하지 못했지만 플랑크의 가정은 물리학의 발전의 기틀이 되었다.

27.1 태양 표면으로부터의 복사

태양 표면의 온도는 약 6,000K이다.

(a) 태양 표면에서 나오는 복사광의 정점 파장은 몇 Å인가?

(b) 이 파장을 가지고 방출되는 광자의 에너지는 몇 eV인지 플랑크의 가설을 이용하여 구하라.

풀이 (a) 빈의 변위법칙은 온도와 정점 파장의 관계를 나타낸다. 식 (27.1)로부터

$$\lambda_{\max} = \frac{2.898 \times 10^{-3}}{T}\,\mathrm{m \cdot K} = \frac{2.898 \times 10^{-3}}{6{,}000\,\mathrm{K}}\,\mathrm{m \cdot K}$$
$$= 4.830 \times 10^{-7}\,\mathrm{m} = 4{,}830\,\text{Å}$$

이다. 파장이 4,830 Å으로 가시광선 영역에 속한다. 태양에서 복사되는 전자기파의 스펙트럼은 가시광선 영역에서 최대가 되므로 태양광선 속에는 다량의 자외선과 적외선도 존재함을 알 수 있다.

(b) 식 (27.2)로부터 광자의 에너지는

$$E = hf = \frac{hc}{\lambda}$$
$$= \frac{(6.626 \times 10^{-34}\,\mathrm{J \cdot s})(2.994 \times 10^{8}\,\mathrm{m/s})}{4.830 \times 10^{-7}\,\mathrm{m}}$$
$$= 4.107 \times 10^{-19}\,\mathrm{J}$$

이다. $1\,\mathrm{eV} = 1.602 \times 10^{-19}\,\mathrm{J}$이므로 에너지는

$$E = 2.564\,\mathrm{eV}$$

가 된다.

27.2 광전효과

금속 내부에는 자유롭게 움직이는 수많은 전자들이 있다. 이들 전자는 내부 퍼텐셜에 의해 금속 밖으로 나오지 못하고 금속 내부에 속박되어 있다. 따라서 이들 전자들은 에너지를 공급받으면 밖으로 방출될 수 있다. 에너지를 공급 받아 전자가 방출되는 방법은 크게 세 가지로 나누어진다. 첫째가 온도가 상승함에 따라 퍼텐셜 벽을 넘을 수 있는 운동에너지를 갖는 전자들이 존재하여 벽을 넘어 방출되는 것으로 열적방출(thermionic emission)이라 한다. 두 번째 방법은 이차방출(secondary emission)로 다른 전자들로부터 에너지를 공급받아 방출되는 것이다. 세 번째 방법은 **광전효과**(photoelectric effect)로 빛, 즉 광자에 의해 에너지를 공급받아 방출되는 방법이다. 금속에 빛을 쬐면 광자들과 전자들의 충돌이 일어난다. 이 때 전자들은 광자의 에너지를 흡수하여 높은 에너지 상태로 천이가 된다. 높은 에너지 상태의 전자들은 조건이 맞으면 벽을 뛰어 넘어 금속 밖으로 방출될 수 있다.

1887년 헤르츠(H. Hertz, 1857~1894)는 고체에 빛을 입사시키면 전자들이 방출된다는 사실을 실험적으로 발견하였다. 광전효과로 알려진 사실, 즉 짧은 파장의 전자기파를 고체에 입사시키면 고체로부터 전자들이 방출된다는 것이 실험적으로 발견된 것이었다. 이 때 방출되는 전자를 **광전자**(photoelectron)라 한다. 그림 27.4는 광전효과 실험 장치를 그린 개략도이다. 금속판 E와 또 다른 금속판 C는 진공으로 된 관 속에 놓여 있고 관은

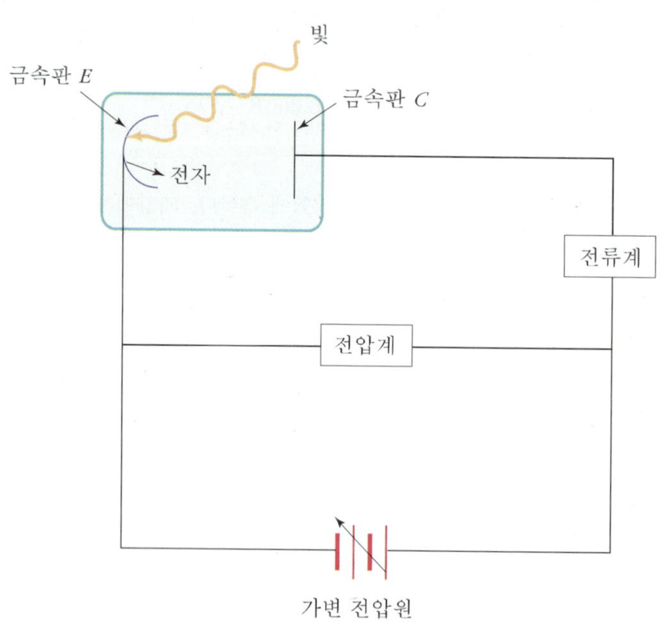

그림 27.4 광전효과를 관찰하기 위한 실험 장치의 개략도.
금속판 E를 빛으로 쬐면 광전자가 방출되어 금속판 C로 움직여 전류가 흐른다.

외부에서 다른 빛이 들어올 수 없도록 차단되어 있다. 이러한 관을 광전관이라 한다. 금속판 E에 빛을쬐여 주지 않을 때는 전류가 흐르지 않아 전류계의 눈금이 영이다. 어떤 파장 보다 짧은 단색광을 금속판 E에 쬐여 주면 전류계를 통해 전류가 흐름을 감지할 수 있다. 즉, 금속판 E와 금속판 C 사이로 전하가 이동함을 알 수 있다. 흐르는 전류의 방향으로부터 음의 전하가 금속판 E로부터 방출됨을 알 수 있다. 금속판에 빛을 쬐면 판의 온도가 올라가므로 열에 의한 전자의 방출을 고려할 수 있다. 그러나 이 경우는 열적방출이 아니다. 입사한 빛의 양이 적고 판이 아주 크더라도 빛이 도달하면 전류가 흐른다. 즉, 열적방출과는 다른 방법에 의해 전자가 방출되어 전류가 흐름을 알 수 있다. 전자의 흐름을 방해하는 전압을 크게 하면 금속판 C에 도달하는 전자의 수가 감소하고 어느 전압 이상에서는 전자들이 금속판 C에 도달할 수 없게 된다. 이 전압을 **저지전압**(stopping potential) V_s라 한다. 튀어 나오는 전자들의 최대 운동에너지 $K_{\max}$는 전자가 V_s의 전위차에서 갖는 전기위치에너지와 같다.

$$K_{\max} = e\,V_s \tag{27.3}$$

정밀한 실험을 통해 다음과 같은 사실들이 알려졌다. 첫째 주어진 광원에 대해 빛의 세기를 증가시키면 방출되는 전자의 수가 비례하여 증가한다(그림 27.5 참조). 따라서 전류도 비례하여 증가한다. 둘째 빛의 세기를 일정하게 유지시키면서 빛의 진동수를 변화시키면, 특정 진동수 이상의 빛에 대해서는 전자가 방출되고 방출된 전자의 최대 운동에너지는 진동수가 증가함에 따라 직선적으로 증가한다(그림 27.6 참조). 즉, 희미한 푸른빛이 밝은 붉은 빛보다 운동에너지가 큰 전자를 방출한다. 특정 진동수, 즉 **문턱진동수**(threshold

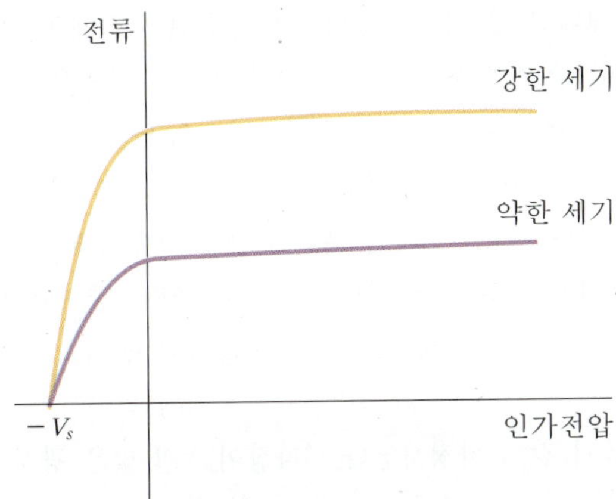

그림 27.5
빛이 세기가 다를 때 인가전압에 따른 광전류의 변화. 동일 진동수를 갖는 빛에 대해서는 세기에 비례하여 전류가 증가하나 저지전압은 동일하다.

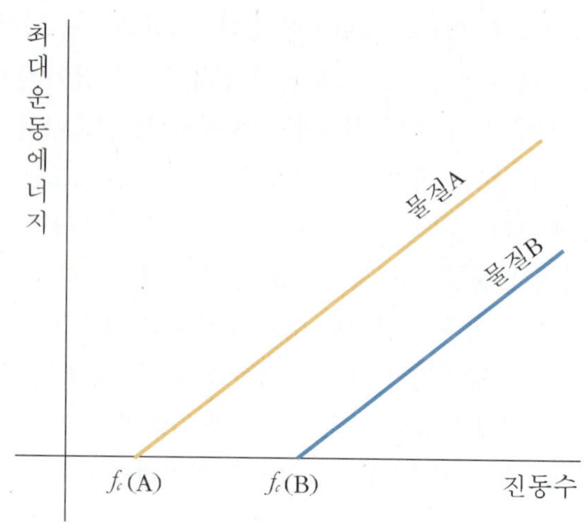

그림 27.6
방출되는 전자의 최대 운동에너지는 진동수에 비례하여 증가한다. 임계진동수 이상의 빛을 입사시킬 때 전자는 방출된다. 임계진동수는 물질에 따라 다르다.

frequency) f_c는 금속판의 종류에 따라 다르다. **문턱파장**(threshold wavelength) λ_c보다 큰 파장을 지니는 빛은 세기를 증가시켜도 전자 방출을 일으키지 않는다.

이러한 실험적 사실들은 고전이론에 의해 설명이 되지 않는다. 빛은 전자기파이므로 전기장과 자기장을 수반하고 있다. 전자기장에 의해 금속의 전자가 방출된다면 전자기장의 세기, 즉 빛의 세기에 의해 결정되어야 한다. 빛의 강도가 세면 전류가 흐르고 약하면 전류가 흐르지 않아야 한다. 또한 방출된 전자의 운동에너지도 빛의 세기가 강하면 커야 하나, 실험에 의하면 진동수가 일정하면 방출되는 전자의 운동에너지도 일정하다. 고전전자기이론으로는 전자의 운동에너지와 진동수의 상관관계를 설명할 수 없다.

광전효과에 대한 체계적 설명은 1905년 아인슈타인에 의해 이루어졌다. 이 해는 아인슈타인이 특수상대성이론을 발표한 해이기도 하다. 아인슈타인은 광전효과에 대한 설명으로 노벨물리학상을 1921년에 수상하였다. 그는 플랑크의 양자개념을 전자기파에 대해 일반화하였다. 플랑크는 응집물질에서 방출되는 빛의 에너지가 양자화 되어있다고 가정하여 흑체복사를 설명하였다. 아인슈타인은 빛이 분리된 양자 형태로 되어있으며, 빛의 전파와 흡수도 양자 형태로 전파되고 흡수되어야 한다고 추론하였다. 양자화된 빛을 광자라 부른다. 아인슈타인은 빛의 양자 개념, 즉 광자 이론을 이용하여 광전효과를 완벽하게 설명할 수 있었다.

아인슈타인은 다음과 같이 가정하였다. "파장이 λ인 빛은 광자들의 흐름인데 개개의 광자의 에너지는 $hf\,(f = c/\lambda)$이다." 아인슈타인의 빛에 대한 가설을 광전효과에 적용해 보자. 그림 27.6은 광전자의 최대 운동에너지와 입사한 빛의 진동수와의 관계를 보여 준다. 이 관계를 빛의 양자 개념과 결합하여 수식으로 표시하면 다음과 같다.

$$K_{\max} = hf - W \tag{27.4}$$

식 (27.4)는 광전방정식(photoelectric equation)으로 알려져 있다. 이 식에서 $K_{\max}$는 방출되는 광전자의 최대 운동에너지, hf 는 입사한 광자가 가지는 에너지, W는 금속 표면으로부터 전자를 방출시키는 데 필요한 최소의 에너지를 나타낸다. 고체 속에 갇혀진 전자들은 진공에서 자유롭게 있는 상태보다 에너지가 낮은 상태에 있다. 전자가 자유로운 상태로 있기 위해서는, 즉 방출되기 위해서는 외부로부터 에너지를 흡수하여야 한다. 이 때 필요한 최소의 에너지가 W이며 **일함수**(work function)로 알려져 있다. 물질의 종류에 따라 전자가 갇혀진 정도가 다르므로 일함수도 물질에 따라 달라진다. 대표적인 금속들의 일함수 크기는 표 27.1에 표시되어 있다.

표 27.1 금속들의 일함수

금 속	일함수(eV)	금 속	일함수(eV)
나트륨	2.46	금	5.10
칼륨	2.30	백금	5.65
세슘	2.14	텅스텐	4.55
알루미늄	4.28	아연	4.31
구리	4.65		

식 (27.4)를 중심으로 광전효과 실험에서 나타난 결과를 설명해 보자. 첫째, 문턱파장보다 큰 파장을 갖는 빛을 입사시키면 빛의 세기가 강하여도 광전자가 방출되지 않는다. 이는 일함수와 관련이 있다. 광자와 전자의 충돌에 의해 광자의 에너지가 금속 내부의 전자에 전달되는 데, 이 때 전자를 속박하는 에너지, 즉 일함수를 극복할 수 있는 충분한 에너지가 공급되어야 한다. 입사된 빛을 구성하는 광자의 에너지가 일함수보다 작은 경우에는 전자에 충분한 에너지가 공급되지 않아서 전자들은 방출되지 못한다. 광전자의 최대 운동에너지가 진동수와 선형적 관계를 갖는 것은 식 (27.4)에 주어진 바와 같다. 둘째, 빛의 세기가 증가하는 경우에는 광자의 수가 비례하여 증가한다. 광자의 수가 증가하면 비례하여 전자와 충돌도 증가하므로 방출되는 전자들의 수가 비례하여 증가한다. 따라서 빛의 세기를 증가시키면 비례하여 전류가 증가한다. 빛의 세기를 증가시켜도 진동수를 일정하게 유지시키면 광전자의 운동에너지는 변하지 않는다. 이는 식 (27.4)에 의해 주어진 바와 같이 운동에너지가 빛의 세기가 아니라 진동수에 의존하기 때문이다. 운동에너지를 진동수의 함수로 그려보면 기울기가 물질에 관계없이 h임을 알 수 있다. 끝으로 문턱진동수는 식 (27.4)로부터 구할 수 있다. 문턱파장을 갖는 빛이 입사되면 방출되는 광전자의 운동에너지가 영이다. 즉, 광자의 에너지가 일함수와 같을 때 일어난다. 그러므로 문턱진동수는

$$f_c = \frac{W}{h} \tag{27.5}$$

로 주어진다.

고전물리이론으로 설명하기가 어려웠던 광전효과가 빛의 양자 개념에 의해 간단하게 설명되었다. 이로서 광자의 존재에 대한 의심이 점차 해소되게 되었고 실존성이 다음에 설명하는 콤프턴효과를 통해 입증되었다.

예제

27.2 알루미늄에 대한 광전효과 실험

알루미늄의 일함수는 4.28eV이다.

(a) 문턱파장을 구하라.

(b) 그림 27.4와 같은 실험 장치에서 200nm 파장을 가지는 광자들을 알루미늄 표면에 쬐여 전자들을 방출시켰다. 방출되는 전자의 최대 운동에너지를 eV 단위로 구하라.

풀이 (a) 문턱파장은 식 (27.5)로부터 구할 수 있다. 즉,

$$\lambda_c = \frac{c}{f_c} = \frac{hc}{W} = \frac{(6.626\times 10^{-34}\,\mathrm{J\cdot s})(2.99\times 10^{8}\,\mathrm{m/s})}{(4.28\,\mathrm{eV})(1.60\times 10^{-19}\,\mathrm{J/eV})}$$

$$= 2.89\times 10^{-7}\,\mathrm{m} = 289\,\mathrm{nm}$$

289nm 보다 짧은 파장을 갖는 빛을 쬐여 주면 알루미늄 표면으로부터 전자들이 방출된다. 실제 실험에서는 알루미늄 표면의 결정학적 구조에 따라 일함수가 다르므로 문턱파장이 표면에 따라 달라질 수 있다.

(b) 먼저 입사된 광자의 에너지를 구한 후 식 (27.4)를 적용하면 방출되는 전자의 최대 운동에너지를 구할 수 있다. 광자의 에너지 E는

$$E = hf = \frac{hc}{\lambda} = 9.91\times 10^{-19}\,\mathrm{J} = 6.19\,\mathrm{eV}$$

그러므로 전자의 최대 운동에너지는

$$K_{\max} = hf - W = \frac{hc}{\lambda} - W = 6.19\,\mathrm{eV} - 4.28\,\mathrm{eV} = 1.91\,\mathrm{eV}$$

이 결과와 식 (27.3)으로부터 전자를 정지시키기 위한 저지전압은 1.91 V임을 알 수 있다.

27.3 콤프턴 효과

광전효과의 실험 결과는 광자 가설에 의해 잘 설명되었다. 그러나 이 실험에서 광자의 존재가 직접적으로 확인된 것은 아니다. X-선도 빛과 마찬가지로 전자기파이므로 X-선도 광자 개념을 적용할 수 있다. 1923년 미국의 물리학자 콤프턴(A.H. Compton)은 X-선에 대한 광자의 존재를 직접적으로 증명하는 실험을 수행하였다. 그는 전자와 X-선과의 충돌 실험을 통해 광자의 존재를 밝혔다.

전자와 빛을 퍼텐셜이 존재하지 않는 자유공간에서 충돌시키는 것은 충돌 단면적이 작아 매우 어렵다. 그래서 콤프턴은 광자의 에너지가 큰 X-선을 이용하여 원자에 속박된 전자들과의 충돌 실험을 수행하였다. 그는 흑연에 X-선을 입사시켜 산란되어 나오는 X-선의 특성을 조사하였다. 가벼운 탄소 원자에 속박된 전자들의 에너지는 광자의 에너지에 비해 무시될 정도로 작아 이들 전자는 자유공간에서 정지하고 있는 것으로 간주할 수 있다. 그림 27.7에 나타난 바와 같이 이러한 충돌 실험은 두 개의 탄성체에 의한 충돌로 생각할 수 있다. 콤프턴의 실험에서는 두 종류의 산란된 X-선 빔이 관측되었다. 하나는 입사된 빔과 동일한 파장을 갖는 것이었고 다른 하나는 입사된 X-선 빔 보다 파장이 약간 긴 X-선 빔이었다. 입사된 빔과 동일한 파장을 갖는 산란된 빔의 존재는 고전전자기이론에 의해 설명된다. 전자기파는 진동하는 전기장을 수반한다. 입사된 빔에 존재하는 전기장은 원자 내부에 존재하는 전하들을 같은 진동수로 진동하게 한다. 이 진동하는 전하들은 안테나로 작용하여 동일한 진동수를 갖는 전자기파를 방출한다. 따라서 산란된 빔은 입사된 빔과 동일한 파장을 갖게 된다. 이 산란된 빔은 원자에 강하게 속박되어 있는 전자와의 산란에 의해 발생한 것이다. 또 다른 종류의 산란된 빔의 파장은 산란각도에 따라 다르게 나왔다.

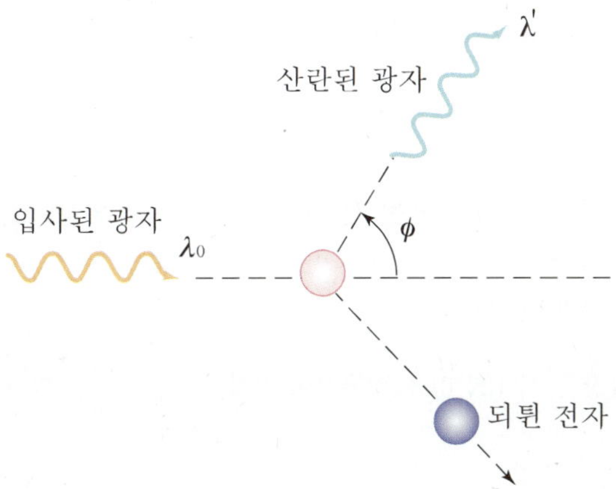

그림 27.7 콤프턴 효과를 보여주는 광자에 의한 전자의 산란. 광자의 에너지가 전자에 전달되므로 산란된 광자의 파장은 입사된 광자의 파장 보다 길어진다.

산란각도가 클수록 파장이 길어졌다. 그런데 전술한 바와 같이 고전전자기이론에 의하면 고체와 충돌한 빛은 동일한 파장을 갖고 산란되어야 한다. 따라서 이 산란은 X-선의 파동 특성으로 설명할 수 없다. 결론적으로 말하면, 이 산란은 보다 자유로운 전자와의 충돌에 의해 일어난 것이다.

콤프턴과 **데바이**(P. Debye)는 현상에 대한 간단한 설명을 독립적으로 하였다. 그들은 X-선 빔이 광자들로 구성되어 있고 이들 광자는 hf 의 에너지를 지니고 있다고 생각하였다. 또한 그림 27.7에 나타난 바와 같이 두 탄성체의 충돌과 같은 방식으로 광자와 전자가 충돌한다고 생각하였다. 광자와 전자 사이의 충돌 시에는 에너지 보존법칙과 운동량 보존법칙이 성립한다. 이들 법칙을 이용하면 다음과 같이 주어지는 **콤프턴 변이방정식**(Compton's shift equation)이 구해진다.

$$\lambda' - \lambda_0 = \frac{h}{mc}(1 - \cos\phi) \tag{27.6}$$

여기서 m은 전자의 질량이고 ϕ는 광자의 산란 각도이다. 또한 λ_0와 λ'는 각각 입사된 광자와 산란된 광자의 파장들이다. 식 (27.6)에 의해 설명되는 현상을 **콤프턴 효과**(Compton effect)라 한다. h/mc는 파장의 차원을 가지며 입자의 **콤프턴 파장**(Compton wavelength)이라 부른다. 전자에 대해서 콤프턴 파장은 $2.426 \times 10^{-12}\,\text{m}$이다. 콤프턴 파장은 산란되는 입자의 질량에만 의존한다. 식 (27.6)은 산란된 빔의 파장과 산란각도와의 관계를 보여준다. 파장의 변화량은 입사된 X-선의 파장과는 무관하고 입자의 질량과 산란 각도에만 의존한다.

식 (27.6)을 보면 파장의 최대 변화는 콤프턴 파장의 두 배이며 산란각도가 180°일 때 일어남을 알 수 있다. 또한 질량이 큰 입자에 대해서는 콤프턴 파장이 매우 작아 측정이 어려워짐을 알 수 있다. 가시광선의 경우에는 파장의 변화율이 매우 작지만 X-선인 경우에는 수 %에 달하므로 측정이 용이하다.

예제 27.3 90° 방향으로의 X-선 산란

파장이 10.0pm인 X-선 광자가 정지하고 있는 전자와 충돌하여 90° 방향으로 산란되었다.

(a) 산란된 X-선의 파장을 구하라.

(b) 전자에 전달된 에너지는 얼마인가?

풀이 (a) 산란된 X-선의 파장은 식 (27.6)을 이용하여 구할 수 있다. 식 (27.6)으로부터

$$\lambda' = \lambda_0 + \frac{h}{mc}(1 - \cos\phi)$$

로 주어지고 전자의 콤프턴 파장이 2.4pm이고 $\phi = 90°$이므로

$$\lambda' = 10.0\,\text{pm} + 2.4\,\text{pm} = 12.4\,\text{pm}$$

이다.

(b) 전자에 전달된 에너지는 입사된 광자와 산란된 광자의 에너지 차이와 같다. 따라서

$$E = \frac{hc}{\lambda_0} - \frac{hc}{\lambda'} = 1.98\times 10^{-14}\,\text{J} - 1.60\times 10^{-14}\,\text{J}$$

$$= 3.8\times 10^{-15}\,\text{J} = 24\,\text{keV}$$

이 X-선 광자와의 충돌로 전자는 24keV이라는 상당히 큰 운동에너지를 가지고 되튀게 된다.

27.4 물질파

파동으로 알려진 빛이 입자의 성질을 가지고 있음은 광전효과와 콤프턴 효과 등을 통해 확인되었다. 전자기파는 상태에 따라 입자들로 구성된 것처럼 행동을 한다. 주어진 실험에서 어떤 성질이 발현되는가는 쉽게 알 수 있다. 예를 들면 빛은 전자기파로 진행할 때는 파동처럼 행동하고 물체와 상호작용을 할 때는 입자처럼 행동을 한다. 즉, 빛은 파동과 입자의 이중성을 지니고 있다. 반대로 입자로 알려져 있는 물체도 파동의 성질을 지니고 있을까? 파동의 입자성과 달리 입자의 파동성을 실험으로 확인하는 데는 상당한 시간이 흐른 후에 가능하였다. 실험에 근거를 두지 않고 독창적으로 새로운 가설을 제안하는 것은 매우 어려운 일이다. 따라서 입자의 파동성에 대한 새로운 이론이 제시되기까지는 보다 많은 시간을 필요로 하였다.

드브로이(L. de Broglie)는 1923년 그의 박사학위 논문에서 입자의 파동성에 대한 논제를 최초로 다루었다. 그는 광자의 운동량과 파장 관계식 $p = h/\lambda$로부터 움직이는 입자의 파장도 이와 유사한 관계에 있을 것이라고 추론하였다. 즉,

$$\lambda = \frac{h}{p} = \frac{h}{mv} \tag{27.7}$$

가 성립한다고 가정하였다. 이 파장을 입자의 **드브로이 파장**(de Broglie wavelength) 혹은 **물질파**(material wave)의 파장이라 한다. 제안된 당시에는 이 가설을 실험적으로 확인할 수 없었으나 이 가설을 원자의 보어모형에 적용하여 에너지의 양자화를 설명할 수 있었다.

전자기파의 입자성이 알려진 후 거의 20년이 지난 후에 입자의 파동성이 제안된 것이다. 흑체복사나 광전효과와 같은 실험적 사실을 고전물리이론으로 설명이 불가능해짐에 따

라 파동의 입자성은 제안될 수 있었다. 그러나 그 당시에는 입자의 파동성을 보여주는 어떠한 실험결과도 알려져 있지 않았기 때문에 입자의 파동성이 제안되는 데는 많은 시간을 필요로 하였다. 사실 드브로이와 같이 아무런 바탕도 없이 새로운 가설을 제안하는 것은 매우 어렵다. 그렇다면 왜 입자의 파동성을 보여주는 실험결과들이 부재했을까? 거시 세계에서 운동량은 매우 커서 입자가 갖고 있는 파장이 매우 짧아 간섭효과 등을 관측하는 것이 불가능하다. 전자와 같이 질량이 매우 작은 입자들을 이용한 실험이 다양하게 진행됨에 따라 물질파에 대한 실험적 증거가 나타나게 되었다.

1927년 **데이비슨**(C. J. Davisson)과 **저머**(L. H. Germer)에 의해 수행된 실험에 의해 입자의 파동성은 직접적으로 확인되었다. 금속에 의한 전자의 산란을 조사하던 중, 그들은 전자들이 산란각도에 따라 산란된 전자가 많고 적음을 발견하였다. 처음에 이들은 이러한 실험결과를 설명할 수 없어 어떠한 설명도 없이 보고하였다. X-선을 결정에 입사시키면 어떤 각도에서는 강력하게 반사되고 어떤 각도에서는 그렇지 않는 결과가 나온다. 입사된 전자들도 드브로이에 의해 제안된 파동성을 가진다면 결정에 의한 X-선 산란에서와 같이 산란각도에 따라 산란된 전자의 수가 달라질 것이다. 또한 입사된 전자들의 에너지, 즉 속도 혹은 운동량을 변화시키면 파장이 변하므로 산란된 전자들이 최대 혹은 최소로 관측되는 각도를 변화시킬 수 있다. 드브로이가설을 이용하여 얻은 예측 결과가 실험결과와 정확히 일치하였다. 따라서 이 실험은 전자, 즉 입자가 파동성을 가지고 있음을 보여 주는 직접적인 증거를 제공하였다. 이 방법은 후에 결정의 구조와 격자상수 등을 구하는 데 사용된다. 전자만이 파동성을 보이는 것은 아니다. 중성자나 이온에 의한 회절도 관찰할 수 있다. 결정이나 표면의 구조를 조사하는 데 이들도 사용되고 있다.

입자의 파동성을 이용한 장비나 기기 중 널리 알려진 것으로 전자현미경이 있다. 전자현미경은 1932년에 처음 만들어졌다. 일반적으로 작은 구조나 물체를 관찰하기 위해 광학현미경을 사용한다. 광학현미경에서는 빛, 즉 가시광선을 이용한다. 모든 광학 기구들의 분해능은 회절에 의해 제한을 받으므로 사용한 빛의 파장의 크기까지 측정이 가능하다. 따라서 가시광선을 이용하는 광학현미경으로 아주 작은 구조 예를 들면 나노구조(nano structure) 등을 관찰하는 것은 불가능하다. 미세구조를 관찰하기 위해서는 짧은 파장을 갖는 전자기파 예를 들면 X-선을 이용하여야 하는데 적절한 X-선용 광학부품이 없어 사용에 있어 제약을 받는다. 속도가 큰 전자는 매우 짧은 파장을 갖고 있어 분해능이 높다. 또한 전자는 전하를 가지고 있으므로 전기장과 자기장을 이용하여 빔의 크기나 방향 등을 조절할 수 있다. 따라서 아주 우수한 분해능을 가지는 현미경을 만들 수 있다. 이를 이용하여 만든 것이 전자현미경이다.

파동에서는 변하는 양이 존재한다. 음파에서는 압력이, 전자기파에서는 전자기장이 변한다. 물질파에서 변하는 양은 무엇인가? 물질파에서 변하는 양은 파동함수이다. 파동함수에 대해서는 27.6절에서 기술한다. 물질파의 개념은 실험적으로 확인되기 전에 슈뢰딩거에 의해 채택되어 양자역학의 태동에 큰 기여를 하였다. 즉, 슈뢰딩거 방정식으로 발전하게 되었다.

예제

27.2 미시세계와 거시세계에서의 드브로이 파장

1.00×10^7m/s의 속도로 움직이는 전자와 10.0m/s의 속도로 움직이는 공의 드브로이 파장을 구하고 비교하라. 여기서 공의 질량은 2.00g이다.

풀이 드브로이 파장을 구하는 식 (27.7)을 적용하여 구할 수 있다. 먼저 전자와 공의 운동량을 구해 보면 다음과 같이 주어진다.

$$p_e = m_e v = (9.11\times10^{-31}\text{kg})(1.00\times10^7\text{m/s}) = 9.11\times10^{-24}\text{m}\cdot\text{kg/s}$$

$$p_b = m_b v = (2.00\times10^{-3}\text{kg})(10.0\text{m/s}) = 2.00\times10^{-2}\text{m}\cdot\text{kg/s}$$

따라서 드브로이 파장은 다음과 같다.

$$\lambda_e = \frac{h}{p_e} = \frac{6.626\times10^{-34}\text{J}\cdot\text{s}}{(9.11\times10^{-24}\text{kg}\cdot\text{m/s})} = 7.27\times10^{-11}\text{m}$$

$$\lambda_b = \frac{h}{p_b} = \frac{6.626\times10^{-34}\text{J}\cdot\text{s}}{(2.00\times10^{-2}\text{kg}\cdot\text{m/s})} = 3.31\times10^{-32}\text{m}$$

전자의 파장은 X-선 영역에 속하며 원자의 크기와 비슷하다. 따라서 이를 이용하여 고체의 결정 구조를 회절실험을 통하여 측정할 수 있다. 그러나 공의 파장은 너무 짧아 파동성을 이용하여 회절 실험 등을 수행하는 것이 불가능함을 알 수 있다.

27.5 불확정성 원리

입자의 파동성은 많은 실험들을 통해 확인되었다. 질량이 큰 물체의 파동성을 관측할 수 있는 실험을 고안하는 것은 불가능하다. 그러나 원자 크기의 입자에서는 쉽게 파동성을 관측할 수 있다. 결정 구조를 탐구하기 위해 X-선과 더불어 전자와 중성자를 사용하는 것이 그 응용의 예이다. 이러한 입자의 파동성은 중요한 철학적 원리로 발전하게 된다.

고전역학에서는 적어도 원리적으로 물체의 위치, 속도, 에너지 등에 대해 결정적인 답을 제공할 수 있다. 즉, 고전역학에서는 측정의 불확정도를 무한히 작게 하여 이들 양을 정확하게 측정한다는 것이 원리적으로 가능하다. 또한 고전역학에서는 모든 측정량들은 서로 독립적이다. 따라서 어떤 물리량에 대한 측정이 다른 물리량에 영향을 미치지 않는다. 계에 어떤 충동을 주고 이것에 의한 계의 반응을 통해 측정이 수행된다. 눈으로 본다는 것은 물체로부터 반사되거나 방출된 빛, 즉 광자를 인식함으로써 수행되는 측정이다. 그런데 측정에 개입하는 광자와 같은 탐침물체(probe matter)는 통상적으로 계에 영향을 주지 않을 정도로 작아 측정 시 그것에 의한 영향을 무시한다. 나타나는 현상을 설명하기 위해 양

자개념이 사용되어야 하는 미시세계에의 측정에서도 탐침물체의 영향을 무시할 수 있을까? 미시세계, 즉 전자와 같이 매우 작은 입자들은 에너지, 운동량 등의 물리량이 매우 작아 광자의 에너지나 운동량에 의해 영향을 받게 된다. 측정에 의해, 즉 탐침물체에 의해 입자가 영향을 받을 때는 어떠한 현상이 생길까?

불확정성 원리(uncertainty principle)는 다양한 방법에 의해 확인할 수 있다. 파동적 관점과 입자적 관점 모두에 의해 가능하다. 여기에서는 입자적 관점에서 불확정성 원리에 대해 고찰한다. 그림 27.8에서와 같이 어떤 순간에 어떤 입자의 위치와 운동량을 동시에 측정한다고 가정하자. 탐침물체에 의한 영향을 최소화하기 위해 가능한 작은 에너지를 이용한다. 탐침물체의 파장은 측정하고자하는 입자의 크기보다 작아야 하므로 사용할 수 있는 에너지에 있어 한계가 있다. 측정한계는 사용하는 탐침물체의 파장과 같은 크기를 갖는다. 그러므로 입자의 위치에 대한 불확정성은 다음과 같이 주어진다.

$$\Delta x \simeq \lambda \tag{27.8}$$

운동량에 대해 알아보자. 탐침물체도 에너지를 가지고 있으므로 운동량을 가지고 있다. 이 때 탐침물체의 운동량은 $p = h/\lambda$로 주어진다. 측정이 이루어지는 순간, 탐침물체와 입자와의 충돌이 일어나므로 탐침물체의 운동량이 입자에 전달되어 입자의 운동량에 변화가 생긴다. 둘 사이의 상호작용에 의한 입자의 운동량에 있어 불확정성은 다음과 같이 주어진다.

$$\Delta p \simeq \frac{h}{\lambda} \tag{27.9}$$

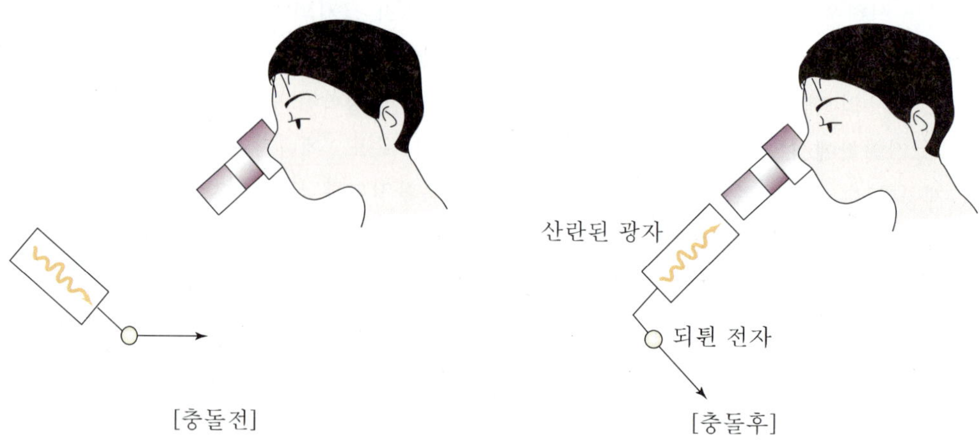

그림 27.8 빛을 이용하여 전자를 관찰하는 사고 실험

식 (27.8)과 식 (27.9)로부터, 파장이 짧은 탐침물체를 사용하는 경우에는 위치의 불확정성은 감소하지만 운동량의 불확정성이 증가하고 반대로 긴 파장을 이용하는 경우에는 위치의 불확정성은 증가하나 운동량의 불확정성은 감소한다. 위치의 불확정성과 운동량의 불확정성을 곱하면 다음과 같은 식을 얻을 수 있다.

$$\Delta x \Delta p \simeq h \tag{27.10}$$

식 (27.10)의 의미는 무엇인가? 우리가 위치와 운동량을 동시에 측정하는 경우에는 실험이 아무리 정밀하다고 하더라도 플랑크 상수 h 만큼의 오차는 존재한다는 것을 의미한다. 이것은 **하이젠베르크의 불확정성 원리**(Heisenberg uncertainty relation)의 한 형태이다.

측정과 관련하여 위치와 운동량의 불확정성이 어떠한 관계를 맺고 있는 지 알아보았다. 이러한 논의에 있어 주의가 필요하다. 즉, 물체는 정확한 위치와 운동량을 갖고 있지만 측정에 의해 위치와 운동량의 불확정성 관계가 나타나는 것으로 해석될 소지가 있다. 그러나 불확정성은 움직이는 물체가 본질적으로 가지고 있는 고유의 성질임을 알아야 한다.

1927년 하이젠베르크에 의해 도입된 하이젠베르크의 불확정성의 원리를 보다 정확하게 기술하면 다음과 같이 표현된다. 한 입자의 위치 x와 운동량 p를 동시에 측정할 때, 위치와 운동량의 불확정성은 다음의 관계를 만족한다.

$$\Delta x \Delta p \geq \frac{\hbar}{2} \tag{27.11}$$

여기서 $\hbar$는 각운동량의 기본단위가 되는 양으로 양자물리학에서 자주 사용되며 그 값의 크기는 다음과 같다.

$$\hbar = \frac{h}{2\pi} = 1.054 \times 10^{-34}\,\mathrm{J \cdot s}$$

불확정성의 관계는 위치와 운동량에만 국한된 것이 아니다. 시간과 에너지에서도 다음과 같은 불확정성의 관계가 있다.

$$\Delta E \Delta t \geq \frac{\hbar}{2} \tag{27.12}$$

이 식으로부터 어떤 계의 에너지 측정의 정확도는 에너지를 측정하는 데 걸리는 시간에 의해 제약된다는 사실을 알 수 있다.

27.5 불확정성 원리를 이용한 전자의 최소 운동에너지 구하기

0.53Å상자 속에 갇혀 있는 전자의 최소 운동에너지를 불확정성 원리를 이용하여 구하라.

풀이 불확정성 원리를 이용하여 운동량의 불확정성을 계산한다.

$$\Delta p \geq \frac{\hbar}{2\Delta x} = \frac{1.054\times 10^{-34}\,\mathrm{J\cdot s}}{(2)(0.53\times 10^{-10}\,\mathrm{m})} = 9.9\times 10^{-25}\,\mathrm{m\cdot kg/s}$$

운동량에서의 불확정성이 위와 같이 주어지므로 운동량의 최소값은 이보다 커야 한다. 따라서 운동에너지의 최소값 $K_{\min}$은 다음과 같이 구할 수 있다.

$$\begin{aligned} K_{\min} &= \frac{p^2}{2m} \\ &= \frac{(9.9\times 10^{-25}\,\mathrm{m\cdot kg/s})^2}{(2)(9.11\times 10^{-31}\,\mathrm{kg})} \\ &= 5.4\times 10^{-19}\,\mathrm{J} \\ &= 3.4\,\mathrm{eV} \end{aligned}$$

27.6 파동함수와 확률

드브루이 파동과 관련된 변수의 양은 **파동함수**(wave function)이다. 파동함수의 값 자체는 물리적으로 직접적인 의미를 지니고 있지 않아 측정되는 양이 아니다. 단지 주어진 시간과 좌표에서의 파동함수의 값은 그 시간과 좌표에서 물체를 발견할 확률과 관련을 갖고 있다. 파동함수는 확률과의 관련성 이외에도 물체의 특성을 기술하고 있다. 즉, 파동함수에 연산자를 작용시킴으로써 그 연산자와 관련된 측정량에 대한 정보를 얻을 수 있다.

1928년 보른은 파동함수의 **확률밀도**(probability density)에 대한 해석을 제안했다. 파동함수 Ψ의 절대값 제곱인 $|\Psi|^2 = \Psi^*\Psi$는 확률밀도이다. 시간 t, 좌표 x, y, z에서 입자를 실험적으로 발견할 확률은 시간 t, 좌표 x, y, z에서의 파동함수 $\Psi(x,y,z,t)$의 절대값의 제곱 $|\Psi(x,y,z,t)|^2$에 비례한다. 따라서 $|\Psi|^2$의 값이 클수록 그 곳에서 입자를 발견할 확률이 높아지고 작을수록 입자를 발견할 확률이 낮아진다. 여기서 확률의 의미를 정확히 인지하여야 한다. 공간에서 입자를 발견할 확률이 $|\Psi|^2$에 의해 주어진다는 것이지 입자가 공간에 $|\Psi|^2$에 따라 분포하여 존재한다는 의미는 아니다. 많은 수의 입자에 대해 고려할 때, 어떤 구간에서 존재하는 입자의 수는 평균적으로 전체 입자의 수와 그 구간에서 발견될 확률을 곱한 양으로 주어진다는 의미이다. 하나의 입자를 고려할 때는 입

자가 분리될 수 없으므로 어떤 구간에 존재하거나 존재하지 않거나 둘 중 하나이다. 즉, 입자가 존재하는 확률과 입자 자체는 구별되어야 한다. 일차원 계에서 위치 x 주위의 무한소 간격 dx에서 입자가 발견될 확률은

$$P(x)dx = |\Psi|^2 dx \tag{27.13}$$

이므로 구간 $[a, b]$에서 발견될 확률 P는 다음과 같이 주어진다(그림 27.9 참조).

$$P = \int_a^b |\Psi(x)|^2 dx \tag{27.14}$$

입자는 x축 상의 어딘가에는 존재해야 하므로 모든 x에 대해 확률을 더하면 1이 되어야 한다. 즉,

$$P = \int_{-\infty}^{\infty} |\Psi(x)|^2 dx = 1 \tag{27.15}$$

이다. 식 (27.15)가 만족될 때 파동함수는 **규격화**(normalized)되었다고 한다. 모든 의미 있는 파동함수는 적당한 상수를 파동함수에 곱함으로써 규격화시킬 수 있다. 파동함수는 주어진 시간과 좌표에서 단일 확률을 가져야 하므로 일가함수이어야 하고 또한 연속이어야 한다. 그리고 파동함수는 측정가능한 양이 아니므로 복소수일 수도 있음을 알아야 한다.

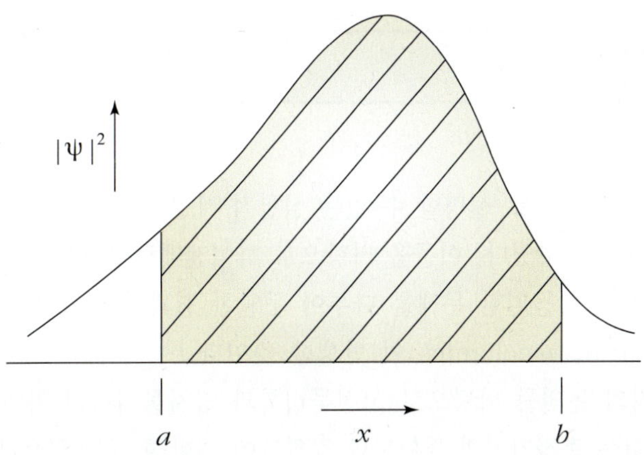

그림 27.9 입자가 존재할 확률. 규격화된 파동함수의 경우, 구간 $[a, b]$에서 입자가 발견될 확률은 빗금친 영역의 면적과 같다.

예제 **27.6** 파동함수의 규격화와 확률

길이가 L 인 일차원 상자에 갇혀 있는 어떤 입자의 파동함수는 다음과 같다.

$$\Psi(x) = A\sin\left(\frac{\pi x}{L}\right) \qquad (0 < x < L)$$
$$= 0 \qquad (x > L \quad \text{or} \quad x < 0)$$

(a) 파동함수 규격화를 이용하여 상수 A 를 구하라.

(b) 물체가 발견될 확률이 가장 큰 위치는 어디인가?

풀이 (a) 입자가 발견될 확률을 모두 합하면 1이 되어야 한다. 즉, 식 (27.15)로부터

$$\int_{-\infty}^{\infty}\Psi^*(x)\Psi(x)dx = \int_0^L \Psi^*(x)\Psi(x)dx = |A|^2\int_0^L \sin^2\left(\frac{\pi x}{L}\right)dx$$
$$= |A|^2\left(\frac{L}{2}\right) = 1$$

그러므로 $A = \sqrt{\dfrac{2}{L}}$ 이다.

(b) 위치 x 에서 물체가 발견될 확률은 파동함수 절대치의 제곱 $|\Psi(x)|^2$에 비례한다. 파동함수가 규격화되어 있으므로 확률은 다음과 같이 주어진다.

$$P(x)dx = \frac{2}{L}\sin^2\left(\frac{\pi \mathrm{x}}{L}\right)\mathrm{dx}$$

sin함수는 $\dfrac{\pi}{2}$ 에서 최대값을 가지므로 $x = \dfrac{L}{2}$, 즉 상자 가운데에서 입자가 발견될 확률이 가장 높다.

27.7 양자역학

지금까지 고전물리학으로 설명할 수 없는 실험적 사실과 이들을 설명하기 위해 제안된 여러 가설들에 대해 고찰하였다. 이들을 바탕으로 하이젠베르크와 슈뢰딩거는 완전히 다른 가정과 수학적 체계에서 동일한 문제를 다루어 동일한 결과를 낳았다. 즉, 새로운 물리체계, **양자역학**(quantum mechanics)이 탄생한 것이다.

먼저 지금까지의 논의를 바탕으로 고전물리학과 양자물리학의 차이점에 대해 알아보자. 고전물리학에서는 측정기기의 정확도나 정밀도에 의한 한계는 있으나 원리적으로 물리량을 정확히 측정할 수 있다. 또한 기본적으로 초기의 상태를 알고 있으면 미래의 상태에 대해서도 정확히 예측할 수 있다. 양자물리학에서는 불확정성의 원리에 의해 모든 물리량

을 무한한 정확도로 동시에 측정하는 것은 불가능하다. 즉, 계의 특성 모두를 동시에 알 수 없다는 것을 의미한다. 이것은 계가 가지고 있는 고유의 특성이지 측정기기의 한계에 의한 것이 아니다. 따라서 미래 상태에 대한 예측도 확률론적으로 주어진다. 양자물리학은 고전물리학과 달리 측정과 밀접한 관련을 맺고 있다. 측정하는 과정, 즉 탐침물체 등이 측정하고자하는 대상에 영향을 준다는 것이 양자물리학의 기본적 철학이다. 거시세계를 다룰 때는 이 영향이 거의 무시되므로 계를 기술하는 데 고전물리학으로도 충분하나 미시세계에서는 측정이 계에 미치는 영향이 커 고전물리학으로 기술하는 데 문제가 있게 된다. 고전물리학에서의 개념들은 거시세계를 다루면서 확립되었으므로 직관적으로 쉽게 이해할 수 있다. 즉, 가시적 현상을 통해 정립되었으므로 우리의 경험에 의해 받아들이기가 쉽다. 양자물리학에서의 개념들은 우리가 직접적으로 인지할 수 없는 계를 다루면서 나타나는 현상을 기술하면서 축적된 것들로 경험적으로 받아들이기 힘든 것들이다. 예를 들면 확률의 개념이 그것이다. 입자가 존재하는 위치가 명확하지 않고 어디에 있을 확률이 어떻다는 개념은 우리의 일상 경험에 부합되지 않는다. 여기서 양자물리학에서의 확률은 통계물리학에서의 확률과 구별되어야 한다.

고전역학에서는 뉴턴의 제2법칙이 기본이 되는 방정식이다. 이를 이용하여 물체의 움직임을 기술한다. 양자역학에서 물체의 상태를 기술하기 위해 사용되는 기본적인 식은 무엇인가? 드브로이에 의해 물질파 가설이 제안된 직 후 슈뢰딩거(Schrödinger)는 파동의 관점에서 입자의 움직임을 기술하는 방정식을 제안하였다. 이 방정식은 슈뢰딩거 방정식이라 불리는 것으로 양자역학의 기본 식으로 사용된다.

일차원 계에서 **시간에 의존하지 않는 슈뢰딩거 방정식**(Time-Independent Schrödinger equation)은 다음과 같이 표현된다.

$$\frac{d^2\Psi}{dx^2} = -\frac{2m}{\hbar^2}(E - V)\Psi \qquad (27.16)$$

식 (27.16)에서 m은 입자의 질량이고, V는 퍼텐셜에너지이다. 이 식을 풀어서 허용된 상태의 에너지인 E와 파동함수인 Ψ를 구할 수 있다. 파동함수의 연속성 등의 경계조건을 이용하여 방정식의 해를 구한다. 그러나 퍼텐셜에너지의 형태가 특수한 경우들을 제외하고는 슈뢰딩거 방정식의 정확한 해를 구하는 것은 쉽지 않다.

간단한 형태의 퍼텐셜에너지를 갖는 계에 대해 슈뢰딩거 방정식의 해를 구하여 보자. 길이가 L인 일차원 상자에 존재하는 입자에 대해 고려하자. 상자 밖으로는 나갈 수 없고 상자 내에서는 자유롭게 움직이고 있으므로 그림 27.10과 같은 퍼텐셜 우물이 이 계에 대응하는 모형이다. 이 입자가 느끼는 퍼텐셜에너지를 수식으로 표시하면 다음과 같이 주어진다.

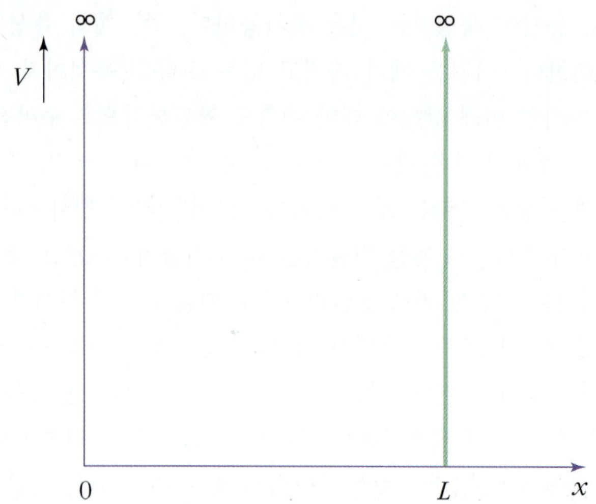

그림 27.10 길이가 L인 일차원 상자에 대응하는 퍼텐셜 우물

$$\begin{aligned} V &= \infty \quad x > L \text{ 이거나 } x < 0 \text{ 경우} \\ &= 0 \quad 0 < x < L\text{인 경우} \end{aligned}$$

따라서 상자 밖, 즉 $x > L$ 혹은 $x < 0$인 경우에는 입자가 존재할 수 없으므로 $\Psi = 0$이 된다. 상자 내부, 즉 $0 < x < L$ 영역에서는 퍼텐셜에너지가 영이므로 슈뢰딩거 방정식은 다음과 같이 주어진다.

$$\frac{d^2\Psi}{dx^2} = -\frac{2m}{\hbar^2}E\Psi = -k^2\Psi \tag{27.17}$$

식 (27.17)을 풀어서 해를 구하면 다음과 같다.

$$\Psi(x) = A\sin(kx) + B\cos(kx) \tag{27.18}$$

여기서 A와 B는 상수이고

$$k = \frac{\sqrt{2mE}}{\hbar} \tag{27.19}$$

로 주어진다. $x=0$과 $x=L$에서 파동함수가 연속이어야 하는 경계조건을 적용하면, $B=0$이 되고

$$kL = n\pi \qquad n \text{ : 양의 정수} \tag{27.20}$$

가 만족되어야 한다. 식 (27.19)와 식 (27.20)으로부터 허용된 에너지를 구하면

$$E_n = \left(\frac{h^2}{8mL^2}\right)n^2 = n^2 E_1 \tag{27.21}$$

을 얻을 수 있다. 여기서 n은 양자수이다. 예제 27.6에서와 같이 파동함수를 규격화시키면 파동함수는 다음과 같이 주어진다.

$$\Psi_n(x) = \sqrt{\frac{2}{L}}\sin\left(\frac{n\pi x}{L}\right) \quad (n = 1,\ 2,\ 3,\ \cdots) \tag{27.22}$$

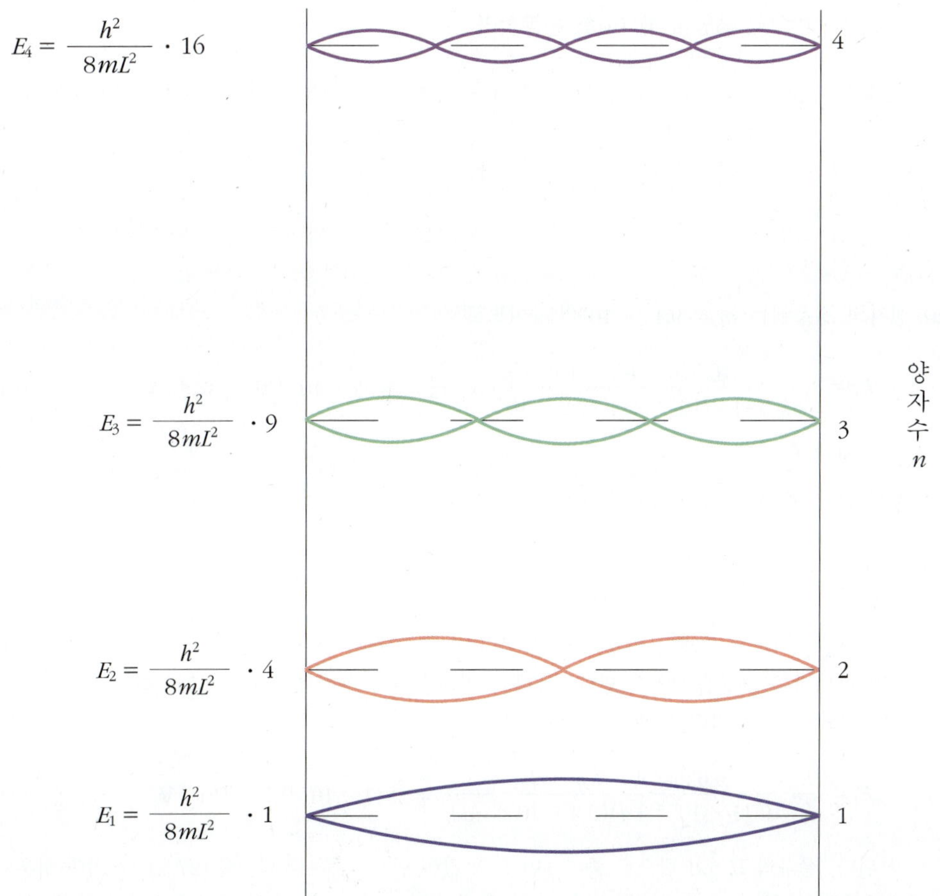

그림 27.11 일차원 상자에 갇힌 입자의 에너지 준위와 파동함수의 형태. 에너지가 낮은 네 개의 상태들에 대해 표시되어 있다.

식 (27.21)에서 나타난 바와 같이 입자가 가질 수 있는 에너지는 양자화된 특수한 에너지들만 가능하게 된다. $n=1$ 상태는 가장 낮은 에너지를 갖는 상태로 **바닥상태**(ground state)라 불린다.

$n=2,\ 3,\ 4,\ \cdots$에 해당하는 상태들은 **들뜬 상태**(excited state)라 한다. 그림 27.11은 에너지가 낮은 네 개의 상태들의 에너지 준위와 파동함수의 형태를 보여 준다. 양자수가 증가함에 따라 에너지는 양자수의 제곱에 비례하여 증가하고, 파동함수가 영이 되는 지점도 양자수에 비례하여 증가한다. 상태에 따라 입자가 발견될 확률분포도 다름을 알 수 있다. 상자의 가운데에서 입자가 발견될 확률은 $n=1$인 상태에서는 최대이나 $n=2$인 상태에서는 영이 된다(그림 27.11 참조).

예제 **27.7** 상자에 갇힌 입자의 에너지 준위 계산

(a) 크기가 1.00Å인 일차원 상자 속에 전자가 갇혀 있다. 허용된 최소 에너지를 구하라.
(b) 양성자가 갇혀 있는 경우에 대해 최소 에너지를 구하라.
(c) 상자의 크기가 반으로 줄었을 때 (a)를 반복하라.

풀이 일차원 상자의 내부에 존재하는 입자에 대해 허용된 에너지 준위들은 식 (27.21)을 이용하여 구할 수 있다. $n=1$ 인 경우에 에너지가 최소가 되므로 상자의 길이가 L이고 물체의 질량이 m인 경우 허용된 최소 에너지는 다음과 같이 주어진다.

$$E_1 = \frac{h^2}{8\,mL^2}$$

(a) 전자의 경우에는 $m = 9.11\times 10^{-31}\,\text{kg}$이므로

$$E_1 = \frac{(6.626\times 10^{-34}\,\text{J}\cdot\text{s})^2}{(8)(9.11\times 10^{-31}\,\text{kg})(1.00\times 10^{-10}\,\text{m})^2} = 6.02\times 10^{-18}\,\text{J} = 37.6\ \text{eV}$$

로 주어진다.

(b) 양성자의 경우에는 $m = 1.67\times 10^{-27}\,\text{kg}$이므로

$$E_1 = \frac{(6.626\times 10^{-34}\,\text{J}\cdot\text{s})^2}{(8)(1.67\times 10^{-27}\,\text{kg})(1.00\times 10^{-10}\,\text{m})^2} = 3.29\times 10^{-21}\,\text{J} = 2.06\times 10^{-2}\ \text{eV}$$

로 주어진다. (a)의 결과와 비교해 보면, 질량이 큰 입자는 질량이 작은 입자에 비해 작은 바닥상태 에너지를 가짐을 알 수 있다. 질량이 가벼울수록 양자효과가 명확해진다.

(c) (a)에서와 같은 방법에 의해

$$E_1 = \frac{(6.626\times 10^{-34}\,\text{J}\cdot\text{s})^2}{(8)(9.11\times 10^{-31}\,\text{kg})(0.5\times 10^{-10}\,\text{m})^2} = 2.41\times 10^{-17}\,\text{J} = 151\ \text{eV}$$

가 된다. 상자의 크기가 반으로 줄어들면 L의 값이 반으로 줄어든다. 식 (27.21)에 의해 허용된 에너지의 크기는 4배로 증가하였다. 따라서 상자의 크기가 작을수록 양자효과가 명확해 진다.

27.8 터널링 효과

고전역학적 해석에 의하면, 어떤 퍼텐셜 장벽이 있을 때 입자가 장벽을 넘을 수 있는 충분한 에너지를 갖고 있지 않으면 장벽을 넘어갈 수 없다. 우리가 당연하게 받아들이는 이러한 개념은 양자역학의 세계에서는 통용되지 않는다. 즉, 양자역학에 의하면 장벽보다 낮은 에너지를 갖고 있는 입자도 장벽을 투과할 수 있다. 이러한 현상을 **터널링 효과**(tunneling effect)이라 한다.

상자에 갇힌 입자의 예에서 보면 입자는 장벽의 높이가 무한히 큰 영역으로 들어갈 수 없다. 이러한 영역에서는 파동함수가 영이 되므로 입자를 발견할 확률도 영이 된다. 그러나 그림 27.12와 같이 장벽의 높이가 유한한 퍼텐셜 우물에 갇힌 입자의 경우에는 어떻게 될까? 이러한 퍼텐셜 우물에 대해 슈뢰딩거 방정식의 해를 구해 보면 해답을 얻을 수 있다. 여기에서는 해를 구하기 위한 구체적인 계산은 생략한다. 에너지가 장벽의 높이 보다 작을 때, 즉 $E < V$인 경우에는 우물 내부에서의 파동함수는 sin 함수나 cos 함수로 표시되고, 장벽 내, 즉 우물 밖에서의 파동함수는 우물로부터의 거리에 따라 지수함수로 감소하는 형태를 갖는다. 즉,

$$\Psi(x) = Ae^{-\alpha x} \tag{27.23}$$

여기서 α는 입자의 질량 m과 에너지 E 그리고 장벽의 높이 V에 의해 결정되는 상수이고 x는 우물로부터의 거리를 표시한다. 파동함수는 전체적으로 그림 27.12에 나타난 바와 같은 모양이 된다. 우물 밖에서도 파동함수가 영이 아니므로 입자가 존재할 확률도 영이 아니다. 입자가 장벽 내에서 발견될 확률은 장벽이 높고 장벽으로 깊이 들어갈수록 작아진다.

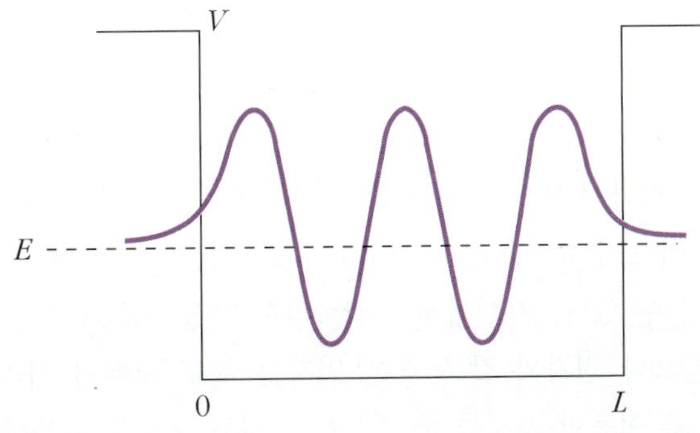

그림 27.12 유한한 퍼텐셜 우물에 갇혀 있는 입자의 파동함수. 우물 내에서는 파동함수가 진동하는 형태를, 장벽 내에서는 지수함수로 감소하는 형태를 가지고 있다. 우물 밖에서도 파동함수가 영이 아님에 유의하라.

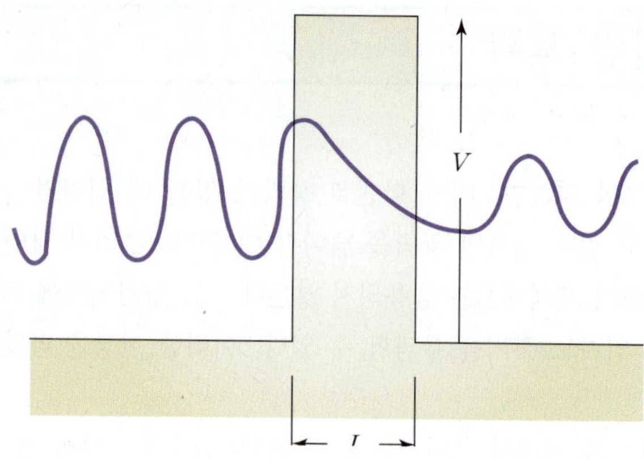

그림 27.13
퍼텐셜 에너지의 높이가 V이고 폭이 L인 장벽. 장벽의 높이 보다 낮은 에너지를 가지는 입자도 장벽을 투과할 수 있다. 여기서 입자는 왼쪽에서 장벽을 향해 진행한다.

이제 입자가 진행 방향에 유한한 크기를 갖는 장벽이 존재한다고 하자(그림 27.13 참조). 입자의 에너지는 장벽의 높이에 비해 낮다. 장벽의 폭이 유한하다면 왼쪽에서의 파동함수가 장벽을 침투되어 반대쪽 파동함수와 연결된다. 따라서 장벽의 오른쪽에서도 입자가 발견될 확률이 영이 아니게 된다. 장벽 침투를 통해 입자가 장벽을 투과하여 장벽 반대쪽에서도 발견될 수 있게 된다. 즉, 터널링이 일어나게 된다. 장벽을 향해 입사된 입자는 장벽에 의해 반사되거나 투과된다. 그러므로 **투과계수**(transmission coefficient) T와 **반사계수**(reflection coefficient) R의 합은 1이 되어야 한다. 그림 27.13에 주어진 바와 같은 형태의 장벽에 대한 터널링에 있어 투과계수 T가 상당히 작은 경우에는 T를 근사적으로 다음과 같이 표현할 수 있다.

$$T \simeq e^{-2xL} \tag{27.24}$$

$$x = \frac{\sqrt{2m(V-E)}}{\hbar} \tag{27.25}$$

여기서 V와 L은 각각 장벽의 높이와 폭을 나타낸다. 식 (27.24)와 식 (27.25)로부터 투과계수는 장벽의 폭이 클수록, 장벽의 높이가 높을수록, 입자의 에너지가 작을수록, 질량이 클수록 작아짐을 알 수 있다. 거시세계에서는 입자의 질량도 크고 장벽의 폭도 넓으므로 터널링이 관측되지 않으나 전자와 같은 작은 입자는 재료 내에서 이러한 현상을 보인다. 반도체나 초전도체 등을 이용한 소자들 중 일부는 터널링 현상을 이용하고 있다. 물론 원자핵에서의 방사선 붕괴 등에서도 터널링 현상은 중요한 역할을 한다.

예제

27.8 전자의 투과계수

(a) 에너지가 5.0eV인 전자가 높이가 20.0eV인 장벽을 향해 입사되었다. 장벽의 폭이 0.100nm이면 투과계수는 얼마인가?

(b) 에너지가 10.0eV인 전자가 같은 장벽에 대해 입사되었다면 투과계수는 얼마인가?

(c) 장벽의 폭이 0.200nm인 경우에 대해 (a)를 반복하라.

풀이 (a) 식 (27.25)를 사용하여 x를 구한 후 식 (27.24)에 대입하여 투과계수를 구한다. 먼저 $V-E$의 크기를 구하자.

$$V-E = 20.0\,\text{eV} - 5.0\,\text{eV} = 15.0\,\text{eV} = 2.40\times 10^{-18}\,\text{J}$$

$$x = \frac{\sqrt{2m(V-E)}}{\hbar} = \frac{\sqrt{(2)(9.11\times 10^{-31}\,\text{kg})(2.40\times 10^{-18}\,\text{J})}}{1.054\times 10^{-34}\,\text{J}\cdot\text{s}} = 1.98\times 10^{10}\,\text{m}^{-1}$$

$L = 1.00\times 10^{-10}\,\text{m}$ 이므로

$$2xL = (2)(1.98\times 10^{10}\,\text{m}^{-1})(1.00\times 10^{-10}\,\text{m}) = 3.96$$

이다. 따라서 투과계수 T는 다음과 같이 주어진다.

$$T \simeq e^{-2xL} = e^{-3.96} = 1.91\times 10^{-2}$$

약 2% 정도가 투과함을 알 수 있다.

(b) (a)에서와 같은 방법에 의해

$$V-E = 20.0\,\text{eV} - 10.0\,\text{eV} = 10.0\,\text{eV} = 1.60\times 10^{-18}\,\text{J}$$

$$x = \frac{\sqrt{2m(V-E)}}{\hbar} = \frac{\sqrt{(2)(9.11\times 10^{-31}\,\text{kg})(1.6\times 10^{-18}\,\text{J})}}{1.054\times 10^{-34}\,\text{J}\cdot\text{s}}$$
$$= 1.62\times 10^{10}\,\text{m}^{-1}$$

$L = 1.00\times 10^{-10}\,\text{m}$ 이므로

$$2xL = (2)(1.62\times 10^{10}\,\text{m}^{-1})(1.00\times 10^{-10}\,\text{m}) = 3.24$$

이다. 따라서 투과계수 T는 다음과 같이 주어진다.

$$T \simeq e^{-2xL} = e^{-3.24} = 3.92\times 10^{-2}$$

약 4% 정도가 투과한다. 이 에너지 영역에서는 에너지의 증가에 의한 투과계수의 변화는 상대적으로 크지 않다.

(c) (a)에서 구한 x와 $L = 2.00\times 10^{-10}\,\text{m}$을 이용하면

$$2xL = (2)(1.98\times 10^{10}\,\text{m}^{-1})(2.00\times 10^{-10}\,\text{m}) = 7.92$$

이다. 따라서 투과계수 T는 다음과 같이 주어진다.

$$T \simeq e^{-2xL} = e^{-7.92} = 3.63\times 10^{-4}$$

투과계수는 0.04 %에 지나지 않는다. 장벽의 폭이 2배 증가함에 따라 투과계수가 급격히 작아짐을 알 수 있다. 투과계수는 장벽의 폭에 대한 의존도가 매우 크므로 장벽의 폭이 매우 좁아야 터널링의 가능성이 높다. 따라서 거시세계에서는 관측이 거의 되지 않는다.

연습문제

EXERCISES

1 어떤 물체로부터 방출되는 복사의 정점 파장에서 광자의 에너지가 0.13eV이다.
(a) 정점 파장은 얼마인가? mm로 표시하라.
(b) 이 물체의 표면온도는 몇 ℃인가?

2 사람의 눈은 560nm의 빛에 가장 민감하다. 이 파장의 빛을 가장 강하게 복사하는 흑체의 온도는 얼마인가?

3 광자의 진동수가 (a) 620THz (b) 3.10GHz (c) 46.0MHz일 때 전자볼트로 광자의 에너지를 구하라. (d) 이러한 광자의 파장을 구하고 전자기 스펙트럼으로 각각 분류하여라.

4 일함수가 2.46eV인 나트륨 금속의 표면으로부터 전자를 방출시키기 위해서는 진동수가 얼마인 광자를 입사시켜야 하는가? 최소 진동수를 구하라.

5 어떤 물질에 428nm 이하의 파장을 갖는 광자를 입사시켰을 때 전자가 방출된다.
(a) 이 물질의 일함수는 얼마인가?
(b) 400nm의 단색광을 입사시켰을 때 방출되는 전자의 최대 속도는 얼마인가?

6 리튬, 베릴륨, 수은이 각각 2.30, 3.90, 4.50eV의 일함수를 가진다. 400nm 파장의 빛이 이 금속에 입사한다.
(a) 어떤 금속이 광전 효과를 보이는가?
(b) 각 경우에서 광전자의 최대 운동에너지를 구하라.

7 1.60pm의 광자가 자유전자로부터 산란한다. 광자의 산란각이 얼마일 때 튀겨 나오는 전자의 운동에너지가 산란된 광자의 에너지와 같은가?

8 정지된 전자에 에너지가 100keV인 X-선을 쬐였다. 산란된 전자가 가질 수 있는 최대 에너지는 얼마인가?

9 에너지가 18.00keV인 X-선 광자가 정지된 전자에 의해 산란되었다. 산란된 광자의 에너지는 17.95keV로 측정되었다. 산란된 각도는 몇 도인가?

10 (a) 어떤 전자의 에너지가 1.0keV일 때, 이 전자의 드브로이 파장은 얼마인가?
(b) 광자의 에너지가 1.0keV인 X-선의 파장을 계산하고 전자의 파장과 비교하라.

11 (a) 어떤 전자의 드브로이 파장이 1.0Å이다. 이 전자가 가지고 있는 에너지는 얼마인가?
(b) 같은 파장을 갖는 광자에 대해서도 에너지를 계산한 후 비교해 보라.

12 원자핵은 지름이 10^{-14}m 정도이다. 핵에 갇혀있는 전자의 드브로이 파장은 그 정도의 크기이거나 작다.
(a) 이 영역에 갇혀있는 전자의 운동에너지를 구하라.

(b) 원자에 속박된 전자의 전형적인 결합에너지는 수 eV 정도인데, 핵 내에 전자가 있을 것으로 생각되는가? 이를 설명하라.

13 일차원 계에서 파동함수가 다음과 주어져 있다.
$\psi(x) = Ae^{-|x|}$
(a) 파동함수 규격화를 이용하여 상수 A 를 구하라.
(b) $-1 < x < 1$에서 입자가 발견될 확률은 얼마인가?

14 전자와 50g 공의 위치에서의 불확정성이 0.10nm이다. 각각에 대해 속도의 불확정성을 구하라.

15 크기가 1.00Å의 일차원 상자 속에 전자가 갇혀 있다. 첫번째 들뜬 상태에 있던 전자가 바닥상태로 떨어지면서 광자를 방출하였다. 이 광자의 파장은 얼마인가.

16 (a) 에너지가 5.0eV인 전자가 높이 30.0eV인 장벽을 향해 입사되었다. 장벽의 폭이 0.100nm이면 투과계수는 얼마인가?
(b) 장벽의 높이가 15.0eV이라면 투과계수는 얼마인가?

Fundamentals of Physics

28 원자물리

뉴턴시대에는 원자를 더 이상 분리할 수 없는 작고 단단한 구 모양으로 생각하였고, 이 개념은 기체분자운동론을 확립하는 데 성공적으로 기여하였다. 그 후 톰슨은 원자의 전기적 성질을 설명하기 위해 건포도과자 모형을 제시하였으나 실험적으로 검증되지 못하였다. 최초로 실험적으로 원자구조를 확인한 것은 1911년 **러더포드**가 원자는 양으로 대전된 작은 핵과 핵을 둘러싸고 있는 전자로 이루어져 있다는 사실을 발견한 것이다. 러더포드의 **원자모형**에도 몇 가지 문제점들이 있었고 이러한 문제점들을 해결하기 위해 보어는 원자핵 주변을 회전하는 전자는 양자화된 에너지를 가진다는 플랑크 이론을 적용함으로써 원자모형에 대한 많은 문제를 해결하였다. 현재는 보다 나은 원자모형으로 양자역학적 모형을 채택하고 있다.

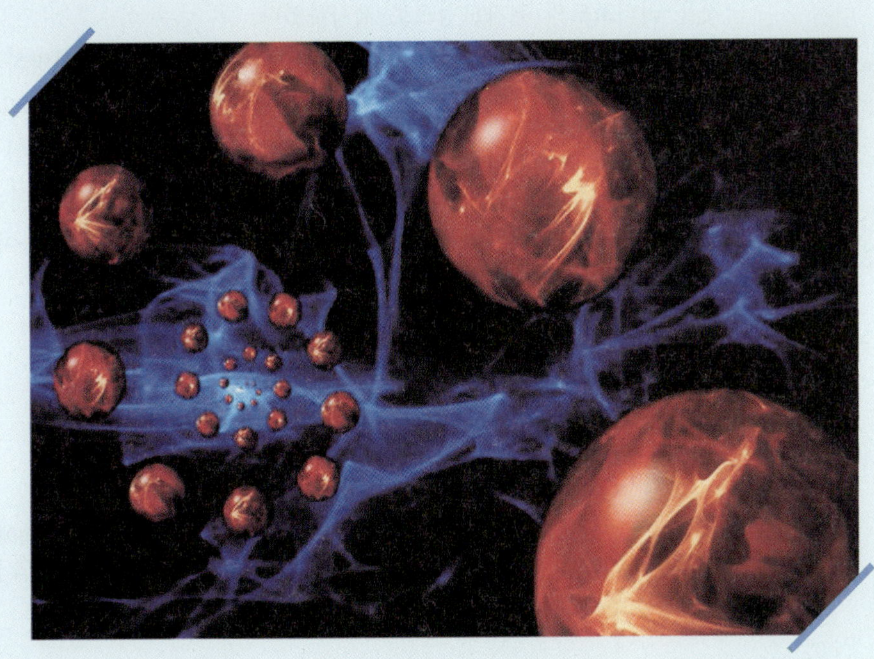

28.1 원자모형의 역사

뉴턴 시대에는 원자를 작고 단단하며 더 이상 분리할 수 없는 구 모양으로 생각하였다. 이 모형이 기체분자운동론에 대한 근거들을 성공적으로 제시했지만, 원자의 전기적 성질들에 대한 현상을 설명하지 못해 물리학자들은 새로운 원자모형을 만들기 시작했다. **톰슨**(J. J. Thomson, 1856~1940)은 구형의 과자에 건포도가 박혀있는 건포도과자 모형을 제안하였다(그림 28.1).

1911년 **러더포드**(Ernest Rutherford, 1871~1937)의 제안에 따라 그의 제자 가이거와 마스덴은 실험을 통하여 톰슨의 모형이 잘못되었다는 사실을 증명하였다. 이 실험에서 양전하의 알파입자살을 얇은 금속막에 입사시킨 결과 매우 놀라운 사실이 나타났다. 입사된 입자들의 대부분은 금속막이 빈 공간인 것처럼 통과하였지만, 그 일부는 입자의 진행방향과 다른 큰 각도로 산란되었다. 이러한 현상은 원자 크기에 양전하가 균일하게 분포된 톰슨모형으로는 알파입자가 큰 각도로 산란된 것을 설명할 수가 없었다. 그리하여 러더포드는 양전하가 원자의 크기에 비해 매우 좁은 영역에 집중되어 있다고 가정함으로써 그 실험 결과를 분석할 수 있었다. 그는 양전하가 집중된 물체를 **원자핵**(nucleus)이라 불렀다. 원자 내의 전자들은 핵 외부의 상대적으로 큰 공간에 존재한다고 가정하였다. 그리고 이 전자들이 전기력에 의해 양전하의 핵에 끌리지 않는 이유를 설명하기 위하여, 전자들은 태양 주위를 회전하는 위성처럼 핵 주위의 궤도를 회전하고 있다고 생각하였다. 그리하여 이것을 러더포드의 원자모형으로 제시하였다.

그러나 러더포드의 원자 모형은 원자의 안정성 문제를 설명하지 못하였고, 그 이후에 이 문제를 해결하기 위해 보어는 전자가 원자핵으로 낙하하면서 원자로부터 연속 스펙트럼을 방출하는 문제는 고전 복사이론이 원자 크기의 세계에서는 적용될 수 없다고 가정하였다. 원자핵을 회전하는 전자는 양자화된 에너지를 갖는다는 플랑크 이론을 적용함으로써 에너지를 연속적으로 방출하는 고전적인 문제를 극복하였다. 이리하여 보어는 전자들이 원자

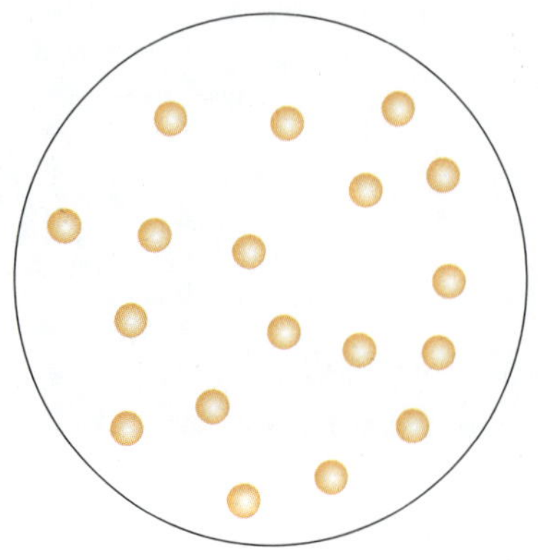

그림 28.1
양전하 물질 속에 전자가 박혀있는 톰슨의 원자모형

내에서 복사파를 방출하지 않고 안정된 에너지 준위와 고정된 궤도에 속박되어 있다고 생각하였다.

분광 기술을 사용하여 수소의 선 스펙트럼을 분석한 결과, 보어 이론에 대한 수정의 필요성이 제기되었다. 발머와 다른 계열들에서 단 한 개가 아닌 많은 선들이 발견되었으며, 각각의 계열은 촘촘한 선들로 무리를 이루고 있다. 관측된 또 다른 난점은 원자에 강한 자기장을 걸었을 때 선 스펙트럼이 매우 가까운 세 성분으로 분리되었다는 것이다. 그래서 오늘날에는 원자현상을 보다 잘 설명할 수 있는 원자모형으로 양자역학이론을 적용한 양자역학적 원자모형을 채택하고 있다.

28.2 원자 스펙트럼

진공으로 된 유리관이 기체로 채워져 있는 경우를 생각하자. 만약 기체가 채워진 유리관 속에서 전류가 흐를 수 있을 만큼의 큰 전압을 금속 전극들 사이에 가하면 기체의 특성에 따른 빛이 관에서 방출된다(이것이 네온사인의 동작원리이다). 방출된 빛을 분광기로 분석하면 그림 28.2와 같이 많은 선들이 관측되는데 각 선은 각각 다른 색을 띠게 된다. 이러한 선들을 일반적으로 **방출 스펙트럼**(emission spectrum)이라고 한다. 주어진 스펙트럼에 포함된 파장들은 빛을 방출하는 원자의 특성이다(그림 28.3). 어떤 다른 두 개의 원소도 같은 스펙트럼을 방출하지 않기 때문에 물질 내에 존재하는 원소를 판별하는 기술에 이 현상이 이용되고 있다.

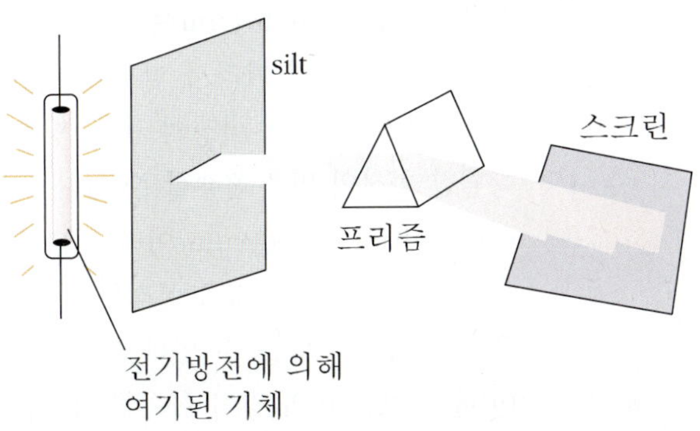

그림 28.2
유리관 내의 기체를 방전에 의해 여기시켜 방출되는 빛을 프리즘 등으로 분광하여 방출스펙트럼을 얻는다.

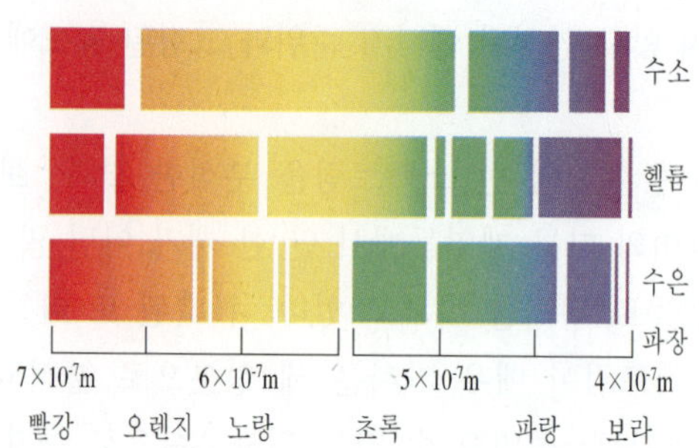

그림 28.3 가시광선 영역에서의 수소, 헬륨, 수은의 방출 스펙트럼 중 가장 밝은 선들

그림 28.4에 보인 수소의 방출스펙트럼은 파장이 각각 656.3nm, 486.1nm, 434.1nm, 그리고 410.2nm에서 강하게 나타난다. 1885년에 발머(Johann Balmer, 1825~1898)가 이 4개의 선들과 그 외 세기가 약한 선들의 파장을 발견했으며, 이 선들 **발머계열**이라 하고, 다음과 같이 간단한 실험식으로 표현하였다.

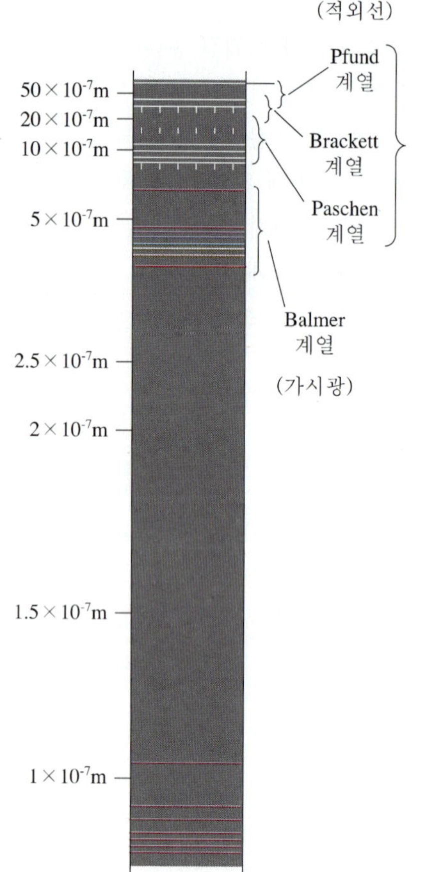

그림 28.4
수소원자의 스펙트럼 계열을 파장별로 나타낸 그림

$$\frac{1}{\lambda} = R_H\left(\frac{1}{2^2} - \frac{1}{n^2}\right) \tag{28.1}$$

여기서 n은 3, 4, 5,⋯인 정수이고, R_H는 **리드베리 상수**(Rydberg constant)이다.

$$R_H = 1.0973732 \times 10^7\,\text{m}^{-1} \tag{28.2}$$

발머계열에서 첫 번째 선은 $n = 3$일 때 656.3nm이고 두번째 선인 486.1nm는 $n = 4$에 대응되는 것이다. 이런 식으로 n값에 따라서 파장을 계산할 수 있다.

원소는 특별한 파장의 빛을 방출하는 것만이 아니고 특별한 파장의 빛을 흡수할 수 있다. 이것을 **흡수 스펙트럼**(absorption spectrum)이라 한다. 흡수 스펙트럼은 연속적인 복사 스펙트럼을 분석하고자 하는 원소의 증기 속을 통과시켜서 얻을 수 있다. 흡수 스펙트럼은 그림 28.5 (a)에서 보는 바와 같이 연속 스펙트럼 위에 나타난 어두운 선들로 구성되어 있다.

20세기 초에 과학자들은 고전물리학으로 이 스펙트럼 현상들을 설명할 수 없다는 것을 알고 매우 당황하였다. 왜

그림 28.5
(a) 나트륨 증기의 흡수 스펙트럼. (b) 나트륨 증기의 방출 스펙트럼. 흡수스펙트럼의 각 어두운 선들은 방출 스펙트럼에 있는 밝은 선에 대응된다.

이 원소의 원자들은 오직 특정한 파장만을 갖는 복사를 방출하는 것인지? 그리고 왜 방출 스펙트럼들은 불연속적인 선들로 나타나는 것인지? 더욱이 원자들은 그들이 방출한 파장들만을 흡수하는지? 등등이다.

1913년 보어는 원자의 스펙트럼을 설명할 수 있는 이론을 제공했다. 그는 가장 간단한 원자인 수소를 가지고 원자의 구조라고 생각되는 모형을 제안했는데, 고전물리학적으로는 선뜻 받아들일 수 없는 다음과 같은 대담한 가정들을 포함하고 있다.

1. 전자는 쿨롱인력의 영향을 받으며 양성자 둘레를 원궤도로 움직인다. (그림 28.6)
2. 어떤 특별한 궤도로 도는 전자만 안정하며, 수소원자에서 이들 궤도에 있는 전자는 복사 형태로 에너지를 방출하지 않는다. 이 경우 원자의 총에너지는 일정하게 유지되며, 전자의 운동은 고전역학적으로 기술된다.

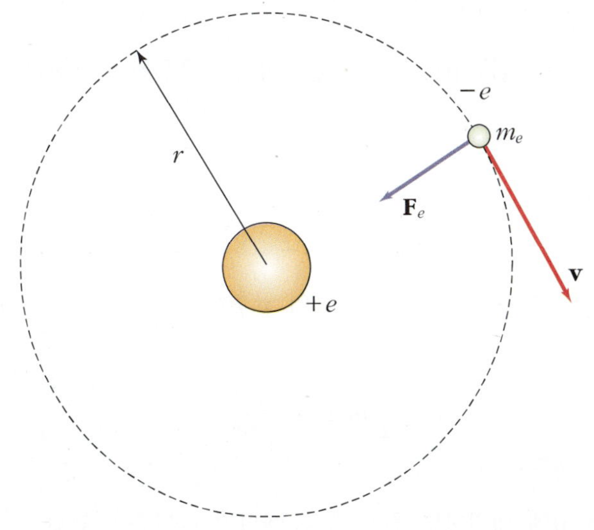

그림 28.6
수소원자에 대한 보어모형으로 전자가 특정한 반경을 가지고 원자핵 주위를 궤도 운동하는 모습

3. 에너지가 높은 초기 상태에서 낮은 상태로 전자가 전이할 때 복사가 방출되는데 전자의 전이는 시각화될 수 없고 고전적으로 취급할 수도 없다. 특히 전자가 전이할 때 방출되는 복사의 진동수 f는 아래 식과 같이 원자에너지의 변화와 관계된다.

$$E_i - E_f = hf \tag{28.3}$$

여기서 E_i는 초기상태의 에너지이고 E_f는 나중 상태의 에너지이며 $(E_i > E_f)$, h는 플랑크상수이다.

4. 허용된 전자궤도의 반지름은 전자의 각운동량에 부과된 다음 조건식에 의해 결정되는데, 허용된 궤도들에 있는 전자의 각운동량이 $\hbar(=h/2\pi)$의 정수배가 되어야 한다는 것이다.

$$m_e v r = n\hbar \quad ; \quad n = 1,\ 2,\ 3,\ \cdots \tag{28.4}$$

위에서 설명한 가정들을 사용하여 수소원자의 전자가 가질 수 있는 에너지준위들과 수소원자가 방출하는 빛의 파장들을 예측할 수 있다. 그림 28.6에서 전기 퍼텐셜에너지 $U_e = -ke^2/r$(k는 전기력 상수, e는 전자의 전하, r은 전자와 양성자 사이의 거리)로 주어지는데, 수소원자의 총 에너지는 운동에너지와 퍼텐셜에너지의 합이므로 다음 식과 같다.

$$E = K + U_e = \frac{1}{2}m_e v^2 - k\frac{e^2}{r} \tag{28.5}$$

뉴턴의 제 2 법칙에 의해 전자에 대한 쿨롱힘이 원운동하는 구심력과 같아야 한다. 즉,

$$\frac{ke^2}{r^2} = \frac{m_e v^2}{r}$$

이 식으로부터 운동에너지는 다음과 같이 표현된다.

$$K = \frac{1}{2}m_e v^2 = \frac{ke^2}{2r} \tag{28.6}$$

이것을 식 (28.5)에 대입하면 원자의 총 에너지는 다음과 같다.

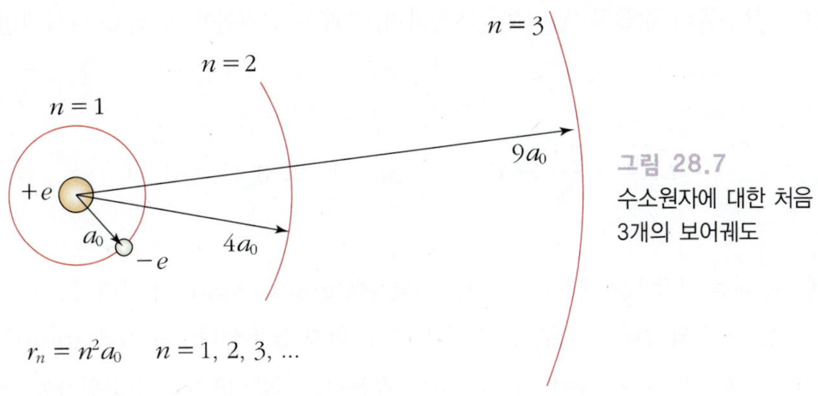

그림 28.7
수소원자에 대한 처음 3개의 보어궤도

$$E = -\frac{ke^2}{2r} \tag{28.7}$$

식 (28.7)에서 총 에너지가 음이 되는데, 이것은 전자와 양성자가 서로 구속되어 있는 것을 의미하며, 원자에서 전자를 떼어내기 위해서는 $ke^2/2r$ 이상의 에너지를 더해주어 총 에너지를 양의 값으로 만들어 주어야 한다는 것을 의미한다. 허용된 궤도들의 반지름 r은 식 (28.4)에서 v를 구해 식 (28.6)에 대입하여 구하면 다음과 같다.

$$r_n = \frac{n^2\hbar^2}{m_e ke^2} \qquad n = 1,\ 2,\ 3,\ \cdots \tag{28.8}$$

이 결과는 반지름들이 불연속적인 값을 갖는다는 것으로 양자화 됨을 보여주는 것이며, n을 **양자수**(quantum number)라 한다. 그림 28.7은 처음 3개의 보어궤도를 보여주는데, 가장 작은 반지름을 갖는 $n = 1$일 때의 궤도반지름을 **보어 반지름**(Bohr radius, a_0)이라 하며 그 값은 다음과 같다.

$$a_0 = \frac{\hbar^2}{m_e ke^2} = 0.0529\,\text{nm} \tag{28.9}$$

궤도반지름의 양자화는 바로 에너지의 양자화로 연결되는데, $r_n = n^2 a_0$을 식 (28.7)에 대입하면 허용된 에너지준위는

$$E_n = -\frac{ke^2}{2a_0}\left(\frac{1}{n^2}\right) \qquad n = 1,\ 2,\ 3,\ \cdots \tag{28.10}$$

을 얻는다. 상수들의 값들을 위 식에 대입하여 결과를 전자볼트 단위로 나타내면 다음과 같다.

$$E_n = -\frac{13.6}{n^2}\text{eV} \qquad n = 1,\ 2,\ 3,\ \ldots \tag{28.11}$$

$n = 1$에 대응하는 가장 낮은 에너지 상태를 **바닥상태**(ground state)라 하며 $E_1 = -13.6\text{eV}$인 값을 가진다. 바닥상태의 바로 위의 상태인 첫 번째 **들뜬상태**(excited state)는 $n = 2$일 때로 $E_2 = E_1/2^2 = -3.4\text{eV}$의 에너지를 갖는다. 그림 28.8은 수소원자에 대한 불연속적인 에너지준위들의 양자수와 에너지 값들을 보여주는데, $n = \infty$(또는 $r = \infty$에 대응하는 가장 위쪽에 있는 에너지준위)의 에너지는 $E = 0$이며 전자가 원자로부터 떨어져 있는 상태를 나타낸다. 바닥상태에 있는 전자를 원자로부터 완전히 떼어내는 데 필요한 에너지를 원자의 **이온화에너지**(ionization energy)라 하는데, 그림 28.8에서 보어모형에 기초한 수소의 이온화에너지는 13.6eV로서 실험결과와 잘 일치한다. 그림 28.8에는 발머계열 외 다른 계열들(라이만, 파셴, 브라켓 계열 등)도 보여주는데, 이들은 발머계열의 발견 후에 알려졌다.

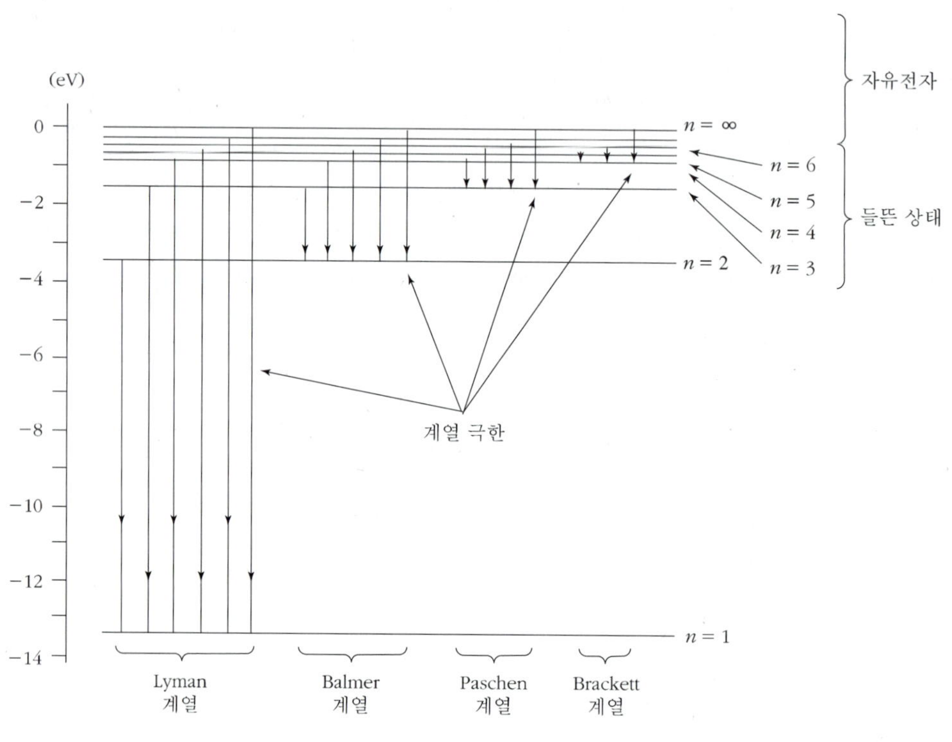

그림 28.8 수소원자의 에너지준위

전자가 바깥쪽에서 안쪽 궤도로 떨어질 때 방출하는 복사의 진동수는 식 (28.10)과 보어의 세 번째 가정으로부터

$$f = \frac{E_i - E_f}{h} = \frac{ke^2}{2a_0 h}\left(\frac{1}{n_f^2} - \frac{1}{n_i^2}\right) \tag{28.12}$$

로 계산되는데 $c = f\lambda$ 식을 이용해서 진동수를 파장으로 다음과 같이 바꿀 수 있다.

$$\frac{1}{\lambda} = \frac{f}{c} = \frac{ke^2}{2a_0 hc}\left(\frac{1}{n_f^2} - \frac{1}{n_i^2}\right) \tag{28.13}$$

여기서 n_i 및 n_f는 각각 처음 및 마지막 에너지준위의 양자수를 나타낸다. 식 (28.13)은 이론적으로 유도된 식인데, 발머와 다른 사람들에 의해 발견된 실험적 관계식 (식 28.1)의 일반화된 형태와 일치하며, 이 식에서 $ke^2/2a_0hc$는 실험적으로 결정된 리드베리 상수와 같다. 따라서 식 (28.13)은 다음과 같이 쓸 수 있다.

$$\frac{1}{\lambda} = R_H\left(\frac{1}{n_f^2} - \frac{1}{n_i^2}\right) \tag{28.14}$$

위와 같이 보어모형 이론은 전자가 에너지준위 사이를 전이할 때 방출되는 파장을 1% 정도의 정확도로 예측할 수 있으며, 수소에 대한 모든 스펙트럼 계열들을 논리 정연하게 설명할 수 있어 보어모형이 새로운 양자역학 이론에 대한 훌륭한 업적임을 곧 알게 되었다. 그러나 보어모형이 하나의 전자를 갖는 원자들(H, He^+, Li^{2+}, Be^{3+})의 스펙트럼에 대해서는 어느정도 설명하였지만, 더욱 복잡한 원자들의 희미한 여러 개의 스펙트럼을 자세히 설명하지는 못하였다.

예제 28.1 발머계열 중 가장 긴 파장을 구하라.

풀이 발머 계열에서 나중 상태의 양자수는 $n_f = 2$이다. 이 계열에서 가장 긴 파장은 가장 작은 에너지 차에 해당된다. 그러므로 처음 상태는 $n_i = 3$이 될 것이다.

$$\frac{1}{\lambda} = R_H\left(\frac{1}{n_f^2} - \frac{1}{n_i^2}\right) = R_H\left(\frac{1}{2^2} - \frac{1}{3^2}\right) = 0.139\,R$$

$$\lambda = \frac{1}{0.139\,R} = \frac{1}{0.139(1.097\times 10^7\,\mathrm{m}^{-1})} = 6.56\times 10^{-7}\,\mathrm{m} = 656\,\mathrm{nm}$$

이 파장은 붉은색 근처의 파장이다.

예제 28.2 양자수 n_i의 들뜸 상태에 있던 수소 원자가 보다 낮은 양자수 n_f의 상태로 떨어질 때 방출되는 광자의 파장에 대한 공식을 유도하여라.

풀이 $hf = E_i - E_f$이고 $E_n = E_1/n^2$이므로

$$hf = E_1\left(\frac{1}{n_i^2} - \frac{1}{n_f^2}\right)$$

$$f = \frac{E_1}{h}\left(\frac{1}{n_i^2} - \frac{1}{n_f^2}\right) = -\frac{E_1}{h}\left(\frac{1}{n_f^2} - \frac{1}{n_i^2}\right)$$

이다. $\lambda = c/f$이므로 $1/\lambda = f/c$이며 그리고

$$\frac{1}{\lambda} = \frac{E_1}{ch}\left(\frac{1}{n_i^2} - \frac{1}{n_f^2}\right) = R_H\left(\frac{1}{n_f^2} - \frac{1}{n_i^2}\right)$$

이다. 여기서 $R_H = -E_1/ch = 1.097\times 10^7 \mathrm{m}^{-1}$이다. $1/\lambda$에 대한 공식은 원래 스펙트럼 자체의 연구로부터 얻어진 것이다. 이 공식을 이론적으로 유도했다는 것은 수소 원자에 대한 보어 이론의 승리였다. 여러 가지 스펙트럼 계열이 그림 28.8에서 보듯이 각각 다른 n_f의 값에 대응한다. 라이만 계열은 $n_f = 1$, 발머 계열은 $n_f = 2, \cdots$에 각각 대응한다.

28.3 원자의 양자론

원자의 양자론에 의하면 전자는 어떤 정해진 궤도에 국한되는 것이 아니라 3차원 공간을 이리저리 돌아다니고 있다. 전자는 파동 함수 Ψ로 묘사되는 **확률 구름**(probability cloud)속에서 분포하고 있는 것으로 생각할 수 있다. 구름의 밀도가 가장 큰 곳(이 때 Ψ^2의 값이 가장 크다)에서는 전자가 가장 잘 발견된다. 구름의 밀도가 가장 작은 곳(이 때 Ψ^2의 값이 가장 작다)에서는 전자가 거의 발견되지 않는다. 바닥상태는 전자의 에너지가 최소인 상태로서 전자는 대체로 이 상태에 존재한다.

양자수가 한 개인 보어 이론과는 달리 원자 내의 전자의 확률, 구름의 크기, 형태를 묘사하기 위해서는 3개의 양자수가 필요하다는 것이 입증되었다. 그 중의 하나가 **주양자수**(principal quantum number)로 $n = 1, 2, 3, \cdots$의 값이 된다. 이 양자수는 전자의 에너지와 핵으로부터 확률이 가장 큰 곳까지의 거리를 지배하는 중요한 인자이다. n이 크면 클수록 에너지는 점점 커지고(즉, E_n은 0에 가까워진다.) 전자는 핵으로부터 멀어진다. 동일한 주양자수를 가진 상태들은 하나의 원자 껍질을 형성한다. $n = 1, 2, 3, \cdots$ 상태들을 나타내는 껍질은 $K, L, M, \cdots$의 문자로 표현된다.

다른 두 개의 양자수 ℓ과 m_ℓ은 함께 전자의 각운동량 L과 확률 구름의 형태를 지배한다. 양자론에 의하면 원자는 에너지 뿐만 아니라 각운동량도 양자화되어 있다. 각운동량의 크기 L의 가능한 값은 **궤도 양자수**(orbital quantum number) ℓ에 의하여 결정된다. 주양자수가 n인 전자는 0에서 $(n-1)$까지의 정수인 궤도 양자수만이 허용된다. $\ell = 0, 1, 2, \cdots, (n-1)$과 같은 버금껍질을 형성하며, 문자 s, p, d, f, g, h, ... 등으로 표현한다. 예를 들면, $3p$로 표현된 상태는 $n=3$과 $\ell=1$의 양자수를, $2s$ 상태는 $n=2$와 $\ell=0$의 양자수를 갖고 있다. 이러한 표시법은 표 28.1에 표시되어 있다.

표 28.1 원자껍질과 부껍질의 표시법

n	1	2	3	4	6	7	···
껍질기호	K	L	M	N	O	P	
ℓ	0	1	2	3	4	5	···
부껍질 기호	s	p	d	f	g	h	

각운동량은 벡터 량이다. 따라서 이 양을 완전히 나타내기 위해서는 L의 크기뿐만 아니라 방향도 기술해야 할 필요가 있다. 이 역할을 하는 것이 바로 **자기 양자수**(magnetic quantum number) m_ℓ이다. 궤도 양자수가 ℓ이면 $-\ell$부터 $+\ell$까지 사이의 정수인 자기 양자수가 가능하다. 그러므로 $\ell = 2$이면 m_ℓ의 값은 $-2, -1, 0, +1, +2$이다.

예제 **28.3** 수소의 p상태에 있는 전자의 궤도 각운동량을 계산하라.

풀이 $\hbar = 1.054 \times 10^{-34}\,\mathrm{J \cdot s}$의 값과 다음 식을 사용하면 L을 계산할 수 있다. p 상태에 대한 $\ell = 1$을 대입하면 다음과 같다.

$$L = \sqrt{1(1+1)}\,\hbar = \sqrt{2}\,\hbar = 1.49 \times 10^{-34}\,\mathrm{J \cdot s}$$

이 값은 태양을 돌고 있는 지구의 각 운동량인 $2.7 \times 10^{40}\,\mathrm{J \cdot s}$에 비하면 너무 작다. 지구와 같은 거시적인 물체의 양자수는 너무 커서 인접한 양자수들 간의 차이가 측정할 수 없을 만큼 작다.

원자 내의 전자를 완전히 기술하기 위해서는 또 다른 양자수인 **스핀 자기 양자수**(spin magnetic quantum number) m_s가 필요하다. 전자는 자전하고 있는 대전된 구처럼 행동한다. 이것은 전자가 마치 작은 막대자석과 같다는 뜻이다. 스핀 각운동량은 모든 전자에 대하여 똑같다. 그러므로 m_s를 결정하는 것은 스핀의 방향이다. $m_s = +\frac{1}{2}$("스핀 업")인 전자는 외부 자기장 B와 같은 방향으로 정렬하며 $m_s = -\frac{1}{2}$("스핀 다운")인 전자는 외부 자기장 B와 반대방향으로 정렬한다(그림 28.9).

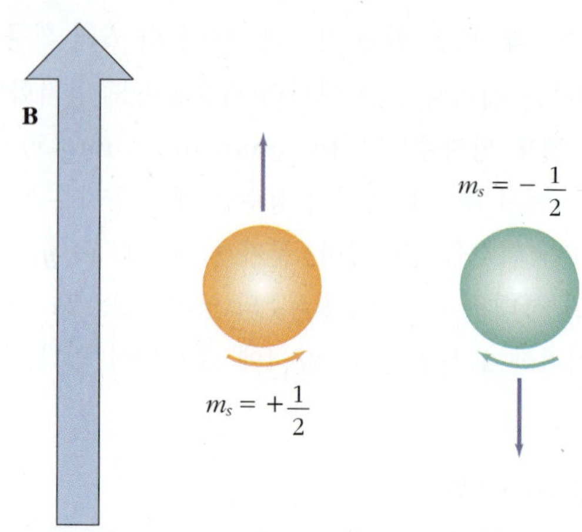

그림 28.9 원자 내 전자의 스핀자기양자수 m_s의 가능한 값은 $+\frac{1}{2}$과 $-\frac{1}{2}$의 두 개뿐이다.

전자 스핀은 실험과 이론에 의하여 확인되었다. 영국의 물리학자 디락(Paul A. M. Dirac, 1902~1984)은 전자가 스핀을 가져야 한다는 사실을 양자역학의 상대론적 해석을 토대로 하여 증명하였다. 한편 전자가 정말로 자전하고 있는 대전된 구라 생각하는 개념은 분명 틀린 것이다. 그 이유는 우선 고에너지의 전자산란 실험결과에 의하면 전자는 지름이 10^{-18}m 보다 작다는 점에 있다. 그러한 작은 크기의 전자가 스핀과 관련된 각 운동량에 이르기 위해서는 전자의 적도 속력이 빛보다 빨라야 한다. 그러나 비록 전자의 구체적인 구조를 모른다 해도 전자에 질량, 전하, 각운동량, 자기적 거동이 있다는 것은 분명하다고 말할 수 있다.

28.4 배타원리

원자 내 전자의 상태를 기술하는 데 필요한 4개의 양자수를 표 28.2에 나타내었다. 주양자수 n에 대하여 $2n^2$개의 가능한 양자상태들이 존재한다. 예를 들어 $n=3$이면 표 28.2에서 알 수 있는 바와 같이 18개의 상태들이 존재한다.

1925년 파울리(Wolfgang Pauli, 1900–1958)는 두 개 이상의 전자가 있는 원자 내의 전자의 배열에 대한 문제를 해결하였다. 그가 발표한 **배타원리**(exclusion principle)는 다음과 같다.

> 한 원자 내의 어떠한 두 전자들도 동일한 양자 상태에 존재할 수 없다.

표 28.2 원자 내 전자의 가능한 양수들

양자수 종류	기호	가능한 값	결정되는 양
주 양자수	n	1, 2, 3, …	전자의 에너지
궤도 양자수	ℓ	0, 1, 2, …. , $n-1$	각 운동량의 크기
궤도 자기 양자수	m_ℓ	$-\ell$, … , 0, … , $+\ell$	각 운동량의 방향
스핀 자기 양자수	m_s	−1/2, +1/2	전자 스핀의 방향

즉, 복잡한 원자 내의 각 전자는 각각 다른 양자수 조합(n, ℓ, m_ℓ, m_s)를 가져야 한다. 한 원자 내에서 양자수 n이 같은 전자들은 같은 껍질 (shell)을 차지한다고 말한다. 이 전자들은 평균적으로 핵으로부터 같은 거리에 있으며 에너지가 동일하지는 않지만 거의 비슷하다. 주양자수가 n인 껍질 속에 있는 전자의 수는 $2n^2$으로 제한되므로 $n=1$인 껍질에는 기껏해야 2개, 그리고 $n=2$인 껍질에는 8개, $n=3$인 껍질에는 18개의 전자들만이 존재할 수 있다. 원자의 에너지를 최소화하기 위하여 바닥상태에 있는 원자 내 전자들은 가능한 안쪽의 껍질을 차지한다. 표 28.3은 $n=3$인 주양자수에 대하여 가능한 전자의 양자상태를 나타낸 것이다.

표 28.3 $n=3$인 주양수에 대한 전자의 양자 상태들

	$m_\ell=0$	$m_\ell=-1$	$m_\ell=+1$	$m_\ell=-2$	$m_\ell=+2$	비고
$\ell=0$:	↓↑					↑ $m_s=+\frac{1}{2}$
$\ell=1$:	↓↑	↓↑	↓↑			
$\ell=2$:	↓↑	↓↑	↓↑	↓↑	↓↑	↓ $m_s=-\frac{1}{2}$

예제 **28.4** 수소 원자에 대하여 주양자수 $n=2$에 허용된 상태들의 양자수를 모두 구하라.

풀이 스핀 양자수의 도입으로 아래의 표와 같은 상태들이 가능하다.

n	ℓ	m_ℓ	m_s	버금껍질	껍질
2	0	0	1/2	$2s$	L
2	0	0	−1/2		
2	1	1	1/2	$2p$	
2	1	1	−1/2		
2	1	0	1/2		
2	1	0	−1/2		
2	1	−1	1/2		
2	1	−1	−1/2		

28.5 X-선

X-선은 높은 에너지의 전자가 금속 표면을 때렸을 때 금속내의 원자에 속한 전자가 금속표면으로부터 방출된다. 전형적인 X-선 스펙트럼은 그림 28.10에서 볼 수 있듯이 연속적인 넓은 밴드와 물질의 종류에 따라 나타나는 예리한 선으로 구성되어 있다. 고유 X-선이라 부르는 이 예리한 선들은 1908년에 발견되었으나, 원자 구조가 자세히 밝혀진 후에 비로소 그 원인을 알 수 있었다.

연속적인 X-선 스펙트럼은 전자가 금속에 입사되었을 때 전자의 속도 변화에 의해 생성된다. 전하를 가진 입자가 가속될 때 전자기 복사가 방출된다는 사실이 알려져 있다. X-선관 안에 있는 전자가 표적 원자와 상호작용하여 전자의 속도가 감소함으로써 그 전자들은 X-선들을 방출한다. 전자들이 여러 원자와 상호 작용하기 때문에 전자의 가속도는 여러 범위에 걸쳐 변한다. 결과적으로, 방출된 X-선의 진동수는 연속적으로 변한다.

원자로부터 전자를 방출시킬 수 있는 충분한 에너지를 갖고 있는 전자가 원자의 내부 껍질에 있는 전자와 충돌했을 때 고유 X-선들이 생성된다. 그 껍질에 생긴 빈 준위는 더

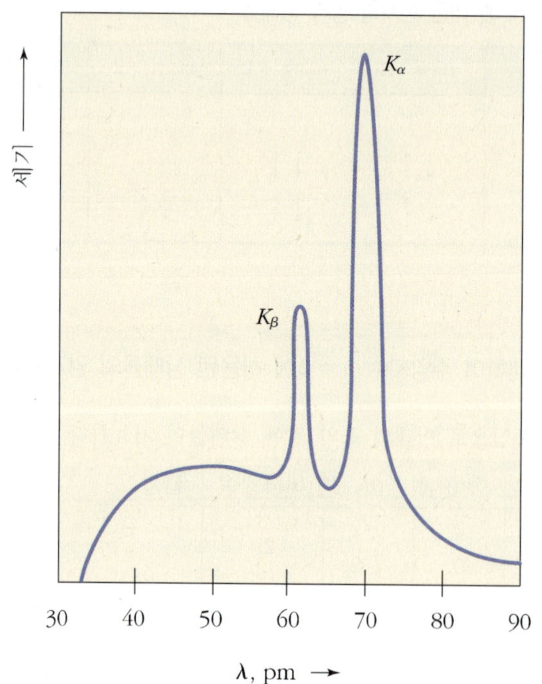

그림 28.10
금속표면의 X-선은 넓은 연속 띠선과 고유 X-선이라 부르는 뾰족한 선들로 구성된다. 본 데이터는 몰리브데늄 표적을 35keV의 전자로 충격을 가했을 때 얻은 결과이다. $1pm=10^{-12}m=10^{-3}nm$이다.

높은 준위의 전자들이 그 빈 준위로 떨어질 때 채워진다. 그 전이가 일어나는 시간은 10^{-9}초보다 작을 정도로 매우 짧다. 이러한 전이 과정에는 두 준위 사이의 에너지 차이에 해당되는 에너지를 가진 광자의 방출이 동반된다. 전형적으로, 그러한 전이 에너지는 1000eV보다 크며, 방출된 X-선 광자는 0.01nm에서 1nm 범위의 파장을 갖고 있다.

입사된 전자가 원자의 가장 내부 껍질인 K껍질의 전자와 충돌하여 그 전자를 원자로부터 떼어내었다고 가정하자. 그 빈 공간이 바로 위에 있는 상태인 L껍질로부터 이동한 전자에 의해 채워진다면, 그 과정에서 방출된 광자는 그림 28.10의 곡선 위에 있는 K_α에 해당하는 에너지를 갖는다. 그 빈 공간이 M껍질에 있는 전자로 채워진다면, 그 생성된 X-선을 K_β선이라 부른다.

다른 고유 X-선들은 K껍질 외의 빈 공간으로 더 높은 껍질의 전자들이 떨어져 빈 공간을 채웠을 때 생성된다. 예를 들면, L껍질의 빈 공간이 더 높은 껍질로부터 떨어진 전자들에 의해 채워졌을 때 L선들이 생성된다. L_α선은 전자가 M껍질로부터 L껍질로 떨어질 때 생성되고, L_β 선은 N껍질로부터 L껍질로 전이할 때 생성된다.

28.6 레이저

레이저(laser)란 다음과 같은 몇 가지 특성을 가지는 빛의 일종이다.

1. 빛의 세기가 매우 강하다. 레이저에서 나오는 정도의 에너지 밀도를 얻기 위해서는 물체의 온도를 10^{30}K까지 올려야 할 것이다.
2. 빛의 퍼짐이 거의 없다. 지구로부터 발사된 레이저 빛은 달에 설치한 거울에 반사되어 되돌아와도 감지될 정도로 빛의 퍼짐이 매우 작다.
3. 레이저 빛은 단색광이다.
4. 레이저 빛은 서로의 위상들이 정확히 일치한다(그림 28.11). 레이저 빛이 진행하는 곳에 두 개의 슬릿을 설치하면 간섭무늬를 얻을 수 있다.

레이저라는 말은 **유도 복사 방출에 의한 빛의 증폭**(Light Amplification by Stimulated Emission of Radiation)이란 첫 글자를 따서 명명되었다. 레이저의 동작원리에 대해 알아보자. 원자는 외부의 자극이 없으면 언제나 최소 에너지의 양자 상태인 바닥상태에 존재한다.

원자가 들뜬 상태가 되면 대개는 거의 즉시 바닥상태로 떨어지는데, 때로는 중간의 들뜬 상태로 떨어지기도 한다. 들뜬 상태의 수명은 약 10^{-8}초에 불과하지만 어떤 상태는

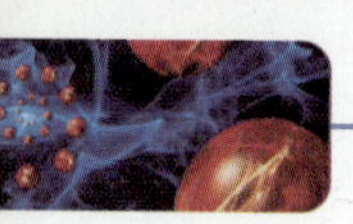

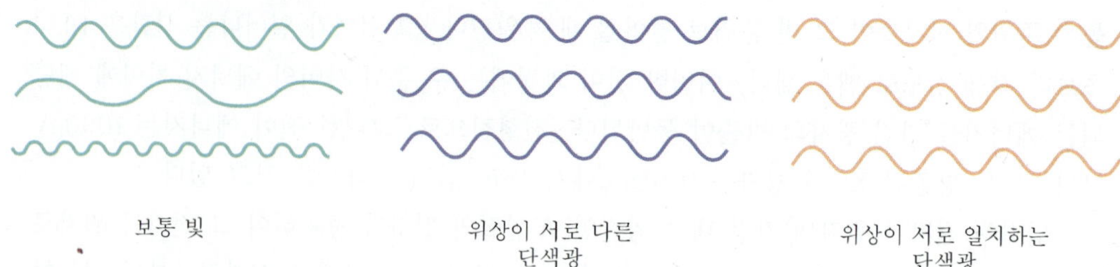

그림 28.11 레이저는 파들의 진동수가 같고 서로의 위상이 일치하는 빛들로 구성되어 있다. 이런 빛은 단색이며 위상이 일치한다고 한다.

준안정(metastable, 일시적으로 안정한)상태가 된다. 이 경우 원자는 자신의 들뜬 에너지를 빼앗기는 충돌을 받지 않는다면 복사하기 전에 10^{-3}초 혹은 그보다 긴 준안정 상태에 머무를 수 있다. 레이저의 작동은 원자에 있는 준안정 상태의 존재 유무에 의존한다.

에너지의 차가 $E_2 - E_1 = hf$인 어떤 원자 내의 두 에너지 준위 사이의 전자기 복사에는 다음 세 가지 종류의 천이가 가능하다(그림 28.12).

1. **광 흡수**(light absorption)는 보다 낮은 준위에 있던 원자가 에너지 hf인 광자를 흡수하여 보다 높은 준위로 올라갈 때 일어난다.
2. **자발적 방출**(spontaneous emission)은 보다 높은 준위에 있던 원자가 스스로 에너지 hf인 광자를 방출하면서 낮은 준위로 떨어질 때 일어난다.
3. **유도 방출**(stimulated emission)은 진동수 f인 복사에 의해 보다 높은 준위에 있던 원자가 보다 낮은 준위로 전이할 때 일어난다. 유도 방출되는 광파는 입사되는 광파와 위상이 정확히 일치한다. 이것이 레이저 빛이다.

여기서 준안정 상태가 있는 어떤 종류의 원자 집단을 생각해 보자. 만일 원자들의 대부분이 준안정 준위로 올라갔을 때 진동수 f인 빛을 조사하였다면 그 원자들은 흡수한 빛보다 더 많은 유도 방출을 일으켜 원래의 빛을 증폭시킬 것이다. 이것이 레이저 동작의 기초가 되는 개념이다. 정상적으로는 바닥상태의 밀도가 더 높다. 그러므로 들뜬 상태에 있는 원자들의 집단에 대하여는 **밀도반전**(population inversion)이라는 용어가 쓰인다.

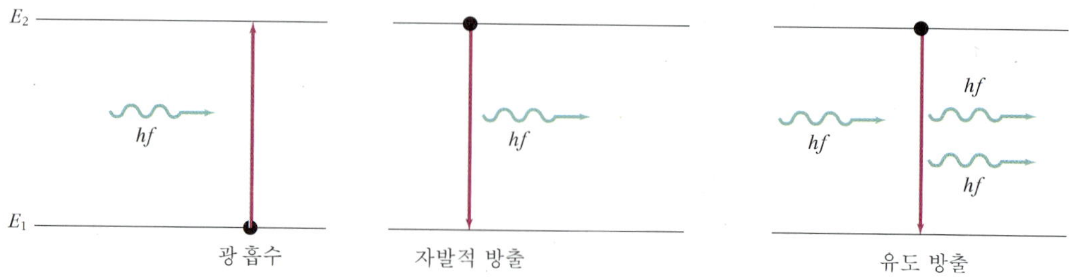

그림 28.12 한 원자 내의 에너지 준위들 사이에서 일어나는 세 가지 종류의 천이

밀도반전은 여러 가지 방법으로 일으킬 수 있다. 그 중 한 가지가 **광펌핑**(optical pumping)인데 이 방법에서는 정확한 진동수의 광자를 내는 외부 광원을 이용하여 원자를 원하는 준안정 상태로 여기시킨다. 이것이 루비 레이저에서 사용되는 방법이다. 루비 결정 안에 있는 크롬 이온(Cr^{3+})은 크세논이 채워진 섬광 램프로부터 나오는 빛에 의해 여기된다(그림 28.13). (루비는 Al^{3+} 이온의 일부가 Cr^{3+} 이온으로 치환되어 있는 Al_2O_3 결정으로 붉은 색을 띤다. Cr^{3+}은 Cr 원자에서 세 개의 전자를 잃어버린 상태이다.)

Cr^{3+} 이온들은 펌핑과정 중에 E_3 준위로 여기되는데 결정 내의 다른 원자들에게 에너지를 주면서 E_3 준위에서 준안정 준위인 E_2로 떨어진다. 이 준안정 준위의 수명은 약 0.003초이다. 루비 막대 내에 있는 Cr^{3+} 이온의 수는 비교적 적고 크세논 섬광 램프에서 나오는 빛의 양은 대단히 많기 때문에 대부분의 Cr^{3+} 이온들은 이 방법에 의해 E_2 준위로 펌핑된다. 그리고 E_2 준위에 있는 일부 Cr^{3+} 이온들이 자발적으로 E_1 준위로 떨어진다. 이 때 나오는 광자들은 루비 막대의 끝에 도은된 반사면 사이를 왕복하게 된다. 이와 같이 정확한 진동수의 빛이 존재하기 때문에 E_2 준위에 있는 다른 Cr^{3+} 이온들은 자극을 받아 복사한다. 이러한 결과로 반 도은된 막대의 끝으로부터 강한 붉은 빛이 나오게 된다. 막대의 길이가 정확히 반파장의 정수배 이어야만 막대 속에 갇혀있는 복사가 광학적 정상파를 형성한다. 유도 방출은 정상파에 의해 자극을 받기 때문에 파들은 모두 위상이 일치하게 된다.

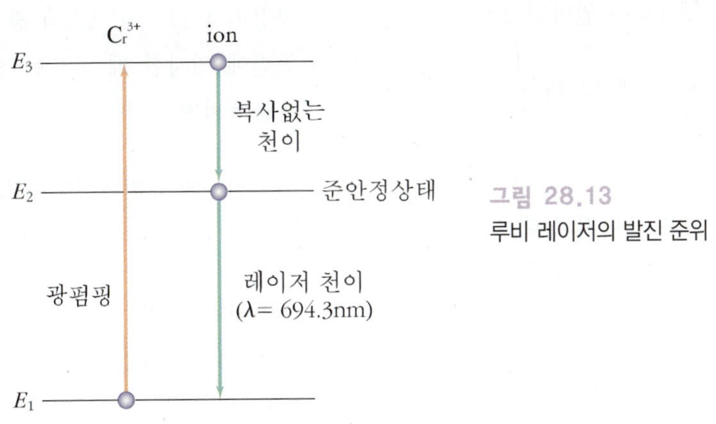

그림 28.13
루비 레이저의 발진 준위

연습문제

EXERCISES

1 파장 4,863 Å의 광선이 수소원자로부터 방출된다.

(a) 이 복사에 대응하는 수소원자의 전이상태는?

(b) 이 복사는 어떤 계열에 속하는가?

2 수소 원자가 $n=3$에서 $n=1$의 상태로 전이할 때 방출되는 광자의 에너지, 운동량 및 파장을 구하라.

3 (a) 보어의 공식을 써서 발머 계열에서 가장 긴 파장 세 개를 구하라.

(b) 어떤 두 파장한계 사이에 발머 계열이 존재하는가?

4 $n=8$인 상태의 수소 원자에서 전자를 떼어 내는 데 필요한 에너지는 얼마인가?

5 수소원자가 $n=1$인 상태로부터 $n=4$인 상태로 여기되었다.

(a) 원자가 흡수 하는 에너지를 계산하라.

(b) 원자가 다시 낮은 에너지 상태로 되돌아갈 때에 방출될 수 있는 광자들의 에너지를 계산하고 에너지 준위도상에 표시하여 보라.

6 보어의 이론을 사용하여 이온화된 헬륨, 즉 한 전자가 제거된 헬륨원자에 적용하여 보자. 이 스펙트럼과 수소의 스펙트럼은 어떠한 관계가 있는가?

7 보어의 이론을 사용하여 이온화된 헬륨에서 전자를 제거하는 데 소요되는 에너지를 계산하라.

8 전자와 중성자가 서로 중력에 의하여 결합된 원자를 형성할 수 있다고 하자. 쿨롱의 전기적 인력 대신에 만유인력을 사용한 보어형 모델을 사용하여 이와 같은 원자에 대한 전자의 바닥상태의 반지름을 계산하라.

9 (a) 태양 주위를 도는 지구의 각운동량을 보어의 관계식 $L = nh/2\pi$에 의하여 양자화 한다면 양자수는 얼마인가?

(b) 이러한 양자화는 만일 그것이 존재한다하여도 검출될 수 있는가?

10 파장이 1.4×10^{-2} Å의 광자로 된 단색광이 동판에 입사할 때 콤프턴 산란 전자의 최대 운동에너지는 ?

11 수소원자의 n번째 보어궤도에 있는 전자의 속력이 $v_n = ke^2/n\hbar$ 임을 보여라.

12 수소원자가 첫 번째 들뜬상태$(n=2)$에 있을 때 보어모형을 이용하여 (a) 궤도반지름, (b) 선운동량, (c) 각운동량, (d) 운동에너지, (e) 퍼텐셜에너지, 그리고 (f) 총 에너지를 구하라.

Fundamentals of Physics

29 핵물리학

핵물리학은 1896년 베크렐이 우라늄 화합물속에서 방사능을 발견하면서 탄생하였다. 베크렐이 방사능을 발견한 이후로 방사선을 이해하려는 많은 연구가 그 뒤를 이었는데, 특히 러더포드는 방사선을 전기적 성질과 투과성 그리고 공기를 이온화시키는 능력에 따라 세 가지 형태로 분류하여, 이를 각각 알파, 베타 및 감마선이라 불렀다. 이후 실험을 통하여 알파선은 헬륨의 원자핵이고 베타선은 전자이며 감마선은 고에너지의 전자기파임이 알려졌다. 앞 장에서 본 바와 같이 러더포드와 그의 제자인 가이거와 마스덴의 실험으로 원자는 원자의 대부분의 질량을 차지하는 극히 작은 원자핵과 그 주위를 도는 전자로 구성되었음을 밝혀내었다.

1930년에 콕크로프트와 왈톤은 핵반응을 관측하였고, 2년 뒤엔 채드윅이 중성자를, 1933년에는 졸리오와 퀴리(Irene Curie)가 인공 방사선을 발견하였다. 1938년에는 한과 스트라스만이 최초의 핵분열 현상을 관측하고, 1942년 페르미와 그의 공동 연구자들은 제어 핵반응로를 개발하였다. 이후 이 핵분열현상을 응용하여 인류문명의 존속을 좌우하는 핵무기도 출현하였다.

이 장에서 우리는 핵물리학에 대해 공부하게 될 것이다. 우선 기본적으로 원자핵의 성질과 구조에 관하여 알아보고, 핵의 기본적인 성질에 관하여 논의할 것이다. 핵의 기본적인 성질을 시작으로 핵력과 결합에너지, 핵 모형 그리고 방사능 현상에 관하여 알아보고 마지막으로 핵반응과 핵붕괴 과정에 대해 논의한다.

29.1 핵의 성질

양성자 하나로 이루어진 수소 원자핵을 제외하고는 모든 원자핵은 그림 29.1에서 보는 바와 같이 양성자와 중성자의 두 종류의 입자들로 구성되어 있다. 핵을 구성하는 양성자와 중성자는 질량이 거의 같고 성질이 매우 비슷하며 통칭하여 **핵자**(nucleon)라 부른다.

원자핵을 나타내는 방법으로 보통 다음의 기호를 사용한다.

$$^{A}_{Z}\mathrm{X}$$

여기서 X는 원소의 화학 기호를 나타내며, Z는 원자번호로서 핵 내의 양성자수이다. 중성 원자는 양성자수와 전자수가 같으므로 이 원자번호는 중성 원자의 전자수와 동일하다. A는 질량수로 양성자와 중성자의 전체 핵자수를 나타낸다. 원자의 질량은 대부분 핵에 의해 결정되고 양성자와 중성자는 근사적으로 같은 질량을 가지기 때문에 원자의 질량은 대략 질량수에 비례한다. 예를 들면 $^{56}_{26}\mathrm{Fe}$는 원자번호가 26이므로, 양성자수가 26개이며 중성자수는 30개($N = A - Z$)이다. 보통 원소의 원자번호는 화학기호만으로도 알 수 있으므로 아래첨자인 Z를 생략하여 $^{56}\mathrm{Fe}$와 같이 표기하기도 한다.

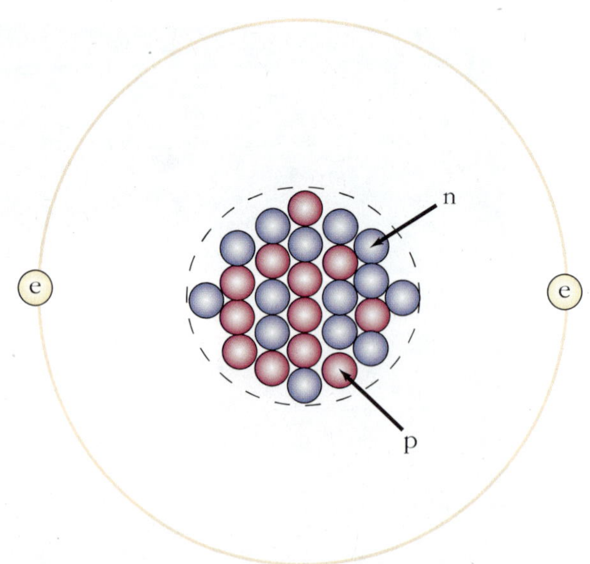

그림 29.1 원자핵의 구조. 양성자(p)와 중성자(n)가 밀집해 있는 형태

어떤 특정한 원소에는 원자핵의 양성자수는 같지만 중성자수가 다른 핵종도 포함되어 있다. 이처럼 같은 Z값을 가지면서도 질량수 A (또는 중성자수 N)가 다른 물질을 **동위원소**(isotopes)라 한다. 예를 들면 ${}^{11}_{6}\mathrm{C}$, ${}^{12}_{6}\mathrm{C}$, ${}^{13}_{6}\mathrm{C}$, ${}^{14}_{6}\mathrm{C}$는 탄소의 동위원소들로서 자연에는 ${}^{12}_{6}\mathrm{C}$가 98.9%를 차지하며 나머지 동위원소들은 상대적으로 구성비가 미미한 편이다. 이 ${}^{12}_{6}\mathrm{C}$는 원자량이 정확히 12인 원자량의 척도가 되는 원소이다. 수소 원소에도 ${}^{1}_{1}\mathrm{H}$의 동위원소로서 ${}^{2}_{1}\mathrm{H}$와 ${}^{3}_{1}\mathrm{H}$가 존재한다. 동위원소 중에는 자연적으로 존재하는 원소도 있고, 실험실에서 인공적으로 만들 수 있는 원소도 있다.

전하와 질량

핵자 중에서 양성자의 전하는 양전하인 $+e$이며, 전자는 음전하인 $-e$, 그리고 중성자는 전기적으로 중성이다.

원자의 질량은 ${}^{12}_{6}\mathrm{C}$를 기준으로 하며 원자질량 단위인 u를 정의하여 사용한다. 중성원자 ${}^{12}_{6}\mathrm{C}$의 질량을 정확히 12u ($1\mathrm{u} = 1.660559 \times 10^{-27}\ \mathrm{kg}$)로 정의한다. 양성자와 중성자의 질량은 거의 1u에 근접하며 전자의 질량은 매우 작은데 이를 정확히 나타내면 표 29.1과 같다. 이 표에서 입자의 질량 에너지는 상대론의 결과에 따라 에너지로 우측에 표시되어 있으며, 1u의 에너지를 질량-에너지 등가원리에 따라 구하면 다음과 같다.

$$
\begin{aligned}
E = mc^2 &= (1.660559 \times 10^{-27}\ \mathrm{kg})(2.99792 \times 10^{8}\ \mathrm{m/s})^2 \\
&= 931.494\mathrm{MeV}
\end{aligned}
$$

이에 따라 질량의 단위를 $\mathrm{MeV/c^2}$의 단위로 표현하는데, 이에 따른 원자 질량 단위는 다음과 같이 쓸 수 있다.

$$1\mathrm{u} \equiv 931.494\,\mathrm{MeV/c^2}$$

표 29.1 여러 단위로 표현된 양성자, 중성자, 전자의 질량

입자	kg($\times 10^{-27}$)	u	$\mathrm{MeV/c^2}$
양성자	1.6726	1.007276	938.28
중성자	1.6750	1.008665	939.57
전자	0.0009109	0.0005486	0.511

핵의 크기

핵의 크기와 구조는 러더포드의 산란실험에서 처음으로 관찰되었다. 그림 29.2에 보는 바와 같이 러더포드는 얇은 금속박에 알파입자를 입사시켜 산란되는 알파입자를 측정하는 실험을 수행하였다.

여기서 그는 에너지 보존 원리를 이용하여 핵을 향하여 운동하던 알파입자가 핵에 가장 가깝게 접근하는 지점을 쿨롱 척력을 받아 정지하는 지점으로 가정하여 이에 적합한 표현식을 찾게 되었다. 역학적 에너지 보존법칙에 따라 초기의 알파입자의 운동에너지는 최대로 접근하여 알파입자가 정지했을 때의 전기 퍼텐셜에너지와 동일하므로 다음 식을 얻을 수 있다.

$$\frac{1}{2}mv^2 = k\frac{(2e)(Ze)}{d}$$

이를 d에 관하여 풀면 다음과 같은 결과식을 얻을 수 있다.

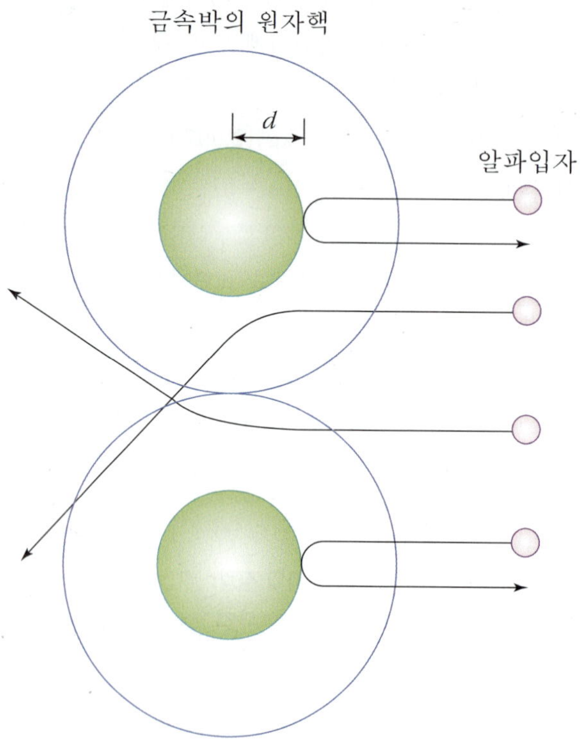

그림 29.2 러더포드의 알파입자 산란 실험

$$d = \frac{4kZe^2}{mv^2}$$

이 식으로부터 러더포드는 매우 얇은 금박에 알파입자를 입사시켰을 때 최대의 접근 거리를 구하는 실험을 수행하였다. 여러 종류의 실험을 통하여 러더포드는 최대 접근 거리가 10^{-14} m 정도임을 알게 되었고 따라서 원자핵은 이 정도의 매우 작은 크기라는 결론을 얻었다. 즉, 원자 내에서 원자핵은 원자의 반경(10^{-10}m)에 비해 매우 작은 반경(10^{-14}m)을 가진 작은 구라 할 수 있다. 계속된 실험으로 러더포드는 원자핵은 근사적으로 구형이고 다음 식과 같은 평균 지름을 가지고 있음을 증명하였다.

$$r = r_0 A^{1/3} \tag{29.1}$$

여기서 A는 질량수이고 $r_0 = 1.2\times 10^{-15}$ m 는 상수이다. 구의 부피는 반지름의 세제곱에 비례하기 때문에 이 식은 원자핵의 형태는 구형이고 핵자의 총 수인 A에 비례함을 그대로 보여 주는 것이다. 원자핵은 핵자라는 단단한 구슬을 밀집해 만든 구와 같다고 할 수 있다.

예제 **29.1** 원자핵의 밀도를 구하라.

풀이 원자핵의 질량은 Am으로 쓸 수 있다. 여기서 m은 핵자의 질량이다. 원자핵의 부피는 식 (29.1)에 의하여

$$V = \frac{4}{3}\pi r^3 = \frac{4}{3}\pi r_0^3 A$$

로 주어지므로 핵의 밀도를 수치를 대입하여 구하면,

$$\rho = \frac{Am}{\frac{4}{3}\pi r_0^3 A} = \frac{3m}{4\pi r_0^3} = \frac{3(1.67\times 10^{-27}\ \mathrm{kg})}{4\pi(1.2\times 10^{-15}\ \mathrm{m})^3} = 2.3\times 10^{17}\ \mathrm{kg/m^3}$$

이 밀도는 물의 밀도 (10^3 kg/m^3)의 2.3×10^{14}배로 상상을 초월할 만큼 큰 값이다. 별의 진화과정에서 생기는 중성자별(neutron star)은 이처럼 원자핵이 밀집하여 만들어진 엄청난 밀도를 가진 별이다.

핵력

핵은 양전하를 가진 양성자와 전기적으로 중성인 중성자가 밀집한 작고 단단한 구라 할 수 있고, 아주 작은 거리에 양전하들이 밀집해 있기 때문에 쿨롱 법칙에 의한 반발력이 엄청나게 클 것이라는 것은 쉽게 예상할 수 있다. 따라서 핵자들이 이처럼 밀집하여 구성되

려면 이 전기 반발력을 능가하는 힘이 필요하다. 이처럼 전기적 반발력에 반하여 핵자를 결합하는 힘을 **핵력**(nuclear force)이라고 한다. 핵력은 양성자와 양성자 혹은 양성자와 중성자, 중성자와 중성자등의 핵자들 사이에 작용하는 전하에 상관없는 매우 강한 힘으로 핵 내의 매우 짧은 거리에서만 작용한다. 따라서 핵력은 짧은 거리에서 쿨롱의 반발력을 이기고 핵자들을 강하게 근접 결합시키지만 거리가 멀어지면 급격하게 감소하게 되며 쿨롱의 반발력에 의해 핵자들이 분리되어 버린다. 일본의 물리학자 유가와 히데끼는 핵력이 핵자들 사이에 중간자라 부르는 소립자에 의해 매개된다는 것을 처음 밝혔다.

양성자수가 주어진 상황에서는 중성자수에 의해 핵자의 안정성이 결정된다. 가벼운 원자핵에서는 양성자와 같은 수의 중성자들만으로도 안정한 핵을 이룰 수 있기 때문에 보통 질량수는 원자번호의 2배가 된다. 그러나 양성자수가 많아지면 양성자들 사이의 쿨롱척력이 증가하게 되어 동일한 수의 중성자들만으로는 안정한 핵을 이룰 수 없다. 따라서 더 많은 중성자가 첨가되어 핵력에 의한 인력을 증가시켜야만 안정된 원자핵을 형성할 수 있다. 따라서 그림 29.3에 보이는 바와 같이 원자번호가 증가할수록 질량수는 원자번호의 2배보다 더 커지게 되며, 원자 번호 83번 이상에서는 중성자의 증가만으로는 원자핵이 안정될 수 없으며, 따라서 불안정한 상태일 수밖에 없기 때문에 자연적으로 더 낮은 원자번호로의 핵반응이 필연적으로 발생하게 된다.

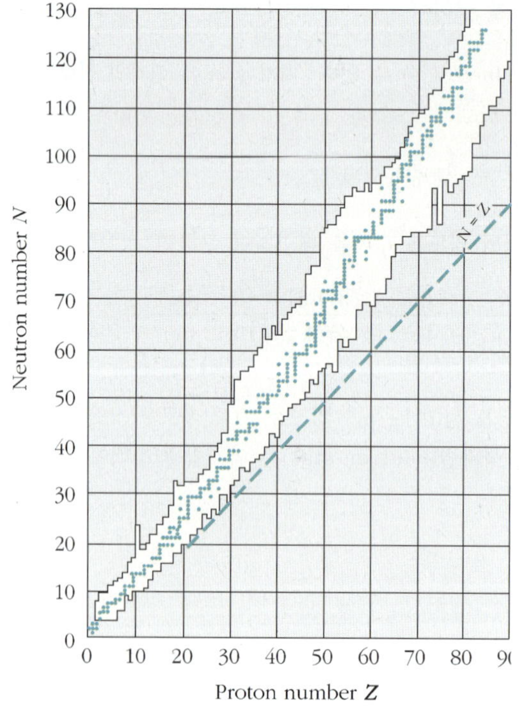

그림 29.3
안정핵에 대한 중성자수(N)와 원자번호(Z)와의 관계. 원자번호가 커질수록 더 많은 중성자수를 필요로 한다.

핵의 스핀

전자가 스핀(spin)이라는 내재적인 각운동량을 갖는 것처럼 핵자들도 내재적인 각운동량을 갖는데 이를 **핵의 스핀**(nuclear spin)이라 한다. 또한 원자내의 전자들의 스핀으로 인한 자기모우먼트가 존재하듯이 핵자들은 핵의 스핀에 의한 자기모우먼트인 **핵 자기모우먼트**(nuclear magnetic moment)를 가지며 다음과 같은 기본단위인 핵 마그네톤에 비례한다.

$$\mu_n = \frac{e\hbar}{2m_p} \tag{29.2}$$

여기서 m_p는 핵자의 질량으로서 전자의 질량보다 약 2,000배정도 크므로 핵자의 자기모우먼트는 전자보다 대략 2,000배정도 작다. 따라서 원자의 자기적 성질은 주로 전자가 좌우한다는 것을 이해할 수 있다.

자기모우먼트에 외부자기장이 가해지면 자기모우먼트는 마치 팽이의 운동처럼 세차운동을 하며 이에 따라 나타나는 핵자기모우먼트의 세차 진동수를 **라모**(Larmor)**세차진동수**라 한다. 또한 자기모우먼트와 자기장의 방향에 따라 자기 쌍극자 퍼텐셜에너지가 $U_B = -\mu \cdot \mathrm{B}$로 주어지므로 자기장과 같은 방향의 경우와 반대방향의 경우는 다른 에너지 준위를 갖게 된다(그림 29.4). 직류 자기장을 가하여 자기모우먼트를 정렬시키면 자기장에 수직한 방향으로 약한 이차 진동 자기장이 생기는데, 이 진동 자기장의 진동수를 조정하여 라모세차진동수와 일치시키면 세차 운동하는 자기모우먼트에 작용하는 두 에너지 상태에서 에너지가 흡수되어 두 스핀에 따른 에너지 준위 사이의 천이가 일어나게 되는데 이를 **핵자기 공명**(nuclear magnetic resonance)이라 한다. MRI(Magnetic Resonance Image)는 이러한 핵자기

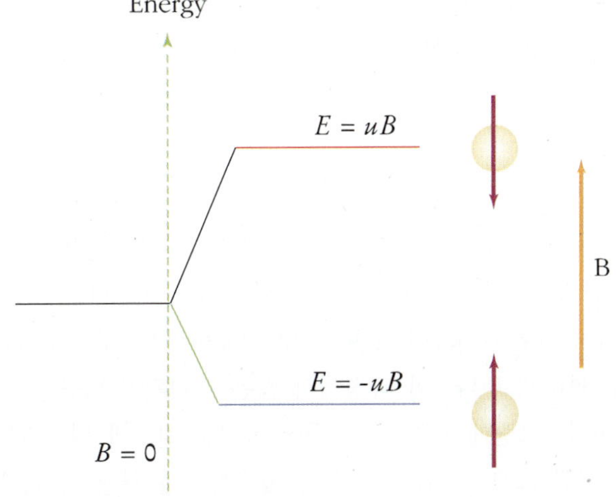

그림 29.4 외부자기장하의 핵자의 에너지 준위

공명에 바탕을 두어 공간적으로 변화하는 자기장하에 놓인 각 양성자들의 공명 신호를 처리하여 양성자들의 위치정보를 제공하는 방법이다. 의료 진단학에서 영상화 기술 가운데 MRI의 주요 장점은 세포구조에 최소한의 손상을 준다는 것이다. MRI에 사용되는 방사 진동 신호와 관련된 광자들은 약 10^{-7} eV의 에너지를 갖는다. 분자 결합에너지가 훨씬 크기 때문에(약 1 eV), MRI의 방사 진동 복사선은 거의 세포 손상을 주지 않고 매우 정밀한 영상을 얻을 수 있다.

결합에너지

핵의 전체 질량은 핵을 구성하는 핵자들의 질량 합보다 항상 작다. 왜냐하면 이 때의 결손된 질량이 핵자들을 속박하여 원자핵을 구성하는 에너지로 전환되기 때문이다. 따라서 원자핵을 양성자와 중성자로 분리하기 위해서는 에너지를 공급해야 한다. 아인슈타인의 질량-에너지 등가 원리와 에너지 보존 법칙을 적용하면 다음과 같은 핵의 결합 에너지 관계식을 얻을 수 있다.

$$E_b(\mathrm{MeV}) = [Zm_p + Nm_n - m({}^{A}_{Z}\mathrm{X})] \times 931.494\ \mathrm{MeV/u} \tag{29.3}$$

이 식은 원소 ${}^{A}_{Z}\mathrm{X}$의 결합에너지를 나타낸 것으로 질량차이를 에너지로 환산한 것이다. 첫 번째 항은 양성자의 질량이며 둘째 항은 중성자의 질량으로, 분리된 상태의 전체 질량에서 원소가 구성되었을 경우의 질량의 차이가 괄호 안에 표현된 값이다. 이를 에너지로 환산한 것이 마지막 전환 수치이다. 여기서 전자의 결합에너지는 수 eV에 불과하기 때문에 계산에서 제외하였음을 유의하기 바란다.

여러 원소에 대한 단위 핵자당 평균 결합에너지를 구한 것이 그림 29.5에 나타나 있다. 이 그림에서 볼 수 있는 바와 같이 핵자당 평균 결합에너지는 중간정도의 질량수를 가진 영역이 가장 큰데 이는 이 원소들이 가장 안정되었다는 것을 의미한다. 그림에서 볼 수 있는 바와 같이 질량수가 60 근처일 때 가장 안정된 원자핵을 이룰 수 있다. 따라서 이보다 질량이 더 큰 원자핵은 분열하여 더 안정한 핵으로 돌아가려는 경향을 가지며 이를 **핵분열**이라 한다.

이와 반대로 수소와 같은 가벼운 원자핵은 서로 융합하여 안정하려 하는데 이를 **핵융합**이라 한다. 핵분열현상은 뒤에 다시 논의되겠지만 원자핵반응을 통해 원자로 혹은 원자폭탄으로 발전하는 이론적인 근거가 되며, 핵융합은 별의 에너지를 제공하는 기본적인 근거가 된다. 즉, 우주상에는 가장 간단한 수소원소가 매우 많으며 따라서 이들 수소는 핵융합을 통하여 더 무거운 원소들로 변하게 된다. 이 과정에서 많은 에너지가 방출되어 별을 빛나게 하는 에너지원으로 작용한다. 그림에서 알 수 있듯이 가벼운 원소가 일으키는 핵융합시의 에너지차가 핵분열보다 훨씬 크므로 핵분열보다는 핵융합시에 훨씬 더 많은 에너지가 방출된다. 이것이 바로 수소폭탄의 원리이다.

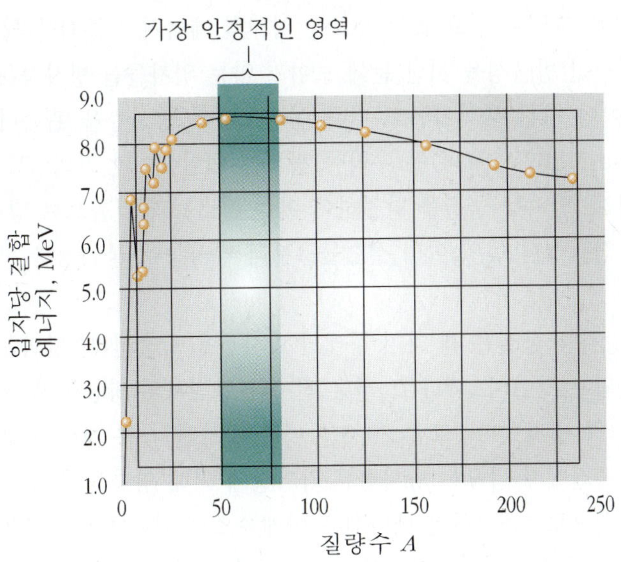

그림 29.5 여러 원소들의 핵자당 평균 결합 에너지 그래프

예제

29.2 수소의 동위원소인 중수소의 핵을 중양자라 한다. 중양자의 질량은 2.014102u인데 중양자의 결합에너지를 구하라.

풀이 중양자는 수소의 원자핵인 양성자 1개에 중성자 1개가 추가된 것이다. 양성자와 중성자의 전체 질량과 중양자의 질량의 차이를 구하고 이를 이용하여 결합에너지로
환산하면 다음과 같은 결과를 얻을 수 있다.

$$
\begin{aligned}
E(\mathrm{MeV}) &= [m_p + m_n - m(\mathrm{D})] \times 931.494\ \mathrm{MeV/u} \\
&= (1.007825\ \mathrm{u} + 1.008665\ \mathrm{u} - 2.014102\ \mathrm{u}) \times 931.494\ \mathrm{MeV/u} \\
&= 0.002388\mathrm{u} \times 931.494\,\mathrm{MeV/u} \\
&= 2.224\,\mathrm{MeV}
\end{aligned}
$$

따라서 중양자를 분해하기 위해서는 2.224MeV의 에너지를 공급해 주어야 한다. 보통 이를 위해서는 고에너지 입자를 충돌시키는 방법을 쓴다.

29.2 방사능

1896년 베크렐(Henri Becquerel)은 우연히 우라늄 염 결정이 사진 건판을 감광시킨다는 사실을 발견하고 실험을 계속한 결과 가스를 이온화시키거나 물체를 투과할 수 있는

투과력을 가진, 외부 자극이 필요 없는 새로운 형태의 에너지가 존재한다는 결론을 얻는다. 그는 이처럼 자연적인 방출성을 지닌 눈에 보이지 않는 입자들을 **방사능**(radioactivity)이라 명명하였다. 이어 다른 과학자들도 다른 물질로부터 방사능을 관측하게 되었다. 마리 퀴리(Marie Curie, 1867~1934)는 우라늄 광석에 대한 수 년 간의 힘든 화학적 분리 과정을 거쳐 미지의 두 방사능 물질을 발견하여 이를 폴로늄과 라듐으로 명명하였으며, 러더포드는 알파입자 산란실험 등의 여러 실험들로부터 방사능이 불안정한 원자핵의 붕괴임을 제안하였다.

일반적으로 방사능 물질은 세 가지 형태의 방사선을 방출한다. **알파**(α)**선**은 헬륨(He)의 원자핵이 방출되는 것이며, **베타**(β)**선**은 전자나 양전자의 방출이며, **감마**(γ)**선**은 고에너지의 전자기파, 즉 광자이다. 그림 29.6은 이들 방사선의 세 형태를 구별하여 보여주는 그림이다. 방사성물질에서 나오는 방사선은 자기장에 의해 영향을 받아 휘게 되는데, 양전하인 알파선은 위쪽으로, 음전하인 베타선은 아래쪽으로 힘을 받아 원궤도를 그리며 휘게 된다. 감마선은 전하를 띄지 않는 전자기파이기 때문에 영향을 받지 않고 직선으로 운동한다. 베타선 중에 양전자가 방출되는 경우는 알파선처럼 양전하이기 때문에 위로 휘게 된다.

세 종류의 방사선은 전하의 종류가 다른 것 이외에 아주 다른 투과력을 가지고 있다. 알파선은 종이 한 장을 겨우 뚫을 수 있을 정도로 투과력이 약하지만 베타입자는 수 밀리의 알루미늄 판을 투과할 정도이고, 감마선의 경우 매우 강력한 투과력을 가지고 있어서 수 센티미터의 납을 관통할 수 있다.

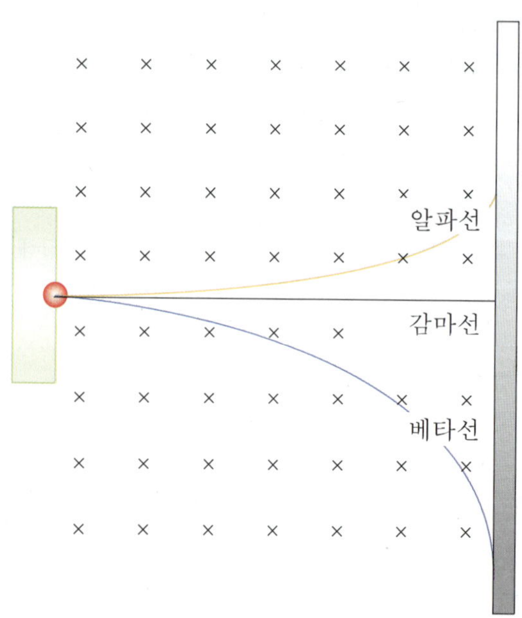

그림 29.6
방사선원으로부터 나오는 세 가지 종류의 방사선. 전하에 따라 휘어지는 방향으로 구분할 수 있다.

방사성 붕괴

방사성 시료에서 **방사성 붕괴**(radioactive decay)란 방사성 원소가 방사선을 방출하면서 다른 원소로 변하는 것을 의미하며, 방사능 붕괴의 비율은 현재의 방사성 원자핵의 수에 비례한다. 따라서 현재의 원자핵수가 N이라면 그 변화율은 다음과 같다.

$$\frac{dN}{dt} = -\lambda N$$

여기서 λ는 **붕괴상수**(decay constant)이며 (−)부호는 N이 시간에 따라 감소함을 의미한다. 이 식을 적분하면 간단하게 다음과 같은 지수 함수적 방사성 붕괴함수를 얻을 수 있다.

$$N = N_0 e^{-\lambda t} \tag{29.4}$$

붕괴율은 이 함수를 시간으로 미분하면 얻을 수 있다.

$$R = \left| \frac{dN}{dT} \right| = N_0 \lambda e^{-\lambda t} = R_o e^{-\lambda t} \tag{29.5}$$

여기서 $R = \lambda N$이고, $R_0 = \lambda N_0$는 $t = 0$에서의 붕괴율이다. 붕괴율은 종종 방사능(radioactivity)이라고도 한다. 위 식에 의하면 원자핵수이든 붕괴율이든 지수함수적으로 감소한다는 것을 알 수 있다. 그림 29.7은 시간에 따라 지수함수적으로 변하는 방사성 붕괴 시의 원자핵의 수를 나타낸 것이다.

그림에서 볼 수 있는 바와 같이 지수함수 곡선에서 전체 원자핵이 처음의 반으로 줄어드는 데 걸리는 시간을 **반감기**라 하며 보통 방사성 붕괴의 특성을 묘사하는데 많이 사용된다. 이는 식 (29.4)로부터 간단히 구할 수 있다. 식 (29.4)에서

$$\frac{N_0}{2} = N_0 e^{-\lambda T_{1/2}}$$

로 주어지므로 반감기는 다음과 같이 나타낼 수 있다.

$$T_{1/2} = \frac{\ln 2}{\lambda} = \frac{0.693}{\lambda} \tag{29.6}$$

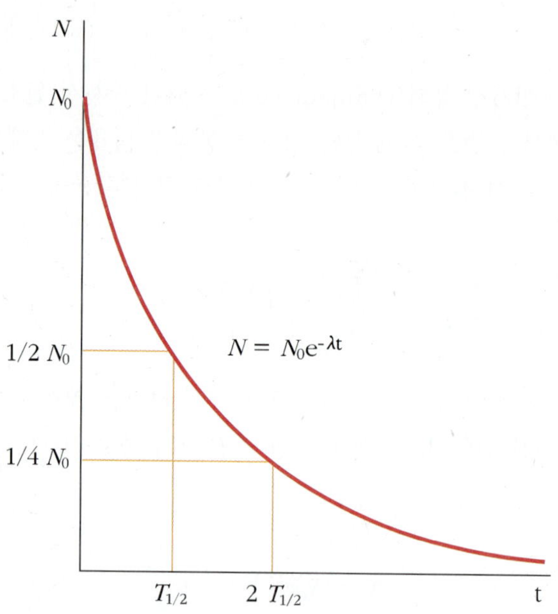

그림 29.7 방사성 원자핵의 지수함수적 붕괴곡선. $T_{1/2}$는 시료의 반감기를 의미한다.

이 결과에 따라 반감기가 한 번 지나면 처음 양의 반이되고 두 번 지나면 처음 양의 $\frac{1}{4}$, 세 번의 반감기가 지나면 $\frac{1}{8}$이 남게 된다. 일반적으로 반감기가 n 번 지나면 처음 양의 $\frac{1}{2^n}$ 만이 남게 된다.

방사능의 양은 시간당 붕괴수로 정의되는 퀴리(Ci) 단위로 측정한다.

$$1\text{Ci} \equiv 3.7 \times 10^{10}\,\text{decays/s}$$

이 단위는 라듐 1g에서 나오는 방사능량을 기준으로 한 값이며, 방사능의 국제단위는 베크렐(becquerel, Bq)이다.

$$1\,\text{Bq} \equiv 1\,\text{decays/s}$$

즉, $1\,\text{Ci} = 3.7 \times 10^{10}\,\text{Bq}$이다. 자주 사용되는 방사능 단위는 $m\text{Ci}$나 μCi이다.

예제

29.3 시계의 시침이나 분침에 사용되는 야광 물질에는 미소량의 라듐염이 포함되어 있다고 한다. 그리고 라듐 226의 반감기는 1,600년으로 알려져 있다. 현재의 시료가 3×10^{16}개의 라듐원자핵을 포함하고 있다고 할 때 현재의 방사능을 결정하라.

풀이 우선 반감기를 초로 환산하면

$$T_{1/2} = (1{,}600\,\text{year})(3.15\times10^{7}\text{s/year}) = 5.0\times10^{10}\,s$$

이 결과와 식 (29.6)으로부터 붕괴상수를 구하면 다음과 같다.

$$\lambda = \frac{0.693}{T_{1/2}} = \frac{0.693}{5.0\times10^{10}\ \text{s}} = 1.4\times10^{-11}\ \text{s}^{-1}$$

식 (29.5)에서 $R_0 = \lambda N_0$이므로 초기의 붕괴율(R_0)을 결정할 수 있다.

$$R_0 = \lambda N_0 = (4.2\times10^{-11}\text{s}^{-1})(3\times10^{16}) = 1.4\times10^{5}\ \text{decays/s}$$

이는 11.4 μCi에 해당하는 방사능이다.

29.3 방사성 붕괴 과정

방사성 핵은 자발적으로 붕괴되면서 알파, 베타, 감마선을 방출하는데 각 과정에 대해 자세히 알아보기로 한다.

알파붕괴

알파붕괴란 방사성 원자핵이 헬륨($^4_2$He)의 원자핵을 방출하는 것이므로 핵은 두 개의 중성자와 두 개의 양성자를 잃게 된다. 이 과정을 반응식으로 나타내면 다음과 같다.

$$^{A}_{Z}\text{X} \rightarrow {}^{A-4}_{Z-2}\text{Y} + {}^{4}_{2}\text{He} \qquad (29.7)$$

여기서 X는 붕괴전의 원자핵으로 어미핵이라 칭하며, Y는 붕괴 후의 원자핵으로 딸핵이라고 부른다. 알파 붕괴의 대표적인 예는 $^{238}_{92}$U과 $^{226}_{92}$U, $^{226}_{88}$Ra등으로 다음 식과 같은 붕괴과정을 거친다.

$$^{238}_{92}\text{U} \rightarrow {}^{234}_{90}\text{Th} + {}^{4}_{2}\text{He}$$

$$^{226}_{88}\text{Ra} \rightarrow {}^{222}_{86}\text{Rn} + {}^{4}_{2}\text{He}$$

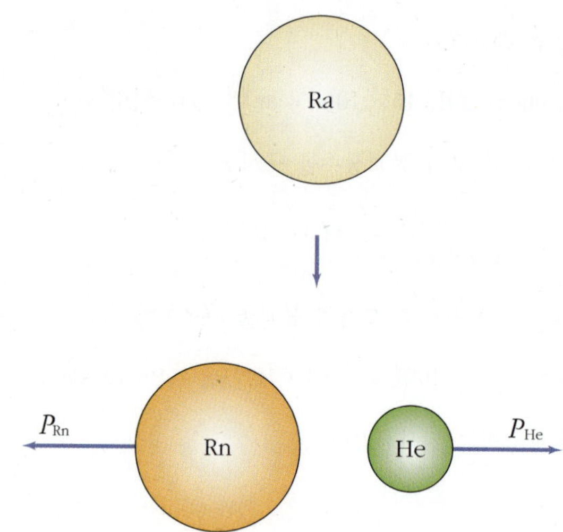

그림 29.8
라듐의 알파붕괴. 붕괴 전과 붕괴 후의 운동량은 보존되고 붕괴 후에 각 입자는 운동량과 운동에너지를 갖는다.

두 과정 모두 헬륨의 원자핵이 방출되면서 질량수는 4, 원자번호는 2가 감소되어 다른 원자핵으로 변환한다. 이처럼 하나의 원소가 다른 원소로 변하는 현상을 **자발붕괴**(spontaneous decay)라 하며, 식에서 보듯이 이러한 원자핵 변환식에서 일반적으로 원자번호나 질량수의 전체 합은 보존된다. 그리고 알파 붕괴는 그림 29.8에 보는 바와 같이 운동량 보존의 한 예라 할 수 있다.

운동량 보존법칙에 의하여 붕괴된 후의 라돈 원자와 알파입자는 크기가 같은 운동량을 가진다. 알파입자의 질량이 훨씬 적으므로 붕괴 후의 알파입자의 속도는 라돈보다 훨씬 빠르다. 또한 붕괴 후에 각 입자가 갖게 되는 운동에너지는 질량에 반비례하므로 운동에너지도 알파입자가 훨씬 크다. 이 과정에서 발생하는 운동에너지는 어미핵의 질량과 딸핵과 알파입자의 질량의 합의 차이에서 발생하는 **붕괴에너지**(disintegration energy) Q에 의해 주어진다.

$$Q = (m_X - m_Y - m_\alpha)c^2$$

단위를 정리하여 질량수와 에너지 단위를 MeV로 바꾸면 다음 식을 얻을 수 있다.

$$Q(\text{MeV}) = [M(\text{X}) - M(\text{Y}) - M(\alpha)] \times 931.494\,\text{MeV/u} \qquad (29.8)$$

이 붕괴에너지는 질량의 차이가 에너지로 전환되면서 발생하는 것이며 대부분 알파입자의 운동에너지로 전환된다.

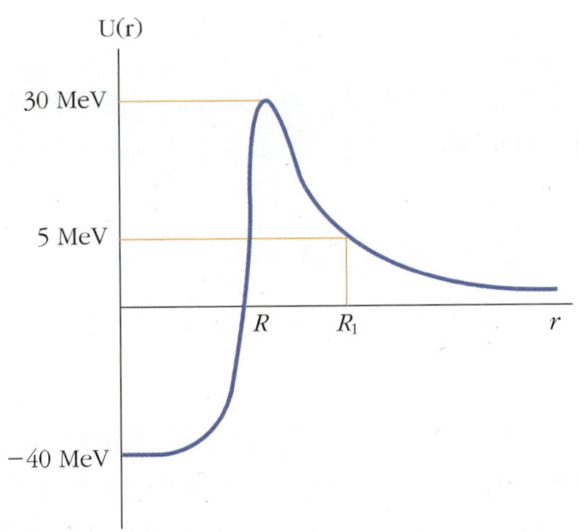

그림 29.9 알파입자와 핵으로 구성된 계의 위치 에너지 곡선

알파붕괴의 메커니즘은 매우 짧은 범위에서 작용하는 핵력에 대한 이해에서 출발해야 한다. 그림 29.9는 알파입자와 핵으로 구성된 계에서 원자로부터 r만큼 떨어진 곳에서의 위치에너지를 보여주는 그림이다. 여기서 R은 핵력의 범위로서 $r < R$ 범위에서는 핵력에 의한 인력이 작용하며 $r > R$ 범위에 들어가면 쿨롱반발력과의 결합효과에 의한 에너지 장벽(energy barrier)이 나타나며 거리가 멀어지면 쿨롱의 반발력만이 작용하게 된다.

따라서 원자핵내의 알파입자는 핵력에 의한 속박으로부터 탈출하려면 그림에서 보이는 에너지 장벽을 넘어서야 한다. 예제 29.4에서 구한 바와 같이 보통 붕괴에너지는 5 MeV 정도로 에너지 장벽($\approx$ 30 MeV)에 비해 작으므로 고전적으로는 탈출이 불가능하다. 그러나 양자역학의 관점으로 보면 입자가 에너지 장벽을 통과할 가능성은 작지만 확률적으로 어느 정도 주어지게 된다. 양자역학적으로 어떤 입자가 특정 위치에 존재할 확률은 파동함수에 의해 주어지며 파동함수는 에너지 장벽을 넘어서까지 존재할 수 있으므로 입자가 장벽을 넘어서 $r > R_1$ 지역에 있을 확률은 존재한다. 이에 따라 알파입자의 붕괴는 확률적으로 가능하며 이것이 알파붕괴가 일어나는 근원이다. 물론 에너지 장벽이 작고 폭이 작을수록 혹은 알파입자의 붕괴에너지가 높을수록 알파입자가 탈출할 확률은 높아지므로 이에 따라 반감기가 짧아진다.

예제 **29.4** 라듐의 붕괴 과정의 붕괴에너지를 구하라.

풀이 식 (29.8)에 각각의 수치를 대입하면

$$\begin{aligned} Q(\text{MeV}) &= [M(\text{Ra}) - M(\text{Rn}) - M(\alpha)] \times 931.494\,\text{MeV/u} \\ &= (226.025406\text{u} - 222.017574\text{u} - 4.0025603\text{u}) \times 931.494\,\text{MeV/u} \\ &= 4.91\,\text{MeV} \end{aligned}$$

를 얻는다. 에너지의 대부분은 라돈의 운동에너지로 전환된다.

베타붕괴

베타붕괴는 전자나 양전자를 방출되는 과정이므로 질량의 변화는 없고 단지 원자번호가 1만큼 변하는 과정이다. 이를 변환식으로 표현하면 다음과 같다.

$${}^{A}_{Z}\mathrm{X} \rightarrow {}^{A}_{Z+1}\mathrm{Y} + e^{-} \tag{29.9}$$

$${}^{A}_{Z}\mathrm{X} \rightarrow {}^{A}_{Z-1}\mathrm{Y} + e^{+} \tag{29.10}$$

식에서 보면 알 수 있듯이 핵자수와 총 전하는 붕괴 과정에서 모두 보존된다. 질량수가 보존되면서 원자 번호가 증감이 있다는 것은 중성자와 양성자간의 전환과정이 있다는 것을 의미한다. 전자가 방출되는 (29.9)의 베타붕괴는 핵 내부에서 다음과 같은 과정이 일어난다고 생각할 수 있다.

$$n \rightarrow p + e^{-}$$

베타붕괴에서의 전자 혹은 양전자는 실험적으로 연속된 에너지를 가지고 방출되는 것이 확인되었다(그림 29.10). 에너지 보존법칙에 의하면 이 에너지는 계의 질량의 변화에서 방출되는 것이다. 그런데 붕괴하는 모든 원자핵은 같은 초기 질량을 가지고 있으므로 각 붕괴에서의 질량의 감소값은 동일하며 따라서 베타입자의 에너지도 동일해야 한다. 그런데 실험적으로는 베타입자의 에너지는 다양하게 변하기 때문에 새로운 제 3의 입자가 존재해야 한다. 이에 대한 많은 실험과 이론적인 연구를 거친 후에 파울리(Pauli)는 중성미자(neutrino)의 존재를 예언하였다. 이 중성미자는 전하량이 없고 질량도 거의 0에 가까울 정도로 미미하며 약한 물질간의 상호작용이므로 검출하기 상당히 어렵기 때문에 오랜 기간

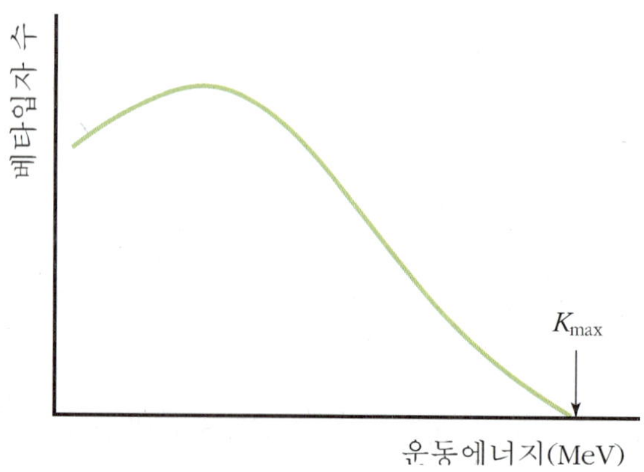

그림 29.10 전형적인 베타붕괴곡선. 베타입자의 운동에너지는 연속적인 값을 가진다.

동안 발견되지 않았으나 마침내 1956년 실험적으로 검출되었다. 중성미자의 스핀값은 1/2로서 베타붕괴시의 각운동량 보존 법칙을 만족시킨다. 이에 따라 정확한 형태로 베타 붕괴 과정을 표현하면 다음과 같다.

$$^{A}_{Z}\mathrm{X} \rightarrow {}^{A}_{Z+1}\mathrm{Y} + e^{-} + \bar{\nu} \tag{29.11}$$

$$^{A}_{Z}\mathrm{X} \rightarrow {}^{A}_{Z-1}\mathrm{Y} + e^{+} + \nu \tag{29.12}$$

$$n \rightarrow p + e^{-} + \bar{\nu} \tag{29.13}$$

여기서 $\bar{\nu}$는 중성미자의 반입자이다. 즉, 전자 붕괴과정에서는 반중성미자, 양전자붕괴과정에서는 중성미자가 방출된다. 여기서 양전자는 전자의 반입자이다.

그리고 식 (29.12)를 변형된 형태도 가능한데 양전자가 방출되는 대신 다음 식과 같은 반응이 일어난다는 사실이 알려져 있다.

$$^{A}_{Z}\mathrm{X} + e^{-} \rightarrow {}^{A}_{Z-1}\mathrm{Y} + \nu \tag{29.14}$$

이를 전자 포획과정이라 하며, 보통 포획되는 전자는 가장 안쪽의 K각 전자이기 때문에 K포획이라고도 불린다.

방사성 탄소 연대측정법

방사성 탄소인 $^{14}_{6}\mathrm{C}$는 다음과 같은 붕괴과정을 거쳐 질소로 변화한다.

$$^{14}_{6}\mathrm{C} \rightarrow {}^{14}_{7}\mathrm{N} + e^{-} + \bar{\nu}$$

보통 유기물은 탄소 분자를 포함하는데 방사성 탄소인 $^{14}_{6}\mathrm{C}$는 대기 환경에서 우주로부터 들어오는 높은 에너지 입자에 의해 만들어 진다. 보통 우리의 대기 환경에서 이산화탄소 분자 중 $^{12}_{6}\mathrm{C}$에 대한 $^{14}_{6}\mathrm{C}$의 비율은 약 1.3×10^{-12}의 상수값을 갖는다. 지구상에 살아있는 모든 유기체에서는 이 비율이 같다. 왜냐하면 살아있는 유기체는 주위와 계속 이산화탄소를 교환하기 때문이다. 만일 유기체가 죽는다면 더 이상 $^{14}_{6}\mathrm{C}$를 흡수하지 않게 되고, 따라서 위 식과 같은 베타붕괴의 결과로 $^{12}_{6}\mathrm{C}$에 대한 $^{14}_{6}\mathrm{C}$의 비율은 감소하게 된다. 이 반응의 반감기는 5730년이기 때문에 두 탄소동위원소의 비율을 측정하면 그 물질의 나이를 예측하는 것이 가능하다. 나무나 숯, 뼈, 조개 등의 살아있던 유기체에 이 탄소 연대측정법을 적용하면 그 유기체가 사망한 시각부터 현재까지의 시간을 알아낼 수 있다.

예제 **29.5** 고대 도시의 폐허 속에서 25g의 숯 표본이 발견되었고 이 표본은 250decays/min의 방사능을 가지고 있었다. 이 표본의 연대를 측정해 보아라.

풀이 우선 $^{14}_{6}\mathrm{C}$의 붕괴상수를 계산하면

$$\lambda = \frac{0.693}{T_{1/2}} = \frac{0.693}{(5730\,\mathrm{year})(3.15\times 10^{7}\,\mathrm{s/year})} = 3.83\times 10^{-12}\,\mathrm{s}^{-1}$$

이다. 탄소 25 g속에있는 $^{12}_{6}\mathrm{C}$ 원자핵의 개수는

$$N(^{12}\mathrm{C}) = \frac{6.02\times 10^{23}\,\mathrm{nuclei/mol}}{12\,\mathrm{g/mol}}(25\mathrm{g}) = 1.25\times 10^{24}\,\mathrm{nuclei}$$

이고, 표본이 살아있을 때의 $^{14}_{6}\mathrm{C}$의 개수는

$$N(^{14}\mathrm{C}) = (1.3\times 10^{-12}\,\mathrm{s}^{-1})(1.25\times 10^{24}) = 1.63\times 10^{12}\,\mathrm{nuclei}$$

이다. 표본의 초기 붕괴율은

$$R_0 = \lambda N_0 = (3.83\times 10^{-12}\,\mathrm{s}^{-1})(1.63\times 10^{12}) = 6.25\,\mathrm{decays/s} = 375\,\mathrm{decays/min}$$

이다. 현재의 붕괴율과 초기 붕괴율의 비율은 $R = R_0 e^{-\lambda t}$로 주어지므로 시간 t를 구하면

$$t = \frac{\ln\left(\frac{R_0}{R}\right)}{\lambda} = \frac{0.405}{3.83\times 10^{-12}\,\mathrm{s}^{-1}} = 1.06\times 10^{11}\,\mathrm{s} = 3{,}365\,\mathrm{years}$$

이다.

감마붕괴

방사성 붕괴중인 원자핵들은 일종의 들뜬 상태(exited state)에 있게 되며, 이 들뜬 상태로부터 더 안정한 낮은 에너지로의 붕괴과정을 거칠 수 있는데 이 과정에서는 보통 고에너지의 광자가 방출되며 이를 감마붕괴라 한다(그림 29.11). 감마붕괴는 알파붕괴나 베타붕괴와는 달리 질량을 가진 입자를 방출하는 것이 아니라 일종의 에너지를 방출하는 단계이다. 감마선의 광자의 에너지는 두 핵의 에너지 차이인 $\Delta E = hf$의 에너지를 가지고 있다. 원자핵의 상태는 변함이 없으며 원자핵의 에너지만이 바뀌는 것이 다른 붕괴와 다른 점이다. 감마붕괴를 식으로 표현하면 다음과 같다.

$$^{A}_{Z}\mathrm{X}^{*} \rightarrow {}^{A}_{Z}\mathrm{X} + \gamma$$

일반적으로 원자핵은 다른 입자와의 강력한 충돌의 결과로 들뜬 상태에 있게 되며 알파 혹은 베타붕괴를 거친후 생기는 들뜬 상태로부터 더욱 안정한 상태로의 감마 붕괴가 뒤따르게 된다.

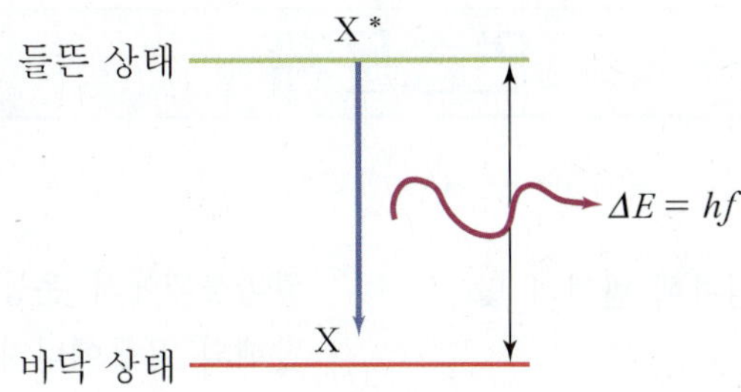

그림 29.11 감마붕괴. 들뜬 상태에서 바닥상태로의 전환에 따라 고에너지 광자인 감마선을 방출한다.

29.4 방사성 계열

방사성 원자핵은 일반적으로 자연 속에서 불안정한 형태로 발견되는 자연 방사능과 핵반응을 통해서 실험실속에서 만들어질 수 있는 인공 방사능의 두 가지로 분류된다. 그리고 일반적으로 4가지 방사성 계열로 나눌 수 있으며 이를 표 29.2에 나타내었다.

표에 나타난 바와 같이 세 가지 단계는 자연적으로 일어나며 네번째 단계는 자연 속에서 발견할 수 있는 제일 큰 원자번호를 가지는 우라늄보다 큰 원자번호를 가지는 인공적인 초우라늄원소로 시작되는 것이다. 이들의 계열은 매우 복잡한 연쇄적인 붕괴 과정을 거쳐 최종적으로 안정한 산물에서 붕괴 과정을 끝맺는다. 그리고 자연에는 네 가지 붕괴 단계의 어느 곳에도 속하지 않는 자연적으로 발생하는 몇 가지 방사성 동위 원소도 존재한다.

자연 방사능 계열은 매우 긴 반감기를 가지고 우리 주변에 방사능 원소들을 끊임없이 공급해준다.

표 29.2 4가지의 방사성 계열

우라늄(자연)	$^{238}_{92}\mathrm{U}$	4.47×10^{9}	$^{206}_{82}\mathrm{Pb}$
우라늄(자연)	$^{235}_{92}\mathrm{U}$	7.04×10^{8}	$^{207}_{82}\mathrm{Pb}$
토륨(자연)	$^{232}_{90}\mathrm{Th}$	1.41×10^{10}	$^{208}_{82}\mathrm{Pb}$
넵투늄	$^{237}_{93}\mathrm{Np}$	2.14×10^{6}	$^{209}_{83}\mathrm{Bi}$

연습문제

EXERCISES

1 $^{238}_{92}\mathrm{U}$ 원자핵의 반경이 $^{1}_{1}\mathrm{H}$ 원자핵 반경의 몇 배인지 구하라.

2 별의 진화과정에 있어서 최후의 순간에 양성자와 전자가 합쳐짐으로써 중성자별이 형성된다고 알려져 있다. 즉, 중성자별은 거대한 원자핵으로 생각할 수 있다. 만일 태양($M = 1.99 \times 10^{30}$ kg)이 중성자별이 될 경우 그 별의 반경은 얼마나 될까?

3 원자핵은 양성자와 중성자가 밀집한 구조로 구성되어 있다. 그 예로 헬륨 원자핵에서 양성자들 사이의 반발력에 의한 퍼텐셜에너지를 계산하여 핵력이 주어야 하는 최소한의 결합에너지를 구하라.

4 헬륨($^{4}_{2}\mathrm{He}$)원자핵의 단위 핵자당 결합에너지를 계산하고 이와 예제 29.2의 중양자의 경우와 비교해 보아라.

5 가장 안정한 원자핵은 $^{56}_{26}\mathrm{Fe}$이라고 알려져 있다. 이것은 태양이나 별의 스펙트럼에서 철의 효과가 두드러진 이유가 된다. 철의 단위 핵자당 결합에너지를 구하여 이를 다른 원소와 비교해 보아라.

6 어떤 방사성 동위원소 시료의 방사능이 10mCi로 측정되었다. 이 시료를 5시간이 지난후 측정해보니 7mCi의 방사능이 측정되었다. 이 시료의 반감기와 처음 시료의 원자수, 그리고 전체 방사능이 전체의 37%($0.37 = e^{-1}$)되는 데 걸리는 시간을 구하라.

7 알파붕괴에서 운동량 보존법칙을 이용하여 딸핵의 운동에너지와 알파입자의 운동에너지의 비를 구하고 이를 이용하여 붕괴에너지와 알파입자의 운동에너지 사이에 $Q = K_\alpha\left(1 + \dfrac{M_\alpha}{M}\right)$의 관계가 있음을 보여라. 여기서 K_α와 M_α는 알파입자의 운동에너지와 질량이고 M은 딸핵의 질량이다.

8 달에서 가져온 암석 표본을 분석해 본 결과 $^{40}\mathrm{Ar}$ 입자와 $^{40}\mathrm{K}$ 입자의 비율이 5로 측정되었다. $^{40}\mathrm{Ar}$ 입자는 모두 $^{40}\mathrm{Ar}$ 입자의 방사능 붕괴에 의해 생긴다고 가정하고(반감기는 1.25×10^{9} year) 이 암석의 나이를 측정해 보아라.

9 금은 화학적으로 매우 안정된 물질이며 자연에서는 단 하나의 동위원소 $^{197}_{79}\mathrm{Au}$만을 가진다. 이 동위원소가 느린 중성자를 흡수하여 전자를 방출한다고 할 때, 이 핵반응의 반응방정식을 적고 방출된 전자의 최대 에너지를 구하라.

10 핵폭탄이란 핵반응을 순간적으로 연쇄 반응시킨 무기이다. 이 핵폭발의 가장 위험한 잔류 방사능물질이 반감기가 29년인 $^{90}\mathrm{Sr}$이다. 이 방사능물질은 매우 활발한 화학반응을 하기 때문에 젖소의 우유에 포함되어 사람에게 흡수되면 베타붕괴를 통하여 강한 전자를 방출하고 이 전자로 인해 골수에 손상을 주며, 적혈구를 파괴한다고 알려져 있다. 1메가톤

급 핵폭탄의 경우 대략 400g의 ^{90}Sr를 만들어낸다고 한다. 만일 어떤 지역에 이 폭탄이 터져서 $2,000 km^2$의 지역에 ^{90}Sr이 균일하게 퍼져나갔다고 할 때 사람이 살 수 있으려면 얼마나 시간이 흘러야 하는가? (사람이 살 수 있는 최대 방사능은 7.4×10^4 decays/s이고 단위면적(m^2)의 방사능만이 사람에 영향을 미친다고 가정하라.)

30 입자물리학과 우주론

우주의 모든 물질을 구성하는 기본 물질, 자연의 기본적인 힘, 우주 생성에 관하여 인류는 많은 관심과 연구를 하여 왔다. 이 세 가지 관심의 대상은 서로 연관되어 있다. 이 장에서는 먼저 우주를 이루고 있는 기본 물질과, 물질세계를 지배하는 힘에 관하여 설명한다. 기본 물질에 관한 개념도 그 시대의 과학 수준에 따라 변하여 왔는데, 그 중에서 몇 가지를 살펴보고, 이 시대에 적합한 표준 모형을 설명한다. 마지막으로 우주의 기원을 간단히 살핀다.

30.1 기본 입자들

물리학의 가장 중요한 목표 중의 하나가 우주의 기본적인 구성단위를 발견하는 것이다. 세상의 많은 물질은 왜 공통적인 특징을 가질까? 사람들은 만물이 몇 개의 구조로 이뤄진 것을 깨닫게 되고, 그 구조를 이루는 기본 물질을 탐구하여 왔다. 기본입자라는 말의 뜻은, 입자의 종류가 단순하고, 내부 구조가 없는 것을 말한다. 기본 입자로부터 그들 세계를 지배하는 법칙에 따라, 지금까지 알려진 모든 물질을 구성할 수 있어야 하며, 아직 발견되지 않은 입자까지도 예측할 수 있어야 한다.

1900년대 사람들은 원자에 대하여 알기 시작하였으며 이들의 화학적 성질에 따라 주기율표를 만들었고, 한동안 더 나누어질 수 없는 기본 입자로 생각하여 원자(atom), 또는 원소라 불렀다. 그러나 현재까지 알려진 원소의 수는 백여 종으로 그렇게 단순하지 않다.

원자는 원자핵과 전자로 구성되어 있다. 과학자들은 원자핵이 크기가 작고, 단단하고, 밀도가 높기 때문에 이 원자핵이 기본 입자라고 생각한 때가 있었다. 그러나, 나중에 원자핵은 양전하를 띤 양성자와 전기적으로 중성인 중성자로 구성된 것을 알았고, 그후 핵력을 전달하는 중간자들 뿐 아니라 많은 입자들을 발견하면서, 이것들이 진정한 기본 입자라는 의미에서 **소립자**라고 불렀다. 발견된 입자들을 질량에 따라, 전자와 같이 가벼운 입자들을 **경입자**, 양성자와 같이 무거운 입자들을 **중입자**라 하고, π −중간자와 같이 전자보다 무겁고, 양성자보다 가벼워 그 중간에 속하는 **중간자**로 분류하였다. 그러나 양성자보다 무거운 중간자들이 있고, 경입자 τ는 중입자인 양성자 질량의 약 1.9배 무겁기 때문에, 질량에 따른 분류 방법은 더 이상 의미가 없다. 따라서, 소립자는 상호작용의 종류, 입자의 스핀에 따라 분류한다. 지금까지 알려진 경입자는 비교적 단순하지만, 강입자의 수는 불안정한 입자들까지 합하면 수백 종류가 되기 때문에, 원소의 경우와 같이 강입자들 또한 단순하지 못하다. 더구나 강입자는 내부 구조를 가진 것이 알려졌다, 그러므로 강입자는 진정한 의미의 소립자는 아니다. 대신에 강입자를 기본 입자로 보지 않고, 단순한 몇 개의 기본 요소를 결합하여 강입자를 구성하는 모형이 제시되었다. 경입자를 제외한 소립자도 원소와 같이 기본 입자라는 명예는 없어졌지만, 관습적으로 소립자라고 부르기도 한다.

30.2 자연계에 존재하는 기본적인 힘

이미 배운 바와 같이 모든 자연 현상은 소립자들 사이에 작용하는 네 가지 기본적인 힘에 의해 기술된다. 힘의 세기에 따라 순서대로 쓰면 강력, 전자기력, 약력, 중력이다.

각각의 힘은 매개자 또는 교환입자라 불리는 입자의 교환으로 이해된다. 매개자는 두 입자가 상호작용하는 동안 한 입자에서 방출되어 다른 입자에 의해 흡수된다. 매개자는 운동량과 에너지를 한 입자에서 다른 입자로 교환할 수 있다.

강력은 핵의 크기인 10^{-15} m $(= 1$ fm$)$보다 짧은 범위에서만 핵자들을 뭉쳐있게 하는 강력한 접착제와 같은 역할을 한다. 원자핵, 중입자, 중간자 및 쿼크 등에 작용하는 강력은 글루온에 의해 매개된다. 전자기력은 원자와 분자를 결합하여 보통의 물질을 이루게하고 강력에 비해 대략 10^{-2}배 정도의 세기를 가진다. **전자기력**은 먼거리 작용 힘으로 물체사이의 거리의 제곱에 반비례하며, 광자에 의해 매개된다. **약력**은 중성자 붕괴, 베타 방사능 붕괴, 중성미자 상호작용 등 핵을 불안정하게 만드는 짧은 범위에서만 작용하는 힘으로 세기는 강력의 10^{-6}배 정도이다.
약력을 매개하는 입자는 $W^{\pm}$, Z^0 보존이다. 마지막으로 중력은 태양계, 은하계, 블랙홀 등을 묶어 두는 힘이지만 소립자 사이에서의 효과는 무시된다. 중력은 먼거리 작용힘으로 물체들의 사이 거리의 제곱에 반비례하며, 세기는 강력의 10^{-39}배 정도이다. **중력**을 매개하는 입자는 중력자라 한다. 표 30.1은 자연계에 존재하는 기본적인 힘의 종류, 강력에 대한 상대적인 세기, 작용 범위 및 매개 장입자에 대하여 요약한 것이다.

표 30.1 자연계에 존재하는 기본적인 힘

힘	상대적 세기	작용범위	매개자
강력	1	짧은 범위$(\sim 1\,\text{fm})$	글루온
전자기력	$\sim 10^{-2}$	큰 범위$(\propto 1/r^2)$	광자
약력	$\sim 10^{-6}$	짧은 범위$(\sim 10^{-3}\text{fm})$	$W^{\pm}, Z^0$ 보존
중력	$\sim 10^{-39}$	큰 범위$(\propto 1/r^2)$	중력자

예제 **30.1** 기본 상호작용

다음의 각 항은 중력, 강력, 약력, 전자기력 중 어느 것에 해당하는가?

(1) 원자핵 내부의 결합력
(2) 태양계에서 행성 사이의 상호작용
(3) 베타 붕괴
(4) 분자의 결합력
(5) $K^- + p \rightarrow \Omega^- + K^+ + K^0$
(6) $\Omega^- \rightarrow \Xi + \pi^-$

풀이 (1) 강력
(2) 중력
(3) 약력
(4) 전자기력
(5) 강력
(6) 약력

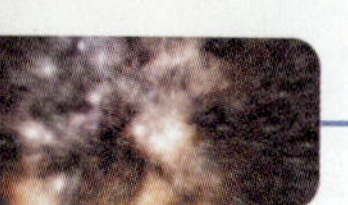

30.3 입자의 분류

입자와 반입자

이론 물리학자 디락(P. A. M. Dirac)은 모든 입자에 대응하는, 질량은 같고 전하의 부호는 반대인 **반입자**의 존재를 1920년대에 예견하였다.

앤더슨(C. D. Anderson)이 1932년에 거품 상자에서 전자처럼 보이나 양의 전하를 가진 입자의 궤적에서 양전자를 발견하였다. 그림 30.1은 거품 상자에 나타난 전자와 양전자 쌍을 보여준다. 쎄그레(E. G. Segre)와 챔벌린(O. Chamberlain)은 1955년에 가속기를 이용하여 반양성자와 반중성자를 생성하였다. 그들은 공로를 인정받아, 디락은 1933년, 앤더슨은 1936년, 쎄그레와 챔벌린은 1959년에 노벨 물리학상을 받았다.

모든 입자에는 질량과 스핀은 같으나, 전하, 자기모우먼트, 기묘도 등의 물리적인 양자수의 크기는 같고 부호가 반대인 반입자가 반드시 존재한다. 중성 입자들까지도 반입자를

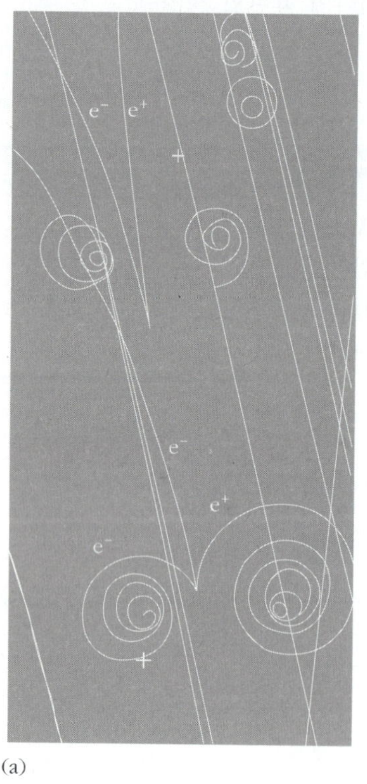

(a)

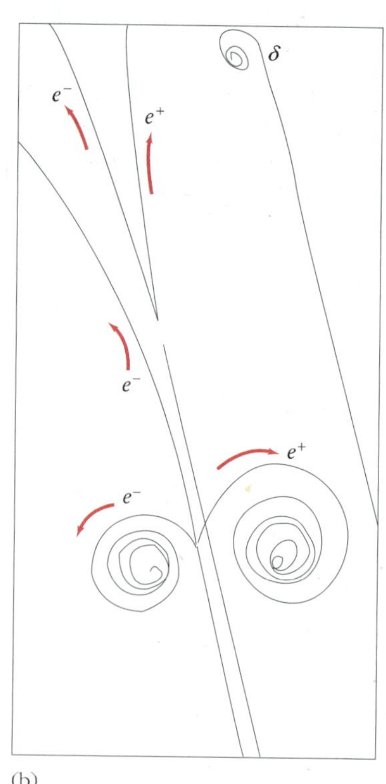

(b)

그림 30.1

(a) 거품 상자 속에 생성된 전자-양전자 쌍. 자기장 안에서 운동하는 전자와 양전자는 반대 방향으로 휘어진다.

(b) 왼쪽 사진의 도형. 점선은 중성 입자의 경로를 나타낸다. 두 개의 전자-양전자 쌍과 수소 원자에서 떨어져 나온 되튐 전자를 볼 수 있다.

가진다. 광자 γ와 중간자 π^0의 물리적인 양자수는 그들의 반입자들이 가지는 양자수와 같으므로 γ와 π^0의 반입자는 각각 입자와 동일하다. 표 30.2는 몇 가지의 입자와 반입자의 명칭과 표기법을 나타낸다.

표 30.2 입자와 반입자

입자		반입자	
전자(electron)	e^-	양전자(positron)	e^+
뮤온(muon)	μ^-	뮤-플러스(mu-plus)	μ^+
양성자(proton)	p	반양성자(antiproton)	$\bar{p}$
중성자(neutron)	n	반중성자(antineutron)	$\bar{n}$
중성미자(neutrino)	ν	반중성미자(antineutrino)	$\bar{\nu}$

입자의 분류

입자들의 특성에 따라 부르는 명칭이 있다. 스핀이 0인 알파 입자와 파이온 등과 스핀이 1인 광자, 중양성자, 글루온 등의 정수 스핀을 가지는 입자들을 **보존**(boson)이라 부르며, 스핀이 1/2인 전자, 양성자, 중성자, ^{3}He 등과 스핀이 3/2인 Ω, ^{55}Fe 등의 반정수 스핀을 가지는 입자들을 **페르미온**(fermion)이라 부른다.

중입자(baryon), 중간자(meson), 쿼크(quark) 등과 같이 강력(또는 강상호작용)에 참여하는 입자들을 강입자(hadron)이라 부른다. 쿼크를 제외한 모든 입자들은 중성이거나 정수의 전하로 되어 있다. 쿼크와 반쿼크는 분수 전하를 가진다. 입자의 명칭들을 표 30.3에 요약하였다.

표 30.3 입자들의 명칭

입자명칭	특성
보존	스핀이 정수(0, 1, 2 ...)인 입자
페르미온	스핀이 반정수$\left(\frac{1}{2}, \frac{3}{2}, \cdots\right)$인 입자
강입자	강한 상호작용을 하는 입자
경입자	전자, 뮤온, 타우, 중성미자들과 그들의 반입자들
쿼크	분수 전하$\left(\pm\frac{1}{3}e, \pm\frac{2}{3}e\right)$성분을 이루며 강한 상호작용을 하는 입자
중간자	쿼크-반쿼크로 얽매인 상태, 보오존
중입자	세 개의 쿼크로 얽매인 상태, 페르미온
파이온	u 쿼크와 d 쿼크로 만들어진 중간자의 일종
케이온	s 쿼크를 포함하는 중간자의 일종

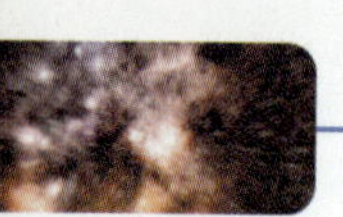

전자기력을 매개하는 광자를 제외한 입자들을 표 30.4와 같이 경입자(lepton)와 강입자로 분류한다. 경입자, 중간자 및 중입자의 명칭은, 질량이 가벼운 입자, 중간의 질량을 가진 입자 및 무거운 입자라는 의미에서 시작되었지만, 지금은 스핀과 참여하는 상호작용의 종류에 따라 분류한다. 광자는 질량이 없고 안정하며, 스핀이 1이고 전자기력에 참여한다. 따라서 광자는 경입자와 강입자와는 다른 종류로 분류한다.

경입자는 전자기력이나 약력(또는 약상호작용)에 참여하고 강상호작용에는 참여하지 않는다. 모든 경입자는 스핀이 1/2인 페르미온이다.

표 30.4 입자들의 분류

분류	이름	입자	반입자	중입자수	기묘도	정지질량 (MeV/c2)
경입자	전자	e^-	e^+	0	0	0.511
	전자 중성미자	ν_e	$\bar{\nu}_e$	0	0	<7 eV/c2
	뮤온	μ^-	μ^+	0	0	105.7
	뮤온 중성미자	ν_μ	$\bar{\nu}_\mu$	0	0	<0.3
	타우	τ^-	τ^+	0	0	1784
	타우 중성미자	ν_τ	$\bar{\nu}_\tau$	0	0	<30
강입자						
중간자	파이온	π^+	π^-	0	0	139.6
		π^0	$\bar{\pi}^0$	0	0	135.0
	케이온	K^+	K^-	0	+1	493.7
		K_S^0	$\bar{K}_S^0$	0	+1	497.7
		K_L^0	$\bar{K}_L^0$	0	+1	497.7
	에타	η	η	0	0	548.8
		η'	η'	0	0	958
중입자	양성자	p	$\bar{p}$	+1	0	938.3
	중성자	n	$\bar{n}$	+1	0	939.6
	람다	Λ^0	$\bar{\Lambda}^0$	+1	−1	1115.6
	시그마	Σ^+	$\bar{\Sigma}^+$	+1	−1	1189.4
		Σ^0	$\bar{\Sigma}^0$	+1	−1	1192.5
		Σ^-	$\bar{\Sigma}^-$	+1	−1	1197.3
	크시	Ξ^0	$\bar{\Xi}^0$	+1	−2	1315
		Ξ^-	Ξ^+	+1	−2	1321
	오메가	Ω^-	Ω^+	+1	−3	1672

중간자는 약상호작용과 전자기상호작용을 통하여 붕괴된다. 또한 강상호작용의 영향을 받는다. 모든 중간자의 스핀은 0이거나 정수이다. 표 30.4에 기술한 것 외에도 강상호작용으로 붕괴하는 수명이 짧은 중간자들이 많이 있다.

중입자는 핵자인 양성자(p)와 중성자(n) 및 **초입자**(hyperon)라 부르는 람다(Λ), 시그마(Σ), 크시(Ξ), 오메가(Ω) 등이 있다. 모든 중입자는 강상호작용만을 하며, 스핀은 1/2이거나 3/2이다. 표 30.4에 주어진 것 외에도 핵자보다 무겁고, 강한 상호작용으로 붕괴하는 수명이 짧은 중입자들이 많이 있다.

30.4 입자 세계의 보존법칙

입자 세계에서 반응이 일어날 때, 그 반응에 포함된 입자에 따라, 경입자수, 중입자수 및 기묘도가 붕괴 전후에 같은 값을 가질 때, 보존법칙이 성립된다고 말한다. 입자 반응은 반드시 이러한 보존법칙이 성립되는 경우만 허용되며, 보존 법칙이 성립되지 않는 반응은 금지된다.

경입자수 $L(L_e, L_\mu, L_\tau)$

경입자는 (e^-, ν_e), (μ^-, ν_μ), (τ^-, ν_τ)의 세 가지 쌍이 있으며, 표 30.5와 같이 각 쌍은 전자 경입자수 $L_e = +1$, 뮤온 경입자수 $L_\mu = +1$, 타우 경입자수 $L_\tau = +1$의 값을 가진다. 각각의 쌍에 대응되는 $(e^+, \bar{\nu}_e)$, $(\mu^+, \bar{\nu}_\mu)$, $(\tau^+, \bar{\nu}_\tau)$의 반입자 쌍은, 입자-반입자에서 말한 바와 같이 반대 부호의 경입자 수를 가진다. 붕괴 반응식에 포함된 경입자가 한 종류일 때에는 경입자수를 단순히 L로 표시할 수 있다. 경입자 e^-나 e^+가 포함된 붕괴 반응에는 중성미자 ν_e 나 $\bar{\nu}_e$가 반드시 수반되어야 하며, 마찬가지로 μ^-, μ^+가 포함된 붕괴 반응에는 중성미자 ν_μ나 $\bar{\nu}_\mu$가 수반되고, τ^- 나 τ^+가 포함된 붕괴 반응에는 중성미자 ν_τ나 $\bar{\nu}_\tau$가 수반되어야 한다. 중성미자 또는 반중성미자는 경입자수가 닫힌 계에서 ΣL이 일정하도록 선택한다.

표 30.5 경입자수

경입자	L_e	L_μ	L_τ
e^-, ν_e	1	0	0
e^+, $\bar{\nu}_e$	−1	0	0
μ^-, $\bar{\nu}_\mu$	0	1	0
μ^+, ν_μ	0	−1	0
τ^-, ν_τ	0	0	1
τ^+, $\bar{\nu}_\tau$	0	0	−1

예제 **30.2** 경입자수 보존 점검

경입자수 보존법칙에 따라 다음의 붕괴 반응식이 가능한지 점검하여라.

(1) $e^- + p^- \rightarrow n + \nu_e$

(2) $n \rightarrow e^- + e^+$

(3) $\mu^- \rightarrow e^- + \bar{\nu}_e + \nu_\mu$

(4) $\pi^+ \rightarrow \mu^+ + \nu_\mu + \nu_e$

풀이 붕괴 반응 (1)의 경입자수는, 붕괴 전에는 $L_e = 1 + 0 = +1$, 붕괴 후에는 $L_e = 0 + 1 = +1$로 같은 값을 가지므로 허용되는 반응이다. 붕괴 반응 (2)는 붕괴 전후의 경입자수가 0으로 같지만, e^-에 수반되어야 하는 $\bar{\nu}_e$ 와 e^+에 수반되어야 하는 ν_e가 없기 때문에 금지되는 반응이다. 붕괴 반응 (3)은 붕괴 전후의 L_μ와 L_e 값이 보존되므로 허용된다. 붕괴 반응 (4)는 L_e 값이 보존되지 않기 때문에 금지된다.

중입자수 B

하드론의 상호작용을 결정하는 중요한 경험적인 법칙이 확립되었다. 그 규칙은 페르미온은 반페르미온과 함께 생성되거나 소멸되든지, 또는 다른 페르미온으로 붕괴되어야 한다.

중입자(p, n, L, D, Σ, Ξ, Ω, …)에는 중입자수 $B = +1$을, 반중입자($\bar{p}$, $\bar{n}$, $\bar{\Lambda}$, $\bar{\Delta}$, $\bar{\Sigma}$, $\bar{\Xi}$, $\bar{\Omega}$, …)에는 중입자수 $B = -1$, 보존인 중간자에는 $B = 0$을 규정하면, 중입자수가 닫힌계에서 ΣB이 일정한 붕괴 반응은 허용된다.

예제 **30.3** 중입자수 보존 점검

중입자수 보존법칙에 따라 다음의 붕괴 반응식이 가능한지 점검하여라.

(1) $\pi^- + p \rightarrow \pi^0 + n$

(2) $p \rightarrow \pi^+ + \pi^0$

(3) $\Lambda + p \rightarrow \pi^+ + K^- + p + n$

(4) $p + p \rightarrow n + p + p + \bar{p} + \pi^+$

풀이 붕괴 반응 (1)의 붕괴 전에는 $B = 0 + 1 = 1$, 붕괴 후에는 $B = 0 + 1 = 1$로 같은 값을 가지므로 허용되는 반응이다. 붕괴 반응 (2)는 페르미온 p가 단독으로 소멸될 수 없기 때문에 금지되는 반응이다. 물론, 중입자수도 $1 \rightarrow 0$으로 보존되지 않는다. 붕괴 반응 (3)은 $1+1 \rightarrow 0+0+1+1$으로 붕괴 전후의 B 값이 보존되므로 허용된다. 붕괴 반응 (4)도 $1+1 \rightarrow 1+1+1-1+0$으로 붕괴 전후의 B 값이 보존되므로 허용된다.

기묘도 S

K와 같은 어떤 입자들은 오직 다른 일정한 입자들과 함께 생성된다. 이와 같은 상호작용을 분류하기 위하여, 각각의 강입자에 **기묘도**(strangeness)라는 새로운 양자수 S를 표 30.6과 같이 규정하여 경험적인 법칙을 확립하였다. 강상호작용과 전자기 상호작용에서는 기묘도가 닫힌 계에서 $\sum S$이 일정한 붕괴 반응만 허용된다. 그러나, 약상호작용에서는 기묘도 보존 법칙이 성립되지 않는다.

표 30.6 기묘도

강입자	S
K^+, K^0	+1
K^-, $\overline{K}^0$, Λ^0, Σ^+, Σ^-, Σ^0	−1
Ξ^-, Ξ^0	−2
Ω^-	−3
p, n, π, η	0

30.4 기묘도 보존 점검

기묘도 보존법칙에 따라 다음의 붕괴 반응식이 가능한지 점검하여라.

(1) $\pi^- + p \to K^- + p$

(2) $\pi^- + p \to K^+ + \Sigma^-$

(3) $K^+ + p \to K^- + \Xi^0 + \pi^+$

(4) $K^0 \to \pi^+ + \pi^-$

풀이 붕괴 반응 (1)의 붕괴 전에는 $S = 0 + 0 = 0$, 붕괴 후에는 $S = -1 + 0 = -1$로 금지되는 반응이다. 붕괴 반응 (2)는 $0 + 0 \to +1 - 1$이므로 허용되는 반응이다. 붕괴 반응 (3)은 $1 + 0 \to -2 + 0$으로 붕괴 전후의 S 값이 보존되지 않고 금지된다. 붕괴 반응 (4)는 $+1 \to 0 + 0$으로 붕괴 전후의 S 값은 보존되지 않지만, 약상호작용이므로 가능하다.

30.5 쿼크 모형

한때 기본 입자로 생각했던 소립자 중에서 강입자의 수가 기본 입자의 단순함을 벗어나자, 강입자의 특성을 분류하는 새로운 모형들이 제시되었다. 그 중에서 1963년에 겔만(M. Gell-Mann)과 쯔바익(G. Zweig)이 독립적으로 연구하여, 강입자가 내부 구조를 가진 입자라고 제안하였다. 겔만은 강입자의 내부 구조를 형성하는 기본입자를 쿼크(quark)라고 이름지었다. 쿼크 모형이 기본 입자의 조건을 가장 잘 만족시키고, 쿼크가 물질의 실제 구성 요소임을 입증하는 많은 실험적인 증거들이 있다. 이론적으로 도입된 기본 입자인 쿼크는 독립적으로 발견되지 않고, 소립자의 내부 구성 요소로써 간접적으로 확인된다. 겔만은 1969년에 노벨 물리학상을 받았다.

쿼크 이론에서 초기에는 위쿼크(u; up), 아래쿼크(d; down) 및 야릇한쿼크(s; strange)의 세 가지로 제한되었으나, 계속적으로 새로운 소립자들이 발견되면서 맵시쿼크(c; charmed), 바닥쿼크(b; bottom) 및 꼭대기쿼크(t; top)가 추가되었다. 쿼크의 몇 가지 특성을 표 30.7에 요약하였다. 표에 나타낸 쿼크의 특성 중에서 두드러진 것은, 쿼크의 전하량이 $+\frac{2}{3}e$나 $-\frac{1}{3}e$와 같이 분수 전하량을 가지는 것이다. 또 위쿼크와 아래쿼크는 가볍고, 야릇한쿼크와 맵시쿼크는 중간이고, 바닥쿼크와 꼭대기쿼크는 무겁다. 각각의 쿼크(u, d, s, c, b, t)와 쌍을 이루는 반쿼크($\bar{u}$, $\bar{d}$, $\bar{s}$, $\bar{c}$, $\bar{b}$, $\bar{t}$)가 존재하며, 반쿼크의 전하량과 중입자수 및 기묘도는 대응되는 쿼크와 크기는 같고 반대 부호를 가진다.

상징적으로 쿼크의 종류를 맛깔(flavor)이라 하고, 각각의 맛깔에는 빛의 삼원색인 빨강(R), 초록(G), 파랑(B)의 색깔(color)이 있다. 맛깔을 요리의 재료라고 가정하고, 다음과 같은 제한을 둔다. 중간자는 두 개의 쿼크로, 중입자는 세 개의 쿼크로 만들고, 음식의 색은 무채색(백색)이어야 한다. 따라서 중간자는 그림 30.2 (a), (b)와 같이 빨강 쿼크와 반빨강 쿼크, 초록 쿼크와 반초록 쿼크, 또는 파랑 쿼크와 반파랑 쿼크와 같이 쿼크-반쿼크($q\bar{q}$)의 조합으로 주어진다. 또 중입자는 그림 30.2 (c), (d)와 같이 빨강 쿼크, 초록 쿼크 및 파랑 쿼크가 각각 하나씩 섞인 쿼크(qqq)의 조합으로 구성된다.

표 30.7 쿼크의 몇 가지 특성

이름	기호	질량MeV	스핀	전하량	중입자수	기묘도
위(up)	u	~4.5	$\frac{1}{2}$	$+\frac{2}{3}e$	$\frac{1}{3}$	0
아래(down)	d	~8.5	$\frac{1}{2}$	$-\frac{1}{3}e$	$\frac{1}{3}$	0
기묘(strange)	s	~155	$\frac{1}{2}$	$+\frac{2}{3}e$	$\frac{1}{3}$	−1
맵시(charmed)	c	~1400	$\frac{1}{2}$	$-\frac{1}{3}e$	$\frac{1}{3}$	0
바닥(bottom)	b	~4,500	$\frac{1}{2}$	$+\frac{2}{3}e$	$\frac{1}{3}$	0
꼭대기(top)	t	~175,000	$\frac{1}{2}$	$-\frac{1}{3}e$	$\frac{1}{3}$	0

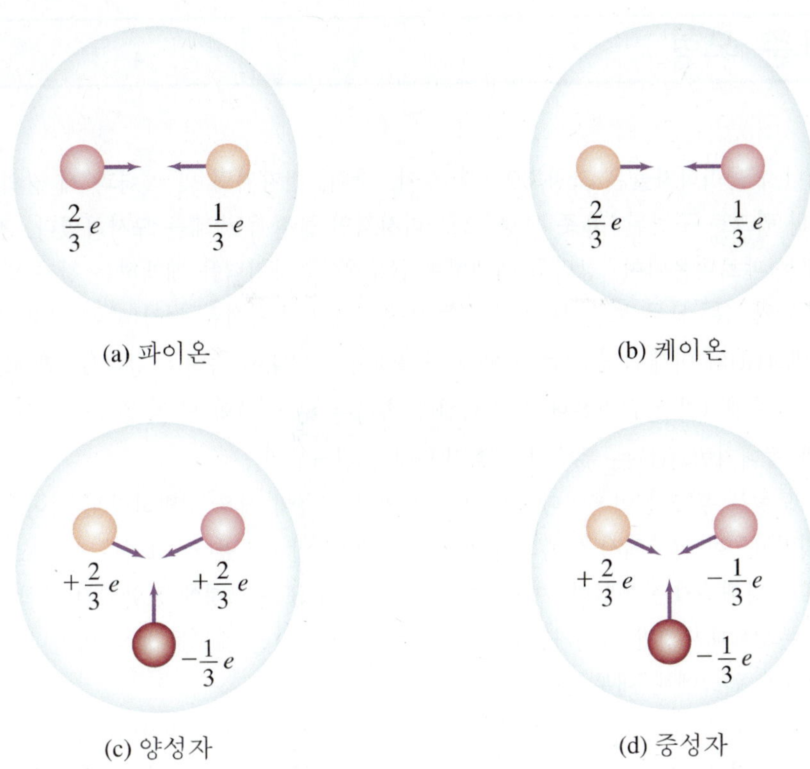

그림 30.2
(a), (b) 색깔 쿼크와 반색깔 쿼크는 서로 강하게 끌어당겨 ($q\bar{q}$)구조의 무채색 중간자를 만든다.
(c), (d) 각각 빛의 삼원색인 세 개의 쿼크는 서로 강하게 끌어당겨 (qqq)구조의 무채색 중입자를 만든다.

표 30.4에 표시된 중간자 중에서 파이온과 에타(η)는 기묘도가 0이며, 야릇한쿼크(s)나 반야릇한쿼크($\bar{s}$)를 포함하지 않고, 가벼운 쿼크(u, d) 하나와 가벼운 반쿼크($\bar{u}$, $\bar{d}$) 하나로 구성된다. 또 다른 에타(η')의 기묘도 역시 0이지만 중간 질량의 기묘 쿼크와 반기묘 쿼크의 조합($\bar{s}$)을 포함한다. 중간자 케이온의 기묘도는 +1이며, 가벼운 쿼크(u, d) 하나와 중간 질량의 반기묘 쿼크($\bar{s}$)로 구성된다. 양성자와 중성자의 기묘도는 0이며, 가벼운 쿼크(u, d) 세 개로 구성되고, 나머지 중에서 기묘도가 −1인 중입($\Lambda^0, \Sigma^+, \Sigma^0, \Sigma^-$)는 가벼운 쿼크 두 개와 중간 질량의 기묘 쿼크 하나로 구성된다. 기묘도가 −2인 중입자(Ξ^0, Ξ^-)는 가벼운 쿼크 한 개와 중간 질량의 기묘 쿼크 두 개로 구성되며, 기묘도가 −3인 중입자(Ω^-)는 중간 질량의 기묘 쿼크 세 개(sss)로 구성된다.

30.6 표준 모형

고에너지 물리학자들은 그림 30.3과 같이, 강력, 전자기력 및 약력과 세 쌍의 경입자와 세 쌍의 쿼크로 구성된 "**표준 모형**"으로 미시적인 물질적 세계를 묘사하였다. 경입자와 쿼크는 모두 페르미온이며, 강력을 매개하는 글루온, 전자기력을 매개하는 광자 및 약력을 매개하는 W와 Z는 모두 보존이다. 구성 물질 중 1세대에 속하는 전자(e)와 전자 중성미자(ν_e), 위쿼크(u)와 아래쿼크(d)는 보통의 물질에서, 2세대에 속하는 뮤온(μ)과 뮤온 중성미자(ν_μ)는 고에너지 상호작용에서, 3세대에 속하는 타우(τ)와 타우 중성미자 (ν_τ), 바닥쿼크(b)와 꼭대기쿼크(t)는 우주의 상호작용에서 관찰된다.

표준 모형은 훌륭한 이론이다. 이 모형에 의한 예측이 매우 정확하다는 것이 실험적으로 증명되었고, 이 이론에서 예측되는 모든 입자들이 발견되었다. 그러나 이 표준 모형이 모든 것을 설명해주지는 못한다. 예를 들면, 중력은 왜 표준 모형에 포함되지 못할까? 경입자와 쿼크는 3세대까지만 있는가? 왜 꼭대기 쿼크(t)는 다른 쿼크들 보다 엄청나게 무거운가? 경입자와 쿼크에는 내부 구조가 없을까?

글래쇼우(S. L. Glashow), 살람(A. Salam)과 와인버그(S. Weinberg)는 1967년에 약력과 전자기력을 통합하는 이론을 발표하였고, 그 공로를 인정받아 1979년에 노벨상을 수상하였다. 통합 이론의 다음 단계는 강력, 약력 및 전자기력을 하나로 결합시키는 **대통일 이론**(grand unification theory: GUT)을 완성시키는 것이다.

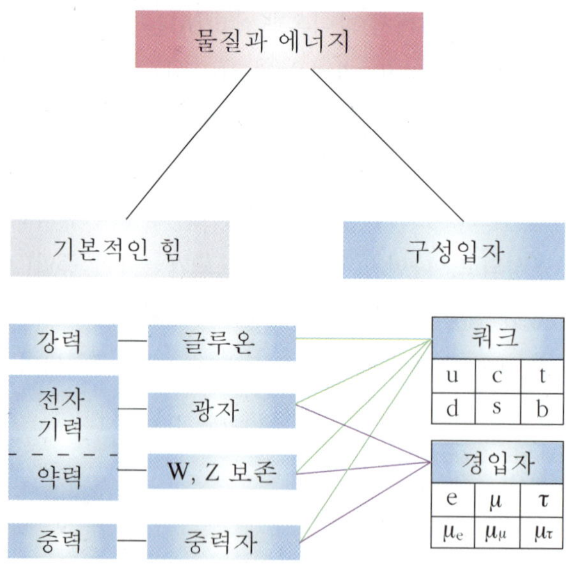

그림 30.3 입자 세계의 표준 모형

30.7 우주의 탄생

태초에 우주는 에너지 밀도가 무한히 높은 한 질점에서 **대폭발**(Big Bang)이라 불리는 급격한 단열팽창으로 탄생했다. 대폭발 후의 최초 10^{-43}초 동안 우주에는 한 가지 기본 상호작용만 있었다. 시간이 $t \approx 10^{-43}$s 일 때 생성된 우주의 온도는 $T \approx 10^{32}$K 인 초고온이어서 쿼크, 렙톤, 게이지 보존과 아직은 발견되지 않은 힉스 입자, 중력자 등의 모든 형태의 입자들과 그들의 반입자들은 같은 비율로 생성되고 소멸되는 열평형 상태에 놓여있었다. 이들은 광자와 공존하였다. 우주 탄생 시 한 가지 힘으로 통합되었던 약력, 전자기력, 강력, 중력 중에서 상전이를 통하여 중력이 분리되었다. 나머지 세 가지의 힘은 여전히 통합되어 있었다.

$t \approx 10^{-32}$s 에 다른 상전이를 통하여 강력이 분리되었고, 물질의 양이 반물질의 양보다 근소하게 초과하게 되었다. 10억분의 1 수준인 이 근소한 초과는 반물질보다 물질이 우세한 것을 관측하기에 충분한 것이다. 이 때의 온도는 쿼크가 응집되어 중성자나 양성자를 형성하기에는 너무 높기 때문에 쿼크 글루온 플라즈마 형태로 존재하였다.

$t \approx 10^{-10}$s 일 때 온도는 $T \approx 10^{15}$K 로 떨어지면서 약력이 분리되고, 비로소 네 가지 힘의 작용이 구별되었다. 반쿼크는 쿼크와 함께 소멸되어 물질로 되고, W와 Z 보존이 붕괴된다. 일반적으로 흑체복사에서 나오는 광자가 입자-반입자 쌍을 생성하기에 충분한 에너지가 되지 못하는 값으로 온도가 떨어질 때 불안정하고 무거운 입자들은 사라졌다.

$t \approx 10^{-4}$s 일 때 온도는 $T \approx 10^{13}$K 이며, 이 때 우주의 크기는 우리의 태양계 크기 정도로 확장되었다. 온도가 떨어지면서 쿼크-반쿼크 소멸이 멈추고 남은 쿼크는 양성자와 중성자로 결합되었다.

$t = 1$s, $T \equiv 10^{10}$K 일 때 중성미자는 상호작용에 참여하지 않는 비활성으로 되었고, 전자와 양전자는 함께 소멸된 후에 다시 생성되지 않고 여분의 전자들만 남게되어 중성자-양성자의 비율이 50 : 50에서 25 : 75로 바뀌었다.

약 3분이 지나가면서 낮아진 10^9K의 온도에서는 충분히 원자핵이 형성될 수 있었다. 이 때의 조건은 별의 내부 또는 열핵폭탄 내부의 상황과 비슷하다. 그러나 이 때의 온도는 아직도 원자와 전자를 형성하기에는 너무 높다. 삼십만 년이 흘러 온도는 6,000K 정도가 되면서 전자가 원자핵에 달라붙게 된다. 수소, 헬륨, 리튬의 원자들이 생성된다. 이 때부터 우주가 빛에 대해 투명해지기 시작했다.

십억 년이 지나가면서 온도가 18K로 되면서 은하가 형성되었고, 대폭발 후 백오십억 년이 지난 현재 우주의 평균온도는 3K이다. 현재에 이르러 원자들이 결합하여 분자를 형성하고 생명체와 인류가 출현하였다. 지금도 우주는 계속 팽창하고 있다. 사람의 관점에서 볼 때 대단히 짧은 시간에 네 가지 상호작용과 모든 입자들이 생성되었다.

연습문제

EXERCISES

1 에너지와 질량 사이의 변환 요소가 1.000 MeV $\equiv 1.783 \times 10^{-30}$ kg임을 증명하라.

2 정지해 있는 중성의 파이온이 두 개의 광자 $(\pi^0 \rightarrow \gamma + \gamma)$로 붕괴될 때, 광자의 에너지, 운동량 및 주파수를 구하라.

3 다음의 반응들은 하나 이상의 중성미자를 포함하여야 한다. 빠진 중성미자를 첨가하라.

(a) $\pi^- \rightarrow \mu^- + ?$

(b) $K^+ \rightarrow \mu^+ + ?$

(c) $? + p \rightarrow n + e^+$

(d) $? + n \rightarrow p + e^-$

(e) $? + n \rightarrow p + \mu^-$

(f) $\mu^- \rightarrow e^- + ? + ?$

4 다음의 경입자 붕괴 반응이 가능할까? 아니면 불가능할까? 그 이유를 설명하라.

$$e^- \rightarrow \mu^- + \bar{\nu}_\mu + \nu_e$$

5 그리스어로 나눌 수 없다는 뜻을 가진 'atom'과 가벼운 질량의 입자라는 뜻을 가진 'lepton'은 틀린 이름이다. 왜 그럴까?

6 다음의 어떤 반응에서 중입자수가 보존되는가?

(a) $p \rightarrow p^+ + p^0$

(b) $\pi^- + p \rightarrow \pi^0 + n$

(c) $\Lambda + p \rightarrow \pi^+ + K^- + p + n$

(d) $p + p \rightarrow n + p + p + \bar{p} + \pi^+$

7 다음의 어떤 반응에서 기묘도가 보존되는가?

(a) $\Lambda^0 \rightarrow p + \pi^-$

(b) $\pi^- + p \rightarrow \Lambda^0 + K^0$

(c) $\pi^- + p \rightarrow \pi^- + \Sigma^+$

(d) $\Xi^0 \rightarrow \Lambda_0 + \pi^-$

(e) $K^- + p \rightarrow K^+ + \Xi^0 + \pi^-$

(f) $K^- + p \rightarrow K^+ + K^0 + \Omega^-$

부록

• 물리학의 최근 동향

물리학의 최근 동향

17세기 후반 뉴턴이 등장한 이후, 물리학은 수학적으로 엄밀한 과학으로서 기초과학의 주춧돌이 되어 왔다. 뉴턴의 역학 이론은 당시까지 무질서해 보이던 많은 자연 현상들을 몇 개의 아주 기초적인 법칙들로부터 설명할 수 있었으며, 자연을 하나의 커다란 기계장치로 보는 기계론적 사고방식을 창출하게 되었다. 뉴턴 이후 지난 300 여년 동안 물리학은 질량을 가진 물체 사이에 작용하는 중력상호작용, 전하를 띤 물체 사이에 작용하는 전자기상호작용, 핵을 강하게 묶어주는 강한 상호작용, 핵의 붕괴현상과 관련된 약한 상호작용의 네가지 상호작용이 일어나는, 작게는 원자 수준 이하의 세계부터 크게는 우주 전체를 연구 대상으로 했다. 이처럼 물리학은 자연현상을 지배하는 기본법칙을 규명하는 것을 기본 바탕으로 삼고 주변에서 일어나는 자연현상을 지배하는 기본법칙을 규명하는 것을 기본바탕으로 삼고 주변에서 일어나는 자연현상을 합리적이고 논리적으로 설명하고 예측할 수 있는 학문으로 발전해 왔다.

20세기 초반에 정립된 상대성이론과 양자역학은 인간의 기존 사고양식에 엄청난 변화를 일으켰으며, 또한 이에 기초를 둔 산업기술의 비약적인 발전으로 인간의 생활양식도 급격한 변화를 맞이하는 계기가 되었다. 이와 같이 물리학에서의 위대한 발견들은 물질문명뿐만 아니라 정신문명에도 지대한 영향을 미쳐왔다.

20세기 말에는 과학은 크게 세 분야에서 괄목할 만한 성과를 이뤘다. 먼저 양자역학을 통해 물질의 기본이 되는 원자의 신비를 밝혔다. 이 양자역학을 근간으로 한, 독자적인 분자생물학의 발달은 생명현상을 파악할 수 있는 생명체들의 유전자 정보를 모두 밝혀낼 수 있게 했다. 또한 과학과 공학 계산을 빠르게 수행할 수 있는 전자컴퓨터를 보유하면서 비선형 현상과 관련된 복잡계에 대한 분석도 가능해졌다.

20세기 들어 급속도로 팽창한 물리학 분야는 세분화되기 시작했으며, 또한 전문화되어 왔다. 즉, 입자물리학, 원자핵물리학, 응집물질물리학, 응용물리학, 열 및 통계물리학, 플라즈마물리학, 광학 및 양자 전자학, 원자 및 분자물리학, 반도체물리학, 천체물리학으로 세분화되어 발전하여 왔다. 따라서 자연현상을 이해하려는 물리학자들의 노력은 결집되지 못하고 흩어지게 되었다. 21세기에는 세분화된 분야들의 뿌리를 다시 점검해 보고 공통된 새로운 시각을 찾아내기 위한 노력이 생기기 시작하였으며, 또한 인간사회에 이미 깊숙히 영향을 미치고 있는 고도화된 물질문명은 물리학자들이 특수한 산업분야에 직접 응용될 수 있는 보다 실용적인 문제에 눈을 돌리도록 요구하게 되었다. 이러한 시대적 요구에 부응하여, 21세기에 들어오면서부터 물리학은 다시 통합의 길을 걷기 시작했으며, 나노기술과 같은 총체적 주제를 통해 물리학 내에서 뿐 아니라 생명기술과 정보기술 분야까지도 포함해 급속히 통합의 길을 가고 있다. 나노기술은 크기가 작기 때문에 발생하는 양자역학적 원리를 근간으로 하고 있다.

나노기술(nano technology, IT)이란 100 나노미터보다 작은 크기의 소자를 만들고 제어하는 기술이며, 크기가 작기 때문에 발생하는 양자역학적 원리를 이용하는 것이다. "지구 : 동전 = 동전 : 나노" 이것은 나노 세계가 얼마나 작은지 단적으로 설명하는 공식이다. 지구를 눌러서 지름을 동전만한 크기로 만들었다면, 그 동전을 다시 똑 같은 힘으로 눌러야 원자 3~4개를 합쳐놓은 크기인 1 나노미터가 된다. 오랫동안 이런 극미세 세계는 인간의 손이 닿지 않는 곳으로 여겨졌다. 1981년 과학자들은 마침내 STM(scanning tunnel microscopy) 기술을 이용해 원자크기의 IBM이라는 글씨를 새겨 넣음으로써 극미세 세계의 접근은 가능하게 되었다.

크기가 작아진다면 재료공학, 전자 전기공학, 컴퓨터공학, 기계공학 등의 응용학문분야에서 아주 놀라운 결과들이 나올 수 있을 것이다. 그러나 다루는 물질의 크기 외에 한가지 더 중요한 것이 있다. 바로 새로운 특성, 물리화학적 성질을 이용하는 것이다. 원자(분자) 한 개 또는 몇 개로 구성된 물질이라면 100 나노미터 이상인 크기의 물질에서 보기 어려운 성질들이 나타난다. 그리고 이 새로운 물리화학적 성질 때문에 상상하기 어려웠던 소자나 기계를 개발할 수 있으며 더 나아가 새로운 패러다임을 가진 세계를 기대할 수 있는 것이다. 물질의 크기가 작기 때문에 나타나는 성질들, 그것들을 찾고 응용하여 새로운 개념의 재료 또는 소자 등을 개발하는 것 이것이 나노기술이다.

나노기술의 의미와 기대되는 혜택들을 고려해볼 때 원자 조작기술은 장래 나노기술연구의 성공 여부를 결정하는 가장 중요한 기술이다. 나노조작이라 함은 단순히 원자의 위치를 이동시키는 것만을 의미하는 것이 아니라 물리화학적 특성도 함께 조작하는 의미로 해석되어야 할 것이다. 나노입자는 대개 수십 개에서 수백 개의 원자 또는 분자들의 모임이기 때문에 마이크론 크기(10^{-6}m)에서 나타나지 않는 특이한 전자적, 광학적, 전기적, 자기적, 화학적, 기계적인 특성들이 기대되기 때문에 나노입자 제조 및 응용 기술이 각광을 받고 있다. 예컨대, 입자를 구성하는 원자 혹은 분자의 수가 적을수록 표면원자의 수는 내부에 있는 원자의 수와 비교하여 상대적으로 증가하게 되어 체적특성은 감소하고 표면특성이 증가하는 효과와 모세관 효과가 강하게 나타난다.

1946년 개발된 최초의 컴퓨터 에니악은 한번 전원을 연결하면 주변 필라델피아 지역의 전기가 전부 나갈 정도였다. 속도는 지금 PC의 80만분의 1에 불과했지만 크기는 어마어마했다. 반도체 기술의 발달로 컴퓨터는 손안에 들어올 정도로 작아졌지만 현재와 같은 기술로는 곧 한계점에 다다른다. 4~5년 후면 반도체를 더 이상 미세화 하는 것이 불가능하기 때문이다. 나노기술은 이러한 문제점을 해결해 줄 것이다. 기존의 반도체는 수천 개의 전자가 이동함으로써 작동한다. 하지만 나노기술을 이용하면 원자나 전자 하나하나에 정보를 저장하고 재생하는 것이 가능하다. 이렇게 크기가 작아지면 에너지효율이 증가한다. 원자나 전자는 움직이고 작동하는 데 에너지가 거의 소비되지 않는다. 또 원자나 전자에 정보를 저장하는 미래의 컴퓨터는 고장이 났을 경우에도 완전히 재생이 가능하다. 어떤 부품이건 원자 단위까지 분해해서 완벽하게 다른 부품으로 재조립할 수 있기 때문이다.

나노기술은 비단 컴퓨터 분야에만 적용되는 것은 아니다. 물리학, 화학, 전자공학, 생명공학 등 과학의 전 분야를 뒷받침해주는 기반 기술이 되고 있다. 나노기술을 퓨전 과학으로 지칭하는 이유도 이 때문이다. 그만큼 연구 범위도 다양하다. 우선 나노기술로 DNA를 분석하는 방법이 개발되고 있다. 몸속에 내장돼 정확한 시간에 정확한 양의 약물을 내보내는 나노크기의 상자도 개발 중이다. 즉 질병이 발생한 부위에서 뚜껑이 열려 나노 혹은 피코(pico : 1조 분의 1) 리터 단위까지 약물을 조절해 분비하는 것이다. 또 몸속에서 특정 병균만은 잡을 수 있는 나노 덫 개발이나, 혈관 속을 돌아다니는 종양제거로봇, 눈에 보이지 않게 적군의 특정 부위만을 공격하게 만드는 나노 병사의 등장도 가능하다. 나노기술이 인체와 결합될 때 그 효용성은 더욱 커진다. 나노 칩을 뇌에 삽입함으로써 컴퓨터와 인간의 지능을 하나로 통합할 수 있다.

숯을 분해해 다이아몬드를 만든다? 나노기술의 측면에서 접근하면 가능한 이야기다. 숯과 다이아몬드는 똑같은 탄소원자로 만들어져 있다. 나노기술이 발달로 원자를 분해하고 제어하는 것이 자유로워지면 숯을 자동으로 다이아몬드로 만드는 전자레인지가 등장할 수도 있다. 또 이 전자레인지는 특정 제품을 만드는 데 필요한 "레시피(recipe)"를 받아 탄소 3g, 산소 5g 등 필요한 원료를 취합해 바로 해당 제품을 만들어 내는 것도 가능할 것이다. 즉, 나노기술은 과학기술의 부흥을 뜻한다.

기존의 거대한 우주선은 에너지 조달이 가장 큰 걸림돌이었다. 나노크기 우주선을 제조하면 에너지 고갈의 우려 없이 우주탐험이 쉽고 간단해진다.

현재 나노기술의 최대 난제는 상온에서 안정적인 상태의 나노 물질을 만들지 못하고 있다는 것이다. IBM 연구소 아이글러 박사가 1990년 니켈 금속판 위에 크세논 원자를 하나씩 늘어놓아 "IBM" 로고글자를 새긴 것은 나노기술의 대표적 성공 사례이지만, 극저온에서나 가능한 일이었다. 상온에서 원자 하나하나를 안정적으로 배열하는 것은 미완의 기술이다. 나노물질을 효율적으로 대량 생산하는 방법도 찾아야 한다. 어떠한 방법으로 나노물질을 제조하든지 간에, 현재 수준으로는 나노물질을 만드는 데 들어가는 비용이 엄청나다. 나노기술로 얻는 이익이 비용보다 크지 않으면 기술은 무용지물일 수밖에 없다. 나노부품들을 기존의 다른 부품, 시스템과 연결시키는 것도 해결해야 할 과제이다.

물질이 나노미터(nm=10억분의 1m) 수준으로 작아지면 거시세계에서는 볼 수 없는 특이한 물리 화학적 성질을 나타낸다. 그런데 물질이 나노 크기의 입자가 되면 독성이 강해진다는 연구 결과가 나와 나노기술의 미래를 어둡게 하고 있다. 듀폰사 연구팀도 비슷한 실험을 한 결과 폐에서 나노튜브가 응집하면서 기관지 튜브를 막아서 쥐가 질식사했다. 영국 리버풀대의 독성학자인 비비언 하워드 교수는 "나노입자는 물질 자체의 독성보다 크기가 작아질수록 표면적이 상대적으로 넓어지면서 생체조직에 대한 반응성이 증가해 독성이 생기는 것으로 보인다."고 밝혔다. 게다가 나노 입자는 폐뿐 아니라 소화기관, 피부를 통해 세포와 중추신경계에까지 침투할 수 있다는 게 문제이다. 그러나 이에 대한 신중한 검토 없이 벌써 썬크림이나 화장품의 원료로 나노입자가 쓰이고 있다는 것이다. 미국 라이스대 나노기술환경생물센터 비키 콜빈 소장은 "자연계에 존재하는 무기물질은 너무 커서 세포나 조직에 침투하지 못하지만 인공의 나노 입자는 어디든 들어올 수 있다"고 말했다. 과학자들은 지금까지 나온 연구결과만 갖고 나노입자를 규제하기는 어렵다고 보고 있다. 하지만 캐나다의 민간단체인 ETC그룹은 안전성이 입증될 때까지 전 세계적으로 나노입자의 생산을 금지해야 한다고 주장하고 있다. 이 단체에 따르면 듀폰, 바스프, 로레알 등 140개 기업이 나노입자를 생산해내고 있으며, 주기율표의 원소 가운데 44개가 나노입자 형태로 판매되고 있다. 국내에서는 정부가 수천억 원을 나노기술 개발에 투입하고 있지만 나노기술에 대해 환경영향평가를 미뤄놓은 상태다.

이러한 나노기술 외에도 유전자 재조합, 지놈프로젝트 등의 생명에 관련된 기술을 연구하는 BT(biology technology), 반도체, 전자, 통신, 인터넷, 소프트웨어, 신소재등의 고부가가치 산업을 이끌어 갈 IT(information technology), 우주비행정이나 인공위성 우주기지를 만드는 기술 ST(space technology)등 앞으로 포스트 산업혁명을 몰고 올 것으로 예상되는 이런 최첨단 기술의 밑바탕에는 물리학이라는 큰 주춧돌이 있음을 아무도 의심하지 않을 것이다.

02 부록

- 국제단위계(SI)
- 물리학의 기본상수
- 천문학적 값
- 유용한 수학 관계식
- 단위 변환 인자
- 원소의 주기율표
- 그리스 문자
- 10의 지수의 접두사

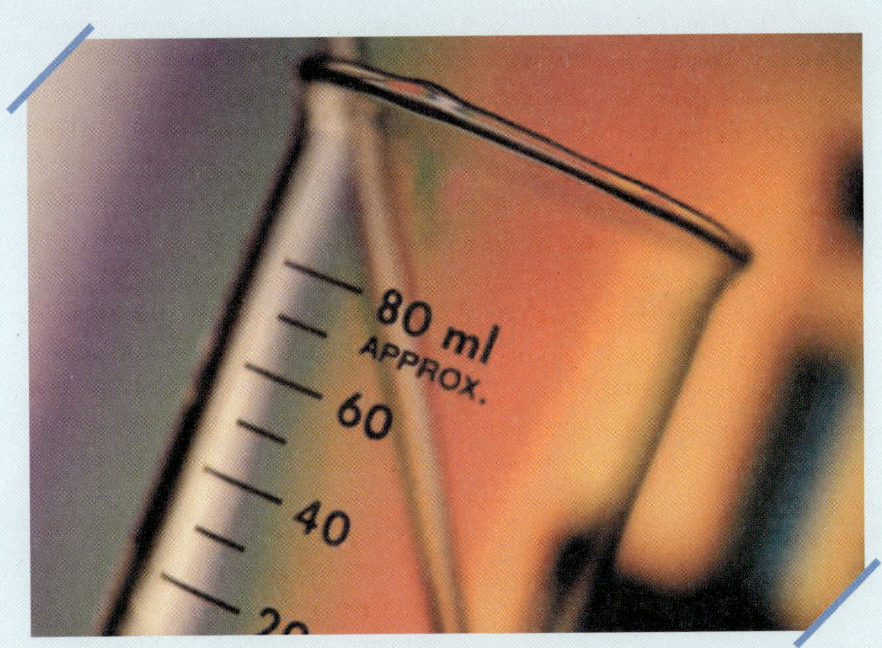

국제단위계(SI)※

◐ 국제 단위계

줄여서 SI 단위계라고 부르는 국제단위계(the Systèeme International d' Unit ès)는 무게와 측정에 관한 국제 회의에서 개발된 단위계이며, 전 세계의 모든 산업국들이 채택하고 있다. 이 단위계는 mksa(meter-kilogram-second-ampere) 단위계에 기초를 두고 있다. 아래의 자료들은 미국 표준국 (NBS)의 특별 간행물 330(1991년판)으로부터 발췌하였다.

양	단위이름	기호	
	SI 기본단위		
길이	meter	m	
질량	kilogram	kg	
시간	second	s	
전류	ampere	A	
열역학적 온도	kelvin	K	
광도	candela	cd	
물질의 양	mole	mol	
	SI 유도단위		등가단위
면적	square meter	m^2	
부피	cubic meter	m^3	
진동수	hertz	Hz	s^{-1}
질량밀도(밀도)	kilogram per cubic meter	kg/m^3	
속력, 속도	meter per second	m/s	
각속도	radian per scond	rad/s	
가속도	meter per second squared	m/s^2	
각가속도	radian per second squared	rad/s^2	
힘	newton	N	$kg \cdot m/s^2$
압력(역학적 변형력)	pascal	Pa	N/m^2
운동학적 점성	squared meter per second	m^2/s	
동역학적 점성	newton-second per square meter	$N \cdot s/m^2$	
일, 에너지, 열량	joule	J	$N \cdot m$
일률	watt	W	J/s
전기량	coulomb	C	$A \cdot s$
전위차, 기전력	volt	V	W/A, J/C
전기장의 강도	volt per meter	V/m	N/C
전기저항	ohm	Ω	V/A
전기용량	farad	F	$A \cdot s/V$

양	단위이름	기호	등가단위
자기선속	weber	Wb	V · s
인덕턴스	henry	H	V · s/A
자기 선속 밀도	tesla	T	Wb/m^2
자기장 세기	ampere per meter	A/m	
기자력	ampere	A	
광선속	lumen	lm	cd · sr
밝기, 휘도	candela per square meter	cd/m^2	
조명도	lux	lx	lm/m^2
파수	1 per meter	m^{-1}	
엔트로피	joule per kelvin	J/K	
비열용량	joule per kilogram kelvin	J/kg · K	
열전도	watt per meter kelvin	W/m · K	
복사세기(강도)	watt per steradian	W/sr	
방사능 (방사성 동위원소의)	becquerel	Bq	s^{-1}
방사선의 조사선량	gray	Gy	J/kg
방사선의 선량당량	sievert	Sv	J/kg
	SI 보충단위		
평면각	radian	rad	
입체각	steradian	sr	

◐ SI 단위의 정의

meter(m) 미터(meter)는 빛이 진공 중에서 1/299,792,458초 동안에 진행하는 거리와 같다.

kilogram(kg) 킬로그램(kilogram)은 질량의 단위이며, 국제적인 킬로그램 원기의 질량과 같다(킬로그램 원기는 프랑스의 무게와 측정에 관한 국제 사무국의 Sevres 지하실에 보관되어 있는 백금과 이리듐의 합금으로 특수 제작된 원기둥이다.)

second(s) 초(second)는 세슘 133 원자의 바닥상태의 두 개의 초미세 준위 사이의 천이에 해당하는 복사선의 주기의 9,192,631,770배에 해당하는 시간이다.

amper(A) 암페어(amper)는 진공 중에서 1미터 떨어져 있고, 단면적을 무시할 수 있는 무한히 긴 평행도체 사이에 미터 당 2×10^{-7}N의 힘이 작용하도록 하는 정상전류이다.

kelvin(K) 캘빈(kelvin)은 물의 삼중점의 열역학적 온도의 1/273.16을 단위로 한 열역학적 온도의 단위이다.

ohm(Ω) 옴(ohm)은 도체의 두 점 사이에 가해진 1 V의 일정한 전위차에서 그 도체에 1 A의 전류가 흐르게 하는 도체의 두 점 사이의 전기저항이다. 이 도체는 어떠한 기전력원이 되지 않는다.

coulomb(C) 쿨롱(coulomb)은 1 암페어의 전류가 매초당 운반하는 전기량이다.

candela(cd) 칸델라(candela)는 임의의 방향으로 진동수 540×10^{12}Hz인 단색 복사선을 방출하고, 그 방향으로 스테라디안당 1/683 W의 복사세기를 가지는 광원의 발광강도이다.

mole(mol) 몰(mole)은 질량수 12인 탄소 0.012 kg에 있는 탄소원자의 수와 같은 실체들을 포함하고 있는 계에 있는 물질의 양이다. 그 최소 단위가 되는 실체들은 원자, 분자, 전자, 다른 입자들로 기술되거나, 그러한 입자들의 무리로 기술되어야 한다.

newton(N) 뉴턴(newton)은 1 kg의 질량에 제곱초당 1 m의 가속도가 생기게 하는 힘이다.

joule(J) 줄(joule)은 1 N의 힘이 작용한 질점이 힘의 방향으로 1 m의 변위를 일으켰을 때 한 일이다.

watt(W) 와트(watt)는 매 초당 1 J의 비율로 에너지를 발생시켜 주는 전력이다.

volt(V) 볼트(volt)는 도선에서 두 점 사이에 소모되는 전력이 1 W일 때, 1암페어의 일정한 전류를 운반하는 두 점 사이의 전위차이다.

weber(Wb) 웨버(weber)는 기전력이 1초 동안에 1 V의 기전력이 일정한 비율로 0까지 줄어들 때 만들어져 한 번 감은 코일 회로에 연관되는 자기선속이다.

lumen(lm) 루멘(lumen)은 세기가 1 cd인 균일한 점광원에 의해 1 sr의 입체각으로 방출되는 광선속이다.

farad(F) 패럿(farad)은 축전기의 두 판이 각각 1 C의 동일한 전기량으로 대전되었을 때, 그 판들 사이에 전위차가 1 V가 되는 축전기의 전기용량이다.

henry(H) 헨리(henry)는 닫힌 회로에서 전류가 매초당 1 A의 비율로 균일하게 변할 때, 회로에 1 V의 기전력이 생기는 폐회로의 인덕턴스이다.

radian(rad) 라디안(radian)은 원둘레에서 반지름의 길이와 같은 호를 자르는 두 반지름의 평면각이다.

steradian(sr) 스테라디안(steradian)은 구의 반지름의 제곱과 넓이가 같은 구면 위의 넓이에 대하여 구의 중심으로부터 잘리는 입체각이다.

물리학의 기본상수※

상수	기호	계산할 때 쓰는 값
진공에서의 광속	c	3.00×10^{8} m/s
기본 전하량	e	1.60×10^{-19} C
중력상수	G	6.67×10^{-11} m/s^2 · kg
보편 기체상수	R	8.31 J/mol · K
Avogadro 상수	N_A	6.02×10^{23} mol-1
Boltzmann 상수	k_B	1.38×10^{-23} J/K
Stefan-Boltzmann 상수	σ	5.67×10^{-8} W/m^2 · K^4
STP 에서 이상기체 1몰의 부피	V_m	2.24×10^{-2} m^3/mol
유전상수	ε_0	8.85×10^{-12} F/m
투과상수	μ_0	$1.26 \cdot 10^{-6}$ H/m
Planck 상수	h	6.63×10^{-34} J · s
	$\hbar = h/2\pi$	1.05×10^{-34} J · s
전자의 질량	m_e	9.11×10^{-31} kg
		5.49×10^{-4} u
양성자 질량	m_p	1.67×10^{-27} kg
		1.0073 u
전자의 자기모우먼트	μ_e	9.28×10^{-24} J/T
양성자의 자기모우먼트	μ_p	1.41×10^{-26} J/T
Bohr 마그네톤	μ_B	9.27×10^{-24} J/T
핵 마그네톤	μ_N	5.05×10^{-27} J/T
Bohr 반지름	r_B	5.29×10^{-11} m
Rydberg 상수	R	1.10×10^{7} m^{-1}
전자의 콤프턴 파장	λ_c	2.43×10^{-12} m
열의 일 당량		4.186 J/cal(15 calorie)
표준 대기 압력	1 atm	1.01325×10^{5} Pa
절대영도	0 K	-273.15℃
전자볼트	1 eV	$1.60217733(49) \times 10^{-19}$ J
원자 질량 단위	1 u	$1.6605402(10) \times 10^{-27}$ kg
전자의 질량 에너지	$m_e c^2$	0.51099906(15) MeV
이상기체의 부피(0℃ 1기압)		22.41410(19) L/mol
중력가속도(표준)	g	9.80665 m/s^2

※ 이 표의 값은 1998년도 CODATA가 추천한 값에서 뽑았다(www.physics.nist.gov).

천문학적 값※

◐ 지구에서의 거리

달※	3.82×10^8m	우리은하계의 중심	2.2×10^{20} m
태양※	1.50×10^{11}m	Andromeda 은하계	2.1×10^{22} m
가장 가까운 별 (Proxima Centauri)	4.04×10^{16}m	관측 가능한 우주의 끝	$\sim 10^{26}$ m

※ 평균거리

◐ 태양, 지구, 달

성질	단위	태양	지구	달
질량	kg	1.99×10^{30}	5.98×10^{24}	7.36×10^{22}
평균 반지름	m	6.96×10^8	6.37×10^6	1.74×10^6
평균 밀도	kg/m^3	1410	5520	3340
표면에서의 자유낙하가속도	m/s^2	274	9.81	1.67
탈출속도	km/s	618	11.2	2.38
회전주기[a]	—	극에서 37일[b] 적도에서 26일[b]	23시간 56분	27.3일
복사율[c]	W	3.90×10^{26}		

[a] 먼 별에 대한 측정 [b] 기체로 이루어진 태양은 강체처럼 회전하지 않는다.
[c] 1340 W/m2의 비율로 수직하게 입사한다고 가정했을 때, 지구 대기권 밖에서 받는 태양 에너지

◐ 행성의 성질

	수성	금성	지구	화성	목성	토성	천왕성	해왕성	명왕성
태양으로부터의 거리 10^6km	57.9	108	150	228	778	1430	2870	4500	5900
공전주기, 년	0.241	0.615	1.00	1.88	11.9	29.5	84.0	165	248
자전주기[a], 일	58.7	-243[b]	0.997	1.03	0.409	0.426	-0.451[b]	0.658	6.39
궤도속도, km/s	47.9	35.0	29.8	24.1	13.1	9.64	6.81	5.43	4.74
궤도에 대해 축이 이루는 각도	<28°	≈3°	23.4°	25.0°	3.08°	26.7°	97.9°	29.6°	57.5°
이심률	0.206	0.0068	0.0167	0.0934	0.0485	0.0556	0.0472	0.0086	0.250
적도지름, km	4880	12100	12800	6790	143000	120000	51800	49500	2300
질량(지구=1)	0.0558	0.815	1.000	0.107	318	95.1	14.5	17.2	0.002
밀도(물=1)	5.60	5.20	5.52	3.95	1.31	0.704	1.21	1.67	2.03
표면에서의	3.78	8.60	9.78	3.72	22.9	9.05	7.77	11.0	0.5

	수성	금성	지구	화성	목성	토성	천왕성	해왕성	명왕성
탈출속도[c], km/s	4.3	10.3	11.2	5.0	59.5	35.6	21.2	23.6	1.1
알려진 위성	0	0	1	2	16+테	18+테	17+테	8+테	1

[a] 먼 별에 대한 측정 [b] 금성과 천왕성은 궤도운동 방향과 반대로 자전한다
[c] 행성의 적도에서 측정한 중력가속도

유용한 수학 관계식

◐ 대수

$a^{-x} = \frac{1}{a^x}$　　$a^{(x+y)} = a^x a^y$　　$a^{(x-y)} = \frac{a^x}{a^y}$

로그 : 만일 $\log a = x$ 이면, $a = 10x$이다.　$\log a + \log b = \log(ab)$

$\log a - \log b = \log(a/b)$　$\log(a^n) = n \log a$

만일 $\ln a = x$이면, $a = e^x$이다.　$\ln a + \ln b = \ln(ab)$

$\ln a - \ln b = \ln(a/b)$　$\ln(a^n) = n \ln a$

근의 공식 : 만일 $ax^2 + bx + c = 0$이면, $x = \frac{-b \pm \sqrt{b^2 - 4ac}}{2a}$ 이다.

◐ 이항정리

$$(a+b)^n = a^n + na^{n-1}b + \frac{n(n-1)a^{n-2}b^2}{2!} + \frac{n(n-1)(n-2)a^{n-3}b^3}{3!} + \cdots$$

◐ 삼각함수

직각삼각형 ABC에서 $x^2 + y^2 = r^2$이다.

삼각함수의 정의 : $\sin a = y/s$　$\cos a = x/r$　$\tan a = y/x$

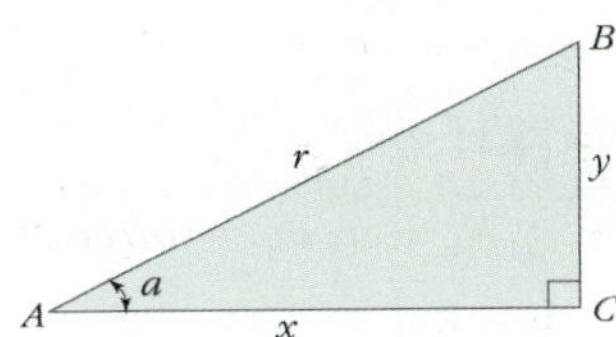

항등식 :

$\sin^2 a + \cos^2 a = 1$　$\tan a = \frac{\sin a}{\cos a}$

$\sin 2a = 2 \sin a \cos a$　$\cos 2a = \cos^2 a - \sin^2 a = 2\cos^2 a - 1 = 1 - 2\sin^2 a$

$\sin \frac{1}{2}a = \sqrt{\frac{1 - \cos a}{2}}$　$\cos \frac{1}{2}a = \sqrt{\frac{1 + \cos a}{2}}$

$\sin(-a) = -\sin a$　$\sin(a \pm b) = \sin a \cos b \pm \cos a \sin b$

$\cos(-a) = \cos a$　$\cos(a \pm b) = \cos a \cos b \mp \sin a \sin b$

$\sin(a \pm \pi/2) = \pm \cos a$　$\sin a \pm \sin b = 2 \sin \frac{1}{2}(a+b) \cos \frac{1}{2}(a-b)$

$\cos(a \pm \pi/2) = \pm \sin a$　$\cos a \pm \cos b = \pm 2 \cos \frac{1}{2}(a+b) \cos \frac{1}{2}(a-b)$

◐ 기하

반지름 r 인 원둘레 :	$C = 2\pi r$
반지름 r 인 원의 면적 :	$A = \pi r^2$
반지름 r 인 구의 부피 :	$V = 4\pi r^3/3$
반지름 r 인 구의 표면적 :	$A = 4\pi r^2$
반지름 r 이고 높이 h 인 원통의 부피 :	$V = r^2 h$

◐ 벡터의 곱셈

$\mathbf{i}$, $\mathbf{j}$, $\mathbf{k}$ 가 x, y, z 방향의 단위벡터라고 하면

$\mathbf{i}\cdot\mathbf{i} = \mathbf{j}\cdot\mathbf{j} = \mathbf{k}\cdot\mathbf{k} = 1, \qquad \mathbf{i}\cdot\mathbf{j} = \mathbf{j}\cdot\mathbf{k} = \mathbf{k}\cdot\mathbf{i} = 0$

$\mathbf{i}\times\mathbf{i} = \mathbf{j}\times\mathbf{j} = \mathbf{k}\times\mathbf{k} = 0$

$\mathbf{i}\times\mathbf{j} = \mathbf{k}, \qquad \mathbf{j}\times\mathbf{k} = \mathbf{i}, \qquad \mathbf{k}\times\mathbf{i} = \mathbf{j}.$

x, y, z축에 대한 성분이 a_x, a_y, a_z인 임의의 벡터 $\boldsymbol{a}$는

$$\mathbf{a} = a_x\mathbf{i} + a_y\mathbf{j} + a_z\mathbf{k}$$

로 쓸 수 있다. $\mathbf{a}$, $\mathbf{b}$, $\mathbf{c}$가 크기 a, b, c인 임의의 벡터 $\mathbf{a}$는

$$\mathbf{a}\times(\mathbf{b}+\mathbf{c}) = (\mathbf{a}\times\mathbf{b}) + (\mathbf{a}+\mathbf{c})$$

$$(s\mathbf{a})\times\mathbf{b} = \mathbf{a}\times(s\mathbf{b}) = s\,(\mathbf{a}\times\mathbf{b}) \qquad (s\text{는 스칼라}).$$

θ가 $\mathbf{a}$, $\mathbf{b}$사이의 각이라면 다음과 같다.

$$\mathbf{a}\cdot\mathbf{b} = \mathbf{b}\cdot\mathbf{a} = a_x b_x + a_y b_y + a_z b_z = ab\cos\theta$$

$$\mathbf{a}\times\mathbf{b} = -\mathbf{b}\times\mathbf{a} = \begin{vmatrix} \mathbf{i} & \mathbf{j} & \mathbf{k} \\ a_x & a_y & a_z \\ b_x & b_y & b_z \end{vmatrix}$$

$$= \mathbf{i}\begin{vmatrix} a_y & a_z \\ b_y & b_z \end{vmatrix} - \mathbf{j}\begin{vmatrix} a_x & a_z \\ b_x & b_z \end{vmatrix} + \mathbf{k}\begin{vmatrix} a_x & a_y \\ b_x & b_y \end{vmatrix}$$

$$= (a_y b_z - b_y a_z)\,\mathbf{i} + (a_z b_x - b_z a_x)\,\mathbf{j} + (a_x b_y - b_x a_y)\,\mathbf{k}$$

$$|\mathbf{a}\times\mathbf{b}| = ab\sin\theta$$

$$\mathbf{a}\cdot(\mathbf{b}\times\mathbf{c}) = \mathbf{b}\cdot(\mathbf{c}\times\mathbf{a}) = \mathbf{c}\cdot(\mathbf{a}\times\mathbf{b})$$

$$\mathbf{a}\times(\mathbf{b}\times\mathbf{c}) = (\mathbf{a}\cdot\mathbf{c})\mathbf{b} - (\mathbf{a}\cdot\mathbf{b})\mathbf{c}.$$

◐ 멱급수(주어진 x의 범위에서 수렴한다) :

$$\sin x = x - \frac{x^3}{3!} + \frac{x^5}{5!} - \frac{x^7}{7!} + \cdots \text{ (모든 } x)$$

$$\cos x = 1 - \frac{x^2}{2!} + \frac{x^4}{4!} + \frac{x^6}{6!} + \cdots \text{ (모든 } x)$$

$$\tan x = x + \frac{x^3}{3} + \frac{2x^5}{15} + \frac{17x^7}{315} + \cdots \; (|x| < \pi/2)$$

$$e^x = 1 + x + \frac{x^2}{2!} + \frac{x^3}{3!} + \cdots \text{ (모든 } x)$$

$$\ln(1 + x) = x - \frac{x^2}{2} + \frac{x^3}{3} - \frac{x^4}{4} + \cdots \; (|x| < 1)$$

◐ 미분과 적분

다음에서 u, v는 x, y에 대한 임의의 함수이고, a, m은 상수이다. 각각의 부정적분은 임의의 상수가 더해져야 한다. 더 자세한 것은 "The *Handbook of Chemistry and Physics*"(CRC Press Inc.)를 참조하라.

◐ 미분공식

1. $\dfrac{dx}{dx} = 1$

2. $\dfrac{d}{dx}(au) = a\dfrac{du}{dx}$

3. $\dfrac{d}{dx}(u + v) = \dfrac{du}{dx} + \dfrac{dv}{dx}$

4. $\dfrac{d}{dx}x^m = mx^{m-1}$

5. $\dfrac{d}{dx}\ln x = \dfrac{1}{x}$

6. $\dfrac{d}{dx}(uv) = u\dfrac{dv}{dx} + v\dfrac{du}{dx}$

7. $\dfrac{d}{dx}e^x = e^x$

8. $\dfrac{d}{dx}\sin x = \cos x$

9. $\dfrac{d}{dx}\cos x = -\sin x$

10. $\dfrac{d}{dx}\tan x = \sec^2 x$

11. $\dfrac{d}{dx}\cot x = -\csc^2 x$

12. $\dfrac{d}{dx}\sec x = \tan x \sec x$

13. $\dfrac{d}{dx}\csc x = -\cot x \csc x$

14. $\dfrac{d}{dx}e^u = e^u \dfrac{du}{dx}$

15. $\dfrac{d}{dx}\sin u = \cos u \dfrac{du}{dx}$

16. $\dfrac{d}{dx}\cos u = -\sin u \dfrac{du}{dx}$

◐ 적분공식

1. $\int dx = x$

2. $\int au\, dx = a\int u\, dx$

3. $\int (u+v)\, dx = \int u\, dx + \int v\, dx$

4. $\int x^m\, dx = \dfrac{x^{m+1}}{m+1}$ $(\mathrm{m} \neq -1)$

5. $\int \dfrac{dx}{x} = \ln |x|$

6. $\int u\dfrac{dv}{dx}dx = uv - \int v\dfrac{du}{dx}dx$

7. $\int e^x\, dx = e^x$

8. $\int \sin x\, dx = -\cos x$

9. $\int \cos x\, dx = \sin x$

10. $\int \tan x\, dx = \ln |\sec x|$

12. $\int e^{-ax}\, dx = -\frac{1}{a} e^{-ax}$

13. $\int xe^{-ax}\, dx = -\frac{1}{a^2} (ax + 1)\, e^{-ax}$

14. $\int x^2 e^{-ax}\, dx = -\frac{1}{a^3} (a^2x^2 + 2ax + 2)\, e^{-ax}$

15. $\int_0^\infty x^n e^{-ax}\, dx = \frac{n!}{a^{n+1}}$

16. $\int_0^\infty x^{2n} e^{-ax^2} dx = \frac{1 \cdot 3 \cdot 5 \cdots (2n-1)}{2^{n+1} a^n} \sqrt{\frac{\pi}{a}}$

17. $\int \frac{dx}{\sqrt{x^2 + a^2}} = \ln(x + \sqrt{x^2 + a^2})$

18. $\int \frac{x\, dx}{(x^2 + a^2)^{3/2}} = -\frac{1}{(x^2 + a^2)^{1/2}}$

19. $\int \frac{dx}{(x^2 + a^2)^{3/2}} = -\frac{x}{a^2(x^2 + a^2)^{1/2}}$

20. $\int_0^\infty x^{2n+1} e^{-ax^2}\, dx = \frac{n!}{2a^{n+1}}\ (a > 0)$

21. $\int \frac{x\, dx}{x + d} = x - d \ln(x + d)$

단위 변환 인자

◐ 길이

1 m = 100 cm = 1000 mm

= 10^6 μm = 10^9 mm

1 km = 1000 m = 0.6214 mi

1 m = 3.281 ft = 39.37 in.

1 cm = 0.3937 in

1 in. = 2.540 cm

1 ft = 30.48 cm

1 yd = 91.44 cm

1 mi = 5280 ft = 1.609 km

1 Å = 10^{-10} m = 10^{-8} cm = 10^{-1} nm

1 nautical mile = 6080 ft

1 광년 = 9.461 × 1015 m

◐ 면적

1 cm^2 = 0.155 in^2

1 m^2 = 10^4 cm^2 = 10.76 ft^2

1 in^2 = 6.452 cm^2

1 ft^2 = 144 in^2 = 0.0929 m^2

◐ 부피

1 L = 1000 cm^3 = 10^{-3} m^3

= 0.03531 ft^3 = 61.02 in^3

1 ft^3 = 0.02832 m^3 = 28.32 L

= 7.477 gallons

1 gallon = 3.788 L

◐ 시간

1 min = 60 s

1 h = 3,600 s

1 일 = 86.400 s

1 년 365.24 일 = 3.156 × 10^7 s

◐ 각도

1 rad = 57.30° = 180°/π

1° = 0.01745 rad = π/180 rad

1 회전 = 360° = 2 π rad

1 rev/min(rpm) = 0.1047 rad/s

◐ 속력

1 m/s = 3.281 ft/s

1 ft/s = 0.3048 m/s

1 mi/min = 60 mi/h = 88 ft/s

1 km/h = 0.2778 m/s

= 0.6214 mi/h

1 mi/h = 1.466 ft/s = 0.4470 m/s

= 1.609 km/h

1 furlong/fortnight

= 1.662 × 10^{-4} m/s

◐ 가속도

1 m/s^2 = 100 cm/s^2 = 3.281 ft/s^2

1 cm/s^2 = 0.01 m/s^2

= 0.03281 ft/s^2

1ft/s^2 = 0.3048m/s^2 = 30.48 cm/s^2

1mi/h · s = 1.467 ft/s^2

◐ 질량

$1\ \text{kg} = 10^3\ \text{g} = 0.0685\ \text{slug}$

$1\ \text{g} = 6.85 = 10^{-5}\ \text{slug}$

$1\ \text{slug} = 14.59\ \text{kg}$

$1\ \text{u} = 1.661 \times 10^{-27}\ \text{kg}$

$g = 9.80\ \text{m/s}^2$ 일 때 1 kg의 무게는 2.205 lb이다.

◐ 힘

$1\ \text{N} = 10^5\ \text{dyn} = 0.2248\ \text{lb}$

$1\ \text{lb} = 4.448\ \text{N} = 4.448 \times 10^5\ \text{dyn}$

◐ 압력

$1\ \text{pa} = 1\ \text{N/m}^2 = 1.451104\ \text{lb/in}^2$

$= 0.209\ \text{lb/ft}^2$

$1\ \text{bar} = 105\ \text{Pa}$

$1\ \text{lb/in}^2 = 6891\ \text{Pa}$

$1\ \text{lb/ft}^2 = 7.88\ \text{Pa}$

$1\ \text{atm} = 1.013 \times 10^5\ \text{Pa}$

$= 1.013\ \text{bar} = 14.7\ \text{lb/in}^2$

$= 2117\ \text{lb/ft}^2$

$1\ \text{mmHg} = 1\ \text{torr} = 133.3\ \text{Pa}$

◐ 에너지

$1\ \text{J} = 107\ \text{ergs} = 0.239\ \text{cal}$

$1\ \text{cal} = 4.186\ \text{J}$

(based on 15° calorie)

$1\ \text{ft} \cdot \text{lb} = 1.356\ \text{J}$

$1\ \text{Btu} = 1055\ \text{J} = 252\ \text{cal}$

$= 778\ \text{ft} \cdot \text{lb}$

$1\ \text{eV} = 1.602 \times 10^{-19}\ \text{J}$

$1\ \text{kWh} = 3.600 \times 10^6\ \text{J}$

◐ 질량-에너지 등가

$1\ \text{kg} \leftrightarrow 8.988 \times 10^{16}\ \text{J}$

$1\ \text{u} \leftrightarrow 931.5\ \text{MeV}$

$1\ \text{eV} \leftrightarrow 1.073 \times 10^{-9}\ \text{u}$

◐ 일률

$1\ \text{W} = 1\ \text{J/s}$

$1\ \text{hp} = 746\ \text{W} = 550\ \text{ft} \cdot 1\ \text{lb/s}$

$1\ \text{Btu/h} = 0.293\ \text{W}$

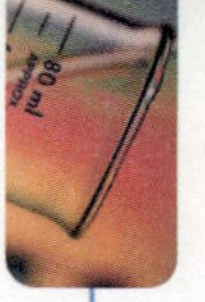

원소의 주기율표

금속 / 반금속 / 비금속

알카리 금속 — 불활성 기체

전이금속

수평주기	IA		IIIB	IVB	VB	VIB	VIIB	VIIIB			IB	IIB						0
1	1 H																	2 He
2	3 Li	4 Be											5 B	6 C	7 N	8 O	9 F	10 Ne
3	11 Na	12 Mg											13 Al	14 Si	15 P	16 S	17 Cl	18 Ar
4	19 K	20 Ca	21 Sc	22 Ti	23 V	24 Cr	25 Mn	26 Fe	27 Co	28 Ni	29 Cu	30 Zn	31 Ga	32 Ge	33 As	34 Se	35 Br	36 Kr
5	37 Rb	38 Sr	39 Y	40 Zr	41 Nb	42 Mo	43 Tc	44 Ru	45 Rh	46 Pd	47 Ag	48 Cd	49 In	50 Sn	51 Sb	52 Te	53 I	54 Xe
6	55 Cs	56 Ba	57 *	72 Hf	73 Ta	74 W	75 Re	76 Os	77 Ir	78 Pt	79 Au	80 Hg	81 Tl	82 Pb	83 Bi	84 Po	85 At	86 Rn
7	87 Fr	88 Ra	89-103 +	104 Rf	105 Db	106 Sg	107 Bh	108 Hs	109 Mt	110	111	112	113	114	115	116	117	118

내부 전이금속

Lanthan 계 *	57 La	58 Ce	59 Pr	60 Nd	61 Pm	62 Sm	63 Eu	64 Gd	65 Tb	66 Dy	67 Ho	68 Er	69 Tm	70 Yb	71 Lu
Actin 계 +	89 Ac	90 Th	91 Pa	92 U	93 Np	94 Pu	95 Am	96 Cm	97 Bk	98 Cf	99 Es	100 Fm	101 Md	102 No	103 Lr

그리스 문자

영문이름	대문자	소문자	이름	영문이름	대문자	소문자	이름
Alpha	A	α	알파	Nu	N	ν	뉴
BetaB	B	β	베타	Xi	Ξ	ξ	크시,자이
Gamma	Γ	γ	감마	Omicron	O	o	오미크론
Delta	Δ	δ	델타	Pi	Π	π	파이
Epsilon	E	ε	입실론	Rho	P	ρ	로
Zeta	Z	ζ	제타	Sigma	Σ	σ	시그마
Eta	H	η	에타	Tau	T	τ	타우
Theta	Θ	θ	쎄타	Upsilon	Υ	υ	웁실론
Iota	I	ι	아이오타	Phi	Φ	ϕ	화이
Kappa	K	κ	카파	Chi	X	χ	카이
Lambda	Λ	λ	램다	Psi	Ψ	ψ	프시
Mu	M	μ	뮤	Omega	Ω	ω	오메가

10의 지수의 접두사

10의 지수	접두사	약어	발음
10^{-24}	yocto-	y	*yoc* - toe
10^{-21}	zepto-	z	*zep* - toe
10^{-18}	atto-	a	*at* - toe
10^{-15}	femto-	f	*fem* - toe
10^{-12}	pico-	p	*pee* - koe
10^{-9}	nano-	n	*nan* - oe
10^{-6}	micro-	μ	*my* - crow
10^{-3}	milli-	m	*mil* - i
10^{-2}	centi-	c	*cen* - ti
10^{3}	kilo-	k	*kil* - oe
10^{6}	mega-	M	*meg* - a
10^{9}	giga-	G	*jig*-a or *gig* - a
10^{12}	tera-	T	*ter* - a
10^{15}	peta-	P	*pet* - a
10^{18}	exa-	E	*ex* - a
10^{21}	zetta-	Z	*zet* - a
10^{24}	yotta-	Y	*yot* - a

연습문제 답안지

제1장 일차원 운동 or 벡터해석

1 (a) 4개 $7.254\times10^{2}s$
(b) 4개 5.870×10^{-2}cm
(c) 유효숫자가 4개라고 하면 2.400×10^{3}g 이고, 2개이면 2.4×10^{3}g
(d) 4개 9.000×10^{4}mℓ

2 (a) 2.29×10^{9}g (b) 1.3×10^{9}g
(c) 123.403 (d) 123.397
(e) 0.37 (f) 41000

3 48km/h

4 272.9km/h

5 $t_1+t_2=\frac{d}{c+v}+\frac{d}{c-v}=\frac{2cd}{c^2-v^2}$
$=\frac{2d}{c}/\left[1-\left(\frac{v^2}{c^2}\right)\right]$

6 (a) $\frac{9000\,\text{km}}{\text{hr}^2}$ (b) 32s

7 0.075km

8 (a) 3.6s (b) 35m/s

9 (a) 6.1s (b) 39.7m/s

10 $\frac{1}{2}g(n^2-1)$

11 78.4m

12 서쪽으로 30m

13 (a) $V_x=V\cos\theta$, $V_y=V\sin\theta$,
$V=\sqrt{(V_x^2+V_y^2)}$, $\theta=\tan^{-1}(V_y/V_x)$
(b) $V_{1x}=V_1\cos\theta_1$, $V_{1y}=V_1\sin\theta_1$,
$V_{2x}=V_2\cos\theta_2$, $V_{2y}=V_2\sin\theta_2$
(c) $V_x=V_{1x}+V_{2x}$, $V_y=V_{1y}+V_{2y}$,
$V=\sqrt{(V_x^2+V_y^2)}$, $\theta=tan^{-1}(V_y/V_x)$

14 (a) $|\vec{A}|\simeq7.07$, $|\vec{B}|\simeq6.40$
(b) −25
(c) $34\hat{i}-13\hat{j}+10\hat{k}$
(d) 123.5°

15 증명

제2장 2차원 및 3차원 운동

1 5m/s

2 (a) $r=240(\text{m})\,\text{i}-180(\text{m})\,\text{j}$
(b) 3.5m/s
(c) −36.9°

3 (a) + 2.5m/s
(b) $-\frac{25}{11}$m/s
(c) 0

4 0.6m/s^2

5 $\theta=11.78°$

6 $k=\frac{2}{3}$, 단위는 m/s^3

7 (a) $v=[(3.0-1.0t)i-0.5tj]$m/s
(b) $v=-1.5$(m/s)j
(c) $x=4.5$m, $y=-2.25$m

8 0, 5, 20, 30, 30

9 (a) 0.3s
(b) $t=3$s에서 $a=18$m/s^2

10 (a) 2.5×10^{4}m
(b) 5.0×10^{4}m

11 13.6m

12 (a) 10.02m/s
(b) −4.68m/s

13 (a) 수직 방향 : 30m/s
수평 방향 : 52m/s
(b) 6.12sec
(c) 318m

14 (a) 수직 방향 : 52m/s
수평 방향 : 30m/s
(b) 10.6sec
(c) 318m

15 (a) 수직 방향 : 42.4m/s
수평 방향 : 42.4m/s
(b) 8.65sec
(c) 367m

16 (a) 10.2s
(b) 883.32m
(c) 17.67s
비슷하다.

17 55.4m/s

18 25.2m

19 반이 된다.

20 126m/s

21 (a) $1.25m/s^2$(중심방향)
(b) $-1.67m/s^2$

22 27m/s, 수직선에 대해 68°

23 (a) 1.92m/s, 북동쪽으로 51.3° 방향
(b) 37.5m, 동쪽

24 (a) 1.44m/s, 강변으로부터 55.3° 방향, 혹은 북동쪽으로 33.7° 방향.
(b) 20m 동쪽

25 (a) 3.37min
(b) 북서쪽으로 30° 방향

26 26s

27 (a)

(b) 84.5° 동북쪽
(c) 35.8m

28 (a) $v = ds/dt$, $s = \int v dt$
(b) $a = dv/dt$, $v = v_0 + at$

29 (a) $a = dv/dt$ (b) $v = v_o + at$
(c) $v = ds/dt$
(d) $s = \int v dt = v_o t + 1/2 a t^2$
(e) $v^2 - v_o^2 = 2as$

30 (a) 102sec (b) 12,755m

31 (a) 14.5m/s (b) 89.25m
(c) 3.55sec

32 (a) $6.86m/s^2$ (b) 29.15m

33 $6.8m/s^2$

제3장 운동의 법칙

1 (a) $T_1 = 31.5$ N, $T_2 = 37.5$ N, $T_3 = 49.0$ N
(b) $T_1 = 113$ N, $T_2 = 56.6$ N, $T_3 = 98.0$ N

2 74.7kg, 122N

3 (a) $2.5m/s^2$
(b) 동북 53.1° 방향으로 45.0m, 15.0m/s

4 147N, 30.0°

5 $7.00m/m^2$, 28.0N

6 (a) 4,800N (b) 1,200N
(c) 뒤쪽으로 1,200N
(d) 수직 아래로부터 17° 뒤쪽 방향으로 20.5×10^3N

7 (a) $1.17m/s^2$ (b) 43.9N
(c) 2.34m/s

8 (a) $a_1 = 2a_2$
(b) $a_1 = 5.6m/s^2$, $a_2 = 2.8m/s^2$
(c) $T_1 = 28$ N, $T_2 = 56$ N

9 (a) $a = F/(m_1 + m_2)$, $P = m_2 F/(m_1 + m_2)$
(b) $0.80m/s^2$, 7.2N

10 $0 < t < 2.0$초 동안 29.6N, $2.0 < t < 4.0$초 동안 19.6N, $4.0 < t < 6.0$초 동안 9.6N

11 (a) 0° (b) 90°
(c) 180°

12 4,359N, 36.6도

13 $-m6Bt$

14 (a) 19.6N (b) 39.2N

15 (a) $\omega \sin\alpha$ (b) $3\omega \sin\alpha$
(c) $\omega\cos\alpha$, $2\omega\cos\alpha$
(d) for $\alpha=0^\circ$, $T_1=0$, $T_2=0$, $N_1=w$, $N_2=2w$
for $\alpha=90^\circ$, $T_1=w$, $T_2=3w$, $N_1=0$, $N_2=0$

16 (a) $a=\dfrac{m_2-m_1}{m_1+m_2}g$ (b) $T=\dfrac{2m_2m_1}{m_1+m_2}g$

17 (a) $a=\dfrac{2}{3}g(\mathrm{m/s^2})$ (b) $T=\dfrac{8}{3}g(\mathrm{N})$

18 (a) $F_a=6\times2.5+T=25(\mathrm{N})$
(b) $T=4\times2.5=10(\mathrm{N})$

19 (a) $a_f=-g/6$ (아래 방향)
(b) $a_f=g/6$ (위 방향)

20 (a) 59.3 kg중 (b) 80.7 kg중
(c) 70 kg중

21 $\mu=0.83$, $T=1.0\times9.8=9.8(\mathrm{N})$

22 (a) 49(N) (b) 54(N)
(c) 44(N)

23 1,328N

24 (a) 관성의 법칙으로 질량의 크기에 의존한다.
(b) $F=ma=d(mv)/dt$ 시간에 대한 가속도의 변화는 작용하는 힘의 크기에 비례하고 질량에 반비례, 혹은 시간에 대한 운동량의 변화는 작용하는 힘의 크기에 비례.
(c) 작용 반작용의 법칙으로 어떤 물체에 힘을 가하면 크기가 같고 방향이 반대인 힘이 작용한다.

25 (a) 13.06kg (b) 10kg
(c) 6.94kg

제4장 뉴턴의 운동법칙의 응용

1 (a) $6.93(\mathrm{m/s^2})$ (b) $6.31(\mathrm{m/s^2})$

2 (a) 75N (b) 50N

3 식 유도

4 0.319

5 (a) 68.6N (b) $1.96\mathrm{m/s^2}$

6 증명

7 (a) $14.6\mathrm{m/s^2}$ (b) $1.46\times10^4\mathrm{N}$

8 $\sqrt{\dfrac{Mgr}{m}}$

9 (a) $\sqrt{gr}$ (b) $\dfrac{v^2+v_{\min}^2}{v^2-v_{\min}^2}$

10 (a) 985N (b) $4.95\mathrm{m/s^2}$
(c) 985N

11 (a) 39,400N (b) 9,850N

12 (a) 39,400N (b) 9,850N
(c) 6,910N

13 (a) $-6.86\mathrm{m/s^2}$ (b) 29.15m

14 (a) 98N (b) 147N
(c) 1609N

15 (a) 98N (b) 294N
(c) 163°

16 (a) 1330N (b) 630N
(c) 손잡이의 각도로 밀고 당길 때 누르는 힘과 들어 올리는 힘으로 작용한다.

17 86.65N, 106.32N

제5장 일과 에너지

1 사람 : 150,000 J
마찰력 : −150,000 J

2 $W=12\mathrm{J}$, $v=2.8\mathrm{m/s}$

3 200J

4 40cm

5 100J

6 45m

7 36대 250

8 (a) $F=k\Delta x$ (b) $F/A=\gamma\Delta L/L_o$
(c) $F/A=S\Delta x/L_o$ (d) $F/A=B\Delta V/V_o$
(e) $PE=0.5kx^2$

9 (a) Net F=0 and Net τ=0
(b) 외력이 작용했을 때 평형상태로 다시 돌아오면 안정, 평형이 깨져서 다른 상태로 바뀌면 불안정하다고 함.

10 (a) 손잡이의 위치 (b) 2,207g
(c) 26.0N

11 (a) 손잡이의 위치 (b) 1,350g
(c) 17.64N

12 F=300N으로 바람의 반대 방향

13 (a) 끝에서 70cm 되는 곳
(b) 끝에서 73.3cm 되는 곳

제6장 퍼텐셜에너지와 에너지 보존

1 1.25×10^6 J

2 $\frac{1}{2}kx_f^2$, 기준점의 퍼텐셜에너지

3
(a) $k\dfrac{m_1\cdot m_2}{x}+U_i$
(b) $km_1m_2\left(\dfrac{-d}{x_1(x_1+d)}\right)$

4 (a) 1.25×10^6 J (b) 6.25×10^5 J

5 255.1m

6 4×10^4 N/m

7 0.1m

8 0

9 설명

10 980W

11 5×10^4 W

12 39,600N

13 7m

14 1.5m

15 $\sqrt{15}$ m/s

16 (a) 3,031J (b) 35.7% 증가

17 (a) 294,000J (b) 81.7W

18 (a) 490,000J (b) 68min

19 (a) 32.83m/s (b) 17.15m/s
(c) 215.6kJ

제7장 운동량과 충돌

1 $mv\sqrt{2}$

2 (a) -8×10^5 m/s^2 (b) 4×10^4 N
(c) 5×10^{-4} s (d) 20Ns

3
$$h=\left(\frac{m_1}{m_1+m_2}\right)^2 d$$

4
$$v=\sqrt{\frac{2(m+M)}{m}gy}$$

5 (a) 10.4m (b) 612.5J

6 24.27m/s

7
$$v_0\geq\left(\frac{m+M}{mM}\right)^{1/2}(2E)^{1/2}$$

8 10.402m/s^2

9 3m/s

10 $\dfrac{wv'}{W+w}$

11 $\dfrac{1}{4}mv^2$

12 0.9m/s

13 1.2×10^{-19}kg·m/s

14 (a) $m_1v_1+m_2v_2=m_1v_1'+m_2v_2'$
(b) $F=ma=mdv/dt$
(c) 충돌시간이 길수록 충격력이 작아지고 충돌시간이 짧을수록 충격력이 커진다.

15 (a) 5m/s (b) 37.5J
(c) 375N

16 (a) 0.3m/s (b) 22.5J
(c) 225.0N

17 (a) $F=13{,}289{,}946$N
(b) $v_1^2-12{,}717v_1+60{,}642{,}328=0$
(c) 중형차의 가속도 $(v_1-33.6)/1$s(m/s^2)
소형차의 가속도 $(v_2-22.5)/1$s(m/s^2)
(d) $v_1=\dfrac{(m_1+m_2)v_{10}-2m_2v_{20}}{m_1+m_2}$,
$v_2=v_1+v_{10}-v_{20}$

제8장 회전운동

1 (a) 1.991×10^{-7}rad/s
(b) 1.870×10^{-6}rad/s

2 (a) 1,200rad/s (b) 25s

3 (a) $0.043rev/s^2$ (b) 19.65회전

4 1.44m/s

5 3.67rad/s

6 −2N·m, 시계방향

7 $\theta=50.2°$

8 (a) mgx_0−지면에 수직으로 들어가는 방향
(b) mgx_0t (c) 증명

9 3.3rad/s

10 $\dfrac{5}{8}mL^2$

11 $\dfrac{1}{2}MR^2$

12 (a) $\alpha=\dfrac{2T}{MR}$, $a_T=\dfrac{2T}{M}$
(b) $\alpha=\dfrac{1}{R}\left(\dfrac{2m}{M+2m}\right)g$, $a_T=\left(\dfrac{2m}{M+2m}\right)g$

13 (a) 3.125Nm (b) 78.125J

14 (a) 16.73m/s (b) 1.49s

15 (a) 2rad/s (b) 12J, 마찰열

16 (a) $F=mr\omega^2=mv^2/r$
(b) $a=r\omega^2=v^2/r$
(c) $F=GMm/r^2$

17 (a) $F=mr\omega^2$
증명문제는 답을 쓸 수 없음

18 (a) 384,000,000m (b) 0.00272m/s^2
(c) 963m/s (d) 0.00242m/s^2
(e) 근본적으로 같아야 한다.

19 (a) 34,282km 상공 (b) 2,958m/s

제9장 만유인력

1 (a) $6.67\times10^{-8}N$ (b) $6.67\times10^{-8}N$
(c) 50kg=1.3×10^{-9}m/s^2,
20kg=3.3×10^{-9}m/s^2

2 (a) $1.68\times10^{-5}N$, 오른쪽
(b) 0.155m

3 5.96×10^{24}kg

4 2/3배

5 1.9×27kg

6 1.27

7 (a) 9.58×10^6m (b) 2×10^4s

8 3,600km

9 (a) 5.3×10^4s (b) 7.79×10^3m/s
(c) 3.81×10^8J

10 2.49km/s

11 16.6km/s

12 $\dfrac{GM_Em}{2}\dfrac{h_2-h_1}{(R_E+h_1)(R_E+h_2)}$

13 (a) $1.02g$ (b) 지구의 1.95배

14 $v=\sqrt{2GM\left(\dfrac{3}{R}+\dfrac{1}{r}\right)}$

15 (a) $\omega=d\theta/dt$
(b) $\alpha=d\omega/dt=d^2\theta/dt^2$
(c) $\tau=rF=mra=mr^2\alpha$
(d) $I=mr^2$
(e) $L=I\omega$

16 (a) 20.25kg · m^2 (b) 6.26m/s

17 (a) 75.4sec (b) 80rpm

18 (a) 28.3sec (b) 45.6rpm

19 (a) 28.3sec (b) 34.4rpm

20 (a) 16.73m/s (b) 1.49s

제10장 진동

1 1.1초

2 (a) $x(t)=(0.063\text{ m})\cos(4.1t)$
$v(t)=(-0.26\text{ m/s})\sin(4.1t)$
$a(t)=(-1.1\text{ m/s}^2)\cos(4.1t)$
(b) $x(1.7\text{s})=0.049\text{ m}$
$v(1.7\text{s})=-0.16\text{m/s}$
$a(1.7\text{s})=-0.82\text{ m/s}^2$

3 3 : 1

4 6.0 m/s

5 $T/6$

6 증명

7 증명

8 0.083 J

9 (a) 1.48×10^6(N/m)
(b) 10.3 Hz

10 1.26 m/s

11 0.75초

12 (a) 0.09초 (b) 0.11초
(c) 0.16초

13 1초

14 17.53 m/s^2

15 0.13초

16 4.8분

17 (a) $X(k/m)^{1/2}$
(b) $-k/m\times X\cos(\omega t)$
(c) $2\pi/\omega$

18 (a) $\frac{1}{2}mv^2+\frac{1}{2}kx^2=\frac{1}{2}kX^2$
(b) $-(2\pi X/T)\sin(2\pi t/T)$
(c) $mv_{\max}^2=kX^2$, $v_{\max}=X\sqrt{k/m}$
(d) $2\pi\sqrt{m/k}$

19 (a) $F=kx$
(b) $F=-kx$
(c) $PE=1/2kx^2$

제11장 파동

1 440 km

2 (a), (b), (c), (e)

3 17.15 m, 1.715 cm

4 1.04×10^5 Hz

5 (a) 1.59 m/s, +x 방향
(b) 2.85 m, 0.56 s^{-1}, 1.79s
(c) 0.03 m

6 $y(x,t)=0.01\sin(20\pi x-40\pi t+\pi/6)\text{ m}$

7 1 m

8 19.6 g

9 증명

10 4배

11 $dK/dx = 1/2\, T_o A^2 \pi^2 \sin^2 \pi x$

12 그림

13 그림

14 (a) V_p와 p는 동일위상
(b) 압력 p의 위상이 변위 y의 위상보다 90° 늦다.

15 (a) 0.85 m (b) 444.44 Hz
(c) 440 Hz

16 3.89×10^3 Hz

17 (a) 80 kHz (b) 83 kHz

18 (a) $I = P/A$
(b) $\beta(dB) = 10 log_{10}(I/I_o)$
(c) $I_o = 10^{-12}$ W/m^2
(d) 10^{-7}W

19 (a) 그림 16-17 참조
(b) $f_n = nv_w/(4L)$, $n = 1, 3, 5, \ldots$

20 (a) 그림 16-19 참조
(b) $f_n = nv_w/(2L)$, $n = 1, 2, 3, \ldots$

21 (a) Doppler 효과; $f_{obs} = f_s \dfrac{vw}{(v_w \pm v_s)}$,
– 접근 시, + 멀어져갈 때.
(b) 1,079 Hz
(c) 932 Hz
(d) 다가오는 물체의 소리가 약간 크게 들린다.

22 (a) $\dfrac{2}{\pi}\omega A$ (b) ωA
(c) $\dfrac{2}{\pi}$

23 (a) 340 Hz (b) 3.0×10^8 Hz

24 (a) 338 m/s (b) 2.8 km

25 (a) 138 dB (b) 88.0 dB

26 (a) 중간에 마디가 있고, 양 끝에 반마디(배)가 있는 파
(b) 80 cm
(c) 425 Hz
(d) 12.5 Hz가 증가
(e) 40 cm, 850 Hz

27 (a) 1.6 m (b) 75 Hz

28 (a) 6 m (b) 56.67 Hz
(c) 170 Hz

29 (a) 0.12 kg/m (b) 20 m/s
(c) 8 m (d) 1.25 cycle
(e) 0.5 s

30 (a) 0.0167 kg/m (b) 268.3 m/s
(c) 1.4 m (d) 191.6 Hz
(e) 0.7 m

제12장 파동의 중첩

1 0.495 m

2 (a) 4.2 cm (b) 6.0 cm, 47.8 s^{-1}

3 1.3 kHz

4 (a) 60 cm (b) 0.126
(c) 24 m/s

5 4638.9 Hz

6 (a) 1.41 (b) 1.52 A

7 (a) $y = (2.0\, cm)\cos\left(\dfrac{\pi}{2}x\right)\cos(30\pi t)$
(b) $x = 1.0, 3.0, 5.0, \cdots$ (cm)
(c) 60 cm/s

8 20 Hz

9 10 Hz, 20 Hz, 30 Hz

10 (a) 0.80 m (b) 118 N
(c) 35.6 cm

11 (a) 75 Hz (b) 5번째, 6번째
(c) 2 m

12 0.126, 0.378, 0.630, 0.882 m

13 1.64 m

14 350 m/s

15 (a) 446 Hz
(b) 줄을 조금 늦춰준다.

16 (a) $I=P/A$, $P\propto$ (진폭)2
(b) 파의 진동과 전파
(c) 요동의 방향과 전파 방향이 같은 파동
(d) 공간에 정지해 있는 것처럼 보이는 경우

제 13 장 유체역학

1 1.5×10^4 Pa

2 1.34×10^5 Pa

3 3.95×10^5 Pa

4 1.25 g/cm^3

5 0.67 g/cm^3(나무), 0.74 g/cm^3(기름)

6 0.4 g/cm^3

7 아니다.

8 3.14×10^4 N

9 증명

10 (a) 5.0m/s
(b) -8×10^3 Pa

11 7.7×10^{-4} m^3/s

12 증명

13 $\frac{1}{6}\rho gLH^3$, 1/3H

14 1.25×10^3 kg/m^3

15 (a) $V_\rho=1.0V=32$ g, $V=32$ cm^3
(b) $\rho=1\times 7/8=0.875$ g/cm^3

16 (a) 32.064 cm^3 (b) 0.870g/cm^3

17 (a) V=잠긴 부피 = 밀려난 물의 부피,
$V\rho=1.0\times V=32$g, V = 32cm^3
(b) 0.8 g/cm^3

18 (a) 2.5 cm^3 (b) 6.0 g/cm^3
(c) 12.50443 g

19 (a) 2.5 cm^3
(b) 6.0 g/cm^3
(c) 12.504 g

20 (a) 2 cm^3
(b) 0.9756 g/cm^3

21 (a) $\gamma=F/L$
(b) $h=2\gamma\cos(\theta)/(\rho gr)$

22 $\rho_o=\dfrac{h_w}{h_o}\rho_w$

23 (a) $P_o+500\left[1-\left(\dfrac{A_2}{A_1}\right)^2\right]v_2^2$
(b) $v_1=\left(\dfrac{A_2}{A_1}\right)v_2$
(c) $1000v_2\Delta tA_2$

24 (a) $F=\eta Av/L$
(b) $N_R=Dv\rho/\eta$
(c) $N_R<2100$; 층류, $N_R>2100$; 난류

25 (a) $P_1+\rho v_1^2/2+\rho gh_1=P_2+\rho v_2^2/2+\rho gh_2$
(b) 20.4 m
(c) 2.25 g

26 (a) 76.2(ℓ/s)
(b) 0.1555 m^3/s
(c) 중간 과정을 고려하지 않는다.

27 (a) 24,696 N/m^2
(b) 21.2 m/s
(c) Bernoulli 식에 나타난 바와 같이 압력 P는 $\rho u^2/2$와 연계하여 작용하므로 적은 유속의 차이도 비교적 정확한 값을 제공할 수 있다.

28 (a) $r\Delta p=2L\tau$
(b) $\Delta p(R^2-r^2)/(4\eta L)$
(c) $\Delta pR^2/(8\eta L)$

29 6.608×10^4 Pa

30 증명

제14장 온도와 기체운동론

1 (a) 증명 (b) $T=574.59°$

2 증명

3 48.36℃

4 6.048 mm

5 (a) −225 ℃ (b) −477 ℃

6 11.50814 cm (마개), 11.50271 cm (병)

7 (a) 1.0774×10^5 Pa (b) −123.58 ℃

8 1,768.99℃

9 (a) 2.5×10^{19}개 (b) 같다.

10 16.05 cm^3

11 (a) 3.797×10^5 Pa (b) 4.487×10^5 Pa

12 (a) 1.384×10^5 Pa (b) 1.34 mol
(c) 0.742×10^5 Pa

13 (a) 484 m/s (b) 6.21×10^{-21} J
(c) 3742 J

14 증명

15 (a) 8.76×10^{-21} J (b) 0.51 m/s

16 (a) 2.02×10^4 K (b) 903.6 K

17 (a) $PV=NkT$ (b) $1/2mv^2=3/2kT$

18 (a) 그림 12.20 참조
(b) 증발잠열 539 cal/g

19 (a) 0.1227 mol (b) 3.3137 L

제15장 열 및 열역학 제 1 법칙

1 0.117 °K

2 (a) 1.82 kJ/kg·℃ (b) −10℃의 얼음

3 0℃, 125.5 g

4 $3.215\times10^3 l$

5 64 mg

6 4.67×10^5 J

7 2.25×10^6 J 2.72×10^6 J

8 3.1×10^3 J 37.6 kJ

9 0.1 m^3, 5×10^{-2} m^3, −7.05 kJ

10 증명

11 −27 ℃, 2.24 kJ

12 $P_1(V_2-V_1)\ln\left(\frac{P_2}{P_1}\right)$

13 흡수- ab, bc 구간 방출- cd, da 구간
$\frac{3}{2}P_1(V_2-V_1)$

14 k_1+k_2

15 4.52×10^{26}(W) 1.6 kW/m^2

16 (a) 2,000 cal
(b) $Q_T=$ 28,950 cal

17 (a) $Q/t=kA(T_2-T_1)/d$
(b) $Q/t=\sigma eAT^4$

18 (a) 10J/s (b) 1,071g Ice

19 (a) 7.2J/s (b) 12.93hr

20 −10.6℃

21 (a) 7200cal (b) 2000cal
(c) 9200cal

22 (a) 1500cal (b) 0.0882cal/g·°C
(c) 1134g

23 (a) 2460J (b) 586cal
(c) 2.93℃

24 (a) 5340J (b) 1271.4cal
(c) 6.3℃

제16장 열기관, 엔트로피, 열역학 제 2 법칙

1 59.7kJ

2 (a) $e=0.069$ (b) 335J

3 1.36×10^{12} J

4 (a) 67.2% (b) 5.88×10^4W

5 (a) 1400 J (b) 600 J
(c) 30%

6 (a)

7 불가능

8 257.1K

9 2.86

10 (a) 2.4×10^5 Pa (b) 67.19 J

11 − 0.0079 J/K, 불가능

12 +5.76 J/K, 없음, 가능

13 488J/K

14 65J/K

15 (a) $\triangle U = Q - W$
(b) $\triangle S = (Q/T)rev$

16 (a) 577,410J
(b) 91,040J
(c) 가역압축이 훨씬 적은 일

17 (a) 38,494J
(b) 121,387J
(c) 가역팽창

18 (a) 2.333J/K
(b)1.633J/K
(c) 0.3

19 (a) 등온의 W=PdV 과정에서 외부로부터 열을 받는다.
(b) 단열팽창과정으로 온도가 강하한다.
(c) 등온압축과정으로 외부로 열을 빼앗긴다.
(d) 다시 단열압축과정으로 온도가 상승한다.
(e) $Eff_c = (T_h - T_c)/T_h$

20 (a) 7.25×10^{13}J
(b) 1.38
(c) 5.25×10^{13}J

21 (a) 5.625×10^{13}J
(b) 6.875×10^{13}J
(c) 1.222

22 (a) 120.2l
(b) 24.04l
(c) 0
(d) -4.808×10^4J
(e) −19,602J

23 (a) 1500cal
(b) 0.0882cal/g · °C
(c) 9.57J/K

24 (a) 0.4
(b) 1000J

25 0.394

26 8%의 효율을 갖지 못한다

27 (a) 37.5MJ
(b) 112.5MJ
(c) a와 같다.
(d) 말할 수 없다.

28 (a) 0.45(45%)
(b) 66.7J
(c) 36.7J
(d) 없다.

29 (a) 0.0825(8.25%)
(b) 24.8J
(c) 275.2J
(d) 11.1
(e) 적당하다

30 (a) 0.389(38.9%)
(b) 0.312(31.2%)
(c) 100000kW · h
(d) 320500kW · h
(e) 188.5배럴

제17장 전기력과 전기장

1 전자

2 4.88C

3 2.6N, x축에 대해서 37° 방향

4 8.2×10^{-8}N 3.7×10^{-47}N

5 91.0N

6 5.51×10^{-7}C

7 설명

8 4.5×10^{5}C

9 1.3×10^{5} m/s

10 (a) $E_A = i\frac{q}{4\pi\epsilon_o}\left[\frac{1}{(x-a)^2}+\frac{1}{(x+a)^2}\right]$

(b) $j\frac{q}{2\pi\epsilon_o}\frac{y}{(y^2+a^2)^{3/2}}$

11 $\frac{2k\lambda}{R}$

12 (a) $\frac{Q}{4\pi\epsilon_o r^2}$ (b) $\frac{Qr}{4\pi\epsilon_o R^3}$

13 $\frac{a^2\rho}{2\epsilon_o r}$

14 9,100V/m

15 그림

16 구를 중심으로 휘어 들어가게 된다.

17 0

18 $\frac{\sigma}{2\epsilon_o}A\ \cos\theta$

19 $\frac{\lambda}{2\pi\epsilon_o R}$

20 (a) $\frac{kQ}{r^2}$ (b) 0

21 45,000V/m

22 (a) $2.39\times 10^{-6}C/m^3$

(b) $q_5 = 1.25nC,\ q_{10} = 10nC,\ q_{20} = 80nC$

(c) $E_5 = 4500\,V/m, E_{10} = 9000\,V/m,$

$E_{20} = 18000\,V/m$

23 (a) $E=\frac{Q}{4\pi\epsilon_o r^2}$, $E=\frac{Q}{4\pi\epsilon_o r^2}\left(1+\frac{2(r^3-a^3)}{(b^3-a^3)}\right)$,

$E=\frac{3Q}{4\pi\epsilon_o r^2}$

(b) −Q (c) +Q

24 증명

25 $E_1 = \frac{\sigma}{2\epsilon_o}$, $E_2 = \frac{3\sigma}{2\epsilon_o}$, $E_3 = \frac{\sigma}{2\epsilon_o}$, $E_4 = \frac{\sigma}{2\epsilon_o}$

26 0, -7.84×10^{5}V/m (구의 중심)

27 Q/ϵ_o

28 증명

29 $q_e = -1.6\times 10^{-19}$C, $q_p = 1.6\times 10^{-19}$C

30 (a) 총 전하의 합은 어떤 과정에서도 항상 일정하다.

(b) 분리할 수 있으며 정전기와 축전기 등이 대표적인 예이다.

31 (a) $F = kq_1q_2/r^2$

(b) $F<0$ 당기는 힘, $F>0$ 밀치는 힘.

(c) $E = F/q = kQ/r^2$, $F = qE$.

32 (a) 전자 : $-1.60\times 10^{-19}C$

양성자 : $1.60\times 10^{-19}C$

(b) 전하는 새로 생성되거나 없어지지 않고 항상 처음의 전하량을 유지한다. 전자나 원자핵 그리고 이온들이 가진 전하량은 물리적, 화학적 변화에도 바뀌지 않는다.

(c) 두 물체를 마찰 시키면 마찰열에 의해 결합력이 약한 물체의 전자가 다른 물체로 이동한다. 이는 전자(음전하)가 물체에서 분리되는 현상으로 전자를 잃은 물체는 상대적으로 양(+)의 전하를 띠며, 전자를 얻은 물체는 상대적으로 음(-)의 전하를 띠게 된다.

33 (a) $-9.6\times 10^{-17}N$

(b) $-3.2\times 10^{-11}m/s^2$

(c) 점점 더 큰 속도

34 (a) 27,000N/C,
Q_2에서 Q_1 방향
(b) 24.233N/C, 66.8° 방향

35 (a) + 방향 (b) 15000V/m
(c) 2.4×10^{-15}N
(d) 2.64×10^{15}m/s^2, 위쪽 방향
(e) 포물선.

36 (a) 2.25×10^{6}N (b) 5.4×10^{6}N
(c) 3.15×10^{6}N, 왼쪽
(d) 1.575×10^{8}N/C, 왼쪽
(e) 9.45×10^{6}N/C, 오른쪽

37 (a) 아래 방향 (b) 2.40×10^{-19}J

38 (a) −1.5kV (b) −900V
(c) 600V, 증가

제18장 전위와 전기용량

1 $-4.5\times10^{-4}\ J$

2 (a) 음극관 쪽
(b) $K_f = q(V_i - V_f) = q\Delta V$

3 $kq\dfrac{2a\ \cos\theta}{r^2}$

4 $-1.086\times10^{12}\,V$

5 $\dfrac{kQ}{\sqrt{x^2+a^2}}$

6 내부 $\dfrac{k_e\,Q}{R^3}r$, 외부 $\dfrac{kQ}{r^2}$

7 (a) $1.44\times10^{-18}J$ (b) $-1.44\times10^{-18}J$
(c) $9V$

8 (a) 0.49m (b) 49cm

9 1.66×10^{-7}m

10 $1.76\times10^{6}\,V$/m

11 $r_{25}=3.6$m, $r_{50}=1.8$m, $r_{100}=0.9$m
반비례

12 $12V$

13 (a) $1.77\times10^{-9}(F)$ (b) $1.77\times10^{-5}(C)$
(c) $2.0\times10^{6}(N/C)$ (d) 17.7(J/m^3)

14 4.6×10^{6}m/s

15 (a) 1.0×10^{-6}N (b) 2.5×10^{-7}J
(c) 56.6V

16 4.16mW

17 $V_1 = 4\ volt$ $Q_1 = 4\times10^{-6}C$
$V_2 = 4\ volt$ $Q_2 = 4\times10^{-6}C$
$V_{AD} = V_3 = 8\ volt$ $Q_3 = 8\times10^{-6}C$
$V_4 = 12\ volt$ $Q_1 = 1.2\times10^{-5}C$

18 $\dfrac{1}{K}=\dfrac{1}{2}\left(\dfrac{1}{K_1}+\dfrac{1}{K_2}\right)$

19 $1.7\times10^{7}\,V$

20 $0.52nF$

21 $6.12\times10^{-4}C$

22 (a) $2.25\times10^{2}\,V/m$ (b) 1/6로 줄어든다.

23 (a) $3.3\mu F$ (b) $45.45\,V$
(c) $1.5\times10^{-5}C$ (d) 3.41×10^{-3}J

24 (a) $6.72\times10^{5}(V/m)$
(b) 8J

25 $-9\times10^{6}\,V$/m

26 1.44×10^{-20}J

27 (a) 도달할 수 없다.
(b) $v' = 2.96\times10^{5}$m/s

28 (a) $0\le x\le1$:
$-\dfrac{\sigma}{\epsilon_o}=-\dfrac{1.25\times10^{-4}}{8.85\times10^{-12}}=-1.41\times10^{7}\,V/m$
$1\le x\le2$: 0
$2\le x\le3$: $+\dfrac{\sigma}{\epsilon_o}=+1.41\times10^{7}\,V$/m
(b) $0\le x\le1$: $-\dfrac{\sigma}{\epsilon_o}x=-1.41\times10^{7}x\,V$

$1 \le x \le 2 : 0$

$2 \le x \le 3 : +\frac{\sigma}{\epsilon_o}x = +1.41 \times 10^7 x\ V$

29 (a) $15\mu F$ (b) $12\ V$

30 (a) $V = PE/q$
(b) $V = Er = kQ/r$
(c) $Volt(V) = J/C$

31 (a) 에너지의 단위
(b) 4.8×10^{-17} J

32 (a) 4,000 keV (b) 20.0 m

33 (a) $V = kq/(z-a) + k(-q)/(x+a)$ $= 2kqa/(x^2 - a^2)$
(b) $V = 2kqa/x^2$

34 (a) $-0.82 \times 10^{-7} N$
(b) 27.2V
(c) $-4.35 \times 10^{-18} J$

35 (a) 500μC
(b) 2500μJ
(c) $7{,}500\mu J$ 증가함

36 (a) 24μC.
(b) 8V, 4V

37 (a) −0.2J
(b) 감소한다.

38 (a) 83pF
(b) 3.8×10^{-3}m^2
(c) 1.2kV

39 (a) 6.480×10^5C
(b) 7.78MJ
(c) 54.5h

제19장 전류와 직류회로

1 (a) $3.6 \times 10^3\ C$
(b) 2.25×10^{22}개

2 4.92Ω

3 $1.36 \times 10^3 \Omega$

4 1.26배

5 $9.6\mu A$

6 $2.01A$

7 3.24Ω

8 (a) $5C$
(b) 3.125×10^{19}개

9 2×10^{15}개

10 $0.1A$ (오른쪽)

11 6×10^{-3} /℃

12 (a) 0.1A (b) $2.2\text{k}\Omega$

13 (a) 14Ω (b) 1.14Ω

14 10.8Ω

15 $I_1 = -\frac{5}{7}$A, $I_2 = -\frac{9}{7}$A

16 $I_1 = 1.85$A, $I_2 = 2.08$A, $I_3 = -0.23$A

17 $Q_1 = 24\mu C$, $Q_2 = 6\ \mu C$, $Q_3 = 18\ \mu C$

18 $2.5R$

19 (a) $\frac{5}{22}$A (b) $\frac{75}{22}$V

20 5.4V

21 $2.54 \times 10^{-4} V$

22 (a) 50V
(b) 양 손이 모두 회로에 닿을 가능성을 줄이는 것이다.

23 0V, 2V, 4V, 8V, −2V

24 (a) 0.025Ω
(b) $12.3\text{k}\Omega$

25 3.0×10^{-5}A

26 (a) 120Ω
(b) 눈금의 1.2배로 읽는다.

27 810J

28 (a) 262.8C (b) 3,153.6J

29 $P_1 = 24.01\,W$, $P_2 = 85.805\,W$, $P_3 = 8.0\,W$

30 $\frac{\varepsilon^2}{2R}W$

31
(a) $R_{60} = \frac{2000}{3}\Omega$, $R_{100} = 400\Omega$
(b) 60W 전구 (c) 100W 전구

32 $40\mu F$

33 (a) $I = \Delta Q / \Delta t$
(b) $ampere(A) = C/s$

34 (a) 120cm, $L = 30 \times 4 = 120cm$
(b) 4A
(c) 480W
(d) 감소

35 (a) $2.09 \times 10^6 A/m^2$ (b) $1.54 \times 10^{-4} m/s$

36 101.6˚C

37 3.92×10^{-3}/℃

38 1.35A

39 1.789A

40 500V

41 (a) 50 V (b) B의 정확도

42 (a) $q = Q_o \exp(-t/(RC))$
(b) 69.5sec

43 (a) 제1법칙 : 접합점 법칙. 회로의 한 접합점으로 들어오는 모든 전류의 합과 나가는 전류의 합은 같다.
(b) 제2법칙 : 고리법칙. 임의의 폐회로에서 전위의 총 합은 0이다.
(c) 복잡한 전기회로에서 각 회로에 흐르는 전류의 양과 흐름의 방향 등을 알아낼 수 있다.

44 (a) −0.15 J
(b) 위쪽 방향
(c) 위쪽, 20000V/m

45 (a) 3.6Ω (b) 0.517A
(c) 0.31A (d) 2.14W
(e) 크다.

46 (a) 0.25A (b) 1.25V
(c) 2.25W (d) 충전

47 (a) 토스터기 : 6.96A
다리미 : 9.57A
음식 처리기 : 4.35A
(b) 휴즈가 끊어진다.
(c) 12Ω

48 (a) 4Ω (b) 3A
(c) 1A

49 (a) 0.2A (b) 0.6W

50 (a) 0.91A (b) 121Ω

51 (a) 660W (b) 18.3Ω

52 (a) 632V (b) 63.2mC

53 (a) 240Ω (b) 140Ω
(c) 60.0W (d) 100.0W

제 20 장 자기장

1 그림

2 (a) 위쪽으로
(b) 지면 밖으로
(c) 편향되지 않는다.
(d) 지면 속으로

3 $2.09 \times 10^{-2}\,T$, $-y$축 방향

4 $1.6 \times 10^{-12} N$

5 $1.2 \times 10^{-20} N$ 뒤쪽

6 (a) $3.06 \times 10^7 m/s$ (b) $3.95 \times 10^7 m/s$
(c) 37.78°

7 $2.45 \times 10^{-1} T$ 동쪽

8 9.98 N · m

9 12.5T

10 2.7×10^{-5}N 서로 당기는 방향

11 $-20.0\times 10^{-6}\ T(-y$ 축 방향)

12 (a) 6.4×10^{-3}N/m
(b) 더 큰 힘을 느낀다.

13 3.18×10^{-2}A

14 (a) $9.27\times 10^{-24}\ A\cdot \mathrm{m}^2$
(b) 그림

15 8.0×10^{-13}N

16 20.875 cm

17 $\dfrac{IB}{\rho g}$

18 (a) 북쪽방향 (b) $8.8\times 10^{-19}N$
(c) $mg=1.64\times 10^{-26}N$ 자기력이 5.4×10^{7}배 크다.

19 (a) 척력이 작용. 균형이 맞지 않아서 옆으로 약간 기우뚱
(b) 옆으로 밀려 나가는 것을 막아준다.
(c) A의 위와 B의 아래가 같은 극이다.
(d) B가 A에 붙는다.

20 2.83×10^{7}m/s

21 $8\times 10^{-3}T$(+z 방향)

22 위치1 - $1.33\times 10^{-2}T$(나오는 방향)
위치2 - 0
위치3 - $1.33\times 10^{-2}T$(들어가는 방향)

23 (a) 0.114m (b) 10.44m

24 1.31 T(들어가는 방향)

25 5×10^{-2}A · m^2

26 (a) $\dfrac{2000}{3}$ m/s
(b) 전자와 같다

27 (a) 증명 (b) 증명
(c) 증명
(d) 양전하-시계방향, 음전하-반시계방향

28 (a) 0.0118 A · m^2
(b) 0.005 N · m
(c) 좌상 45° 방향에서 우하 45° 방향
(d) 0.005 J

29 7.2×10^{-2} N

30 (a) 외부에만 존재-시계방향
(b) $B=\dfrac{\mu_o}{2\pi}\dfrac{I}{r}$

제21장 패러데이 법칙과 자기유도

1 0.785×10^{-4}Wb

2 0

3 2.0×10^{4} m/s

4 $0.1\,T$, 들어가는 방향

5 $\omega BA\sin\omega t$

6 10 V

7 전기장 : 9.95×10^{-6}J/m^3,
자기장 : 1.43×10^{5}J

8 $\tau=9.1\times 10^{-3}$s, $U=4.14\times 10^{-3}$ J

9 $\dfrac{\mu_0 r^2 N^2}{2R}$

10 $I=\dfrac{\varepsilon}{R}=\dfrac{0.2}{10}=0.02$ A(시계방향)

11 (a) 좌에서 우로 (b) 생기지 않는다.

12 (a) $e=3.925\times 10^{-3}$V, $i=39.25$mA
(a)는 반시계, (b)는 시계방향
(b) $e=-3.925\times 10^{-3}$V, $i=39.25$mA
(a)는 시계, (b)는 반시계방향

13 $\dfrac{\mu_0 a}{2\pi} I_0\omega\ln\left(\dfrac{d+a}{a}\right)\sin\omega t$

14 $\dfrac{1}{2}\omega B_0 r\sin\omega t$

15 5,000번

16 $F=qvBsin\theta$
(a) 오른쪽, $2.8\times10^{-1}4N$
(b) 원운동, 175,000km

17 (a) 당기는 힘
(b) 밀치는 힘

18 (a) $\frac{F}{l}=\frac{2\times10^{-7}I_1I_2}{r}$, 밀어내는 방향
(b) $1.5\times10^{-4}N$
(c) 지면 안쪽으로 들어가는 방향

19 (a) 5N
(b) 오른쪽
(c) 방향만을 바꾸어준다.
(d) 200 m/s^2
(e) 200 m

제 22 장 자기파

1 (a) 69.5 mA (b) 0.28 μT

2 (a) $\frac{dE}{dt}=4.496\times10^{14}$ V/m · s
(b) $I_d=I=5$ A

3 2.5×10^{-5} T

4 (a) 333.3 nT (b) $2\pi\times10^{-7}$ m
(c) 4.78×10^{14} Hz

5 $E_{max}=951$ V/m, $B_{max}=3.17\times10^{-6}$ T

6 5.76×10^{-4} W/m^2

7 (a) 4×10^{-10} kg · m/s
(b) 4.0×10^{-10} N

8 (a) 2.0×10^5 W
(b) 7.2×10^8 J
(c) $P=3.33\times10^{-6}$ N/m^2
$F=6.66\times10^{-4}$ N

9 (a) x축 방향
(b) $\lambda=0.628$ m, $f=4.78\times10^8$ Hz
(c) $E=10\sqrt{\mu_o c}\cos(10x-3\times10^9t)j$,

$$B=10\sqrt{\frac{\mu_o}{c}}\cos(10x-3\times10^9t)k$$

10 (a) 5.45×10^{14} Hz (b) 3×10^5 Hz

11 100 km 떨어진 곳에서 라디오로 듣는 사람이 먼저 듣게 된다.

12 (a) 5파장 (b) 1.25파장

13 (a) 6.67×10^{-16} T (b) 5.3×10^{-24} W/m^2
(c) 6.66×10^{-25} W (d) 2.79×10^{-34} N

14 입사파의 3/8배. 수직 방향에 대하여 30°

15 $I_3=(3/8)I_0$

16 (a) $E=-N\Delta\Phi/\Delta t$
(b) $E=NBA\omega\cdot\sin\omega t$
(c) Motor의 작동에서 역으로 전류가 발생하여 구동기전력을 감쇄시키는 기전력

17 (a) 0.0018 m^2
(b) 0.036 T · m^2
(c) 0 T · m^2
(d) 0.25초
(e) 0.144 V

제 23 장 빛의 반사와 굴절

1 $\phi=(n-1)\theta$

2 (a) 2.04×10^8 m/s (b) 442.18 nm

3 71.8°

4 $f(n-1)$

5 $t\frac{(n-1)}{n}$

6 $\frac{b}{1-\frac{\sqrt{2}}{\sqrt{7}}}$

7 70.05° 방향

8 $\frac{n_r\sqrt{(1-\sin^2\theta_i)}}{\sqrt{(n_r^2-n_i^2\sin^2\theta_i)}}$

9 $d = t\,\theta_i\left(1 - \dfrac{\theta_r}{\theta_i}\right)$, 근사식 $d = t\,\theta_i\dfrac{n-1}{n}$

10 3.88 cm

11 1.06 ns

12 66.93^o

13 그림

14 그림

15 $n = \dfrac{\sin\dfrac{\phi+\delta}{2}}{\sin\dfrac{\phi}{2}}$

16 그림

제24장 거울과 렌즈

1 85cm

2 2.67m

3 (a) $q = -\dfrac{75}{8}$ cm, $M = +\dfrac{3}{8}$
(b) $q = -\dfrac{150}{13}$ cm $M = \dfrac{3}{13}$
(c) 똑바로 서있는 상태임

4 (a) 오목거울
(b) 거꾸로 된 확대 실상

5 −38.2 cm

6 3.88 mm

7 (a) 16.4 cm (b) 16.4 cm

8 2.84 cm

9 10.7 cm

10 7.5 cm

11 8.00 cm

12 $r_1 = 45$ mm, $r_2 = 90$ mm

13 증명

14 $\dfrac{40}{9}$ cm

15 1

16 q=1.50 m, −1.40 cm

제25장 파동광학

1 $y_1 = 150$, $y_3 = 450$

2 6.638 nm

3 $\Delta\theta = 0.64^o$

4 712 nm

5 (a) 9.24 cm (b) 2.7 cm

6 94.8 nm

7 107.14 nm

8 증명

9 12.66 mm

10 $\lambda_a = 2\lambda_b$

11 22.4 km

12 632 nm

13 (a) 501 nm, 676.6 nm, 729.8 nm
(b) 20.49°, 28.03°, 30.66°

14 0.1776°

15 12500개

16 0.0939 nm

17 3.38°

제26장 상대성 이론

1 $0.87c$

2 $5s$

3 (a) $1.55 \times 10^5 s$
(b) 3.26×10^{14} m

4 $v = c\frac{d/t_0}{\sqrt{c^2 + \frac{d^2}{t_0^2}}}$

5 $0.9999995c$

6 100.26 g/cm^3

7 3960년

8 $4.57\times10^{-7}s$

9 1.03×10^{-18} Ns

10 3.9×10^7 m/s

11 9×10^{13} J

12 1.17 MeV

13 $\frac{\sqrt{3}}{2}c$

14 1.445 MeV/c

15 $E_{electron} = 100.511$ MeV,
$E_{proton} = 1038.28$ MeV
$v_{\text{electron}} = 0.99999\ c$, $v_{\text{proton}} = 0.43\ c$

16 증명

17 양성자

제 27 장 양자물리학

1 (a) 9.5μm (b) 32 ℃

2 4901.85℃

3 (a) 2.56 eV (b) 1.28×10^{-5} eV
(c) 1.9×10^{-7} eV
(d) 자외선, 마이크로파, 라디오파에 해당한다.

4 5.94×10^{14}Hz

5 (a) 2.89eV (b) 2.7×10^5 m/s

6 (a) 리튬 (b) 0.81 eV

7 70.1°

8 28.1 keV

9 23°

10 (a) 39pm (b) 1.2nm

11 (a) 0.15 keV
(b) 13 keV 동일 파장의 경우 광자의 에너지가 전자의 에너지에 비해 월등히 큼

12 (a) 13.4 GeV
(b) (a) 정도의 에너지로는 전자가 절대 핵내에 존재할 수 없다.(5.69×10^{42} eV가 필요)

13 (a) $A=1$ (b) 86%

14 1.1×10^{-23} m/s

15 110 Å

16 (a) 6.00×10^{-3} (b) 3.92×10^{-2}

제 28 장 원자물리

1 (a) $n=4$에서 2로 천이
(b) Balmer 계열

2 $E = 12.1$ eV
$p = 6.5\times10^{-27}$ kg · m/sec
$\lambda = 1030$ Å

3 (a) $\lambda = 6550$ Å, 4850 Å, 4330 Å
(b) 6550 Å와 3640 Å 사이

4 0.21 eV

5 (a) 12.8 eV
(b) $E = 12.8$ eV, 2.6 eV, 0.66 eV
(c) 4.1 m/sec

6 $-\frac{me^4}{2\epsilon_0^2h^2}\frac{1}{n^2}$

7 54.4 eV

8 1.3×10^{13}광년

9 (a) 2.5×10^{74} (b) 없다.

10 0.68 MeV

11 증명

12 (a) 0.212 nm
(b) 9.95×10^{-25} kg · m/s
(c) 2.11×10^{-34} kg · m^2/s
(d) 3.4 eV
(e) −6.8 eV
(f) −3.4 eV

제 29 장 핵물리학

1 6.2배

2 1.27×10^4 m

3 $U = 7.5 \times 10^5$ eV, 최소한 1MeV는 되어야 함.

4 7MeV 정도. 중양자에 비해 훨씬 큼.

5 8.79MV, 다른 원소보다 커서 가장 안정하다.

6 $14h$

7 증명

8 3.23×10^9 *years*(약 32억년)

9 7.89 MeV

10 약 13년

제 30 장 입자물리학과 우주론

1 증명

2 67.6 MeV, 1.63×10^{22} Hz, 18.4 fm

3 (a) $\overline{\nu_\mu}$ (b) ν_μ
(c) $\overline{\nu_e}$ (d) ν_e
(e) ν_μ (f) $\overline{\nu_e}$, ν_μ

4 불가능. 에너지가 보존되지 않는다.

5 실재로 원자는 기본 입자로 구성되어 있고, 경입자의 질량이 중성자보다 무겁기도 함.

6 (b), (c), (d)

7 (b), (e), (f)

찾아보기

ㄱ

ㄴ

ㄷ

ㄹ

ㅁ

ㅂ

ㅈ

ㅎ

기타

저자명단

건국대학교 : 곽철영, 권용경, 김광주, 박배호, 송기문, 송정현, 여준현, 오선근, 윤종혁, 이무희, 이상영, 이재광, 이준택, 임용식, 채광표

경남대학교 : 이수대

경상대학교 : 김현수, 이정주

경희대학교 : 김영동, 남순건, 유건호, 정진모

광운대학교 : 서윤호

군산대학교 : 윤성현, 윤창선, 차덕준

동명대학교 : 김성대

동아대학교 : 이재열, 정태훈, 진원배

동의대학교 : 김성철, 김중환, 박재돈, 유윤식, 유 일, 이종환, 진병문

명지대학교 : 강치중, 송승기, 주관식, 최 덕

목포대학교 : 김창대

부경대학교 : 김성부, 서효진, 최병춘

부산대학교 : 김현철, 김형국, 유인권, 황윤회

삼육대학교 : 이규봉

상명대학교 : 이진형, 장길상

서남대학교 : 김문수, 이석재

세종대학교 : 이창영

연세대학교 : 박홍이, 정광호

영남대학교 : 이종훈, 조영걸

원광대학교 : 박상렬, 황용규

인천대학교 : 강준희, 권명회, 김정용, 김준호, 박인호, 이영희, 장영록, 최성을

홍익대학교 : 김태완, 민항기

일반 물리학 II (3nd)

2005년 4월 20일 제1판 발행
2008년 3월 20일 제2판 발행
2009년 3월 30일 제2판 개정판 발행

2011년 3월 10일 제3판 인쇄
2011년 3월 20일 제3판 발행
저자명 물리 개발 연구 위원회
발행인 연 규 산
발행처 청범출판사
등 록 1991년 8월 13일 No. 5-282
주 소 서울시 노원구 공릉 1동 598-7
TEL : 971-5385
FAX : 977-8967
ISBN 978-89-88247-68-6 03420
978-89-88247-67-9 (SET)

가격 30,000원